# Spedition und Logistik

Heft 3:
Außenhandel • Export- und Importbearbeitung • Seefracht • Binnenschiffsverkehr • Luftfracht

2. Auflage

Das Heft entspricht dem bundeseinheitlichen Rahmenlehrplan für den Ausbildungsberuf **Kaufmann/Kauffrau für Spedition und Logistikdienstleistung** von 2004

 Informationsteil

 Fallstudien

 Wiederholungsaufgaben

VERLAG EUROPA-LEHRMITTEL · Nourney, Vollmer GmbH & Co. KG
Düsselberger Straße 23 · 42781 Haan-Gruiten

**Europa-Nr.: 72655**

**Autoren:**
Albrecht Hofmann, Ulm
Bettina Reschel-Reithmeier, Neumarkt

Wir bedanken uns bei Herrn Theron Mendel und Frau Susanne Galla
für die Hinweise im Zuge der Bearbeitung zur 2. Auflage.

Mitarbeiter früherer Auflagen:
Friedrich Sackmann, Pfaffenhofen

Das vorliegende Buch wurde auf der Grundlage der aktuellen amtlichen Rechtschreibregeln erstellt.

2. Auflage 2011

Druck 5 4 3 2 1

Alle Drucke derselben Auflage sind parallel einsetzbar, da sie bis auf die Behebung von Druckfehlern untereinander unverändert sind.

ISBN 978-3-8085-7266-5

Alle Rechte vorbehalten. Das Werk ist urheberrechtlich geschützt. Jede Verwertung außerhalb der gesetzlich geregelten Fälle muss vom Verlag schriftlich genehmigt werden.

© 2011 by Verlag Europa-Lehrmittel, Nourney, Vollmer GmbH & Co. KG, 42781 Haan-Gruiten
http://www.europa-lehrmittel.de

Umschlaggestaltung: Harrald Höhn, 60329 Frankfurt a. M.
Satz und Reproduktion: Meis satz&more, 59469 Ense
Druck: M. P. Media-Print Informationstechnologie GmbH, 33100 Paderborn

# Vorwort zur 2. Auflage

Logistische Prozesse, insbesondere im Bereich der Transportlogistik, unterliegen einem ständigen Wandel und neuen Entwicklungen. Deshalb war es notwendig Zahlen und Tabellen für die Verkehrsträger Seeschifffahrt, Binnenschifffahrt sowie Luftverkehr auf einen aktuellen Stand zu bringen. Seit dem 01.09.2009 kann eine Ausfuhranmeldung nur noch auf elektronischem Wege abgegeben werden. Das geänderte Ausfuhrverfahren wurde in die Neuauflage eingearbeitet. Zum 18. Oktober 2008 löste die Europäische Union die Schifffahrtskonferenzen auf. Sie sind für Seetransporte von und nach Europa nicht mehr erlaubt. Das Kapitel Seeschifffahrt wurde entsprechend angepasst. Im September 2010 veröffentlichte die ICC (International Chamber of Commerce) den Wortlaut der Incoterms 2010®. Der Abschnitt Incoterms wurde neu geschrieben. Auf einen Vergleich der Incoterms 2000 mit den Incoterms 2010® wurde bewusst verzichtet. In dieser zweiten Auflage werden ausschließlich die von der ICC zur Anwendung empfohlenen Incoterms 2010® verwendet.

Die Verfasser

### WER kann damit arbeiten?

Jeder, der sich erstmals über die Abwicklung von Logistikaufträgen mit einem Spediteur, Frachtführer und/oder Lagerhalter informieren möchte:

- Angehende Kaufleute für Spedition und Logistikdienstleistung
- Angehende Kaufleute im Groß- und Außenhandel
- Angehende Industriekaufleute, die ihre Kenntnisse auf diesem für sie immer wichtigeren Gebiet vertiefen wollen.
- Angehende Wirtschaftsassistenten (BA) der Fachrichtung Spedition/Logistik
- Angehende Wirtschaftsassistenten (BA) der Fachrichtung Handel, Industrie und Wirtschaftsinformatik, die Detailwissen in diesem für die Logistikabwicklung unverzichtbaren Bereich erwerben wollen.
- Studierende mit dem Schwerpunkt Logistik an Fachhochschulen, Hochschulen und Universitäten, die sich ihren Berufsstart mit konkreten, sofort einsetzbaren Detailkenntnissen erleichtern wollen

### WIE können Sie damit arbeiten?

Jedes Kapitel ist systematisch in **drei Teile** gegliedert:

Der Informationsteil – eine kurze, dennoch die wesentlichen (!) Details übersichtlich (!) und verständlich erläuternde Darstellung der Grundlagen des Lernfeldes

Die Fallstudien – zusammenhängende, komplexe Aufgaben, bei deren selbstständiger Bearbeitung die Anwendung des Lernstoffes praxisgerecht geübt wird.

Die Wiederholungsaufgaben – zur systematischen Wiederholung der wesentlichen Inhalte

Die Symbole bei den Aufgaben enthalten methodische Empfelungen.

Das Begleitheft mit den ausführlichen Lösungsvorschlägen zu allen Fallstudien und Vertiefungsfragen erleichtert Ihnen die Kontrolle der richtigen Anwendung.

Verfasser und Verlag                                               Im Sommer 2011

# Inhaltsverzeichnis

Seite

| | | |
|---|---|---|
| **1** | **Außenhandelsverträge gestalten** | 9 |
| 1.1 | Welche Risiken bestehen bei Außenhandelsgeschäften? | 9 |
| 1.2 | Welche Incoterms-2010®-Klauseln werden in internationalen Kaufverträgen angewendet? | 11 |
| 1.2.1 | Das Wesen der Incoterms | 11 |
| 1.2.2 | Die Incoterms 2010® im Überblick | 12 |
| 1.2.3 | Kriterien für die Wahl der geeigneten Incoterms-2010®-Klauseln | 46 |
| 1.3 | Wie können Zahlungs- und Lieferungsrisiken abgesichert werden? | 49 |
| 1.3.1 | Zahlungsmodalitäten im Außenhandel | 49 |
| 1.3.2 | Das Dokumenteninkasso | 49 |
| 1.3.3 | Das Dokumentenakkreditiv | 51 |
| 1.4 | Welche Spediteurdokumente werden im Außenhandel verwendet? | 58 |
| 1.4.1 | FIATA-FCR | 59 |
| 1.4.2 | FIATA-FCT | 59 |
| 1.4.3 | FIATA-FBL | 59 |
| | Fallstudien | 63 |
| | Wiederholungsfragen | 71 |
| **2** | **Exportaufträge bearbeiten** | 74 |
| 2.1 | Wie beschränken Staaten den Austausch von Waren und Dienstleistungen? | 74 |
| 2.1.1 | Wirtschaftspolitische Beschränkungen | 74 |
| 2.1.2 | Zollrechtliche Handelshemmnisse | 74 |
| 2.1.3 | Nicht tarifäre Handelshemmnisse | 74 |
| 2.1.4 | Ebenen der Reglementierungen und Einschränkungen | 74 |
| 2.1.5 | Ausfuhrgenehmigungen | 75 |
| 2.2 | Wie können Waren und Dienstleistungen aus der Europäischen Union ausgeführt werden? | 75 |
| 2.2.1 | Das Ausfuhrverfahren | 76 |
| 2.2.2 | Beispiel für eine Ausfuhranmeldung | 83 |
| 2.2.3 | Beispiel für eine unvollständige/vereinfachte Ausfuhranmeldung | 101 |
| 2.3 | Wie werden innergemeinschaftliche Lieferungen erfasst? | 104 |
| | Fallstudien | 106 |
| | Wiederholungsfragen | 109 |
| **3** | **Frachtverträge in der Seeschifffahrt bearbeiten** | 110 |
| 3.1 | Welche Bedeutung hat der Transport von Gütern mit dem Seeschiff? | 110 |
| 3.2 | Welche Vor- und Nachteile hat der Transport von Gütern mit Seeschiffen? | 110 |
| 3.3 | Welche Schiffe werden für den Frachtverkehr eingesetzt? | 112 |
| 3.3.1 | Schiffstypen | 112 |
| 3.3.2 | Containerschiffe | 113 |
| 3.3.3 | Roll-On/Roll-Off-Schiffe (Ro-Ro-Schiffe) | 117 |
| 3.3.4 | Kombination Stückgut -Container | 117 |
| 3.3.5 | Spezialschiffe | 118 |
| 3.3.6 | Klassifikation von Seeschiffen | 119 |
| 3.3.7 | Schiffsregister und Schiffsflaggen | 119 |

| | | |
|---|---|---|
| 3.4 | Welche Fahrtgebiete gibt es in der Seeschifffahrt? | 120 |
| 3.5 | Welche Organisationsformen gibt es in der Seeschifffahrt? | 124 |
| 3.5.1 | Linienschifffahrt – Trampschifffahrt | 124 |
| 3.5.2 | Kooperationssysteme in der Seeschifffahrt | 125 |
| 3.6 | Wie werden Frachtverträge in der Seeschifffahrt abgeschlossen? | 127 |
| 3.6.1 | Rechtsgrundlagen | 127 |
| 3.6.2 | Beteiligte am Seefrachtvertrag | 127 |
| 3.6.3 | Vertragsarten im Seefrachtverkehr | 129 |
| 3.7 | Wie erfolgt die Abfertigung von Stückgütern im Seehafen? | 132 |
| 3.8 | Wie werden Containertransporte in der Seeschifffahrt abgewickelt? | 134 |
| 3.8.1 | Containerarten | 134 |
| 3.8.2 | Organisation des Containereinsatzes (Containerrundlauf) | 137 |
| 3.8.3 | Fachbegriffe in Bezug auf Container | 139 |
| 3.9 | Welche Bedeutung hat das Konnossement/Bill of Lading (B/L) in der Seeschifffahrt? | 140 |
| 3.9.1 | Funktionen eines Konnossements | 140 |
| 3.9.2 | Inhalte eines Konnossements | 141 |
| 3.9.3 | Arten von Konnossementen | 143 |
| 3.10 | Wie werden Schadensfälle in der Seeschifffahrt geregelt? | 144 |
| 3.10.1 | Haftung nach HGB | 145 |
| 3.10.2 | Havarie grosse (General Average) | 146 |
| 3.10.3 | Besondere Haverei | 149 |
| 3.10.4 | Kleine Haverei | 150 |
| 3.11 | Wie werden Entgelte im Seeverkehr berechnet? | 150 |
| 3.11.1 | Maß- und Gewichtsraten | 150 |
| 3.11.2 | FAK-Raten (Freight All Kinds) | 151 |
| 3.11.3 | Commodity-Box-Raten | 152 |
| 3.11.4 | Ad-valorem-Raten (Wertraten) | 152 |
| 3.11.5 | Zu- und Abschläge zur/von der Seefracht | 152 |
| 3.12 | Wie wird Gefahrgut mit Seeschiffen transportiert? | 153 |
| 3.12.1 | Rechtsgrundlagen | 153 |
| 3.12.2 | Der IMDG-Code | 153 |
| 3.12.3 | IMO-Erklärung für gefährliche Güter | 155 |
| 3.13 | Wie werden Gütertransporte im Sea-Air-Verkehr organisiert? | 157 |
| | Fallstudien | 158 |
| | Wiederholungsfragen | 169 |
| **4** | **Frachtverträge in der Binnenschifffahrt bearbeiten** | 172 |
| 4.1 | Über welche Einrichtungen verfügt das Verkehrssystem Binnenschifffahrt? | 172 |
| 4.1.1 | Binnengüterschiffe | 175 |
| 4.1.2 | Binnenwasserstraßen | 179 |
| 4.1.3 | Binnenhäfen | 181 |
| 4.2 | Was leistet die Binnenschifffahrt? | 181 |
| 4.2.1 | Verkehrsleistungen | 181 |
| 4.2.2 | Vorteile und Nachteile der Binnenschifffahrt | 182 |
| 4.3 | Wie ist der Markt in der Binnenschifffahrt geordnet? | 183 |

| | | |
|---|---|---|
| **4.4** | **Welche Betriebsformen gibt es in der Binnenschifffahrt?** | 183 |
| 4.4.1 | Werkverkehr | 183 |
| 4.4.2 | Reedereien | 184 |
| 4.4.3 | Partikuliere | 184 |
| 4.4.4 | Befrachter | 184 |
| 4.4.5 | Binnenschifffahrtsspeditionen | 185 |
| **4.5** | **Wie werden Transportketten mit dem Binnenschiff gebildet?** | 187 |
| 4.5.1 | Direktverkehr | 187 |
| 4.5.2 | Gebrochener Verkehr | 187 |
| **4.6** | **Wie werden Frachtverträge geschlossen und abgewickelt?** | 188 |
| 4.6.1 | Rechtliche Bestimmungen | 188 |
| 4.6.2 | Abschluss eines Frachtvertrags | 189 |
| 4.6.3 | Abwicklung eines Frachtvertrags | 189 |
| 4.6.4 | Frachtbrief und Ladeschein | 191 |
| **4.7** | **Was ist bei Gefahrgütern zu beachten?** | 196 |
| **4.8** | **Wie werden Transportpreise kalkuliert?** | 197 |
| **4.9** | **Was ist bei einem Schadensfall zu beachten?** | 199 |
| 4.9.1 | Allgemeine Haftungsregelungen | 199 |
| 4.9.2 | Havarie | 201 |
| 4.9.3 | Anzeige von Schäden | 202 |
| | Fallstudien | 204 |
| | Wiederholungsfragen | 209 |
| **5** | **Frachtaufträge in der Luftfracht bearbeiten** | 210 |
| **5.1** | **Wie entwickelt sich das Luftfrachtaufkommen voraussichtlich in den nächsten Jahren?** | 210 |
| **5.2** | **Welche Flughäfen spielen in Deutschland eine Rolle?** | 213 |
| **5.3** | **Welche Flugzeuge werden in der Luftfracht eingesetzt?** | 215 |
| **5.4** | **Welche typischen Lademittel werden in der Luftfracht verwendet?** | 219 |
| **5.5** | **Welche Organisationen spielen in der Luftfracht eine Rolle?** | 221 |
| 5.5.1 | International Air Transport Association (IATA) | 221 |
| 5.5.2 | International Civil Aviation Organization (ICAO) | 225 |
| **5.6** | **Wer sind die Beteiligten am Luftfrachtvertrag?** | 226 |
| **5.7** | **Welche Rechtsgrundlagen gelten beim Luftfrachtvertrag?** | 227 |
| 5.7.1 | Gesetzliche Grundlagen | 227 |
| 5.7.2 | Vertragliche Grundlagen | 228 |
| **5.8** | **Welche Besonderheiten gelten bei der Ausstellung eines Luftfrachtbriefs = Air Waybill?** | 228 |
| **5.9** | **Was muss bei der Haftung in der Luftfracht beachtet werden?** | 232 |
| 5.9.1 | Haftungsprinzip | 232 |
| 5.9.2 | Haftungszeitraum | 233 |
| 5.9.3 | Luftfrachtersatzverkehr | 233 |
| 5.9.4 | Haftungshöchstgrenzen | 234 |
| 5.9.5 | Wertdeklaration | 235 |
| 5.9.6 | Schadensanzeige | 237 |

| | | |
|---|---|---|
| 5.10 | Welche Besonderheiten gibt es bei der Abwicklung von Sammelgutsendungen in der Luftfracht? | 237 |
| 5.11 | Welche Sicherheitsbestimmungen müssen in der Luftfracht eingehalten werden? | 241 |
| 5.12 | Wie müssen gefährliche Güter in der Luftfracht behandelt werden? | 244 |
| 5.13 | Wie wird der Transportpreis in der Luftfracht ermittelt? | 248 |
| 5.13.1 | Der TACT | 248 |
| 5.13.2 | Erklärung der Ratenangaben | 249 |
| 5.13.3 | Beispiele zur Frachtberechnung | 250 |
| 5.13.4 | Einteilung der Luftfrachtraten | 253 |
| 5.13.5 | Berechnung der Spezialraten | 254 |
| 5.13.6 | Berechnung der Warenklassenraten | 255 |
| 5.13.7 | Berechnung der ULD-Raten | 256 |
| 5.13.8 | Luftfrachtnebengebühren | 257 |
| 5.13.9 | Besondere Tarifkonzepte | 257 |
| | Fallstudien | 258 |
| | Wiederholungsfragen | 268 |

# 6 Importaufträge bearbeiten ... 269

| | | |
|---|---|---|
| 6.1 | Wie können Waren in die EU importiert werden? | 269 |
| 6.1.1 | Wareneinfuhrkontrolle | 269 |
| 6.1.2 | Zollrecht | 269 |
| 6.1.3 | Zollrechtliche Bestimmung | 270 |
| 6.1.4 | Zollverfahren | 271 |
| 6.1.5 | Künftige Entwicklungen im Zollrecht | 272 |
| 6.1.6 | Zollrechtliche Grundbegriffe | 272 |
| 6.2 | Wie läuft das Zollverfahren „Überführung in den zollrechtlichen freien Verkehr" ab | 274 |
| 6.2.1 | Formen der Zollanmeldung | 275 |
| 6.2.2 | Summarische Anmeldung (SumA) | 275 |
| 6.2.3 | Annahme der Zollanmeldung | 276 |
| 6.2.4 | Prüfung | 276 |
| 6.2.5 | Zollbefund | 277 |
| 6.2.6 | Überlassung | 277 |
| 6.3 | Wie kann eine schriftliche Zollanmeldung zur Überführung in den zollrechtlich freien Verkehr erfolgen? | 278 |
| 6.4 | Welche Einfuhrabgaben werden erhoben? | 286 |
| 6.4.1 | Zölle | 286 |
| 6.4.2 | Einfuhrumsatzsteuer | 294 |
| 6.5 | Was ist der elektronische Zolltarif (EZT)? | 295 |
| 6.6 | Welche Bedeutung haben Warenursprung und Präferenzen? | 297 |
| 6.6.1 | Präferenznachweise | 298 |
| 6.6.2 | Ermächtigter Ausführer | 303 |
| 6.7 | Was sind Versandverfahren? | 303 |
| 6.7.1 | Das gemeinschaftliche Versandverfahren | 303 |
| 6.7.2 | Das gemeinsame Versandverfahren | 304 |
| 6.7.3 | Versandverfahren und Verkehrsart | 304 |
| 6.7.4 | Sicherheit | 305 |

| | | |
|---|---|---|
| 6.7.5 | Ablauf eines gemeinschaftlichen/gemeinsamen Versandverfahrens | 309 |
| 6.7.6 | NCTS (New Computerized Transit System) | 309 |
| 6.7.7 | Vereinfachungsverfahren | 310 |
| 6.7.8 | Versandverfahren mit Carnet TIR | 316 |
| 6.7.9 | Carnet ATA | 318 |
| **6.8** | **Welche Besonderheiten gelten für die Lagerung?** | **321** |
| 6.8.1 | Zolllagerverfahren | 321 |
| 6.8.2 | Vorübergehende Verwahrung | 322 |
| **6.9** | **Was ist bei der Veredelung zu beachten?** | **322** |
| 6.9.1 | Aktive Veredelung | 322 |
| 6.9.2 | Passive Veredelung | 323 |
| **6.10** | **Welche Besonderheiten gibt es bei dem Verfahren „vorübergehende Verwendung"?** | **324** |
| | Fallstudien | 325 |
| | Wiederholungsfragen | 332 |

# 1 Außenhandelsverträge gestalten

Der Außenhandel ist für die Wirtschaft der Bundesrepublik Deutschland von erheblicher Bedeutung. Spediteure sind in die Abwicklung der Vorgänge im Außenhandel mit eingebunden, indem sie Dienstleistungen für die Hauptakteure im Außenhandel – Verkäufer und Käufer – anbieten und erbringen. Im Laufe der Jahrhunderte haben sich weltweit Standards für die Abwicklung von Außenhandelsgeschäften entwickelt, auf die nachfolgend eingegangen werden soll.

Grundlage für die einzelnen Transaktionen ist eine Vereinbarung zwischen einem Verkäufer (Exporteur) und einem Käufer (Importeur), die als Kaufvertrag bezeichnet wird. Diese Vereinbarung kann man wie folgt strukturieren:

| KAUFVERTRAG | |
|---|---|
| **Warenbeschreibung** | Beschreibung aller Eigenschaften der Waren oder Dienstleistungen<br>Festlegung von Menge und Qualität |
| **Lieferbedingungen** | Beschreibung der Durchführung der Warenlieferung, z. B. Transportmittel, Frachtvertrag, Transportkosten, Risikoabsicherung, Risikotransfer, Dokumente |
| **Zahlungsbedingungen** | Beschreibung der Zahlungsmodalitäten (Vergütung an den Verkäufer) |
| **Rechtliche Komponente** | Regelung, welches Recht für die Vereinbarung zwischen Verkäufer und Käufer (Kaufvertrag) angewendet werden soll<br>Erfüllungsort, Gerichtsstand, Schiedsgerichtsklausel |

In der Praxis stellt sich heraus, dass die Vertragsparteien sich häufig bei Außenhandelsverträgen auf die Komponente Warenbeschreibung konzentrieren, aber Liefer- und Zahlungsbedingungen sowie Fragen des Risikomanagements und der Dokumente bei Außenhandelsgeschäften vernachlässigen.

Im Rahmen ihrer Beratungsfunktion und bei der Erbringung ihrer Dienstleistungen konzentrieren sich Spediteure jedoch bei Außenhandelsgeschäften hauptsächlich auf die Komponenten Liefer- und Zahlungsbedingungen sowie die mit der Transaktion zusammenhängenden Risiken und erforderlichen Dokumente.

## 1.1 Welche Risiken bestehen bei Außenhandelsgeschäften?

**Beispiel:**

Die Spedition EUROCARGO, Nürnberg, erhält von ihrem Kunden Vischer Paper AG, Nürnberg, den Auftrag, im Rahmen eines Logistikprojektes Module einer Maschine zur Papierherstellung von Nürnberg nach Dawang, Provinz Shandong, China, zu transportieren. Die Module der Maschine sind zerlegt und in Container verpackt.

Die Papiermaschine ist ca. 200 m lang, 20 m hoch und 10 m breit. Das Auftragsvolumen für eine solche Maschine beläuft sich auf 200 Mio. bis 300 Mio. EUR. Es dauert ungefähr 18 Monate von der Auftragsvergabe bis zur Fertigstellung. Dabei sind höchste logistische Ansprüche zu erfüllen. Der Export einer solchen Maschine ist mit erheblichen Risiken behaftet.

Im Außenhandel kann man Risiken in Gruppen einteilen:

| Ökonomische Risiken | | |
|---|---|---|
| Risiko | Merkmale | Risikominderung |
| Marktrisiko | • Neuerschließung von Märkten<br>• Fehleinschätzung des Marktpotentials | Verbesserung der Marktforschung |
| Preisrisiko | Preisentwicklung in Beschaffungs- und Absatzmärkten | negative und positive Entwicklungen beobachten |
| Kreditrisiko | Zahlungsunwilligkeit, Zahlungsunfähigkeit, Zahlungsverzug des Abnehmers | • Zahlungssicherung durch Dokumentenakkreditiv<br>• Kreditversicherung<br>• Exportfactoring |
| Annahmerisiko | • Kunde verweigert Annahme.<br>• Ungewöhnlich hohe Mängelrügen | • Informationsgewinnung über Kunden vor Vertragsabschluss<br>• Zahlungssicherung durch Dokumentenakkreditiv |
| Kursrisiko | Verluste durch Wechselkursschwankungen | EUR als Währung im Kaufvertrag |
| Transportrisiko | Risiko des Verlusts oder der Beschädigung der Ware während des Transports | • Adäquate Verpackung und Ladungssicherung<br>• Transportversicherung |

Die politischen Risiken im weiteren Sinne kann man als Länderrisiken bezeichnen.

| Länderrisiken | | |
|---|---|---|
| Risiko | Merkmale | Risikominderung |
| Politisches Risiko im engeren Sinne | Krieg, Aufruhr, Beschlagnahme | Transportversicherung<br>Informationsbeschaffung |
| Zahlungsverbotsrisiko | Staat verbietet zahlungswilligen Kunden Zahlung<br>Gründe:<br>• Schutz der eigenen Währung<br>• Konflikte zwischen Staaten | Informationsbeschaffung |
| Transfer- und Konvertierungsrisiko | Ausländischer Staat verbietet Geldumtausch generell | Kompensationsgeschäfte |
| Rechtliches Risiko | Landesspezifische Regelungen, Zoll- und Steuerrecht | Entschärft durch internationale Organisationen wie WTO<br>Informationsbeschaffung |
| Soziokulturelles Risiko | Unterschiedliches Bildungsniveau<br>Kulturelle Unterschiede | Interkulturelles Management<br>Interkulturelle Kompetenz erwerben |

## 1.2 Welche Incoterms-2010®-Klauseln werden in nationalen und internationalen Kaufverträgen angewendet?

**Beispiel:**

> Bei der Lieferung der Papiermaschine von Deutschland nach China müssen sich der Käufer in Dawang, Provinz Shandong, und der Verkäufer in Deutschland, die Vischer Paper AG, Nürnberg, darüber einigen, wer den Transport organisiert, die Frachtverträge abschließt und die Transportkosten trägt. Des Weiteren ist zu klären, wer die Zollabfertigung in den jeweiligen Ländern übernimmt. Außerdem wäre festzulegen, ab welchem Punkt der Verkäufer, Vischer Paper AG, seine Verpflichtung zu liefern erfüllt hat und an welchem Ort das Risiko, dass die Papiermaschine während des Transports beschädigt wird oder verloren geht, vom Verkäufer auf den Käufer übergeht.

### 1.2.1 Das Wesen der Incoterms

Incoterms sind standardisierte Handelsklauseln für Kaufverträge. Verkäufer und Käufer können diese vorformulierten Vertragselemente durch ausdrückliche Vereinbarung in den Kaufvertrag übernehmen. Beide Vertragsparteien haben den Vorteil, dass langwierige, kostenintensive Verhandlungen mit Vertragspartnern, die eine fremde Sprache sprechen, deren Kultur und Rechtssystem man nicht kennt, nicht erforderlich werden. Durch die Einbeziehung von Incoterms in den Kaufvertrag sind die Verpflichtungen des Verkäufers und des Käufers vor allem hinsichtlich der Kosten und Risiken beim Transport, der Verpackung sowie der Besorgung von Dokumenten und der Verantwortlichkeit hinsichtlich der Zollformalitäten und der Bezahlung von Zöllen und Abgaben exakt festgelegt. Eventuelle Missverständnisse und Rechtsstreitigkeiten können durch entsprechende Vereinbarungen vermieden werden. Im Jahre 1936 hat die Internationale Handelskammer (ICC)[1] zum ersten Mal die Incoterms veröffentlicht. Inzwischen wurden die Incoterms mehrfach überarbeitet und an die wirtschaftliche, technische und politische Entwicklung angepasst. Die neueste Version sind die Incoterms 2010®.

**HANDELSKLAUSELN FÜR KAUFVERTRÄGE**

Die Incoterms 2010® sind kein Gesetz. Sie werden rechtlich wirksam, wenn sie in Kaufverträgen explizit vereinbart werden, z. B. „FCA 4100 Longwu Road, Shanghai, Incoterms 2010®". Die Incoterms 2010® regeln die Rechte und die Pflichten eines Verkäufers und eines Käufers in den Teilen eines Kaufvertrags, die den Transport der Güter bestimmen. Speditions- und Frachtverträge bleiben davon unberührt. Für Dienstleistungen sind die Incoterms 2010® nicht geeignet. Es sind Waren von einem Versandort zu einem Bestimmungsort zu transportieren. Diese räumliche Diskrepanz lässt sich in zwei Strecken unterteilen, die sich an einem Übergabepunkt treffen. Diese Schnittstelle wird in den Incoterms 2010® als Lieferort bezeichnet. An diesem Ort hat der Verkäufer seine Verpflichtungen erbracht. Die Incoterms 2010® definieren, wo sich dieser Übergabepunkt jeweils befindet.

**IN KAUFVERTRÄGEN EXPLIZIT VEREINBART**

**LIEFERORT**

Die Incoterms 2010® üben folgende Hauptfunktionen aus:

**HAUPTFUNKTIONEN**

- Die Verteilung der Kosten für den Transport und aller damit verbundenen Kosten auf Verkäufer und Käufer
- Die Aufteilung der Verpflichtungen der Vertragspartner für die o. a. Wegstrecken
- Die Abgrenzung des Risikobereichs (Gefahrenübergang) auf der Transportstrecke

Weiter regeln die Incoterms 2010®, wer die erforderlichen bzw. gewünschten Waren- und Transportdokumente beschafft und wer die Kosten hierfür trägt. Ein weiterer wichtiger Aspekt ist, die Ware für die jeweiligen Teilprozesse zu versichern und die Kosten dafür zu übernehmen. Ganz wesentliche Punkte für den reibungslosen Ablauf internationaler Transaktionen sind die Kommunikation und die Weitergabe von Information der Vertragspartner untereinander. Die Incoterms 2010® legen fest, welche Information durch welche Vertragspartei in welcher Form jeweils weitergegeben werden muss. Schließlich wären noch die Aspekte Warenprüfung (Durchführung und Bezahlung) sowie die Verpackung zu erwähnen.

---
[1] ICC International Chamber of Commerce, Internationale Handelskammer, größte weltweit tätige Wirtschaftsorganisation, Ziele: Förderung des grenzüberschreitenden Handels, Unterstützung von global tätigen Unternehmen, Mitglieder: Industrie- und Handelskammern, global agierende Unternehmen, Spitzen- und Fachverbände

Die Incoterms 2010® regeln keine Zahlungsbedingungen, rechtliche Gesichtspunkte, wie Gerichtsstand, Haftungsausschlüsse, Eigentumsübergang, Vertragsverstöße, Lieferungsverzug, Zahlungsverzug oder die Folgen von Verstößen gegen die Incoterms-2010®-Verpflichtungen. Diese Positionen müssen im Kaufvertrag separat definiert werden.

### 1.2.2 Die Incoterms 2010® im Überblick

Die International Chamber of Commerce (ICC) hat für die Einbindung in Kaufverträge folgende Incoterms-2010®-Regelungen geschaffen.[1] Insgesamt gibt es elf Incoterms-2010®-Klauseln, die nach dem Unterscheidungskriterium Transportart zwei Gruppen zugewiesen sind. Es gibt sieben Klauseln, die für alle Transportarten, auch multimodale Transporte, verwendet werden können. Die anderen vier Klauseln sind ausschließlich für den Transport der Waren mit See- oder Binnenschiffen anwendbar.

| Incoterms 2010® | | | |
|---|---|---|---|
| **Transportart** | **Incoterm** | **Englische Bezeichnung** | **Deutsche Bezeichnung** |
| Klauseln für alle Transportarten, auch multimodale Transporte | EXW | Ex Works | Ab Werk |
| | FCA | Free Carrier | Frei Frachtführer |
| | CPT | Carriage Paid To | Frachtfrei |
| | CIP | Carriage, Insurance Paid To | Frachtfrei versichert |
| | DAT | Delivered at Terminal | Geliefert Terminal |
| | DAP | Delivered at Place | Geliefert benannter Ort |
| | DDP | Delivered Duty Paid | Geliefert verzollt |
| Klauseln für den See- und Binnenschiffstransport | FAS | Free Alongside Ship | Frei Längsseite Schiff |
| | FOB | Free On Board | Frei an Bord |
| | CFR | Cost and Freight | Kosten und Fracht |
| | CIF | Cost, Insurance and Freight | Kosten, Versicherung, Fracht |

Allen elf Varianten der Incoterms 2010® legte die ICC das gleiche Strukturschema zu Grunde. Ausgehend von der E-Gruppe über die F-Gruppe und C-Gruppe zur D-Gruppe nehmen die Verpflichtungen des Verkäufers von der niedrigsten Pflichtenstufe, in der E-Gruppe, allmählich bis in die D-Gruppe zu, in der die Verpflichtungen des Verkäufers ihre Höchststufe erreichen. Entsprechend sind die Verpflichtungen des Käufers in der E-Gruppe besonders hoch, nehmen jedoch allmählich bis zu Minimalverpflichtungen in der D-Gruppe ab.

Die Einteilung der Incoterms 2010® in vier unterschiedlich gewichtete Verpflichtungspotentiale für Verkäufer und Käufer ermöglicht eine grobe Übersicht über die Intensität der Pflichtenbelastung für die jeweilige Vertragspartei.

E-KLAUSEL
ABHOLKLAUSEL

Bei der E-Klausel muss der Verkäufer die Ware an einem benannten Ort lediglich zur Abholung zur Verfügung stellen. Man spricht hier von der „Abholklausel", bei der die Kosten und die Gefahr zu einem frühen Zeitpunkt in der Lieferkette auf den Käufer übergehen.

F-KLAUSELN

In der Gruppe der F-Klauseln liegt der Kosten- und Gefahrenübergang immer noch nahe der Einflusssphäre des Verkäufers. Er muss lediglich die Ware an einen vom Käufer ausge-

---

[1] Vgl. International Chamber of Commerce (ICC); Incoterms 2010®, Berlin 2010

wählten und beauftragten Frachtführer übergeben, damit die Kosten und die Gefahren auf den Käufer übergehen.

Kennzeichnendes Merkmal für die C-Klauseln ist die räumliche und zeitliche Diskrepanz des Übergangs von Kosten und Gefahren auf den Käufer. Bei den C-Klauseln sind der Lieferort und der Ort des Gefahrenübergangs nicht identisch. Man nennt sie 2-Punkt-Klauseln. Der Verkäufer muss für den Hauptteil der Transportstrecke auf seine Kosten einen Beförderungsvertrag abschließen und wählt damit einen Frachtführer aus. Das Risiko geht auf den Käufer über, wenn der Verkäufer die Ware an den benannten Frachtführer übergibt.

C-KLAUSELN

2-PUNKT-KLAUSELN

Bei den D-Klauseln verbleiben sämtliche Kosten und Gefahren auf der Seite des Verkäufers. Sein Kosten- und Risikobereich endet, wenn die Ware einen definierten Bestimmungsort erreicht. Der Käufer trägt sowohl die Kosten als auch das Risiko bis zum benannten Bestimmungsort. Man bezeichnet diese Gruppe als „Ankunftsklauseln".

D-KLAUSELN

ANKUNFTS-KLAUSELN

| E-Klausel EXW | F-Klauseln FCA, FAS, FOB | C-Klauseln CFR, CIF, CPT, CIP | D-Klauseln DAT, DAP, DDP |
|---|---|---|---|
| Abholklausel extremste Verpflichtungen des Käufers | Käufer organisiert und bezahlt Haupttransport | 2-Punkt-Klauseln Verkäufer organisiert und bezahlt Haupttransport | Ankunftsklauseln zunehmende/extremste Verpflichtungen des Verkäufers |

**Aufbau, Layout und Ordnung der einzelnen Klauseln**

Jede Incoterms-2010®-Klausel ist von der ICC nach einem gleichen Strukturschema konzipiert. In der drucktechnischen Darstellung (Layout) der ICC-Publikation Incoterms 2010® führt die ICC auf gegenüberliegenden Seiten die Verpflichtungen des Verkäufers und des Käufers jeweils horizontal an gleicher Position auf. In vertikaler Richtung sind jeder Incoterms-2010®-Klausel für den Verkäufer und den Käufer jeweils zehn Merkmale (Verpflichtungen, Aufgaben) zugeordnet, deren Struktur in allen Incoterms 2010®-Klauseln identisch sind.

Verkürzt lässt sich der Aufbau und die Anordnung der Incoterms 2010® Klauseln wie folgt darstellen:

SCHEMATISCHER AUFBAU

| Schematischer Aufbau der jeweiligen Icoterms 2010®-Klausel | | | |
|---|---|---|---|
| **Verkäufer** | | **Käufer** | |
| A1 | Allgemeine Verpflichtungen des Verkäufers | Allgemeine Verpflichtungen des Käufers | B1 |
| A2 | Lizenzen, Genehmigungen, Sicherheitsfreigaben und andere Formalitäten | Lizenzen, Genehmigungen, Sicherheitsfreigaben und andere Formalitäten | B2 |
| A3 | Beförderungs- und Versicherungsverträge | Beförderungs- und Versicherungsverträge | B3 |
| A4 | Lieferung | Übernahme | B4 |
| A5 | Gefahrenübergang | Gefahrenübergang | B5 |
| A6 | Kostenverteilung | Kostenverteilung | B6 |
| A7 | Benachrichtigung des Käufers | Benachrichtigung des Verkäufers | B7 |
| A8 | Liefernachweis, Transportdokument oder entsprechende elektronische Mitteilung | Liefernachweis | B8 |
| A9 | Prüfung – Verpackung – Kennzeichnung | Prüfung der Ware | B9 |
| A10 | Unterstützung bei Informationen und damit verbundene Kosten | Unterstützung bei Informationen und damit verbundene Kosten | B10 |

**EXW Ex Works – Ab Werk**

Vereinbaren ein Verkäufer und ein Käufer in einem Kaufvertrag die EXW-Klausel, so hat der Verkäufer lediglich die Waren auf seinem Areal oder an einem anderen Lieferort (z. B. Werk, Lager, Produktionsstätte) bereitzustellen, sodass der Käufer die Waren übernehmen und auf ein Fahrzeug verladen kann. Der Käufer wird dabei – insbesondere bei internationalen Transaktionen nicht selbst beim Verkäufer erscheinen, sondern einen Logistikdienstleister mit der Ausführung seiner Verpflichtungen aus dem Kaufvertrag beauftragen. Die Waren sind dabei noch nicht zur Ausfuhr abgefertigt. Dies ist Aufgabe des Käufers. Sollte eine Ausfuhrgenehmigung erforderlich sein, muss sie der Käufer besorgen. Bei Anwendung der Klausel EXW hat der Verkäufer gegenüber dem Käufer eine Minimalverpflichtung. Auch der Käufer hat gegenüber dem Verkäufer nur eine eingeschränkte Verpflichtung, Informationen und Dokumente im Hinblick auf den Export der Waren zu übergeben. Wünschen beide Vertragsparteien, dass der Verkäufer die Kosten und Gefahren des Verladens der Ware auf das abholende Fahrzeug übernimmt, weil z. B. Gesetze oder Handelsbräuche dem Absender diese Aufgaben auferlegen, sollte dies durch einen entsprechenden ausdrücklichen Zusatzvermerk im Kaufvertrag festgeschrieben sein. Sollte der Käufer weder direkt noch indirekt in der Lage sein, die Ausfuhrabfertigung zu bewerkstelligen, wäre die Vereinbarung der FCA sinnvoller. EXW kann für jede Transportart vereinbart werden und eignet sich auch für multimodale Transporte.

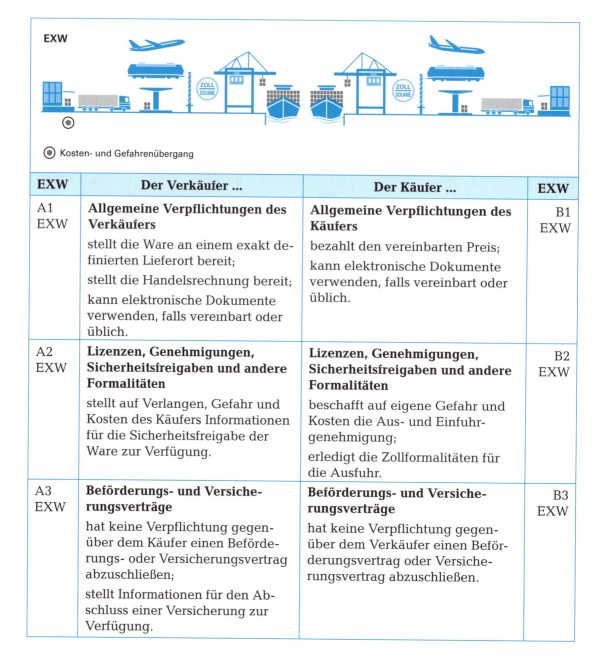

| EXW | Der Verkäufer ... | Der Käufer ... | EXW |
|---|---|---|---|
| A1 EXW | **Allgemeine Verpflichtungen des Verkäufers**<br><br>stellt die Ware an einem exakt definierten Lieferort bereit;<br><br>stellt die Handelsrechnung bereit;<br><br>kann elektronische Dokumente verwenden, falls vereinbart oder üblich. | **Allgemeine Verpflichtungen des Käufers**<br><br>bezahlt den vereinbarten Preis;<br><br>kann elektronische Dokumente verwenden, falls vereinbart oder üblich. | B1 EXW |
| A2 EXW | **Lizenzen, Genehmigungen, Sicherheitsfreigaben und andere Formalitäten**<br><br>stellt auf Verlangen, Gefahr und Kosten des Käufers Informationen für die Sicherheitsfreigabe der Ware zur Verfügung. | **Lizenzen, Genehmigungen, Sicherheitsfreigaben und andere Formalitäten**<br><br>beschafft auf eigene Gefahr und Kosten die Aus- und Einfuhrgenehmigung;<br><br>erledigt die Zollformalitäten für die Ausfuhr. | B2 EXW |
| A3 EXW | **Beförderungs- und Versicherungsverträge**<br><br>hat keine Verpflichtung gegenüber dem Käufer einen Beförderungs- oder Versicherungsvertrag abzuschließen;<br><br>stellt Informationen für den Abschluss einer Versicherung zur Verfügung. | **Beförderungs- und Versicherungsverträge**<br><br>hat keine Verpflichtung gegenüber dem Verkäufer einen Beförderungsvertrag oder Versicherungsvertrag abzuschließen. | B3 EXW |

## 1 Außenhandelsverträge gestalten

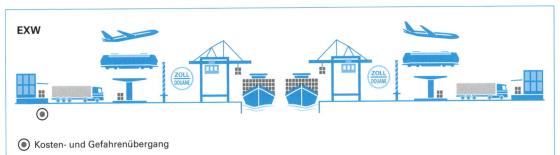

Kosten- und Gefahrenübergang

| EXW | Der Verkäufer ... | Der Käufer ... | EXW |
|---|---|---|---|
| A4 EXW | **Lieferung**<br>stellt die Ware am vereinbarten Lieferort ohne Verladung auf das abholende Beförderungsmittel zur Verfügung. | **Lieferung**<br>übernimmt die Ware. | B4 EXW |
| A5 EXW | **Gefahrenübergang**<br>trägt die Gefahren des Verlustes oder der Beschädigung der Ware bis zum Lieferort. | **Gefahrenübergang**<br>trägt die Gefahren des Verlustes oder der Beschädigung der Ware **ab Lieferort**. | B5 EXW |
| A6 EXW | **Kostenverteilung**<br>trägt die Kosten bis Lieferung. | **Kostenverteilung**<br>trägt die Kosten ab Lieferung;<br>trägt die Kosten für Zölle, Steuern und andere Abgaben sowie Kosten für Zollformalitäten bei der Ausfuhr. | B6 EXW |
| A7 EXW | **Benachrichtigung an den Käufer**<br>informiert den Käufer über alles Nötige, damit dieser die Ware übernehmen kann. | **Benachrichtigung an den Verkäufer**<br>informiert den Verkäufer über die Modalitäten der Warenübernahme. | B7 EXW |
| A8 EXW | **Transportdokument**<br>hat keine Verpflichtungen gegenüber dem Käufer im Hinblick auf Transportdokumente. | **Transportdokument**<br>erbringt einen angemessenen Nachweis der Warenübernahme. | B8 EXW |
| A9 EXW | **Prüfung – Verpackung – Kennzeichnung**<br>trägt Kosten für Qualitätsprüfung, Messen, Wiegen, Zählen;<br>verpackt die Ware. | **Prüfung – Verpackung – Kennzeichnung**<br>trägt die Kosten für jede vor der Verladung zwingende erforderliche Warenkontrolle (pre-shipment inspection), einschließlich behördlich angeordneter Kontrollen des Ausfuhrlandes. | B9 EXW |
| A10 EXW | **Unterstützung bei Informationen und damit verbundener Kosten**<br>stellt Dokumente und Informationen, auch sicherheitsrelevante, auf Verlangen, Kosten und Gefahr des Käufers zur Verfügung. | **Unterstützung bei Informationen und damit verbundener Kosten**<br>teilt dem Verkäufer rechtzeitig alle sicherheitsrelevanten Informationsanforderungen mit. | B10 EXW |

### FCA Free Carrier – Frei Frachtführer

Bei Vereinbarung der Klausel FCA muss der Verkäufer die für die Ausfuhr abgefertigten Waren an einen vom Käufer ausgewählten Frachtführer am Geschäftssitz des Verkäufers oder an einem anderen benannten Ort liefern. Die Auswahl des Ortes der Lieferung, der so präzise wie möglich im Kaufvertrag festgelegt werden sollte, wirkt sich auf die Verpflich-

**LIEFERUNG IM BEREICH DES VERKÄUFERS AUSSERHALB DES BEREICHS DES VERKÄUFERS**

tung zur Be- und Entladung sowie für den Gefahrenübergang aus. FCA ist die einzige Incoterms-Klausel, bei der Verkäufer und Käufer Alternativen bei der Vereinbarung des Ortes der Lieferung haben. Findet die Lieferung im Bereich des Verkäufers statt, muss der Verkäufer die Ware auf das abholende Fahrzeug beladen und somit die Kosten und Risiken dafür tragen. Liegt der vereinbarte Lieferort außerhalb des Bereichs des Verkäufers, z. B. Containerterminal, Flughafen, Seehafen, dann hat der Verkäufer seine Lieferpflicht erfüllt, wenn er die Waren unentladen auf einem Fahrzeug bereitstellt. Entladen der Ware vom anliefernden Fahrzeug und Beladen auf das Transportmittel, mit dem der Weitertransport stattfindet, gehen zu Lasten (Kosten und Risiko) des Käufers. Im Hinblick auf den Export der Waren hat der Verkäufer die Ausfuhrabfertigung zu übernehmen, inklusive der Besorgung einer Ausfuhrgenehmigung, falls erforderlich.

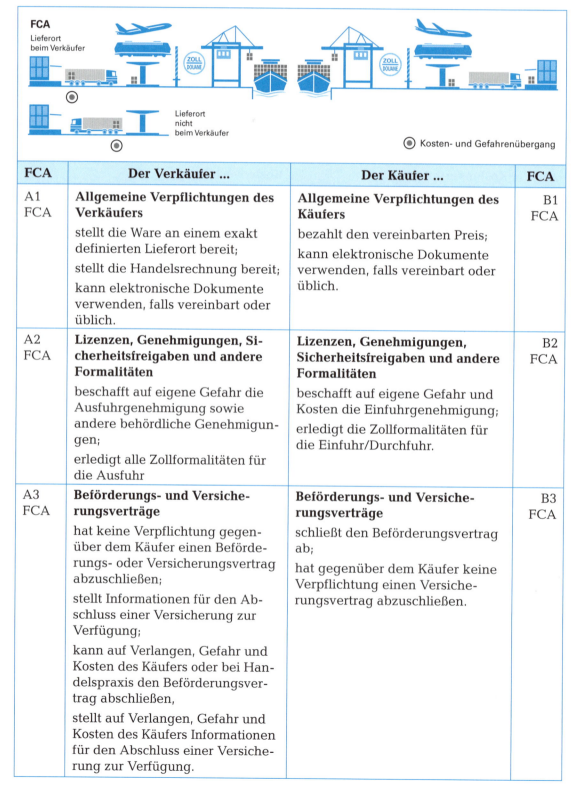

| FCA | Der Verkäufer ... | Der Käufer ... | FCA |
|---|---|---|---|
| A1 FCA | **Allgemeine Verpflichtungen des Verkäufers**<br>stellt die Ware an einem exakt definierten Lieferort bereit;<br>stellt die Handelsrechnung bereit;<br>kann elektronische Dokumente verwenden, falls vereinbart oder üblich. | **Allgemeine Verpflichtungen des Käufers**<br>bezahlt den vereinbarten Preis;<br>kann elektronische Dokumente verwenden, falls vereinbart oder üblich. | B1 FCA |
| A2 FCA | **Lizenzen, Genehmigungen, Sicherheitsfreigaben und andere Formalitäten**<br>beschafft auf eigene Gefahr die Ausfuhrgenehmigung sowie andere behördliche Genehmigungen;<br>erledigt alle Zollformalitäten für die Ausfuhr | **Lizenzen, Genehmigungen, Sicherheitsfreigaben und andere Formalitäten**<br>beschafft auf eigene Gefahr und Kosten die Einfuhrgenehmigung;<br>erledigt die Zollformalitäten für die Einfuhr/Durchfuhr. | B2 FCA |
| A3 FCA | **Beförderungs- und Versicherungsverträge**<br>hat keine Verpflichtung gegenüber dem Käufer einen Beförderungs- oder Versicherungsvertrag abzuschließen;<br>stellt Informationen für den Abschluss einer Versicherung zur Verfügung;<br>kann auf Verlangen, Gefahr und Kosten des Käufers oder bei Handelspraxis den Beförderungsvertrag abschließen,<br>stellt auf Verlangen, Gefahr und Kosten des Käufers Informationen für den Abschluss einer Versicherung zur Verfügung. | **Beförderungs- und Versicherungsverträge**<br>schließt den Beförderungsvertrag ab;<br>hat gegenüber dem Käufer keine Verpflichtung einen Versicherungsvertrag abzuschließen. | B3 FCA |

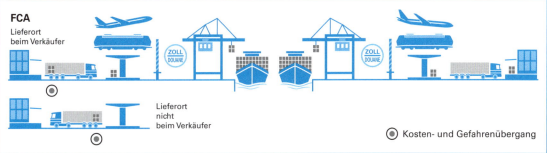

| FCA | Der Verkäufer ... | Der Käufer ... | FCA |
|---|---|---|---|
| A4 FCA | **Lieferung** <br> liefert die Ware an der gegebenenfalls vereinbarten Stelle am benannten Ort zum vereinbarten Zeit oder innerhalb des vereinbarten Zeitraums an den Lieferer; <br> verlädt die Ware auf das vom Käufer bereitgestellte Beförderungsmittel, falls der benannte Ort beim Verkäufer liegt (Lieferung abgeschlossen); <br> stellt in allen anderen Fällen die Ware dem Frachtführer auf dem Beförderungsmittel des Verkäufers entladebereit zur Verfügung (Lieferung abgeschlossen). | **Lieferung** <br> übernimmt die Ware. | B4 FCA |
| A5 FCA | **Gefahrenübergang** <br> trägt die Gefahren des Verlustes oder der Beschädigung der Ware bis zur Lieferung. | **Gefahrenübergang** <br> trägt die Gefahren des Verlustes oder der Beschädigung der Ware ab **Lieferort.** | B5 FCA |
| A6 FCA | **Kostenverteilung** <br> trägt die Kosten bis zur Lieferung; <br> trägt die Kosten der für die Ausfuhr notwendigen Zollformalitäten sowie Zölle, Steuern und andere Ausfuhrabgaben. | **Kostenverteilung** <br> trägt die Kosten ab Lieferung; <br> trägt die Kosten für Zölle, Steuern und andere Abgaben sowie Kosten für Zollformalitäten bei der Einfuhr. | B6 FCA |
| A7 FCA | **Benachrichtigung an den Käufer** <br> informiert den Käufer über die Lieferung oder Nichtübernahme der Ware durch den Frachtführer | **Benachrichtigung an den Verkäufer** <br> informiert den Verkäufer über die Modalitäten der Warenübernahme. | B7 FCA |
| A8 FCA | **Transportdokument** <br> erbringt dem Käufer den üblichen Liefernachweis; <br> unterstützt den Käufer auf dessen Verlangen, Gefahr und Kosten bei der Beschaffung eines Transportdokuments. | **Transportdokument** <br> erbringt einen angemessenen Nachweis der Warenübernahme | B8 FCA |

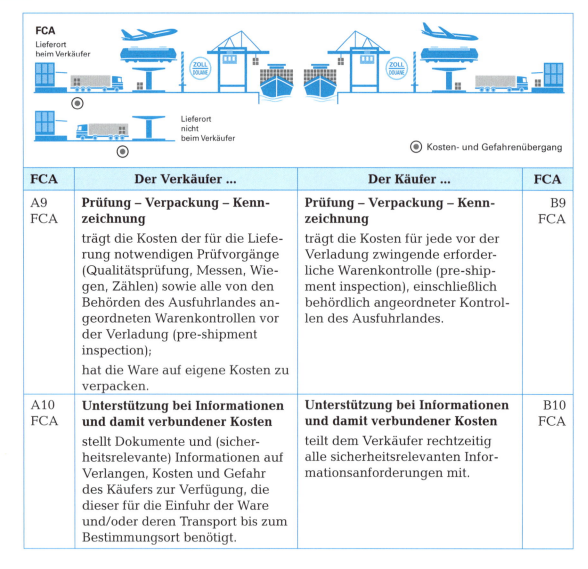

| FCA | Der Verkäufer ... | Der Käufer ... | FCA |
|---|---|---|---|
| A9 FCA | **Prüfung – Verpackung – Kennzeichnung** <br> trägt die Kosten der für die Lieferung notwendigen Prüfvorgänge (Qualitätsprüfung, Messen, Wiegen, Zählen) sowie alle von den Behörden des Ausfuhrlandes angeordneten Warenkontrollen vor der Verladung (pre-shipment inspection); <br> hat die Ware auf eigene Kosten zu verpacken. | **Prüfung – Verpackung – Kennzeichnung** <br> trägt die Kosten für jede vor der Verladung zwingende erforderliche Warenkontrolle (pre-shipment inspection), einschließlich behördlich angeordneter Kontrollen des Ausfuhrlandes. | B9 FCA |
| A10 FCA | **Unterstützung bei Informationen und damit verbundener Kosten** <br> stellt Dokumente und (sicherheitsrelevante) Informationen auf Verlangen, Kosten und Gefahr des Käufers zur Verfügung, die dieser für die Einfuhr der Ware und/oder deren Transport bis zum Bestimmungsort benötigt. | **Unterstützung bei Informationen und damit verbundener Kosten** <br> teilt dem Verkäufer rechtzeitig alle sicherheitsrelevanten Informationsanforderungen mit. | B10 FCA |

**CPT CARRIAGE PAID TO**

**CPT Carriage paid to – Frachtfrei**

Die Klausel CPT eignet sich für multimodale Transporte, bei denen der Verkäufer auf seine Kosten die Waren zu einem benannten Bestimmungsort transportiert, die Risiken aber bereits am Lieferort auf den Käufer übergehen. Der Verkäufer, der auf seine Kosten den Beförderungsvertrag abschließt, erfüllt seine Verpflichtung zu liefern, wenn er die Waren an einen Frachtführer übergibt, bei multimodalen Transporten an den ersten Frachtführer in der Transportkette. Bei der CPT-Klausel sowie bei den drei anderen C-Klauseln, liegen der Ort des Gefahrenübergangs und der Ort des Kostenübergangs auseinander, nicht am gleichen Ort und sind damit nicht identisch wie bei den Nicht-C-Klauseln. Diese beiden „kritischen" Punkte, nämlich der Lieferort und der Bestimmungsort, sollten im Kaufvertrag explizit und so präzise wie möglich angegeben werden. Erfolgt keine Präzisierung, kann der Verkäufer die Stelle am Lieferort oder Bestimmungsort auswählen, sofern sie sich nicht aus der Handelspraxis ergibt. Der Verkäufer hat die erforderlichen Dokumente und, falls erforderlich, Genehmigungen für die Ausfuhr sowie für die Durchfuhr durch Länder vor dem Lieferort zu besorgen.

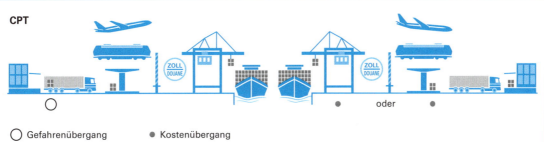

CPT

○ Gefahrenübergang    ● Kostenübergang

| CPT | Der Verkäufer ... | Der Käufer ... | CPT |
|---|---|---|---|
| A1 CPT | **Allgemeine Verpflichtungen des Verkäufers** <br> stellt die Ware an einem exakt definierten Lieferort bereit; <br> stellt die Handelsrechnung bereit; <br> kann elektronische Dokumente verwenden, falls vereinbart oder üblich. | **Allgemeine Verpflichtungen des Käufers** <br> bezahlt den vereinbarten Preis; <br> kann elektronische Dokumente verwenden, falls vereinbart oder üblich. | B1 CPT |
| A2 CPT | **Lizenzen, Genehmigungen, Sicherheitsfreigaben und andere Formalitäten** <br> beschafft auf eigene Gefahr die Ausfuhrgenehmigung sowie andere behördliche Genehmigungen; <br> erledigt alle Zollformalitäten für die Ausfuhr. | **Lizenzen, Genehmigungen, Sicherheitsfreigaben und andere Formalitäten** <br> beschafft auf eigene Gefahr und Kosten die Einfuhrgenehmigung; <br> erledigt die Zollformalitäten für die Einfuhr und Durchfuhr. | B2 CPT |
| A3 CPT | **Beförderungs- und Versicherungsverträge** <br> schließt einen **Beförderungsvertrag** über den Transport der Ware vom Lieferort bis zum benannten Bestimmungsort ab (übliche Bedingen, übliche Route, in der handelsüblichen Weise); <br> stellt auf Verlangen, Gefahr und Kosten des Käufers Informationen zur Verfügung, die dieser für den Abschluss einer Versicherung benötigt. | **Beförderungs- und Versicherungsverträge** <br> schließt keinen Beförderungsvertrag ab (keine Verpflichtung gegenüber Verkäufer); <br> stellt dem Verkäufer die für einen Versicherungsabschluss notwendigen Informationen zur Verfügung. | B3 CPT |
| A4 CPT | **Lieferung** <br> liefert die Ware, indem er sie an den (ersten) Frachtführer übergibt. | **Lieferung** <br> übernimmt die Ware vom Frachtführer im benannten Bestimmungsort. | B4 CPT |
| A5 CPT | **Gefahrenübergang** <br> trägt die Gefahren des Verlustes oder der Beschädigung der Ware bis zum Lieferort. | **Gefahrenübergang** <br> trägt die Gefahren des Verlustes oder der Beschädigung der Ware ab Lieferort. | B5 CPT |

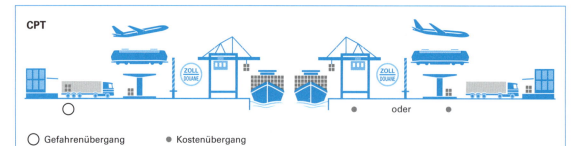

Gefahrenübergang • Kostenübergang

| CPT | Der Verkäufer ... | Der Käufer ... | CPT |
|---|---|---|---|
| A6 CPT | **Kostenverteilung**<br>trägt alle die Waren betreffenden Kosten bis zur Lieferung;<br>trägt die Fracht und alle anderen aus dem Beförderungsvertrag entstehenden Kosten (Verladung, Entladung am Bestimmungsort, falls im Frachtvertrag vorgesehen);<br>trägt die Kosten der für die Ausfuhr notwendigen Zollformalitäten sowie Zölle, Steuern und andere Ausfuhrabgaben sowie Kosten der Durchfuhr. | **Kostenverteilung**<br>trägt die Kosten ab Lieferung;<br>trägt alle die Ware betreffenden Kosten und Abgaben, die nach Beförderungsvertrag nicht vom Verkäufer zu tragen sind;<br>trägt die Entladekosten, falls sie nach Beförderungsvertrag nicht vom Verkäufer zu übernehmen sind;<br>trägt die Kosten für Zölle, Steuern und andere Abgaben sowie Kosten für Zollformalitäten bei der Einfuhr und der Durchfuhr. | B6 CPT |
| A7 CPT | **Benachrichtigung an den Käufer**<br>benachrichtigt den Käufer und stellt ihm Käufer die notwendigen Informationen zur Verfügung, damit dieser die üblichen Maßnahmen zur Übernahme der Ware treffen kann. | **Benachrichtigung an den Verkäufer**<br>teilt dem Verkäufer den Zeitpunkt für die Versendung und den Bestimmungsort mit, falls der Käufer dies bestimmen kann. | B7 CPT |
| A8 CPT | **Transportdokument**<br>stellt dem Käufer das übliche Transportdokument für den vereinbarten Transport zur Verfügung;<br>übergibt dem Käufer einen vollständigen Satz von Originaldokumenten, falls das Transportdokument begebbar ist und mehrere Originale ausgestellt wurden.<br>Das Transportdokument muss über die verkaufte Ware lauten, ein innerhalb der für die Versendung vereinbarten Frist liegendes Datum tragen, den Käufer berechtigen, die Herausgabe der Ware im Bestimmungsort zu verlangen, es dem Käufer ermöglichen die Ware während des Transports durch Übergabe des Transportdokuments an einen nachfolgenden Käufer zu verkaufen. | **Transportdokument**<br>nimmt Transportdokument an. | B8 CPT |

| CPT | Der Verkäufer ... | Der Käufer ... | CPT |
|---|---|---|---|
| A9 CPT | **Prüfung – Verpackung – Kennzeichnung**<br>trägt die Kosten der für die Lieferung notwendigen Prüfvorgänge (Qualitätsprüfung, Messen, Wiegen, Zählen) sowie alle von den Behörden des Ausfuhrlandes angeordneten Warenkontrollen vor der Verladung (pre-shipment inspection);<br>hat die Ware auf eigene Kosten zu transportgerecht verpacken;<br>kennzeichnet die Verpackung in geeigneter Weise. | **Prüfung – Verpackung – Kennzeichnung**<br>trägt die Kosten für jede vor der Verladung zwingende erforderliche Warenkontrolle (pre-shipment inspection), jedoch nicht behördlich angeordnete Kontrollen des Ausfuhrlandes. | B9 CPT |
| A10 CPT | **Unterstützung bei Informationen und damit verbundener Kosten**<br>stellt Dokumente und (sicherheitsrelevante) Informationen auf Verlangen, Kosten und Gefahr des Käufers zur Verfügung, die dieser für die Einfuhr der Ware und/oder deren Transport bis zum Bestimmungsort benötigt. | **Unterstützung bei Informationen und damit verbundener Kosten**<br>teilt dem Verkäufer rechtzeitig alle sicherheitsrelevanten Informationsanforderungen mit;<br>stellt dem Verkäufer die notwendigen Dokumente und Informationen für den Transport sowie für die Ausfuhr und Durchfuhr zu Verfügung. | B10 CPT |

**CIP Carriage and insurance paid to – Frachtfrei versichert**

Bei der CIP-Klausel haben der Verkäufer und der Käufer grundsätzlich die gleichen Verpflichtungen wie bei der CPT-Klausel. Zusätzlich verpflichtet die CIP-Klausel den Verkäufer, eine Transportversicherung auf seine Kosten abzuschließen, die Versicherungsschutz vom Lieferort bis mindestens zum Bestimmungsort bietet. Dabei sind gewisse Qualitätskriterien an die Versicherungspolice zu stellen, damit der Käufer, der das Risiko trägt, einen Mindestversicherungsschutz erhält. Die Transportversicherung muss wenigstens eine Mindestdeckung gemäß den Klauseln C der Institute Cargo Clauses (LMA/IUA)[1] bereitstellen. An den Versicherer wird das Qualitätskriterium einwandfreier Leumund gestellt. Außerdem wird vorausgesetzt, dass der Käufer oder andere Personen mit einem versicherbaren Interesse Ansprüche direkt an den Versicherer stellen können. Da bei der Mindestdeckung nach den Klauseln C der Institute Cargo Clauses (LMA/IUA) erhebliche Risiken, z. B. Diebstahl, Piraterie, Krieg, Streik, nicht abgedeckt sind, wünschen Vertragspartner bei internationalen Kaufverträgen eine höhere Deckung, wie sie in den Klauseln A und B der Institute Cargo Clauses, den Institute War Clauses und/oder der Institute Strike Clauses (LMA/IUA) vor-

*CIP CARRIAGE AND INSURANCE PAID TO*

---

[1] Lloyd's Market Association, International Underwriting Association; maßgebliche Institutionen für den Weltversicherungsmarkt mit Sitz in London

gesehen sind. Der Verkäufer muss nach CIP auf Verlangen, Kosten und Risiken des Käufers eine Transportversicherung abschließen, die solche Risiken abdeckt. Auch für die Versicherungssumme gibt es Qualitätsstandards. Sie muss mindestens den im Kaufvertrag genannten Preis und zusätzlich 10 Prozent, also 110 Prozent, decken sowie in derselben Währung abgeschlossen sein, auf deren Basis der Kaufvertrag abgeschlossen wurde. Der räumliche Bereich der Risikoabsicherung erstreckt sich vom Lieferort bis zum Bestimmungsort. Falls der Käufer zusätzlichen Versicherungsschutz benötigt, verpflichtet die Klausel CIP den Verkäufer die entsprechenden Informationen dem Käufer (auf dessen Verlangen, Risiko und Kosten) zur Verfügung zu stellen.

○ Gefahrenübergang    ● Kostenübergang

| CIP | Der Verkäufer ... | Der Käufer ... | CIP |
|---|---|---|---|
| A1 CIP | **Allgemeine Verpflichtungen des Verkäufers**<br><br>stellt die Ware an einem exakt definierten Lieferort bereit;<br><br>stellt die Handelsrechnung bereit;<br><br>kann elektronische Dokumente verwenden, falls vereinbart oder üblich. | **Allgemeine Verpflichtungen des Käufers**<br><br>bezahlt den vereinbarten Preis;<br><br>kann elektronische Dokumente verwenden, falls vereinbart oder üblich. | B1 CIP |
| A2 CIP | **Lizenzen, Genehmigungen, Sicherheitsfreigaben und andere Formalitäten**<br><br>beschafft auf eigene Gefahr die Ausfuhrgenehmigung sowie andere behördliche Genehmigungen;<br><br>erledigt alle Zollformalitäten für die Ausfuhr. | **Lizenzen, Genehmigungen, Sicherheitsfreigaben und andere Formalitäten**<br><br>beschafft auf eigene Gefahr und Kosten die Einfuhrgenehmigung;<br><br>erledigt die Zollformalitäten für die Einfuhr und Durchfuhr. | B2 CIP |
| A3 CIP | **Beförderungs- und Versicherungsverträge**<br><br>schließt einen Beförderungsvertrag über den Transport der Ware vom Lieferort bis zum benannten Bestimmungsort ab (übliche Bedingen, übliche Route, in der handelsüblichen Weise);<br><br>schließt auf eigene Kosten eine Transportversicherung ab die der Mindestdeckung gemäß den Klauseln (C) der Institute Cargo Clauses (LMA/IUA) entspricht (Einzelversicherer, Versicherungsgesellschaften mit einwandfreiem Leumund, Käufer muss Ansprüche direkt beim Versicherer geltend machen können). | **Beförderungs- und Versicherungsverträge**<br><br>schließt keinen Beförderungsvertrag ab (keine Verpflichtung gegenüber Verkäufer);<br><br>stellt dem Verkäufer die für einen Versicherungsabschluss notwendigen Informationen zur Verfügung. | B3 CIP |

# 1 Außenhandelsverträge gestalten

**CIP**

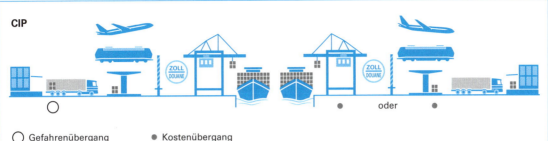

○ Gefahrenübergang    ● Kostenübergang

| CIP | Der Verkäufer ... | Der Käufer ... | CIP |
|---|---|---|---|
| | Der Verkäufer beschafft zusätzliche Deckung (auf Verlangen und Kosten des Käufers, vorbehaltlich der vom Käufer zur Verfügung gestellten Informationen), z. B. entsprechend den Klauseln (A) und (B) der Institute Cargo Clauses (LMA/IUA) oder ähnlichen Klauseln und/oder der Institute War Clauses und/oder der Institute Strikes Clauses (LMA/IUA) oder ähnlichen Klauseln. Die Versicherungssumme muss mindestens den im Vertrag genannten Preis zuzüglich zehn Prozent (d. h. 110 %) abdecken und in der Währung des Vertrags ausgestellt sein. | | |
| A4 CIP | **Lieferung** liefert die Ware, indem er sie an den (ersten) Frachtführer übergibt. | **Lieferung** übernimmt die Ware vom Frachtführer im benannten Bestimmungsort. | B4 CIP |
| A5 CIP | **Gefahrenübergang** trägt die Gefahren des Verlustes oder der Beschädigung der Ware bis zum Lieferort. | **Gefahrenübergang** trägt die Gefahren des Verlustes oder der Beschädigung der Ware ab Lieferort. | |
| A6 CIP | **Kostenverteilung** trägt alle die Waren betreffenden Kosten bis zur Lieferung; trägt die Fracht und alle anderen aus dem Beförderungsvertrag entstehenden Kosten (Verladung, Entladung am Bestimmungsort, falls im Frachtvertrag vorgesehen); trägt die Kosten der für die Ausfuhr notwendigen Zollformalitäten sowie Zölle, Steuern und andere Ausfuhrabgaben sowie Kosten der Durchfuhr. | **Kostenverteilung** trägt die Kosten ab Lieferung; trägt alle die Ware betreffenden Kosten und Abgaben, die nach Beförderungsvertrag nicht vom Verkäufer zu tragen sind; trägt die Entladekosten, falls sie nach Beförderungsvertrag nicht vom Verkäufer zu übernehmen sind; trägt die Kosten für Zölle, Steuern und andere Abgaben sowie Kosten für Zollformalitäten bei der Einfuhr und der Durchfuhr. | B5 CIP |

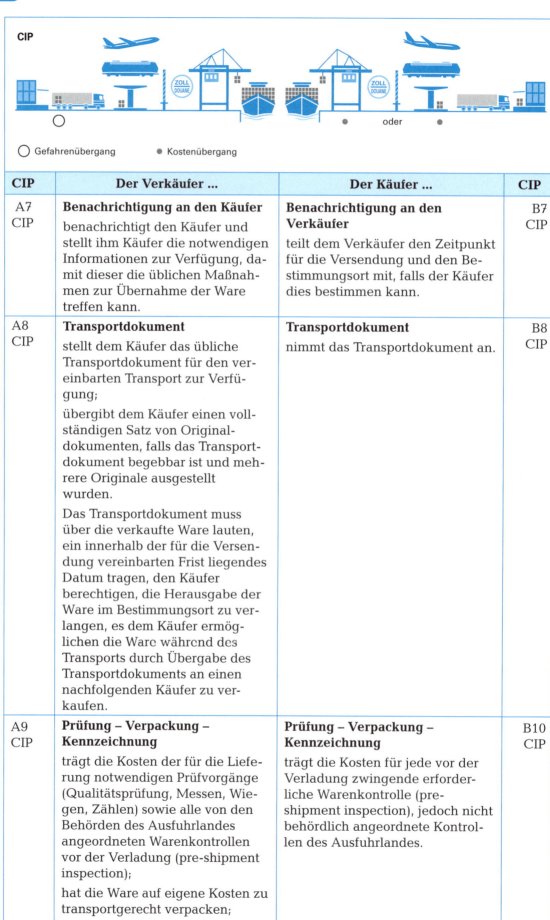

○ Gefahrenübergang     ● Kostenübergang

| CIP | Der Verkäufer ... | Der Käufer ... | CIP |
|---|---|---|---|
| A7 CIP | **Benachrichtigung an den Käufer** <br> benachrichtigt den Käufer und stellt ihm Käufer die notwendigen Informationen zur Verfügung, damit dieser die üblichen Maßnahmen zur Übernahme der Ware treffen kann. | **Benachrichtigung an den Verkäufer** <br> teilt dem Verkäufer den Zeitpunkt für die Versendung und den Bestimmungsort mit, falls der Käufer dies bestimmen kann. | B7 CIP |
| A8 CIP | **Transportdokument** <br> stellt dem Käufer das übliche Transportdokument für den vereinbarten Transport zur Verfügung; <br> übergibt dem Käufer einen vollständigen Satz von Originaldokumenten, falls das Transportdokument begebbar ist und mehrere Originale ausgestellt wurden. <br> Das Transportdokument muss über die verkaufte Ware lauten, ein innerhalb der für die Versendung vereinbarten Frist liegendes Datum tragen, den Käufer berechtigen, die Herausgabe der Ware im Bestimmungsort zu verlangen, es dem Käufer ermöglichen die Ware während des Transports durch Übergabe des Transportdokuments an einen nachfolgenden Käufer zu verkaufen. | **Transportdokument** <br> nimmt das Transportdokument an. | B8 CIP |
| A9 CIP | **Prüfung – Verpackung – Kennzeichnung** <br> trägt die Kosten der für die Lieferung notwendigen Prüfvorgänge (Qualitätsprüfung, Messen, Wiegen, Zählen) sowie alle von den Behörden des Ausfuhrlandes angeordneten Warenkontrollen vor der Verladung (pre-shipment inspection); <br> hat die Ware auf eigene Kosten zu transportgerecht verpacken; <br> kennzeichnet die Verpackung in geeigneter Weise. | **Prüfung – Verpackung – Kennzeichnung** <br> trägt die Kosten für jede vor der Verladung zwingende erforderliche Warenkontrolle (pre-shipment inspection), jedoch nicht behördlich angeordnete Kontrollen des Ausfuhrlandes. | B10 CIP |

| CIP | Der Verkäufer ... | Der Käufer ... | CIP |
|---|---|---|---|
| A10 CIP | **Unterstützung bei Informationen und damit verbundener Kosten**<br><br>stellt Dokumente und (sicherheitsrelevante) Informationen auf Verlangen, Kosten und Gefahr des Käufers zur Verfügung, die dieser für die Einfuhr der Ware und/oder deren Transport bis zum Bestimmungsort benötigt. | **Unterstützung bei Informationen und damit verbundener Kosten**<br><br>teilt dem Verkäufer rechtzeitig alle sicherheitsrelevanten Informationsanforderungen mit;<br><br>stellt dem Verkäufer die notwendigen Dokumente und Informationen für den Transport sowie für die Ausfuhr und Durchfuhr zu Verfügung. | B10 CIP |

## DAT Delivered at Terminal – geliefert Terminal

Die Incotermsklausel DAT kann unabhängig vom Transportmittel und für multimodale Transporte eingesetzt werden. Lieferort ist ein Terminal, z. B. in einem Seehafen, Binnenhafen, Flughafen, Containerumschlagsplatz, Güterverkehrszentrum oder in einer Speditionsumschlagshalle. Eine Überdachung des Lieferortes ist nicht notwendig. Die Lieferung erfolgt durch Bereitstellung der Ware an dem benannten Terminal nachdem sie von einem ankommenden Beförderungsmittel auf Kosten und Gefahr des Verkäufers entladen worden war. Die Übergabestelle im benannten Terminal sollte möglichst genau im Vertrag beschrieben und festgehalten werden. Der Verkäufer schließt den Beförderungsvertrag ab und wählt dabei ein Beförderungsmittel, das mit dem gewählten Terminal vereinbar ist. Der Verkäufer muss die Ausfuhrabfertigung (falls notwendig auch die Ausfuhrgenehmigung) besorgen sowie die Durchfuhr bis zum Lieferort, falls erforderlich.

*DAT Delivered at Terminal – geliefert Terminal*

*durch Bereitstellung der Ware entladen*

| DAT | Der Verkäufer ... | Der Käufer ... | DAT |
|---|---|---|---|
| A1 DAT | **Allgemeine Verpflichtungen des Verkäufers**<br><br>stellt die Ware an einem exakt definierten Lieferort bereit;<br><br>stellt die Handelsrechnung bereit;<br><br>kann elektronische Dokumente verwenden, falls vereinbart oder üblich. | **Allgemeine Verpflichtungen des Käufers**<br><br>bezahlt den vereinbarten Preis;<br><br>kann elektronische Dokumente verwenden, falls vereinbart oder üblich. | B1 DAT |

Kosten- und Gefahrenübergang

| DAT | Der Verkäufer ... | Der Käufer ... | DAT |
|---|---|---|---|
| A2 DAT | **Lizenzen, Genehmigungen, Sicherheitsfreigaben und andere Formalitäten**<br><br>beschafft auf eigene Gefahr die Ausfuhrgenehmigung sowie andere behördliche Genehmigungen;<br><br>erledigt alle Zollformalitäten für die Ausfuhr. | **Lizenzen, Genehmigungen, Sicherheitsfreigaben und andere Formalitäten**<br><br>beschafft auf eigene Gefahr und Kosten die Einfuhrgenehmigung;<br><br>erledigt die Zollformalitäten für die Einfuhr. | B2 DAT |
| A3 DAT | **Beförderungs- und Versicherungsverträge**<br><br>schließt einen **Beförderungsvertrag** bis zum benannten Terminal im vereinbarten Bestimmungshafen oder -ort ab;<br><br>bestimmt Terminal, falls nicht vereinbart;<br><br>hat gegenüber dem Käufer keine Verpflichtung einen Versicherungsvertrag abzuschließen;<br><br>stellt auf Verlangen, Gefahr und Kosten des Käufers Informationen zur Verfügung, die dieser für den Abschluss einer Versicherung benötigt. | **Beförderungs- und Versicherungsverträge**<br><br>schließt keinen Beförderungsvertrag ab (keine Verpflichtung gegenüber Verkäufer);<br><br>hat gegenüber dem Verkäufer keine Verpflichtung einen Versicherungsvertrag abzuschließen;<br><br>stellt dem Verkäufer die für einen Versicherungsabschluss notwendigen Informationen zur Verfügung. | B3 DAT |
| A4 DAT | **Lieferung**<br><br>entlädt die Ware von dem ankommenden Beförderungsmittel.<br><br>liefert die Ware, indem er die Ware dem Käufer an dem benannten Terminal zur Verfügung stellt. | **Lieferung**<br><br>übernimmt die Ware vom Frachtführer im benannten Terminal. | B4 DAT |
| A5 DAT | **Gefahrenübergang**<br><br>trägt die Gefahren des Verlustes oder der Beschädigung der Ware bis zur Lieferung. | **Gefahrenübergang**<br><br>trägt die Gefahren des Verlustes oder der Beschädigung der Ware ab Lieferort. | B5 DAT |
| A6 DAT | **Kostenverteilung**<br><br>trägt alle die Waren betreffenden Kosten bis zur Lieferung;<br><br>trägt die Fracht und alle anderen aus dem Beförderungsvertrag entstehenden Kosten;<br><br>trägt die Kosten der für die Ausfuhr notwendigen Zollformalitäten sowie Zölle, Steuern und andere Ausfuhrabgaben sowie Kosten der Durchfuhr. | **Kostenverteilung**<br><br>trägt die Kosten ab Lieferung;<br><br>trägt die Kosten für Zölle, Steuern und andere Abgaben sowie Kosten für Zollformalitäten bei der Einfuhr. | B6 DAT |

*1 Außenhandelsverträge gestalten*

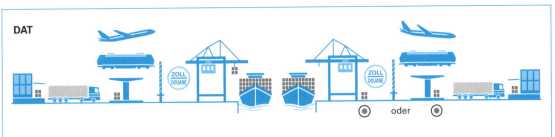

● Kosten- und Gefahrenübergang

| DAT | Der Verkäufer ... | Der Käufer ... | DAT |
|---|---|---|---|
| A7 DAT | **Benachrichtigung an den Käufer** benachrichtigt den Käufer und stellt ihm die notwendigen Informationen zur Verfügung, damit dieser die üblichen Maßnahmen zur Übernahme der Ware treffen kann. | **Benachrichtigung an den Verkäufer** teilt dem Verkäufer den Zeitpunkt und/oder die Stelle für die Warenübernahme im benannten Terminal mit, falls der Käufer diese bestimmen kann. | B7 DAT |
| A8 DAT | **Transportdokument** stellt dem Käufer ein Dokument zur Verfügung, damit dieser die Ware am benannten Terminal übernehmen kann. | **Transportdokument** nimmt das Transportdokument an. | B8 DAT |
| A9 DAT | **Prüfung – Verpackung – Kennzeichnung** trägt die Kosten der für die Lieferung notwendigen Prüfvorgänge (Qualitätsprüfung, Messen, Wiegen, Zählen) sowie alle von den Behörden des Ausfuhrlandes angeordneten Warenkontrollen vor der Verladung (pre-shipment inspection); verpackt die Ware transportgerecht (auf eigene Kosten); kennzeichnet die Verpackung in geeigneter Weise. | **Prüfung – Verpackung – Kennzeichnung** trägt die Kosten für jede vor der Verladung zwingende erforderliche Warenkontrolle (pre-shipment inspection), jedoch nicht behördlich angeordnete Kontrollen des Ausfuhrlandes. | B9 DAT |
| A10 DAT | **Unterstützung bei Informationen und damit verbundener Kosten** stellt Dokumente und (sicherheitsrelevante) Informationen auf Verlangen, Kosten und Gefahr des Käufers zur Verfügung, die dieser für die Einfuhr der Ware und/oder deren Transport bis zum Bestimmungsort benötigt. | **Unterstützung bei Informationen und damit verbundener Kosten** teilt dem Verkäufer rechtzeitig alle sicherheitsrelevanten Informationsanforderungen mit; stellt dem Verkäufer die notwendigen Dokumente und Informationen für den Transport sowie für die Ausfuhr und Durchfuhr zu Verfügung. | B10 DAT |

## DAP Delivered at Place – geliefert benannter Ort

Die Klausel DAP kann für alle Transportmittel und für multimodale Transporte verwendet werden. Die Lieferung durch den Verkäufer erfolgt an einer benannten Stelle an einem benannten Ort. Dabei werden die Waren dem Käufer auf einem ankommenden Beförderungsmittel unentladen zur Verfügung gestellt. Der Käufer muss also auf seine Kosten und sein Risiko abladen und den Weitertransport zum endgültigen Bestimmungsort organisieren sowie Kosten und Risiken dafür tragen. Bei der Wahl des Transportmittels muss der Ver-

**DAP DELIVERED AT PLACE – GELIEFERT BENANNTER ORT**

**UNENTLADEN ZUR VERFÜGUNG GESTELLT**

käufer den benannten Lieferort berücksichtigen. Fallen laut Beförderungsvertrag am Bestimmungsort noch Kosten für die Entladung an, die der Verkäufer bezahlen muss, kann er diese Entladekosten nicht vom Käufer zurückfordern, es sei denn, beide Vertragsparteien haben eine gegenteilige Vereinbarung getroffen. Die Ausfuhrabfertigung muss der Verkäufer organisieren und durchführen, ebenso eine erforderliche Durchfuhr. Falls eine Ausfuhrgenehmigung erforderlich sein sollte, muss er diese beschaffen. Jedoch hat der Verkäufer keine Verpflichtung, die Einfuhrverzollung zu übernehmen.

**DAP**

◉ Kosten- und Gefahrenübergang

| DAP | Der Verkäufer ... | Der Käufer ... | DAP |
|---|---|---|---|
| A1 DAP | **Allgemeine Verpflichtungen des Verkäufers**<br>stellt die Ware an einem exakt definierten Lieferort bereit;<br>stellt die Handelsrechnung bereit;<br>kann elektronische Dokumente verwenden, falls vereinbart oder üblich. | **Allgemeine Verpflichtungen des Käufers**<br>bezahlt den vereinbarten Preis;<br>kann elektronische Dokumente verwenden, falls vereinbart oder üblich. | B1 DAP |
| A2 DAP | **Lizenzen, Genehmigungen, Sicherheitsfreigaben und andere Formalitäten**<br>beschafft auf eigene Gefahr die Ausfuhrgenehmigung sowie andere behördliche Genehmigungen;<br>erledigt alle Zollformalitäten für die Ausfuhr und Durchfuhr durch jedes Landes vor Lieferung. | **Lizenzen, Genehmigungen, Sicherheitsfreigaben und andere Formalitäten**<br>beschafft auf eigene Gefahr und Kosten die Einfuhrgenehmigung;<br>erledigt die Zollformalitäten für die Einfuhr. | B2 DAP |
| A3 DAP | **Beförderungs- und Versicherungsverträge**<br>schließt einen **Beförderungsvertrag** bis zum benannten Bestimmungsort oder bis zur vereinbarten Stelle im Bestimmungsort ab;<br>wählt die am besten geeignete Stelle im Bestimmungsort, falls eine solche nicht vereinbart ist;<br>hat gegenüber dem Käufer keine Verpflichtung einen Versicherungsvertrag abzuschließen;<br>stellt auf Verlangen, Gefahr und Kosten des Käufers Informationen zur Verfügung, die dieser für den Abschluss einer Versicherung benötigt. | **Beförderungs- und Versicherungsverträge**<br>schließt keinen Beförderungsvertrag ab (keine Verpflichtung gegenüber Verkäufer);<br>hat gegenüber dem Verkäufer keine Verpflichtung einen Versicherungsvertrag abzuschließen;<br>stellt dem Verkäufer die für einen Versicherungsabschluss notwendigen Informationen zur Verfügung. | B3 DAP |
| A4 DAP | **Lieferung**<br>stellt die Ware entladebereit auf dem ankommenden Beförderungsmittel zur Verfügung. | **Lieferung**<br>übernimmt die Ware unentladen am benannten Bestimmungsort vom ankommenden Beförderungsmittel. | B4 DAP |

◉ Kosten- und Gefahrenübergang

| DAP | Der Verkäufer ... | Der Käufer ... | DAP |
|---|---|---|---|
| A5 DAP | **Gefahrenübergang**<br>trägt die Gefahren des Verlustes oder der Beschädigung der Ware bis zur Lieferung gem. A4. | **Gefahrenübergang**<br>trägt die Gefahren des Verlustes oder der Beschädigung der Ware ab Lieferort. | B5 DAP |
| A6 DAP | **Kostenverteilung**<br>trägt alle die Waren betreffenden Kosten bis zur Lieferung;<br>trägt die Fracht und alle anderen aus dem Beförderungsvertrag entstehenden Kosten;<br>trägt alle Abgaben für die Beladung am Bestimmungsort, wenn diese nach Beförderungsvertrag vom Verkäufer zu tragen sind.<br>trägt die Kosten der für die Ausfuhr notwendigen Zollformalitäten sowie Zölle, Steuern und andere Ausfuhrabgaben sowie Kosten der Durchfuhr. | **Kostenverteilung**<br>trägt alle die Ware betreffenden Kosten ab Lieferung;<br>trägt alle Entladekosten (falls laut Beförderungsvertrag nicht vom Verkäufer zu tragen);<br>trägt die Kosten für Zölle, Steuern und andere Abgaben sowie Kosten für Zollformalitäten bei der Einfuhr. | B6 DAP |
| A7 DAP | **Benachrichtigung an den Käufer**<br>Benachrichtigung über alles Nötige, um die üblicherweise notwendigen Maßnahmen zur Übernahme der Ware zu treffen. | **Benachrichtigung an den Verkäufer**<br>teilt dem Verkäufer den Zeitpunkt und/oder die Stelle für die Warenübernahme im benannten Terminal mit, falls der Käufer diese bestimmen kann. | B7 DAP |
| A8 DAP | **Transportdokument**<br>stellt dem Käufer ein Dokument zur Verfügung, damit dieser die Ware am benannten Bestimmungsort übernehmen kann. | **Transportdokument**<br>nimmt das Transportdokument an. | B8 DAP |
| A9 DAP | **Prüfung – Verpackung – Kennzeichnung**<br>trägt die Kosten der für die Lieferung notwendigen Prüfvorgänge (Qualitätsprüfung, Messen, Wiegen, Zählen) sowie alle von den Behörden des Ausfuhrlandes angeordneten Warenkontrollen vor der Verladung (pre-shipment inspection);<br>verpackt die Ware transportgerecht (auf eigene Kosten);<br>kennzeichnet die Verpackung in geeigneter Weise. | **Prüfung – Verpackung – Kennzeichnung**<br>trägt die Kosten für jede **vor der Verladung** zwingende erforderliche Warenkontrolle (pre-shipment inspection), jedoch nicht behördlich angeordnete Kontrollen des Ausfuhrlandes. | B9 DAP |

| DAP | Der Verkäufer ... | Der Käufer ... | DAP |
|---|---|---|---|
| A10 DAP | **Unterstützung bei Informationen und damit verbundener Kosten**<br>stellt Dokumente und (sicherheitsrelevante) Informationen auf Verlangen, Kosten und Gefahr des Käufers zur Verfügung, die dieser für die Einfuhr der Ware und/oder deren Transport bis zum Bestimmungsort benötigt. | **Unterstützung bei Informationen und damit verbundener Kosten**<br>teilt dem Verkäufer rechtzeitig alle sicherheitsrelevanten Informationsanforderungen mit;<br>stellt dem Verkäufer die notwendigen Dokumente und Informationen für den Transport sowie für die Ausfuhr und Durchfuhr zu Verfügung. | B10 DAP |

**DDP** **D**ELIVERED **DUTY PAID – GELIEFERT VERZOLLT**

**AN EINEM BESTIMMUNGSORT ZUR VERFÜGUNG**

**DDP Delivered duty paid – geliefert verzollt**

DDP überträgt dem Verkäufer unter allen Incotermsklauseln die umfangreichsten Pflichten und Aufgaben. Sie stellt damit ein Extrem in der Reihe der elf Incotermsklauseln dar. Diese Klausel kann für jede Form des Gütertransports vereinbart werden und ist auch für multimodale Transporte geeignet. Bei Vereinbarung dieser Klausel müssen Verkäufer und Käufer wollen, dass der Verkäufer auf seine Gefahr und Kosten die Ware an einem benannten Bestimmungsort zur Verfügung stellt, und zwar nicht entladen. Der Verkäufer muss alle Ausfuhr- und Einfuhrmodalitäten abwickeln sowie sämtliche Ausfuhr- und Einfuhrabgaben bezahlen, falls diese erhoben werden. Es gibt jedoch Beförderungsverträge, bei denen das Abladen mit zu den Pflichten im Rahmen eines Beförderungsvertrages gehört und der Verkäufer als Vertragspartner des Frachtführers die Kosten der Entladung zusammen mit den reinen Transportkosten übernehmen muss. Sie können nur dann an den Käufer weitergegeben werden, wenn eine solche Vereinbarung zusätzlich in den Kaufvertrag aufgenommen wurde. Problematisch dürfte die Beschaffung einer Einfuhrgenehmigung, falls notwendig, und die Einfuhrabfertigung für einen nicht gebietsansässigen Verkäufer sein. Neben der Entrichtung von Abgaben sind auch mögliche Erstattungen in Betracht zu ziehen, z. B. die Einfuhrumsatzsteuer, die ein Nichtgebietsansässiger unter Umständen nicht erhält. Verkäufer und Käufer sollten, falls die genannten Probleme bekannt sind, im Kaufvertrag zusätzliche Vereinbarungen treffen, damit das Geschäft abgewickelt werden kann.

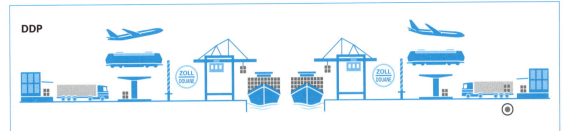

**DDP**

◉ Kosten- und Gefahrenübergang

| DDP | Der Verkäufer ... | Der Käufer ... | DDP |
|---|---|---|---|
| A1 DDP | **Allgemeine Verpflichtungen des Verkäufers** <br> stellt die Ware an einem exakt definierten Lieferort bereit; <br> stellt die Handelsrechnung bereit; <br> kann elektronische Dokumente verwenden, falls vereinbart oder üblich. | **Allgemeine Verpflichtungen des Käufers** <br> bezahlt den vereinbarten Preis; <br> kann elektronische Dokumente verwenden, falls vereinbart oder üblich. | B1 DDP |
| A2 DDP | **Lizenzen, Genehmigungen, Sicherheitsfreigaben und andere Formalitäten** <br> beschafft auf eigene Gefahr die Ausfuhrgenehmigung sowie andere behördliche Genehmigungen; <br> erledigt alle Zollformalitäten für die Ausfuhr und Durchfuhr durch jedes Landes vor Lieferung. | **Lizenzen, Genehmigungen, Sicherheitsfreigaben und andere Formalitäten** <br> unterstützt den Verkäufer bei der Beschaffung der Einfuhrgenehmigung oder anderer behördlicher Genehmigungen für die Einfuhr der Ware. | B2 DDP |
| A3 DDP | **Beförderungs- und Versicherungsverträge** <br> schließt einen Beförderungsvertrag bis zum benannten Bestimmungsort oder bis zur vereinbarten Stelle im Bestimmungsort ab; <br> wählt die am besten geeignete Stelle im Bestimmungsort, falls eine solche nicht vereinbart ist; <br> hat gegenüber dem Käufer keine Verpflichtung einen Versicherungsvertrag abzuschließen; <br> stellt auf Verlangen, Gefahr und Kosten des Käufers Informationen zur Verfügung, die dieser für den Abschluss einer Versicherung benötigt. | **Beförderungs- und Versicherungsverträge** <br> schließt keinen Beförderungsvertrag ab (keine Verpflichtung gegenüber Verkäufer); <br> hat gegenüber dem Verkäufer keine Verpflichtung einen Versicherungsvertrag abzuschließen; <br> stellt dem Verkäufer die für einen Versicherungsabschluss notwendigen Informationen zur Verfügung. | B3 DDP |
| A4 DDP | **Lieferung** <br> stellt die Ware entladebereit auf dem ankommenden Beförderungsmittel am benannten Bestimmungsort an der vereinbarten Stelle zur Verfügung. | **Lieferung** <br> übernimmt die Ware unentladen am benannten Bestimmungsort vom ankommenden Beförderungsmittel. | B4 DDP |

◉ Kosten- und Gefahrenübergang

| DDP | Der Verkäufer ... | Der Käufer ... | DDP |
|---|---|---|---|
| A5 DDP | **Gefahrenübergang** <br> trägt die Gefahren des Verlustes oder der Beschädigung der Ware bis zur Lieferung gem. A 4. | **Gefahrenübergang** <br> trägt die Gefahren des Verlustes oder der Beschädigungg der Ware ab Lieferort. | B5 DDP |
| A6 DDP | **Kostenverteilung** <br> trägt alle die Waren betreffenden Kosten bis zur Lieferung; <br> trägt die Fracht und alle anderen aus dem Beförderungsvertrag entstehenden Kosten; <br> trägt alle Abgaben für die Entladung am Bestimmungsort, wenn diese nach Beförderungsvertrag vom Verkäufer zu tragen sind. <br> trägt die Kosten der für die Aus- und Einfuhr notwendigen Zollformalitäten sowie Zölle, Steuern und andere Abgaben, die bei der Aus- und Einfuhr der Ware erhoben werden sowie Kosten der Durchfuhr durch jedes Land vor Lieferung. | **Kostenverteilung** <br> trägt alle die Ware betreffenden Kosten ab Lieferung; <br> trägt alle Entladekosten (falls laut Beförderungsvertrag nicht vom Verkäufer zu tragen). | B6 DDP |
| A7 DDP | **Benachrichtigung an den Käufer** <br> benachrichtigt den Käufer und stellt ihm die notwendigen Informationen zur Verfügung, damit dieser die üblichen Maßnahmen zur Übernahme der Ware treffen kann. | **Benachrichtigung an den Verkäufer** <br> teilt dem Verkäufer den Zeitpunkt und/oder die Stelle für die Warenübernahme am benannten Bestimmungsort mit, falls der Käufer diese bestimmen kann. | B7 DDP |
| A8 DDP | **Transportdokument** <br> stellt dem Käufer ein Dokument zur Verfügung, damit dieser die Ware am benannten Bestimmungsort übernehmen kann. | **Transportdokument** <br> nimmt das in A8 vorgesehene Dokument (Liefernachweis) an. | B8 DDP |

**DDP**

Kosten- und Gefahrenübergang

| DDP | Der Verkäufer ... | Der Käufer ... | DDP |
|---|---|---|---|
| A9 DDP | **Prüfung – Verpackung – Kennzeichnung**<br><br>trägt die Kosten der für die Lieferung notwendigen Prüfvorgänge (Qualitätsprüfung, Messen, Wiegen, Zählen) sowie alle von den Behörden des Aus- und Einfuhrlandes angeordneten Warenkontrollen vor der Verladung (pre-shipment inspection);<br><br>verpackt die Ware transportgerecht (auf eigene Kosten);<br><br>kennzeichnet die Verpackung in geeigneter Weise. | **Prüfung – Verpackung – Kennzeichnung**<br><br>hat keine Verpflichtung die Kosten für von den Behörden des Aus- oder Einfuhrlandes angeordneten Warenkontrollen (pre-shipment inspection) zu tragen. | B9 DDP |
| A10 DDP | **Unterstützung bei Informationen und damit verbundener Kosten**<br><br>stellt Dokumente und (sicherheitsrelevante) Informationen auf Verlangen, Kosten und Gefahr des Käufers zur Verfügung, die dieser für die Einfuhr der Ware und/oder deren Transport bis zum Bestimmungsort benötigt. | **Unterstützung bei Informationen und damit verbundener Kosten**<br><br>teilt dem Verkäufer rechtzeitig alle sicherheitsrelevanten Informationsanforderungen mit;<br><br>stellt dem Verkäufer die notwendigen Dokumente und Informationen für den Transport sowie für die Ausfuhr und Durchfuhr zur Verfügung. | B10 DDP |

**Klauseln für See- und Binnenschiffstransport (Blaue Klauseln)**

Die Internationale Handelskammer (ICC) hat in ihrer Darstellung der Incoterms 2010 vier Klauseln geschaffen, die nicht für alle Transportarten und nicht für multimodale Transporte geeignet sind, sondern ausschließlich bei See- oder Binnenschiffstransporten angewendet werden sollten. Zwei dieser Klauseln, FAS und FOB, gehören zur Kategorie der F-Klauseln. Die beiden anderen, CFR und CIF, gehören zur Gruppe der C-Klauseln. Ein Großteil der Güter, insbesondere hochwertige Handelsgüter, werden in Containern mit Seeschiffen oder Binnenschiffen befördert. Für Containertransporte sind die Incotermsklauseln FAS, FOB, CFR und CIF nicht geeignet, da bei diesen Incoterms der Verkäufer die Güter entweder längsseits des Schiffs abladen oder auf das Schiff verladen muss. Ein Verkäufer kann bei Containertransporten diese Verpflichtung selten erfüllen, da aus Sicherheitsgründen und organisatorischen Regelungen in den Seehäfen oder Binnenhäfen der Verkäufer keine Möglichkeiten hat, einen Container direkt an das Seeschiff zu liefern. In der Praxis werden die Container weit entfernt vom Schiff an einem Terminal abgeladen und in fremde Obhut (Terminal Operators, Reedereien, Hafenbetreiber, Kaibetriebe usw.) übergeben. Für Containertransporte mit einem See- oder Binnenschiff sollte die Klausel FCA vereinbart werden.

**FAS Free Alongside Ship**

## FAS Free Alongside Ship – Frei Längsseite Schiff

Vereinbaren ein Verkäufer und ein Käufer im Kaufvertrag die Klausel FAS, dann muss der Verkäufer die Güter längsseits eines Transportschiffs anliefern. Dabei sind zwei Liefervarianten denkbar. Entweder der Verkäufer liefert auf Uferseite, z. B. an einem Kai, oder von Wasserseite durch ein Feederschiff oder ein anderes Zubringerschiff, z. B. Getreide-, Kohle, Schrotttransportschiff, das längsseits des zu beladenden Transportschiffs anlegt. Der Verkäufer liefert, indem er die Güter längsseits des Schiffs bereitstellt. Der Käufer muss dem Verkäufer die Ladestelle im Verschiffungshafen und den Namen des Schiffs mitteilen. Die Ausfuhrabfertigung hat der Verkäufer zu besorgen. Er muss die Ausfuhrabgaben bezahlen, falls diese anfallen. Das Transportrisiko geht an den Käufer mit der Lieferung längsseits des Schiffs im Verschiffungshafen über. Liegt ein Kaufvertrag, z. B. bei Massengut, im Rahmen einer Verkaufskette (string sales) vor, muss der Verkäufer eine gelieferte Ware beschaffen.

Die Klausel FAS ist auf Stückgüter und Massengüter ausgerichtet, die auf konventionellen Stückgutschiffen oder Massengutschiffen transportiert werden. Wird die Ware in einem Container geliefert, eignet sich die Klausel FAS nicht, da der Transport von Containern auf Containerschiffen so organisiert ist, dass die Übergabe der Container an den Frachtführer weit vom Anlegekai oder der Ankerposition des Schiffes entfernt erfolgt. Für Containertransporte sollte die FCA-Klausel verwendet werden.

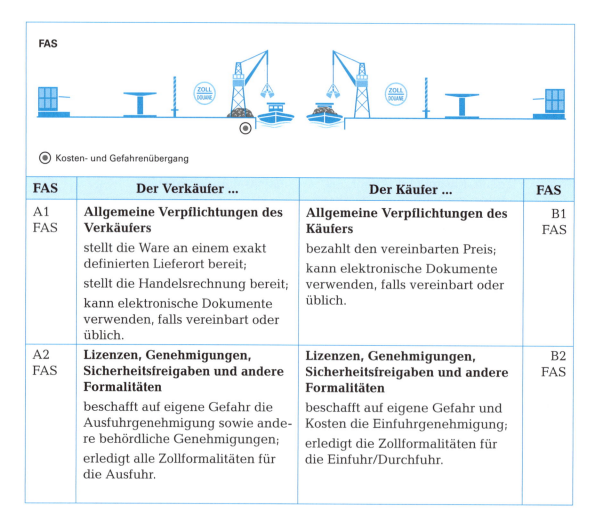

| FAS | Der Verkäufer ... | Der Käufer ... | FAS |
|---|---|---|---|
| A1 FAS | **Allgemeine Verpflichtungen des Verkäufers**<br>stellt die Ware an einem exakt definierten Lieferort bereit;<br>stellt die Handelsrechnung bereit;<br>kann elektronische Dokumente verwenden, falls vereinbart oder üblich. | **Allgemeine Verpflichtungen des Käufers**<br>bezahlt den vereinbarten Preis;<br>kann elektronische Dokumente verwenden, falls vereinbart oder üblich. | B1 FAS |
| A2 FAS | **Lizenzen, Genehmigungen, Sicherheitsfreigaben und andere Formalitäten**<br>beschafft auf eigene Gefahr die Ausfuhrgenehmigung sowie andere behördliche Genehmigungen;<br>erledigt alle Zollformalitäten für die Ausfuhr. | **Lizenzen, Genehmigungen, Sicherheitsfreigaben und andere Formalitäten**<br>beschafft auf eigene Gefahr und Kosten die Einfuhrgenehmigung;<br>erledigt die Zollformalitäten für die Einfuhr/Durchfuhr. | B2 FAS |

# 1 Außenhandelsverträge gestalten

**FAS**

● Kosten- und Gefahrenübergang

| FAS | Der Verkäufer ... | Der Käufer ... | FAS |
|---|---|---|---|
| A3 FAS | **Beförderungs- und Versicherungsverträge**<br><br>hat keine Verpflichtung gegenüber dem Käufer einen Beförderungs- oder Versicherungsvertrag abzuschließen;<br><br>stellt Informationen für den Abschluss einer Versicherung zur Verfügung;<br><br>kann auf Verlangen, Gefahr und Kosten des Käufers oder bei Handelspraxis den Beförderungsvertrag abschließen,<br><br>stellt auf Verlangen, Gefahr und Kosten des Käufers Informationen für den Abschluss einer Versicherung zur Verfügung. | **Beförderungs- und Versicherungsverträge**<br><br>schließt den Vertrag über die Beförderung der Ware vom benannten Verschiffungshafen ab;<br><br>hat gegenüber dem Käufer keine Verpflichtung einen Versicherungsvertrag abzuschließen. | B3 FAS |
| A4 FAS | **Lieferung**<br><br>liefert die Ware durch Bereitstellung längsseits des Schiffs an der benannten Ladestelle im benannten Verschiffungshafen zum vereinbarten Zeitpunkt oder innerhalb des vereinbarten Zeitraums in der im Hafen üblichen Weise. | **Lieferung**<br><br>übernimmt die Ware. | B4 FAS |
| A5 FAS | **Gefahrenübergang**<br><br>trägt die Gefahren des Verlustes oder der Beschädigung der Ware **bis zur Lieferung**. | **Gefahrenübergang**<br><br>trägt die Gefahren des Verlustes oder der Beschädigung der Ware **ab Lieferort**;<br><br>trägt die Gefahren des Verlustes oder der Beschädigung der Ware ab dem vereinbarten Lieferzeitpunkt oder ab Ablauf des vereinbarten Lieferzeitraums, wenn der Käufer den Verkäufer nicht den Namen des Schiffs, die Ladestelle und die Lieferzeit innerhalb des vereinbarten Zeitraums mitteilt. | B5 FAS |
| A6 FAS | **Kostenverteilung**<br><br>trägt die Kosten bis zur Lieferung;<br><br>trägt die Kosten der für die Ausfuhr notwendigen Zollformalitäten sowie Zölle, Steuern und andere Ausfuhrabgaben. | **Kostenverteilung**<br><br>trägt die Kosten ab Lieferung;<br><br>trägt die Kosten für Zölle, Steuern und andere Abgaben sowie Kosten für Zollformalitäten bei der Einfuhr und der Durchfuhr. | B6 FAS |

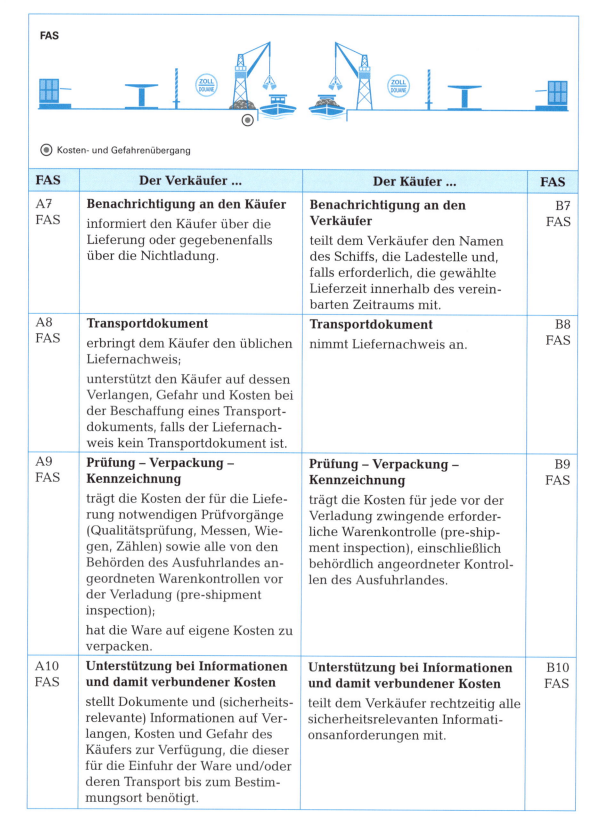

Kosten- und Gefahrenübergang

| FAS | Der Verkäufer ... | Der Käufer ... | FAS |
|---|---|---|---|
| A7 FAS | **Benachrichtigung an den Käufer** informiert den Käufer über die Lieferung oder gegebenenfalls über die Nichtladung. | **Benachrichtigung an den Verkäufer** teilt dem Verkäufer den Namen des Schiffs, die Ladestelle und, falls erforderlich, die gewählte Lieferzeit innerhalb des vereinbarten Zeitraums mit. | B7 FAS |
| A8 FAS | **Transportdokument** erbringt dem Käufer den üblichen Liefernachweis; unterstützt den Käufer auf dessen Verlangen, Gefahr und Kosten bei der Beschaffung eines Transportdokuments, falls der Liefernachweis kein Transportdokument ist. | **Transportdokument** nimmt Liefernachweis an. | B8 FAS |
| A9 FAS | **Prüfung – Verpackung – Kennzeichnung** trägt die Kosten der für die Lieferung notwendigen Prüfvorgänge (Qualitätsprüfung, Messen, Wiegen, Zählen) sowie alle von den Behörden des Ausfuhrlandes angeordneten Warenkontrollen vor der Verladung (pre-shipment inspection); hat die Ware auf eigene Kosten zu verpacken. | **Prüfung – Verpackung – Kennzeichnung** trägt die Kosten für jede vor der Verladung zwingende erforderliche Warenkontrolle (pre-shipment inspection), einschließlich behördlich angeordneter Kontrollen des Ausfuhrlandes. | B9 FAS |
| A10 FAS | **Unterstützung bei Informationen und damit verbundener Kosten** stellt Dokumente und (sicherheitsrelevante) Informationen auf Verlangen, Kosten und Gefahr des Käufers zur Verfügung, die dieser für die Einfuhr der Ware und/oder deren Transport bis zum Bestimmungsort benötigt. | **Unterstützung bei Informationen und damit verbundener Kosten** teilt dem Verkäufer rechtzeitig alle sicherheitsrelevanten Informationsanforderungen mit. | B10 FAS |

**FOB FREE ON BOARD**

### FOB Free on board – Frei an Bord

Die Klausel FOB, eine der bekanntesten und am häufigsten verwendeten Klauseln, ist für See- und Binnenschiffstransporte geeignet. Für Containertransporte auf Schiffen, sollte vorzugsweise die Klausel FCA verwendet werden. Bei der Klausel FOB muss der Verkäufer die Ware zur Ausfuhr abfertigen und anfallende Ausfuhrabgaben, falls notwendig, entrichten. Der Verkäufer liefert die Ware, indem er die Güter an Bord des Schiffes verlädt. Der Transportgefahr sowie die Kosten gehen auf den Käufer über, sobald die Güter an Bord des Schiffes abgestellt wurden. Nach den Vorgaben der Klausel FOB hat der Käufer den Transportvertrag abzuschließen. Daraus ergibt sich die Pflicht, dem Verkäufer den Verschiffungshafen, die Ladestelle sowie den Namen und die Ankunftszeit des Schiffs mitzuteilen.

**FOB**

⊙ Kosten- und Gefahrenübergang

| FOB | Verpflichtungen des Verkäufers | Verpflichtungen des Käufers | FOB |
|---|---|---|---|
| A1 FOB | **Allgemeine Verpflichtungen des Verkäufers**<br>stellt die Ware an einem exakt definierten Lieferort bereit;<br>erstellt die Handelsrechnung;<br>kann elektronische Dokumente verwenden, falls vereinbart oder üblich. | **Allgemeine Verpflichtungen des Käufers**<br>bezahlt den vereinbarten Preis;<br>kann elektronische Dokumente verwenden, falls vereinbart oder üblich. | B1 FOB |
| A2 FOB | **Lizenzen, Genehmigungen, Sicherheitsfreigaben und andere Formalitäten**<br>beschafft auf eigene Gefahr die Ausfuhrgenehmigung sowie andere behördliche Genehmigungen;<br>erledigt alle Zollformalitäten für die Ausfuhr. | **Lizenzen, Genehmigungen, Sicherheitsfreigaben und andere Formalitäten**<br>beschafft auf eigene Gefahr und Kosten die Einfuhrgenehmigung;<br>erledigt die Zollformalitäten für die Einfuhr/Durchfuhr. | B2 FOB |
| A3 FOB | **Beförderungs- und Versicherungsverträge**<br>hat keine Verpflichtung gegenüber dem Käufer einen Beförderungs- oder Versicherungsvertrag abzuschließen;<br>kann auf Verlangen, Gefahr und Kosten des Käufers oder bei Handelspraxis den Beförderungsvertrag abschließen,<br>stellt auf Verlangen, Gefahr und Kosten des Käufers Informationen für den Abschluss einer Versicherung zur Verfügung. | **Beförderungs- und Versicherungsverträge**<br>schließt den Vertrag über die Beförderung der Ware vom benannten Verschiffungshafen ab;<br>hat gegenüber dem Verkäufer keine Verpflichtung einen Versicherungsvertrag abzuschließen. | B3 FOB |
| A4 FOB | **Lieferung**<br>verbringt die Ware an Bord des Schiffs an der benannten Ladestelle im benannten Verschiffungshafen zum vereinbarten Zeitpunkt oder innerhalb des vereinbarten Zeitraums in der im Hafen üblichen Weise (Lieferung);<br>verschafft die Ware. | **Lieferung**<br>übernimmt die Ware. | B4 FOB |

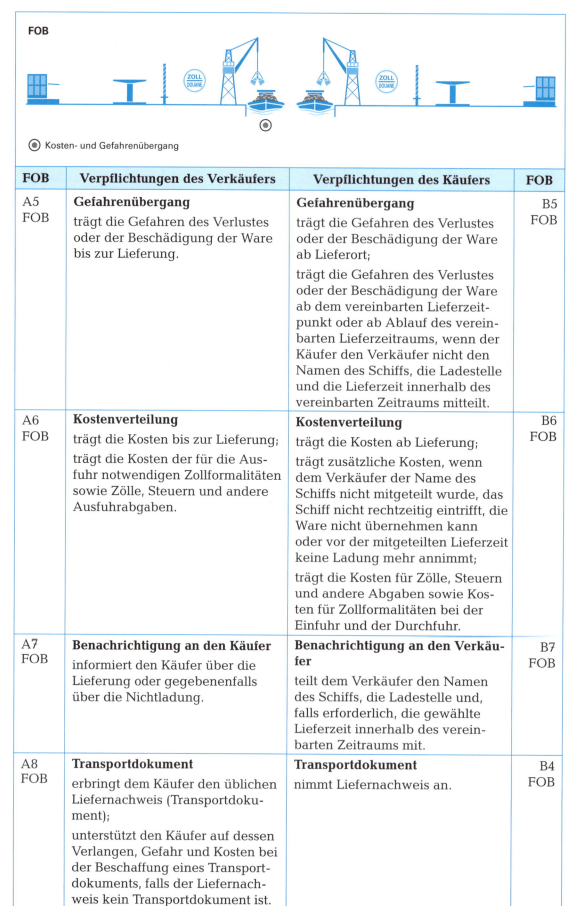

FOB

◉ Kosten- und Gefahrenübergang

| FOB | Verpflichtungen des Verkäufers | Verpflichtungen des Käufers | FOB |
|---|---|---|---|
| A5 FOB | **Gefahrenübergang** <br> trägt die Gefahren des Verlustes oder der Beschädigung der Ware bis zur Lieferung. | **Gefahrenübergang** <br> trägt die Gefahren des Verlustes oder der Beschädigung der Ware ab Lieferort; <br> trägt die Gefahren des Verlustes oder der Beschädigung der Ware ab dem vereinbarten Lieferzeitpunkt oder ab Ablauf des vereinbarten Lieferzeitraums, wenn der Käufer den Verkäufer nicht den Namen des Schiffs, die Ladestelle und die Lieferzeit innerhalb des vereinbarten Zeitraums mitteilt. | B5 FOB |
| A6 FOB | **Kostenverteilung** <br> trägt die Kosten bis zur Lieferung; <br> trägt die Kosten der für die Ausfuhr notwendigen Zollformalitäten sowie Zölle, Steuern und andere Ausfuhrabgaben. | **Kostenverteilung** <br> trägt die Kosten ab Lieferung; <br> trägt zusätzliche Kosten, wenn dem Verkäufer der Name des Schiffs nicht mitgeteilt wurde, das Schiff nicht rechtzeitig eintrifft, die Ware nicht übernehmen kann oder vor der mitgeteilten Lieferzeit keine Ladung mehr annimmt; <br> trägt die Kosten für Zölle, Steuern und andere Abgaben sowie Kosten für Zollformalitäten bei der Einfuhr und der Durchfuhr. | B6 FOB |
| A7 FOB | **Benachrichtigung an den Käufer** <br> informiert den Käufer über die Lieferung oder gegebenenfalls über die Nichtladung. | **Benachrichtigung an den Verkäufer** <br> teilt dem Verkäufer den Namen des Schiffs, die Ladestelle und, falls erforderlich, die gewählte Lieferzeit innerhalb des vereinbarten Zeitraums mit. | B7 FOB |
| A8 FOB | **Transportdokument** <br> erbringt dem Käufer den üblichen Liefernachweis (Transportdokument); <br> unterstützt den Käufer auf dessen Verlangen, Gefahr und Kosten bei der Beschaffung eines Transportdokuments, falls der Liefernachweis kein Transportdokument ist. | **Transportdokument** <br> nimmt Liefernachweis an. | B4 FOB |

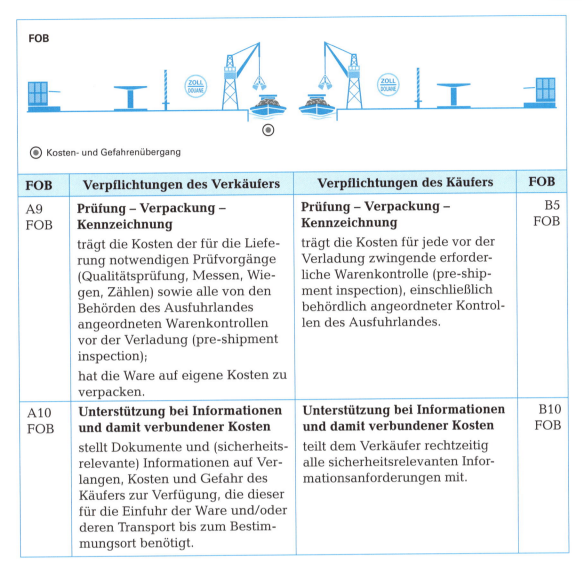

| FOB | Verpflichtungen des Verkäufers | Verpflichtungen des Käufers | FOB |
|---|---|---|---|
| A9 FOB | **Prüfung – Verpackung – Kennzeichnung**<br>trägt die Kosten der für die Lieferung notwendigen Prüfvorgänge (Qualitätsprüfung, Messen, Wiegen, Zählen) sowie alle von den Behörden des Ausfuhrlandes angeordneten Warenkontrollen vor der Verladung (pre-shipment inspection);<br>hat die Ware auf eigene Kosten zu verpacken. | **Prüfung – Verpackung – Kennzeichnung**<br>trägt die Kosten für jede vor der Verladung zwingende erforderliche Warenkontrolle (pre-shipment inspection), einschließlich behördlich angeordneter Kontrollen des Ausfuhrlandes. | B5 FOB |
| A10 FOB | **Unterstützung bei Informationen und damit verbundener Kosten**<br>stellt Dokumente und (sicherheitsrelevante) Informationen auf Verlangen, Kosten und Gefahr des Käufers zur Verfügung, die dieser für die Einfuhr der Ware und/oder deren Transport bis zum Bestimmungsort benötigt. | **Unterstützung bei Informationen und damit verbundener Kosten**<br>teilt dem Verkäufer rechtzeitig alle sicherheitsrelevanten Informationsanforderungen mit. | B10 FOB |

**CFR Cost and Freight – Kosten und Fracht**

Diese Klausel ist für die Beförderung der Ware in Seeschiffen oder Binnenschiffen geeignet. Bei dieser Klausel hat der Verkäufer die Beförderung der Ware zum vereinbarten Bestimmungsort zu organisieren. Dabei hat er die Waren für die Beförderungsart angemessen zu verpacken, den Vorlauf zum Verschiffungshafen mit einem anderen Verkehrsträger zu organisieren und zu bezahlen, die Waren – falls erforderlich – zur Ausfuhr abzufertigen, Ausfuhrabgaben zu bezahlen sowie – wenn notwendig – die Durchfuhr bis zum Verschiffungshafen zolltechnisch zu besorgen. Zu seinen Aufgaben gehört auch, die Verladung der Ware an Bord des Schiffes. Mit dem Absetzen der Ware auf dem Schiffsboden geht die Gefahr des Verlustes oder der Beschädigung der Ware vom Verkäufer auf den Käufer über. Im Gegensatz zur FOB-Klausel wählt der Verkäufer den Frachtführer aus und schließt mit diesem den Frachtvertrag ab. Daraus ergibt sich für den Verkäufer die Verpflichtung, das Transportentgelt (See- oder Binnenschiffsfracht) bis zum benannten Bestimmungsort sowie die Kosten der Be- und Entladung in Abhängigkeit der Bestimmungen des Frachtvertrags (Liner Terms) zu bezahlen. Da der Käufer die Ware nach Ankunft im Bestimmungshafen nach den Vorgaben des Beförderungsvertrags entweder auf dem Schiff oder entladen übernehmen muss, benötigt er detaillierte Information seitens des Verkäufers über die Ankunftszeit des Schiffes sowie über die Stelle der Warenübernahme. Der Verkäufer ist verpflichtet, diese Informationen an den Käufer rechtzeitig weiterzugeben. Bei Schiffstransporten kommt den Dokumenten eine besondere Bedeutung zu. Erhält der Verkäufer vom Transporteur ein Konnossement, muss der Verkäufer dieses Dokument an den Käufer weiterreichen, da die Ware nur gegen Vorlage eines Konnossements ausgeliefert wird.

Bei CFR liegen – wie bei allen C-Klauseln – der Ort des Gefahrenübergangs und der Ort des Kostenübergangs an verschiedenen Stellen.

Für Containerverladungen, insbesondere im Seeschiffsbereich, sollte man besser die FCA-Klausel verwenden, da bei dieser Transportart nur in Ausnahmefällen die Prozesse der Containerübergabe und -übernahme gemäß der CFR-Klausel abgewickelt werden können. CFR kann insbesondere für den Transport von Stückgütern verwendet werden, die nicht in einen Container verladen werden können und nicht im LCL-Verkehr abgewickelt werden. Die Klausel CFR eignet sich für die zunehmend an Bedeutung gewinnenden Projekt- und Schwergutverladungen auf Stückgutschiffen die häufig mit eigenen Kränen ausgerüstet sind. Beim Einsatz von Ro-Ro-Schiffen eignet sich die Klausel CFR ebenfalls. Das gilt auch für Ladungen, die auf Rollen auf ein Ro-Ro-Schiff verladen werden. Allerdings kann es dabei zu Auslegungsproblemen hinsichtlich des Gefahrenübergangs kommen, wenn die Güter nicht eindeutig auf dem Boden des Schiffes abgesetzt werden.

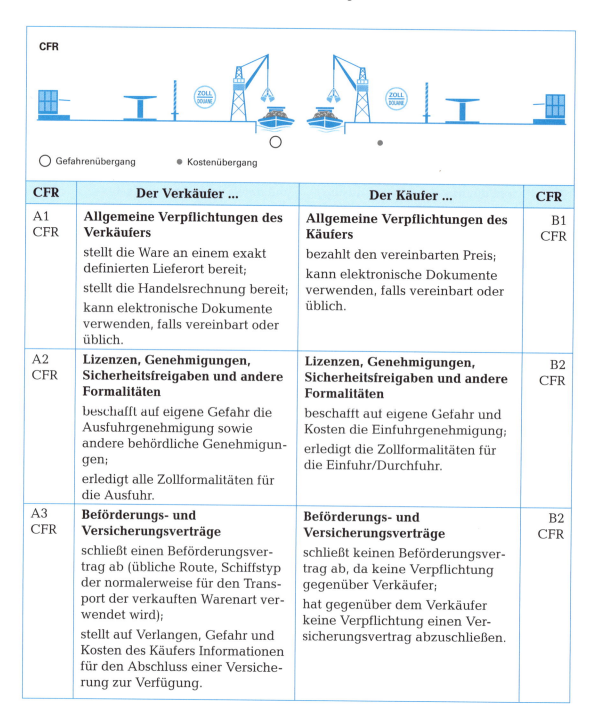

| CFR | Der Verkäufer ... | Der Käufer ... | CFR |
|---|---|---|---|
| A1 CFR | **Allgemeine Verpflichtungen des Verkäufers**<br><br>stellt die Ware an einem exakt definierten Lieferort bereit;<br><br>stellt die Handelsrechnung bereit;<br><br>kann elektronische Dokumente verwenden, falls vereinbart oder üblich. | **Allgemeine Verpflichtungen des Käufers**<br><br>bezahlt den vereinbarten Preis;<br><br>kann elektronische Dokumente verwenden, falls vereinbart oder üblich. | B1 CFR |
| A2 CFR | **Lizenzen, Genehmigungen, Sicherheitsfreigaben und andere Formalitäten**<br><br>beschafft auf eigene Gefahr die Ausfuhrgenehmigung sowie andere behördliche Genehmigungen;<br><br>erledigt alle Zollformalitäten für die Ausfuhr. | **Lizenzen, Genehmigungen, Sicherheitsfreigaben und andere Formalitäten**<br><br>beschafft auf eigene Gefahr und Kosten die Einfuhrgenehmigung;<br><br>erledigt die Zollformalitäten für die Einfuhr/Durchfuhr. | B2 CFR |
| A3 CFR | **Beförderungs- und Versicherungsverträge**<br><br>schließt einen Beförderungsvertrag ab (übliche Route, Schiffstyp der normalerweise für den Transport der verkauften Warenart verwendet wird);<br><br>stellt auf Verlangen, Gefahr und Kosten des Käufers Informationen für den Abschluss einer Versicherung zur Verfügung. | **Beförderungs- und Versicherungsverträge**<br><br>schließt keinen Beförderungsvertrag ab, da keine Verpflichtung gegenüber Verkäufer;<br><br>hat gegenüber dem Verkäufer keine Verpflichtung einen Versicherungsvertrag abzuschließen. | B2 CFR |

**CFR**

○ Gefahrenübergang  ● Kostenübergang

| CFR | Der Verkäufer ... | Der Käufer ... | CFR |
|---|---|---|---|
| A4 CFR | **Lieferung**<br>verbringt die Ware an Bord des Schiffs an der benannten Ladestelle im benannten Verschiffungshafen zum vereinbarten Zeitpunkt oder innerhalb des vereinbarten Zeitraums in der im Hafen üblichen Weise (Lieferung);<br>verschafft die Ware. | **Lieferung**<br>übernimmt die Ware und nimmt sie vom Frachtführer im benannten Bestimmungshafen entgegen. | B4 CFR |
| A5 CFR | **Gefahrenübergang**<br>trägt die Gefahren des Verlustes oder der Beschädigung der Ware bis zur Lieferung an Bord des Schiffes. | **Gefahrenübergang**<br>trägt die Gefahren des Verlustes oder der Beschädigung der Ware ab Lieferort. | B5 CFR |
| A6 CFR | **Kostenverteilung**<br>trägt die Kosten bis zur Lieferung;<br>trägt die Fracht und alle anderen aus dem Beförderungsvertrag entstehenden Kosten (Verladung an Bord und Entladekosten im vereinbarten Entladehafen, die nach dem Beförderungsvertrag vom Verkäufer zu tragen sind);<br>trägt die Kosten der für die Ausfuhr notwendigen Zollformalitäten sowie Zölle, Steuern und andere Ausfuhrabgaben. | **Kostenverteilung**<br>trägt die Kosten ab Lieferung;<br>trägt Entladekosten einschließlich Kaigebühren, die nach Beförderungsvertrag nicht vom Verkäufer zu tragen sind;<br>trägt die Kosten für Zölle, Steuern und andere Abgaben sowie Kosten für Zollformalitäten bei der Einfuhr und der Durchfuhr. | B6 CFR |
| A7 CFR | **Benachrichtigung an den Käufer**<br>stellt dem Käufer die notwendigen Informationen zur Verfügung, damit dieser die üblichen Maßnahmen zur Übernahme der Ware treffen kann. | **Benachrichtigung an den Verkäufer**<br>teilt dem Verkäufer den Zeitpunkt für die Verschiffung der Ware und/oder die Stelle für die Entgegennahme der Ware innerhalb des benannten Bestimmungshafens mit, falls der Käufer dies bestimmen kann. | B7 CFR |

○ Gefahrenübergang   ● Kostenübergang

| CFR | Der Verkäufer ... | Der Käufer ... | CFR |
|---|---|---|---|
| A8 CFR | **Transportdokument** stellt dem Käufer das übliche Transportdokument für den vereinbarten Bestimmungshafen zur Verfügung; übergibt dem Käufer einen vollständigen Satz von Originaldokumenten, falls das Transportdokument begebbar ist und mehrere Originale ausgestellt wurden. Das Transportdokument muss über die verkaufte Ware lauten, ein innerhalb der für die Verschiffung vereinbarten Frist liegendes Datum tragen, den Käufer berechtigen, die Herausgabe der Ware im Bestimmungshafen zu verlangen, es dem Käufer ermöglichen die Ware während des Transports an einen nachfolgenden Käufer zu verkaufen. | **Transportdokument** nimmt Transportdokument an. | B8 CFR |
| A9 CFR | **Prüfung – Verpackung – Kennzeichnung** trägt die Kosten der für die Lieferung notwendigen Prüfvorgänge (Qualitätsprüfung, Messen, Wiegen, Zählen) sowie alle von den Behörden des Ausfuhrlandes angeordneten Warenkontrollen vor der Verladung (pre-shipment inspection); verpackt die Ware auf eigene Kosten. | **Prüfung – Verpackung – Kennzeichnung** trägt die Kosten für jede vor der Verladung zwingende erforderliche Warenkontrolle (pre-shipment inspection), jedoch nicht behördlich angeordnete Kontrollen des Ausfuhrlandes. | B9 CFR |
| A10 CFR | **Unterstützung bei Informationen und damit verbundener Kosten** stellt Dokumente und (sicherheitsrelevante) Informationen auf Verlangen, Kosten und Gefahr des Käufers zur Verfügung, die dieser für die Einfuhr der Ware und/oder deren Transport bis zum Bestimmungsort benötigt. | **Unterstützung bei Informationen und damit verbundener Kosten** teilt dem Verkäufer rechtzeitig alle sicherheitsrelevanten Informationsanforderungen mit. | B10 CFR |

# CIF Cost Insurance and Freight – Kosten, Versicherung, Fracht

Die Incotermsklausel CIF eignet sich wie die Klauseln FOB und CRF für den Transport der Waren mit See- oder Binnenschiffen. Die Grundsätze der Klausel FOB werden dadurch erweitert, dass der Verkäufer zusätzlich die Transportkosten bis zu einem Bestimmungshafen – wie bei CFR – und die Kosten für eine Transportversicherung des Warentransports trägt. Allerdings handelt es sich – wie bei der Klausel CIP nur um einen minimalen Schutz gegen die Risiken Verlust und Beschädigung wie sie die Klauseln (C) der Institute Cargo Clauses (LMA/IUA) vorsehen. Der Versicherer (Einzelversicherer oder Versicherungsgesellschaft) muss einen einwandfreien Leumund aufweisen. Bei der Vertragsgestaltung ist dem Käufer oder einer anderen Person mit einem versicherbaren Interesse an der Ware das Recht auf direkte Ansprüche beim Versicherer einzuräumen. Wünscht ein Käufer höherwertigen Versicherungsschutz, z. B. nach den Klauseln (A) oder (B) der Institute Cargo Clauses (LMA/IUA) und/oder der Institute War Clauses und/oder der Institute Strike Clauses (LMA/IUA), muss er den Verkäufer dazu beauftragen und ihm die zusätzlich benötigten Informationen zukommen lassen und die Kosten für den zusätzlichen, höheren Versicherungsschutz tragen. Wenn der Käufer selbst zusätzlichen Versicherungsschutz besorgen möchte, muss ihm der Verkäufer die benötigten Informationen zur Verfügung stellen. Als Deckungssumme für die Versicherung soll der im Kaufvertrag vereinbarte Preis in der Währung des Kaufvertrags zuzüglich 10 % eingetragen werden. Damit beträgt die Deckungssumme für die Versicherung nach CIF 110 % des im Kaufvertrag vereinbarten Preises. Versicherungsschutz soll ab der Verladung auf dem Schiff (Lieferort) bis zum benannten Bestimmungshafen bestehen.

Wie bei jeder C-Klausel sind bei CIF der Ort des Gefahrenübergangs und der Ort des Kostenübergangs nicht identisch.

| CIF | Der Verkäufer ... | Der Käufer ... | CIF |
|---|---|---|---|
| A1 CIF | **Allgemeine Verpflichtungen des Verkäufers**<br>stellt die Ware an einem exakt definierten Lieferort bereit;<br>stellt die Handelsrechnung bereit;<br>verwendet elektronische Dokumente, falls vereinbart oder üblich. | **Allgemeine Verpflichtungen des Käufers**<br>bezahlt den vereinbarten Preis;<br>verwendet elektronische Dokumente, falls vereinbart oder üblich | B1 CIF |
| A2 CIF | **Lizenzen, Genehmigungen, Sicherheitsfreigaben und andere Formalitäten**<br>beschafft auf eigene Gefahr die Ausfuhrgenehmigung sowie andere behördliche Genehmigungen;<br>erledigt alle Zollformalitäten für die Ausfuhr. | **Lizenzen, Genehmigungen, Sicherheitsfreigaben und andere Formalitäten**<br>beschafft auf eigene Gefahr und Kosten die Einfuhrgenehmigung;<br>erledigt die Zollformalitäten für die Einfuhr/Durchfuhr. | B2 CIF |

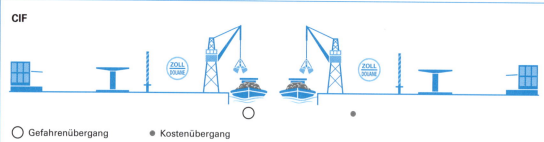

CIF

○ Gefahrenübergang    ● Kostenübergang

| CIF | Des Verkäufer ... | Der Käufer ... | CIF |
|---|---|---|---|
| A3 CIF | **Beförderungs- und Versicherungsverträge**<br><br>schließt einen Beförderungsvertrag ab (übliche Route, Schiffstyp der normalerweise für den Transport der verkauften Warenart verwendet wird);<br><br>schließt auf eigene Kosten eine Transportversicherung ab die der Mindestdeckung gemäß den Klauseln (C) der Institute Cargo Clauses (LMA/IUA) entspricht (Einzelversicherer, Versicherungsgesellschaften mit einwandfreiem Leumund, Käufer muss Ansprüche direkt beim Versicherer geltend machen können);<br><br>beschafft zusätzliche Deckung (auf Verlangen und Kosten des Käufers, vorbehaltlich der vom Käufer zur Verfügung gestellten Informationen), z. B. entsprechend den Klauseln (A) und (B) der Institute Cargo Clauses (LMA/IUA) oder ähnlichen Klauseln und/oder der Institute War Clauses und/oder der Institute Strikes Clauses (LMA/IUA) oder ähnlichen Klauseln.<br><br>Die Versicherungssumme muss mindestens den im Vertrag genannten Preis zuzüglich zehn Prozent (d. h. 110 %) abdecken und in der Währung des Vertrags ausgestellt sein. | **Beförderungs- und Versicherungsverträge**<br><br>schließt keinen Beförderungsvertrag ab, da keine Verpflichtung gegenüber Verkäufer;<br><br>hat gegenüber dem Verkäufer keine Verpflichtung einen Versicherungsvertrag abzuschließen;<br><br>stellt dem Verkäufer Informationen über die Abdeckung von über die Mindestdeckung nach Institute Cargo Clauses (C) hinausgehenden Risiken zur Verfügung. | B3 CIF |
| A4 CIF | **Lieferung**<br><br>verbringt die Ware an Bord des Schiffs an der benannten Ladestelle im benannten Verschiffungshafen zum vereinbarten Zeitpunkt oder innerhalb des vereinbarten Zeitraums in der im Hafen üblichen Weise (Lieferung). | **Lieferung**<br><br>übernimmt die Ware und nimmt sie vom Frachtführer im benannten Bestimmungshafen entgegen. | B4 CIF |

**CIF**

○ Gefahrenübergang    ● Kostenübergang

| CIF | Der Verkäufer ... | Der Käufer ... | CIF |
|---|---|---|---|
| A5 CIF | **Gefahrenübergang** trägt die Gefahren des Verlustes oder der Beschädigung der Ware bis zur Lieferung an Bord des Schiffes. | **Gefahrenübergang** trägt die Gefahren des Verlustes oder der Beschädigung der Ware ab Lieferort. | B5 CIF |
| A6 CIF | **Kostenverteilung** trägt die Kosten bis zur Lieferung; trägt die Fracht und alle anderen aus dem Beförderungsvertrag entstehenden Kosten (Verladung an Bord und Entladekosten im vereinbarten Entladehafen, die nach dem Beförderungsvertrag vom Verkäufer zu tragen sind); trägt die Kosten der für die Ausfuhr notwendigen Zollformalitäten sowie Zölle, Steuern und andere Ausfuhrabgaben. | **Kostenverteilung** trägt die Kosten ab Lieferung; trägt Entladekosten einschließlich Kaigebühren, die nach Beförderungsvertrag nicht vom Verkäufer zu tragen sind; trägt die Kosten für Zölle, Steuern und andere Abgaben sowie Kosten für Zollformalitäten bei der Einfuhr und der Durchfuhr. | B6 CIF |
| A7 CIFR | **Benachrichtigung an den Käufer** stellt dem Käufer die notwendigen Informationen zur Verfügung, damit dieser die üblichen Maßnahmen zur Übernahme der Ware treffen kann. | **Benachrichtigung an den Verkäufer** teilt dem Verkäufer den Zeitpunkt für die Verschiffung der Ware und/oder die Stelle für die Entgegennahme der Ware innerhalb des benannten Bestimmungshafens mit, falls der Käufer dies bestimmen kann. | B7 CIF |
| A8 CIF | **Transportdokument** stellt dem Käufer das übliche Transportdokument für den vereinbarten Bestimmungshafen zur Verfügung; übergibt dem Käufer einen vollständigen Satz von Originaldokumenten, falls das Transportdokument begebbar ist und mehrere Originale ausgestellt wurden. Das Transportdokument muss über die verkaufte Ware lauten, ein innerhalb der für die Verschiffung vereinbarten Frist liegendes Datum tragen, den Käufer berechtigen, die Herausgabe der Ware im Bestimmungshafen zu verlangen, es dem Käufer ermöglichen die Ware während des Transports an einen nachfolgenden Käufer zu verkaufen. | **Transportdokument** nimmt Transportdokument an. | B8 CIF |

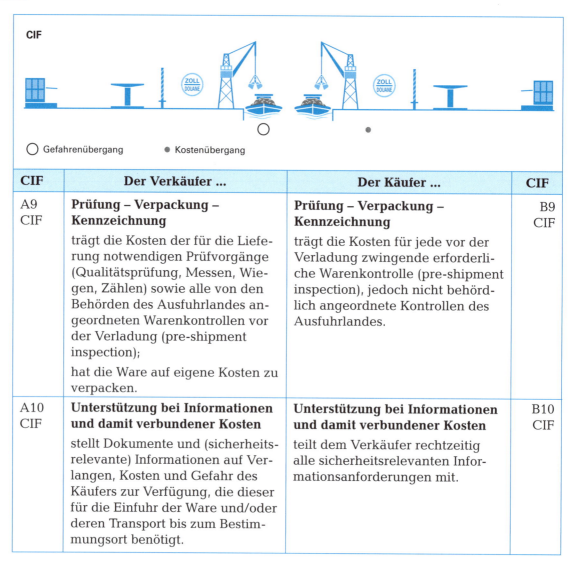

| CIF | Der Verkäufer ... | Der Käufer ... | CIF |
|---|---|---|---|
| A9 CIF | **Prüfung – Verpackung – Kennzeichnung**<br>trägt die Kosten der für die Lieferung notwendigen Prüfvorgänge (Qualitätsprüfung, Messen, Wiegen, Zählen) sowie alle von den Behörden des Ausfuhrlandes angeordneten Warenkontrollen vor der Verladung (pre-shipment inspection);<br>hat die Ware auf eigene Kosten zu verpacken. | **Prüfung – Verpackung – Kennzeichnung**<br>trägt die Kosten für jede vor der Verladung zwingende erforderliche Warenkontrolle (pre-shipment inspection), jedoch nicht behördlich angeordnete Kontrollen des Ausfuhrlandes. | B9 CIF |
| A10 CIF | **Unterstützung bei Informationen und damit verbundener Kosten**<br>stellt Dokumente und (sicherheitsrelevante) Informationen auf Verlangen, Kosten und Gefahr des Käufers zur Verfügung, die dieser für die Einfuhr der Ware und/oder deren Transport bis zum Bestimmungsort benötigt. | **Unterstützung bei Informationen und damit verbundener Kosten**<br>teilt dem Verkäufer rechtzeitig alle sicherheitsrelevanten Informationsanforderungen mit. | B10 CIF |

### 1.2.3 Kriterien für die Wahl der geeigneten Incoterms-2010®-Klausel

Bei der Wahl der Incoterms 2010®-Klausel sollten die Vertragsparteien sorgfältig abwägen, welche der möglichen Klauseln einer reibungslosen und erfolgreichen Abwicklung des (internationalen) Warengeschäftes am besten dient. Viele Verkäufer gehen von der Vorstellung aus, dass eine Vereinbarung EXW für sie die vorteilhafteste Klausel wäre, weil ihnen damit die geringste Belastung mit Pflichten aus dieser Vereinbarung auferlegt würde. Auf Käuferseite herrscht die Vorstellung, DDP wäre die Klausel, die ihnen die meisten Vorteile brächte, da sie in diesem Fall nur ein Minimum an Verpflichtungen auf sich nehmen würden. Eine solche am geringsten Aufwand orientierte Betrachtungsweise ist oberflächlich und birgt das Risiko in sich, die falsche Incoterms 2010®-Klausel zu wählen, mit unter Umständen fatalen Folgen für die erfolgreiche Abwicklung des Warengeschäfts.

Folgende Kriterien sind für die Auswahl von Incoterms 2010®-Klauseln von besonderer Bedeutung.

**ART DER WARE UND EINGESETZTES TRANSPORTMITTEL**

**Art der Ware und eingesetztes Transportmittel**

Die Art der Ware, die von einem Verkäufer zu einem Käufer zu transportieren ist, bestimmt den Einsatz der möglichen Verkehrsmittel und damit die Auswahl einer geeigneten Incoterms 2010®-Klausel.

Ist der Transport der Ware ausschließlich mit dem Lkw, der Eisenbahn oder mit dem Flugzeug möglich, können sämtliche Klauseln verwendet werden, die den Begriff „Schiff" nicht beinhalten, also EXW, FCA, CPT, CIP, DAT, DAP und DDP. Wird die Ware für einen Schiffstransport oder im Rahmen eines multimodalen Transports in einen Seecontainer verpackt, können Incoterms-2010®-Klauseln, die vom Verkäufer die Lieferung der Ware unmittelbar an die Ladestelle im Seehafen (Kai) oder eine Verladung der Ware an Bord eines Seeschiffes verlangen, d. h. FAS, FOB, CFR und CIF, nicht verwendet werden, da ein Verkäufer aus organisatorischen oder sicherheitsrelevanten Gründen keinen Zugang an das zu beladende Schiff hat. Die Ware wird weit entfernt vom Kai von den Seehafenbetreibern übernommen.

### Übernahme der Gefahr und der Kosten

Bei der Klausel EXW hat der Käufer nicht nur sämtliche Kosten und Risiken des Transports der Ware zu tragen, sondern, falls erforderlich, die Ausfuhr, Durchfuhr und Einfuhr der Waren zu organisieren und die damit verbundenen Abgaben und Kosten zu entrichten. Man sollte jedoch die Ausfuhrbestimmungen des Ausfuhrlandes genau prüfen. Üblicherweise ist der Käufer kein Staatsbürger des Landes, aus dem die Waren ausgeführt werden. Es gibt Staaten, z. B. die Vereinigten Staaten von Amerika, in denen die Möglichkeiten, Waren auszuführen für Nichtstaatsbürger stark reglementiert und erschwert sind. In solchen Fällen ist die Klausel FCA vorzuziehen. Bei innerstaatlichen oder innereuropäischen Transaktionen kann die Klausel im Allgemeinen ohne Einschränkungen verwendet werden.

Bei den Klauseln der F-Gruppe bestimmt der Käufer den Frachtführer für den Haupttransport und übernimmt das Risiko mit der Übergabe der Ware an den Frachtführer, häufig im Exportland. Der Käufer möchte beispielsweise bestimmte Transportmittel oder Frachtführer des Importlandes einsetzen, Preisvorteile oder Vorteile aus Devisenbestimmungen nutzen.

Möchte ein Verkäufer bestimmte Transportmittel oder Frachtführer des Exportlandes bevorzugen sowie Preisvorteile oder Vorteile aus Devisenbestimmungen nutzen, wird er zumindest versuchen, eine C-Klausel im Kaufvertrag durchzusetzen. Man sollte jedoch beachten, dass bei den C-Klauseln Kosten- und der Risikoübergang an der verschiedenen Orten liegen.

Stimmt ein Verkäufer einer D-Klausel zu, übernimmt er die gesamten Transportkosten sowie die Risiken des Transports bis zu einem bestimmten Ort (Terminal, benannter Ort). Bei DDP sollte man jedoch prüfen, ob der Verkäufer die Einfuhr in das Bestimmungsland aus rechtlichen Gründen überhaupt durchführen oder organisieren kann. Steuerrechtliche Betrachtungen sind ein weiterer Aspekt bei der Auswahl von DDP benannter Ort Incoterms 2010®. Übernimmt ein Exporteur aus einem nichteuropäischen Staat die Zölle und Abgaben bei der Einfuhr z. B. nach Deutschland, wird er die bezahlte Einfuhrumsatzsteuer nicht als Vorsteuer ansetzen können.

### Risikoabsicherung

Lediglich in den Incoterms-2010®-Klauseln CIF und CIP wird der Verkäufer zum Abschluss einer Transportversicherung verpflichtet, obwohl er das Risiko gar nicht trägt. Die geforderte Qualität des Versicherungsschutzes ist nicht hoch, da nur die Mindestdeckung (C) nach Institute Cargo Clauses (LMA/IUA) verlangt wird. In den übrigen Fällen müssen Verkäufer und Käufer ihre Risiken genau prüfen und für eigenen Versicherungsschutz sorgen. Sollte ein Käufer sich auf eine Klausel CIF benannter Ort Incoterms 2010® oder CIP benannter Ort Incoterms 2010® einlassen, sollte er prüfen, ob der Versicherungsschutz, den der Verkäufer besorgt, zur Risikoabsicherung ausreicht. Das gilt insbesondere für hochwertige Güter.

### Dokumente

Für jede Incoterms-2010®-Klausel ist geregelt, wer die jeweiligen Dokumente zur reibungslosen Transportabwicklung des Warengeschäfts beschaffen muss. Wenn im Kaufvertrag ein Dokumentenakkreditiv zur Zahlungssicherung vereinbart wurde, muss bei der Wahl der geeigneten Incotermsklausel genau geprüft werden, ob die jeweils geforderten Dokumente beschafft werden können.

## Incoterms 2010® als Marketinginstrument

Der entscheidende Faktor, auf welche Incoterms 2010®-Klausel sich ein Verkäufer und ein Käufer einigen, dürfte deren Marktmacht und Marktposition sein. Hat ein Verkäufer die stärkere Marktmacht, kann er leichter eine E- oder F-Klausel durchsetzen. In einem Käufermarkt wird es dem Käufer leichter fallen, Klauseln mit für ihn wenig organisatorischem Aufwand sowie relativ geringen Kosten und Risiken, z. B. die C- oder D-Klauseln, in den Kaufvertrag zu übernehmen. Muss ein Verkäufer, der in einem Käufermarkt um Aufträge ringt, die Transportkosten für den Hauptlauf übernehmen, wird er versuchen die Kosten für den Transport möglichst gering zu halten. Dies könnte dazu führen, dass er unzuverlässige Frachtführer auswählt und einsetzt. Der Verkäufer nutzt die Incoterms 2010® damit als Instrument für seine Preispolitik.

## Incoterms 2010® als Instrument zur Qualitätssicherung

Drängt ein Käufer auf die Durchsetzung der C- oder D-Klauseln im Kaufvertrag, verzichtet er auf Gestaltungsmöglichkeiten im Rahmen der Transportkette. Ein solcher Käufer hat keinen Einfluss darauf, welcher Frachtführer (Carrier) den Haupttransport durchführt, welcher Spediteur auf dem Gelände des Empfängers auftaucht, um die bestellte Ware abzuliefern. Er kann die Qualität der Akteure in den Prozessabläufen der Supply Chain nicht beeinflussen. Unter Gesichtspunkten des Qualitätsmanagements im Rahmen der Lieferkette ist es für einen Käufer vorteilhafter, eine F-Klausel oder, wenn möglich, die E-Klausel, mit seinem Geschäftspartner zu vereinbaren. Wird ein Verkäufer im Rahmen einer C- oder D-Klausel verpflichtet den Haupttransport oder den Transport über die gesamte Strecke bis zum Empfänger zu organisieren, wählt er vermutlich nicht den qualitativ hochwertigsten Frachtführer aus, der einen hohen Preis für seine Dienstleistung verlangt. Ein solcher Verkäufer wird den preisgünstigsten Frachtführer wählen, der wegen des niedrigen Preises unter Umständen Qualitätsdefizite aufweist, die zu zusätzlichem Aufwand und Verzögerungen im Transportablauf führen können.

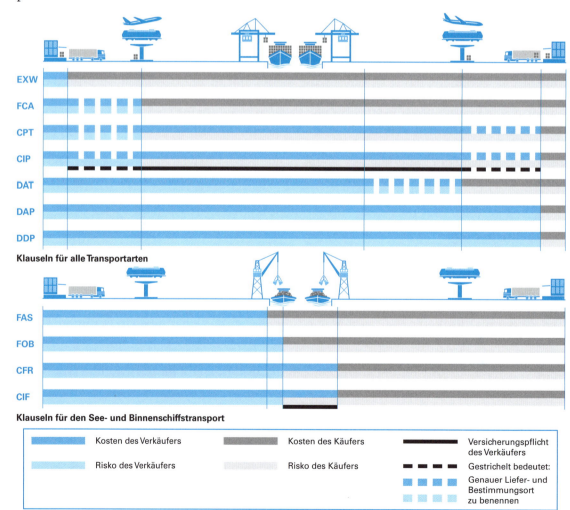

## 1.3 Wie können Zahlungs- und Lieferungsrisiken abgesichert werden?

In früheren Jahrhunderten reisten Händler mit Schiffen in fremde Länder, um dort ihre Waren gegen Gold oder Silber zu verkaufen. Diese Zeiten sind längst vorbei. Heutzutage sendet ein Unternehmen seine Ware in fremde Länder und hofft auf Gegenleistung. Die Vertragspartner sind ihm mehr oder weniger unbekannt. Daraus ergeben sich erhebliche Risiken (vgl. S. 10).

**Beispiel:**

> Die Vischer Paper AG liefert eine Maschine im Wert von 80 Mio. EUR. Angenommen der Käufer zahlt nicht oder verweigert die Annahme der Maschine, entstehen der Vischer Paper AG hohe Kosten. Der Käufer möchte sichergehen, dass die in Auftrag gegebene Maschine tatsächlich geliefert wird, weil er seinen eigenen Lieferverpflichtungen nachkommen muss und er auch keine lukrativen Aufträge verlieren will.

Im Lauf der Jahrhunderte haben sich internationale Zahlungsbedingungen herausgebildet, um die Risiken internationaler Handelsgeschäfte beherrschbar zu machen. Ein Spediteur sollte diese internationalen Zahlungsbräuche kennen, damit er im Rahmen eines logistischen Dienstleistungsangebots seinen Kunden optimale Serviceleistungen anbieten kann.

### 1.3.1 Zahlungsmodalitäten im Außenhandel

| Zahlungsmodalität | Erläuterung |
| --- | --- |
| **Vorauszahlung** | Zahlung des Betrags in voller Höhe vor Erhalt der Leistung<br>ungewisse Bonität des Kunden, kritische Länder, Sonderaufträge, Investitionsgüter, die Vorfinanzierung erfordern |
| **Anzahlung** | Leistung eines Teilbetrags vor Erhalt der Ware<br>Vorleistung ohne Gegenleistung<br>Absicherung über Bankgarantie |
| **Abschlagszahlung** | Teilzahlungen, z. B. nach Leistungsfortschritt<br>üblich bei längeren Herstellungszeiten<br>Lieferrisiko aufseiten des Importeurs |
| **Zahlung bei Lieferung (cash on delivery – COD)** | Aushändigung der Ware gegen Zahlung, z. B. Nachnahme<br>Zahlung: bar, Scheck oder Nachweis einer Überweisung |
| **Dokumenteninkasso** | Vgl. unten |
| **Dokumentakkreditiv** | Vgl. unten |
| **Einfache Rechnung** | Lieferung vor Bezahlung<br>Zahlung nach Erhalt der Ware oder der Rechnung (Skontoausnutzung)<br>Hohes Risiko für Lieferer<br>Voraussetzung: sehr gute Geschäftsbeziehungen zwischen den Vertragsparteien |

### 1.3.2 Das Dokumenteninkasso

Das Dokumenteninkasso stellt die einfachste Form der Zahlungssicherung durch Dokumente dar. Der eigentliche Zweck dieses Verfahrens besteht darin, das Risiko abzudecken, dass der Käufer in den Besitz der Ware gelangt, ohne dafür vorher bezahlt zu haben. Bei dieser Zahlungsbedingung versendet der Verkäufer zunächst die Ware. Am Ende des Transportweges wird die Ware nicht unmittelbar an der Käufer ausgeliefert, sondern verbleibt im Lager eines Spediteurs oder in einem Zolllager im Importland. Gegen Vorlage entsprechender Dokumente, z. B. eines Konnossements oder eines Lagerscheins, kann der Käufer die Ware übernehmen. Sie wird ihm jedoch nur gegen Zahlung (Zug um Zug) ausgehändigt, d. h. er kann die Ware erst auf Mängel überprüfen nachdem er bezahlt hat.

**Dokumente gegen Zahlung – Documents against Payment (D/P)**

| Stufe | Ablauf |
|---|---|
| 1 | Der Verkäufer versendet die Ware und erhält die entsprechenden Transportdokumente. |
| 2 | Der Verkäufer reicht die mit dem Warengeschäft zusammenhängenden Dokumente (Transportdokumente, Ursprungsnachweis, Handelsrechnung, Versicherungszertifikat, Packliste usw.) bei seiner Bank (Einreicherbank/Exportbank) ein. Zusätzlich übergibt der Verkäufer ein Bankformular, den Inkassoauftrag, der festlegt, unter welchen Voraussetzungen die Importbank die Dokumente an der Käufer auszuhändigen sind. |
| 3 | Die Exportbank (Einreicherbank) leitet die Dokumente und den Inkassoauftrag an eine Bank (Importbank/Inkassobank/vorlegende Bank) im Land des Käufers weiter. Die Einreicherbank wählt, sofern zwischen Verkäufer und Käufer keine anderslautende Abmachung besteht, eine geeignet Inkassobank aus. |
| 4 | Die Inkassobank legt dem Käufer die Dokumente vor. |
| 5 | Akzeptiert der Käufer die Dokumente, werden sie ihm Zug um Zug gegen Zahlung des Kaufpreises ausgehändigt. Die Dokumente ermöglichen dem Käufer, die Ware auszulösen. |
| 6 | Die Inkassobank überweist den Zahlungsbetrag an die Einreicherbank, diese leitet ihn an den Verkäufer weiter. |

**Dokumente gegen Akzept – Documents against Acceptance (D/A)**

Bei dieser Zahlungsbedingung wird dem Käufer ein Zahlungsziel eingeräumt, ansonsten entsprechen die ersten drei Schritte dem Verfahren D/P.

| Stufe | 1 – 3 nach Verfahren D/P |
|---|---|
| 4 | Die Inkassobank präsentiert dem Käufer einen noch nicht unterschriebenen Wechsel (Tratte). |
| 5 | Unterschreibt (akzeptiert) der Käufer die Tratte, erhält er die Dokumente und kann damit die Ware auslösen. Es kann auch vereinbart werden, dass die Tratte erst nach Eintreffen der Ware am Bestimmungsort vorgelegt und akzeptiert werden darf. |
| 6 | Die Inkassobank sendet den akzeptierten Wechsel über die Einreicherbank an den Verkäufer weiter oder das Akzept bleibt bis zur Fälligkeit bei der Inkassobank. |

Das Dokumenteninkasso ist eine weitverbreitete Methode der Risikoabsicherung. Es wird hauptsächlich angewendet, wenn die Geschäftspartner in langjähriger und guter Geschäftsbeziehung miteinander stehen, da nur ein Teil der Risiken abgesichert wird. Keine der beteiligten Banken gibt ein Zahlungsversprechen ab. Außerdem kann der Käufer auch bei Vorlage ordnungsgemäßer Dokumente die Abnahme verweigern. Der Verkäufer muss dann einen neuen Abnehmer finden oder die Ware zurücktransportieren lassen. Das Dokumentinkasso wird hauptsächlich im Konsumgüterbereich als Mittel der Zahlungssicherung eingesetzt.

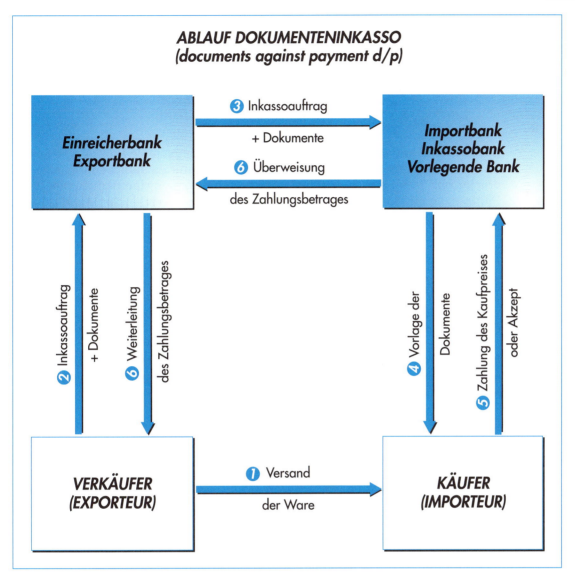

## 1.3.3 Das Dokumentenakkreditiv

Bei der Erstellung von Logistikdienstleistungen ist der Spediteur in die Erfüllung von Kaufverträgen seiner Auftraggeber eingebunden. Bei internationalen Geschäften wird im Kaufvertrag als Mittel zur Zahlungssicherung ein Dokumentenakkreditiv vereinbart. Es ist Aufgabe des Spediteurs im Rahmen der logistischen Abwicklung einer solchen internatonalen Transaktion, die im Dokumentenakkreditiv geforderten Dokumente entweder zu erstellen oder zu besorgen.

Ein Dokumentenakkreditiv dient also der Zahlungs- und Lieferungssicherung zwischen einem Verkäufer und einem Käufer. Rein rechtlich betrachtet ist das Akkreditiv ein abstraktes (vom Kaufvertrag losgelöstes) Schuldversprechen einer Bank gegenüber einem Begünstigten, beim Dokumentenakkreditiv gegenüber dem Verkäufer. Dieser hat nämlich ein herausragendes Interesse an der Bezahlung seiner gelieferten Ware, während der Käufer in erster Linie daran interessiert ist, die bestellte Ware ausgeliefert zu erhalten. Zum Ausgleich dieser Interessen beauftragt der Käufer eine Bank, die gegenüber dem Verkäufer zu dessen Gunsten ein Zahlungsversprechen abgibt unter der Bedingung, dass sämtliche im Dokumentenakkreditiv aufgeführten Vorgaben und Dokumente erfüllt bzw. besorgt wurden. Darüber hinaus wird im Land des Verkäufers eine Bank zur Abwicklung des Dokumentenakkreditivs eingeschaltet.

In einem Akkreditiv sind folgende Parteien beteiligt:
- Der Verkäufer als Begünstigter
- Der Käufer als Antragsteller

- Die eröffnende Bank (Akkreditivbank)
- Die avisierende Bank (Avisbank/Akkreditivstelle)

Ein Dokumentenakkreditiv läuft in der Regel nach folgendem Verfahren ab:

| Stufe | Dokumentenakkreditiv |
|---|---|
| 1 | Der Käufer beantragt bei seiner Bank – Akkreditivbank – die Eröffnung eines Dokumentakkreditivs Häufig stellen die Banken dafür entsprechende Vordrucke zur Verfügung. Inzwischen kann man bei den meisten Banken die Eröffnung eines Akkreditivs auch online beantragen. Die Bank prüft die Details des Kaufvertrags sowie die Bonität des Antragstellers und legt im Akkreditiv die Bedingungen sowie die geforderten Dokumente fest. |
| 2 | Die Akkreditivbank eröffnet das Dokumentenakkreditiv und teilt einer Bank – Akkreditivstelle/Avisbank – im Land des Verkäufers mit, dass zu dessen Gunsten ein Dokumentakkreditiv eröffnet wurde. Häufig erfolgt diese Information per Telex im sogenannten Swift-Format. Eine andere Möglichkeit ist die Übersendung per Post oder Kurierdienst. |
| 3 | Die Akkreditivstelle/Avisbank informiert den Verkäufer, dass zu seinen Gunsten ein Dokumentenakkreditiv eröffnet wurde (Avisierung), indem sie ihm eine Kopie des Akkreditivs mit den einzelnen Akkreditivbedingungen zusendet. |
| 4 | Der Verkäufer prüft nun, ob die Vorgaben und Bedingungen des Dokumentenakkreditivs mit den Vereinbarungen im Kaufvertrag übereinstimmt. Falls Diskrepanzen vorhanden sind, sollte er sich sofort mit dem Käufer in Verbindung setzen und auf eine Änderung des Akkreditivs drängen, ansonsten kann er den Versand der Ware einleiten.<br>Das Dokumentenakkreditiv funktioniert nur dann, wenn die geforderten Dokumente vollständig und in der verlangten Art (Aufmachung, Inhalt) beigebracht werden. Einen Teil der Dokumente wird der Verkäufer selber erstellen können, insbesondere jedoch die Transportdokumente wird er von einem Spediteur besorgen lassen, der eine Kopie des Dokumentakkreditivs erhält.<br>Der Spediteur leitet den Versand der Ware ein und erstellt die verlangten Transportdokumente, die bis ins kleinste Detail den Akkreditivbedingungen entsprechen müssen. In der Regel erhält der Verkäufer die Dokumente. |
| 5 | Der Verkäufer übergibt nun die Dokumente der Akkreditivstelle/Avisbank. Dort prüft man die Vollständigkeit und die inhaltliche Übereinstimmung (Akkreditivkonformität). Insbesondere müssen die Dokumente in sich schlüssig sein. Kleinste Abweichungen in der Adresse oder Tippfehler in der Warenbezeichnung können zur Zahlungsverweigerung der Bank führen. |
| 6 | Nach Prüfung der Dokumente leitet die Akkreditivstelle/Avisbank die Dokumente an die Akkreditivbank weiter. |
| 7 | Diese prüft die Dokumente nochmals äußerst intensiv und überweist, falls ämtliche Bedingungen des Dokumentenakkreditivs erfüllt sind, den verauslagten Betrag an die Akkreditivstelle/Avisbank. |
| 8 | Diese überweist dem Verkäufer den Kaufpreis. |
| 9 | Die Akkreditivbank belastet das Konto des Käufers mit dem entsprechenden Akkreditivbetrag. Damit ist die Zahlung erfolgt. |
| 10 | Die Akkreditivbank überlässt dem Käufer die Dokumente, die er bei Auslieferung der Ware vorlegen muss. |

**Beispiel für ein Akkreditiv, Namen wurden verändert**

```
S.W.I.F.T.-NACHRICHT MT700/N      ABS: 020110 1530 JONBJOAXAXXX 8826 282032
                                  EMP: 020110 1430 DEUTDEFFDXXX 5610 365188
DEUTSCHE BANK AG
FILIALE NÜRNBERG                              DATUM: 10/07/10 SEITE: 00001
                                              REF-NR: ILCS02500005
ABS: 06.07.10 15.30               EMP: 06.07.10 14.30
                                  ISSUE OF A DOCUMENTARY CREDIT
ISSUING BANK                  :
                                  JORDAN NATIONAL BANK PLC    316007
                                  P.O. BOX 791                   002
                                  AMMAN
                                  JORDANIEN
USER HEADER                       SERVICE CODE    103:
                                  BANK. PRIORITY  113:
                                  MSG USER REF.   108:
                                  INFO FROM CI    115:
SEQUENCE OF TOTAL         *27   : 1/1
FORM OF DOC. CREDIT       *40 A : IRREVOCABLE
DOC. CREDIT NUMBER        *20   : ILCS02500005
EXPIRY                    *31 D : DATE 100905 PLACE          GERMANY
APPLICANT                 *50   : AL-SAMAMA TRADING GROUP
                                  P.O.BOX:941721, AMMAN 11194    JORDAN
                                  TEL: 5512457
                                  FAX: 5512459
BENEFICIARY               *59   : BÖHMER GMBH
                                  VIRCHOWSTR. 14
                                  90409 NÜRNBERG
                                  UST.-ID-NR.DE 146546156-GERMANY
AMOUNT                    *32 B : CURRENCY EUR AMOUNT 12.000,00
AVAILABLE WITH/BY         *41 A : DEUTDEFF
                                  DEUTSCHE BANK AG
                                  FILIALE NÜRNBERG
                                  90402 NÜRNBERG
                                  BY PAYMENT
PARTIAL SHIPMENT           43 P : NOT PERMITTED
TRANSSHIPMENT              43 T : NOT PERMITTED
LOADING ON BOARD/DISPATCH/TAKING IN CHARGE AT/FROM ...         44 A:
         ANY EUROPEAN AIRPORT
FOR TRANSPORT TO ...       44 B :
      QUEEN ALIA INT'L. AIRPORT, AMMAN, JORDAN
LATEST DATE OF SHIP.       44 C : 020415
DESCRIPTION OF GOODS AND/OR SERVICES       45 A :
      + 1 PC DIGITAL HARDNESS TESTER MODEL 713-SR-D
      + DELIVERY TERMS: CIF QUEEN ALIA INT'L AIRPORT AMMAN, JORDAN.
      + SHIPPING MARKS:
      "DESCRIPTION: DIGITAL HARDNESS TESTER
        GROSS AND NET WEIGHT".
      + FULL DESCRIPTION OF GOODS WILL BE FORWARDED BY THE ISSUING BANK
      TO THE NOMINATED IN A SEPARATE ENVELOPE VIA COURIER SERVICE.
      + AS PER BENEFICIARY'S PROFORMA INVOICE NO. 0298 DATED 02/07/2010.
  DOCUMENTS REQUIRED           46 A :
      +
      (A) SIGNED COMMERCIAL INVOICE(S) IN SIX COPIES, ISSUED BY
      BENEFICIARY ON THEIR LETTER HEAD, INCORPORATING THE FOLLOWING
      CLAUSE:"WE CERTIFY THAT THIS INVOICE IS IN ALL RESPECTS CORRECT
```

```
S.W.I.F.T.-NACHRICHT MT700/N     ABS: 020110 1530 JONBJOAXAXXX 8826 282032
                                 EMP: 020110 1430 DEUTDEFFDXXX 5610 365188
DEUTSCHE BANK AG
FILIALE NÜRNBERG                              DATUM: 06/07/10 SEITE: 00002
                                              REF-NR: ILCS02500005

ABS: 06.07.10 15.30         EMP: 06.07.10 14.30     MRV: 06/07/10 15.04
     AND TRUE, AS REGARDS BOTH THE PRICES AND DESCRIPTION OF THE GOODS
     REFERED TO HEREIN, AND THAT THE COUNTRY OF ORIGIN OR THE
     MANUFACTURE OF THE GOODS IS FRANCE".
     .
     (B) CERTIFICATE OF ORIGIN IN DUPLICATE.
     .
     (C) DETAILED PACKING LIST IN 3 COPIES EVIDENCING THE COMPLETE
     INNER PACKING SPECIFICATIONS AND CONTENTS OF EACH PACKAGE.
     .
     (D) SHIPPER'S ORIGINAL COPY (ORIGINAL NO.3) OF AIR WAYBILL/
     CONSIGNMENT NOTE EVIDENCING JORDAN NATIONAL BANK PLC.,
     AMMAN, JORDAM AS CONSIGNEE, QUOTING THIS CREDIT NUMBER.
     MARKED FREIGHT PREPAID,
     AND NOTIFY APPLICANT AS MENTIONED IN THIS L/C.
     .
     THE SHIPPING MARKS MUST BE SHOWN ON THE AWB.
     .
     (E) CERTIFICATE OF GUARANTEE ISSUED BY BENEFICIARY, CERTIFYING
     THAT SHIPPING GOODS IS GUARANTEED AGAINST FAULTY MANUFACTURING.
     THIS GUARANTEE IS VALID FOR ONE YEAR FROM THE SHIPPING DATE.
     .
     (F) MAINTANCE AND INSTALLATION MANUAL OR CATALOGUE IN ENGLISH
     LANGUAGE MUST BE FORWARDED WITH THE REQUIRED DOCUMENTS.
     .
     (G) INSURANCE POLICY IN DUPLICATE FOR 110 PERCENT OF THE INVOICE
     VALUE COVERING GOODS FROM WAREHOUSE TO WAREHOUSE IN JORDAN,
     IRRESPECTIVE OF ANY DEDUCTIBLE EITHER VALUE OR PERCENTAGE,
     SHOWING THE NAME AND ADDRESS OF THE INSURANCE COMPANY'S AGENT
     IN JORDAN, MARKED "CLAIMS PAYABLE IN JORDAN". ISSUED/ENDORSED
     TO THE ORDER OF JORDAN NATIONAL BANK PLC., AMMAN, JORDAN COVERING
     I.C.C. (A), INSTITUTE STRIKE CLAUSES (AIR CARGO) AND INSTITUTE
     WAR CLAUSES (AIR CARGO).
     .
ADDITIONAL COND:          47 A  :
     1) DOCUMENTS CONTAINING DISCREPANCY (IES) MUST NOT BE NEGOTIATED
     PAID OR ACCEPTED EVEN UNDER RESREVE, INDEMNITY OR GUARANTEE. NOR
     SHOULD BE FORWARDED TO THE ISSUING BANK FOR PAYMENT, APPROVAL OR
     ACCEPTANCE WITHOUT OBTAINING OUR PRIOR CONSENT FOR THE WAIVER
     OF SUCH DISCREPANCY (IES) WELL IN ADVANCE BEFORE THE DESPATCH
     OF DOCUMENTS.
     2) DOCUMENTS DATED PRIOR TO DATE OF THE CREDITS ARE NOT
     ACCEPTABLE.
     3) ALL DOCUMENTS MUST BE MADE OUT IN ENGLISH LANGUAGE.
     4) THIRD PARTY TRANSPORT DOCUMENTS ARE NOT ACCEPTABLE UNLESS
     OTHERWISE AURHORIZED IN THE CREDIT.
     5) ORIGINAL AND DUPLICATE SETS OF DOCUMENTS ARE TO BE FORWARDED
     BY THE NOMINATED BANK DIRECTLY TO LETTER OF CREDIT DEPT., TRADE
     FINANCE DIVISION, JORDAN, NATIONAL BANK PLC.,
     GENERAL MANAGEMENT, JABAL AMMAN, P.O.BOX 1578, AMMAN 11118,
     JORDAN. TEL. 96264642391, FAX. 96264649522, TLX 23501
     IN ONE LOT BY DHL COURIER SERVICE UNDER REFERENCE TO THE NUMER
     AND DATE OF THIS CREDIT. COURIER SERVICE CHARGES ARE FOR
     BENEFICIARY'S A/C.
```

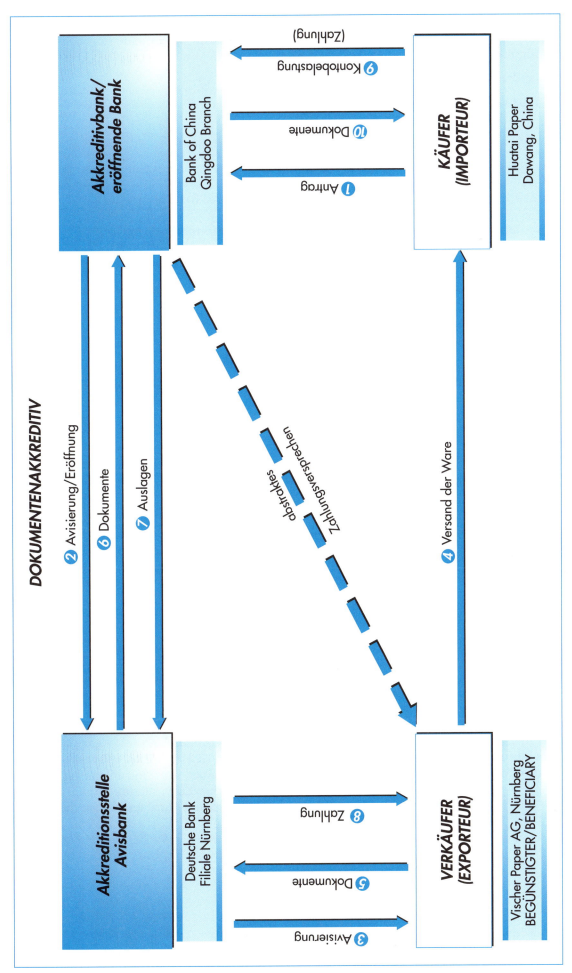

## Mögliche Dokumente in Dokumentenakkreditiven

Im Rahmen eines Dokumentenakkreditivs können folgende Dokumente von den Banken verlangt werden:[1]

1. Handelsrechnungen

2. Transportdokumente:

| Verkehrsträger | Dokumente |
|---|---|
| Seeverkehr: | voller Satz reiner Bordkonnossemente (clean on board) |
| Luftverkehr: | 3. Original des Air Waybills (AWB), (Sperrpapier) |
| Eisenbahnverkehr: | Frachtbriefdoppel CIM-Frachtbrief (Sperrpapier) |
| Güterkraftverkehr: | Kopie CMR-Frachtbrief, in Verbindung mit einer Spediteurübernahmebescheinigung (FCR) |

3. Andere Dokumente:
- Versicherungszertifikate oder -policen
- Ursprungszeugnisse
- Qualitätszertifikate
- Gesundheitszeugnisse
- phytosanitäre Bescheinigungen
- Packlisten, Manifeste
- Warenverkehrsbescheinigungen
- weitere Dokumente

Ausführliche Bestimmungen über Dokumentenakkreditive können den „Einheitlichen Richtlinien und Gebräuche für Dokumentenakkreditive" (ERA 600) entnommen werden, einer Publikation der internationalen Handelskammer (ICC) in Paris. Die englischsprachige Version trägt die Bezeichnung UCP 600 (Uniform Customs and Practises). Zur Absicherung ihrer Risiken legen Banken die UCP 600/ERA 600 ihren Akkreditivgeschäften zu Grunde.

## Akkreditivarten

Im Laufe der Zeit haben sich verschiedene Arten von Dokumentenakkreditiven entwickelt. Die wichtigsten davon sollen hier im Überblick dargestellt werden:

UNWIDERRUF-
LICHES (IRREVO-
CABLE) AKKREDITIV

| Akkreditvarten | Kennzeichen |
|---|---|
| unwiderrufliches (irrevocable) Akkreditiv | Seit der Änderung der UCP 600/ERA 600 zum 01.07.2007 gibt es nur noch unwiderrufliche Akkreditive. Widerrufliche Akkreditive stellten für den Begünstigten keine Sicherheit dar. Man hat sie deswegen abgeschafft. |

---

[1] Die Aufzählung erhebt keinen Anspruch auf Vollständigkeit.

| Akkreditivarten | Kennzeichen |
|---|---|
| bestätigtes (confirmed) Akkreditiv | Das Akkreditiv bietet dem Begünstigten eine Absicherung hinsichtlich des Bonitäts- und Kreditrisikos seines Vertragspartners. Es bleibt jedoch das Risiko, dass die eröffnende Bank zahlungsunfähig wird. Außerdem besteht für bestimmte Regionen der Erde ein Länderrisiko (z. B. Krieg, politische Veränderungen, Konvertierungs- oder Transferbeschränkungen). Dieses Risiko lässt sich dadurch absichern, dass die Akkreditivstelle (Avisbank) im Land des Verkäufers (Exporteurs) das Akkreditiv bestätigt und damit ebenfalls ein Zahlungsversprechen gegenüber dem Begünstigten abgibt und in die Haftung eintritt. Die Avisbank berechnet für die Übernahme der Risiken aus der Bestätigung eines Akkreditivs eine Gebühr. |
| unbestätigtes (unconfirmed) Akkreditiv | Die Avisbank (Bank des Verkäufers/Exporteurs) gibt kein Zahlungsversprechen an diesen ab. |
| übertragbares (transferable) Akkreditiv | Rechte aus dem Akkreditiv sind an Dritte übertragbar. |
| nicht übertragbares (non transferable) Akkreditiv | Rechte aus dem Akkreditiv sind nicht übertragbar. |

**BESTÄTIGTES (CONFIRMED) AKKREDITIV**

**UNBESTÄTIGTES (UNCONFIRMED) AKKREDITIV**

**ÜBERTRAGBARES (TRANSFERABLE) AKKREDITIV**

**NICHT ÜBERTRAGBARES (NON TRANSFERABLE)**

**Kosten für ein Dokumentenakkreditiv**

Die Gebühren für Dokumentenakkreditive sind sehr unterschiedlich. Sie hängen von den Risiken der beteiligten Länder und des Transports ab. Die Akkreditivgebühren bewegen sich zwischen 1 % und 5 % des Akkreditivbetrages. Sie können aber auch darüber liegen. Die Vertragsparteien einer internationalen Transaktion sollten sich frühzeitig mit ihrer Bank in Verbindung setzen, um Informationen über mögliche Kosten eines Akkreditivs einzuholen.

**Vergleich Dokumentenakkreditiv – Dokumenteninkasso**

| Kriterium | Dokumentenakkreditiv | Dokumenteninkasso |
|---|---|---|
| Prüfung der Dokumente | Die beteiligten Banken prüfen die vorgelegten Dokumente sehr intensiv. | Es wird lediglich die Vollständigkeit der Dokumente festgestellt, ansonsten erfolgt keine Prüfung der Dokumente. |
| Auftragserteilung | Der Importeur (Käufer) stellt einen Akkreditivantrag bei seiner Bank. | Der Exporteur erteilt seiner Bank einen Inkassoauftrag. |
| Zahlungsversprechen | Die Akkreditivbank (Bank des Importeurs) gibt ein Zahlungsversprechen zu Gunsten des Exporteurs ab. | Es gibt keinerlei Zahlungsversprechen einer Bank. |
| Bedingungen | Die Akkreditivbank knüpft ihr Zahlungsversprechen an Bedingungen, die der Exporteur (Begünstigte) erfüllen muss. | Dem Exporteur werden keinerlei Bedingungen auferlegt. |

| Kriterium | Dokumentenakkreditiv | Dokumenteninkasso |
|---|---|---|
| **Risiken** | Die Risiken für Verkäufer und Käufer sind sehr gering oder überhaupt nicht vorhanden. | Der Verkäufer hat das Risiko, dass der Käufer die Ware nicht bezahlt oder nicht annimmt. Entweder man findet einen neuen Käufer oder die Ware muss zurücktransportiert werden. Außerdem können Lagerkosten entstehen. |
| **Qualität der Ware** | Der Käufer kann sicher sein, dass er die richtige Ware in entsprechender Qualität erhält. | Der Importeur kann nicht sicher sein, dass der Exporteur die richtige Ware liefert. |

## 1.4 Welche Spediteurdokumente werden im Außenhandel verwendet?

Beim internationalen Transport von Gütern spielen die Beförderungsdokumente der Verkehrsträger eine wichtige Rolle. Daneben gibt es Spediteurdokumente, die für den Außenhandel ebenfalls erhebliche Bedeutung haben. In diesen Dokumenten bestätigt der Spediteur gegenüber seinen Auftraggebern die Übernahme der Sendung zum Transport mit unterschiedlicher Verantwortung bzw. Verpflichtung, in Abhängigkeit des für die Transportabwicklung ausgestellten Dokuments.

Die Spediteurdokumente wurden vom Spediteurweltverband FIATA entwickelt und dürfen nur über die nationalen Spediteurverbände ausgegeben werden. In Deutschland ist der Verein Hamburger Spediteure für die Ausgabe der von deutschen Spediteuren verwendeten Versanddokumente zuständig. Zu den bedeutenden Versanddokumenten, die zu den möglichen einzureichenden Dokumenten beim Dokumenten-Inkasso und Dokumenten-Akkreditiv gehören können, sind zu nennen:

FCR
FCT
FBL
- FIATA-FCR – Forwarder's Certificate of Receipt (grün)
- FIATA-FCT – Forwarder's Certificate of Transport (gelb)
- FBL – Negotiable FIATA Multimodal Transport Bill of Lading (blau)

Bei der Abwicklung von Dokumentenakkreditiven ist jedoch zu beachten, dass die Versanddokumente FIATA-FCR und FIATA-FCT von den Banken nur dann akzeptiert werden, wenn deren Verwendung im jeweiligen Dokumentenakkreditiv ausdrücklich vorgeschrieben ist.

Auch für das FBL gibt es bei der Verwendung im Rahmen von Dokumentenakkreditiven Restriktionen. In den ERA 600 ist es nicht explizit als zugelassenes Dokument aufgeführt. Es ist jedoch akkreditivfähig, wenn

- die Verwendung eines FBL ausdrücklich im Akkreditiv vorgeschrieben ist,
- im Akkreditiv ein multimodales Transportdokument nach ERA 600 gefordert wird.

Ferner sollte im FBL die Frachtführerfunktion des Spediteurs deutlich erkennbar sein.

## 1.4.1 FIATA-FCR

**Forwarder's Certificate of Receipt: Spediteurübernahmebescheinigung**

Im FCR bescheinigt der Spediteur, eine genau umschriebene Sendung erhalten zu haben mit dem unwiderruflichen Auftrag, diese an den im Dokument genannten Empfänger zu senden oder zu dessen Verfügung zu halten. Dieser Auftrag kann nur rückgängig gemacht werden, wenn das Original FCR an den Spediteur zurückgegeben wird, der es ausgestellt hat. Eine Annullierung ist nur möglich, wenn der Spediteur durch entsprechende Dispositionen den Auftrag rückgängig machen kann.

Häufig wird ein FIATA-FCR ausgestellt, wenn der Verkäufer bei EX Works (ab Werk) Transaktionen dem Käufer nachweisen muss, dass er seine Verpflichtungen aus dem Kaufvertrag erfüllt hat. Gibt der Verkäufer das FIATA-FCR aus der Hand, z. B. an eine Bank, so hat er keine Möglichkeit mehr, die Auslieferung der Sendung zu verhindern. Er ist damit aus dem Lieferprozess ausgesperrt. Das FIATA-FCR hat damit die Funktion eines Sperrpapiers. Das FIATA-FCR ist jedoch kein Wertpapier, da die Übergabe des Gutes an den Empfänger nicht von der Vorlage eines Originaldokumentes abhängt. Es ist damit nicht begebbar (not negotiable).

SPERRPAPIER

Das FIATA-FCR weist auf seiner Rückseite auf die ADSp hin. Es kann nur von Spediteuren verwendet werden, die ihren Aktivitäten die ADSp zu Grunde legen. Bei der Ausstellung eines FIATA-FCRs handelt der Spediteur als Spediteur, er hat nicht die Rechte und Pflichten eines Frachtführers. Ein Spediteur sollte seine Haftung daraus durch eine Versicherung in Übereinstimmung mit den FIATA-FCR-Bedingungen abdecken.

## 1.4.2 FIATA-FCT

**Forwarder's Certificate of Transport**

Im Forwarder's Certificate of Transport bescheinigt der Spediteur

- eine genau bezeichnete Sendung zum Transport übernommen zu haben und
- sie nur gegen Vorlage des Originals an den bezeichneten Empfänger auszuhändigen.

Damit fungiert das FCT als Wertpapier. Rechtsgrundlage für die Ausstellung eines FCT's sind die ADSp. Der Spediteur haftet entsprechend, jedoch ist seine Haftung umfangreicher als in den ADSp vorgesehen, da er die Ablieferung der Sendung garantiert. Über die Speditionsversicherung können die damit verbundenen Risiken abgedeckt werden.

## 1.4.3 FIATA-FBL

**Negotiable FIATA Multimodal Transport Bill of Lading**

Im „Negotiable FIATA[1] Multimodal Transport Bill of Lading" übernimmt der Spediteur die Verpflichtung, die

- genau bezeichnete Sendung
- nur gegen Vorlage eines Originals
- an den bezeichneten Empfänger auszuliefern.

Damit hat das FBL die Funktion eines Wertpapiers und ist begebbar (negotiable). Das FBL wurde für Spediteure entwickelt, die als Multimodal Transport Operator (MTO) tätig sind und Verantwortung für die gesamte Transportstrecke (Through Document) als Frachtführer (Carrier) übernehmen.

WERTPAPIER

---

[1] Internationaler Verband der Spediteure

| Lieferanten bzw. Auftraggeber des Spediteurs<br>*Suppliers or Forwarders Principals* | **FIATA FCR** |
|---|---|
| | **Forwarders**<br>**Certificate of Receipt**<br>**ORIGINAL** Ref. No.     **No**     **DE** |
| Empfänger<br>*Consignee* | |

Die Durchführung des Auftrages erfolgt aufgrund der umseitig abgedruckten Allgemeinen Bedingungen.
*The goods and instructions are accepted and dealt with subject to the General Conditions printed overleaf.*

| Zeichen und Nummern;<br>*Marks and numbers;* | Anzahl/Verpackungsart<br>*Number and kind of packages* | Inhalt<br>*Description of goods* | Bruttogewicht<br>*Gross weight* | Maß<br>*Measurement* |
|---|---|---|---|---|

laut Angaben des Versenders
*according to the declaration of the consignor*

Wir bescheinigen hiermit die oben bezeichnete Sendung in äußerlich guter Beschaffenheit übernommen zu haben.

*We certify having assumed control of the above mentioned consignment in external apparent good order and condition.*

    zur Verfügung des Empfängers ☐
    *at the disposal of the consignee* ☐
mit der unwiderruflichen Weisung*
*with irrevocable instructions**
    zum Versand an den Empfänger ☐
    *to be forwarded to the consignee*

(falls erforderlich, Angaben über den Transportweg und Transportmittel)
Besondere Angaben
*Special remarks*

Frankatur- und Spesenvorschrift
*Instructions as to freight and charges*

*Die Weisung zur Beförderung kann nur gegen Rückgabe der Original-Bescheinigung widerrufen oder abgeändert werden und nur so weit und so lange als der austellende Spediteur noch ein Verfügungsrecht über die bezeichnete Sendung besitzt.

Die Weisung zur Verfügungstellung an den angegebenen Dritten kann nur gegen Rückgabe der Original-Bescheinigung widerrufen oder abgeändert werden und nur so lange, wie die Verfügung des begünstigten Dritten noch nicht beim austellenden Spediteur eingegangen ist.

**Forwarding instructions can only be cancelled or altered if the original Certificate is surrendered to us, and than only provided we are still in a position to, comply with such cancellation or alteration.*

*Instructions authorizing disposal by a third party can only be cancelled or altered if the original Certificate of Receipt is surrendered to us, and than only provided we have not yet received instructions under the original authority.*

| Ort und Datum/*Place and date of issue* |
|---|
| Stempel und rechtsgültige Unterschrift<br>*Stamp and authorized signature* |

FIATA REG. No. B 57486

Text authorized by FIATA. COPYRIGHT FIATA/Zürich-Switzerland 04.89
Exclusive selling rights for the Federal Republic of Germany

| Consignor | | FBL | DE |
|---|---|---|---|
| | | NEGOTIABLE FIATA MULTIMODAL TRANSPORT BILL OF LADING issued subject to UNCTAD/ICC Rules for Multimodal Transport Documents (ICC Publication 481). | ICC |

**€UROcargo**
Speditions GmbH · 90317 Nürnberg · Hafenstraße 1

Consigned to order of

Notify address

| | Place of receipt | | |
|---|---|---|---|
| Ocean vessel | Port of loading | | |
| Port of discharge | Place of delivery | | |

| Marks and numbers | Number and kind of packages | Description of goods | Gross weight | Measurement |
|---|---|---|---|---|

according to the declaration of the consignor

| Declaration of Interest of the consignor in timely delivery (Clause 6.2.) | Declared value for ad valorem rate according to the declaration of the consignor (Clauses 7 and 8). |
|---|---|

The goods and instructions are accepted and dealt with subject to the Standard Conditions printed overleaf.

Taken in charge in apparent good order and condition, unless otherwise noted herein, at the place of receipt for transport and delivery as mentioned above.

One of these Multimodal Transport Bills of Lading must be surrendered duly endorsed in exchange for the goods. In Witness whereof the original Multimodal Transport Bills of Lading all of this tenor and date have been signed in the number stated below, one of which being accomplished the other(s) to be void.

| Freight amount | Freight payable at | Place and date of issue |
|---|---|---|
| Cargo Insurance through the undersigned<br>☐ not covered  ☐ Covered according to attached Policy | Number of Original FBL's | Stamp and signature<br>**EUROCARGO**<br>**Speditions GmbH**<br>as carrier |
| For delivery of goods please apply to: | | |

SID 007498

STANDARD CONDITIONS

HAFTUNG ALS MTO

TEILSTRECKENRECHT (NETWORK-PRINZIP)

Rechtsgrundlage sind nicht die ADSp, sondern die von FIATA entwickelten Standard Conditions. Die Haftung als MTO (mulitmodal transport operator) nach den Standard Conditions entspricht dem Teilstreckenrecht (Network-Prinzip) wie es das HGB für multimodale Transporte vorsieht.

| Schadensart | | | Spediteur haftet maximal mit |
|---|---|---|---|
| Güterschäden | Bekannter Schadensort: Haftung nach der Rechtsvorschrift, die für den Streckenabschnitt gilt. | Seestrecke | 2 SZR/kg brutto oder 666,67 SZR je Packstück nach Wahl des Geschädigten gemäß Hague-/Visby-Rules oder HGB |
| | | Straße | 8,33 SZR/kg brutto nach HGB oder CMR |
| | | Flugstrecke | 17 SZR/kg brutto nach Montrealer Übereinkommen (MÜ) |
| | Unbekannter Schadensort | Beförderungsvertrag schließt keine Seestrecke oder binnenländische Wasserstraße ein. | 8,33 SZR/kg brutto |
| | | Beförderungsvertrag schließt Seestrecke oder binnenländische Wasserstraße ein. | 2 SZR/kg brutto oder 666,67 SZR je Packstück nach Wahl des Geschädigten |
| Lieferfristüberschreitung | | | Die doppelte Fracht |

Ein Spediteur, der ein FBL ausstellt ist verpflichtet, seine Haftung abzusichern. Dies ist im Rahmen der Haftungsversicherung des Spediteurs möglich.

# 1 Außenhandelsverträge gestalten

## Fallstudie 1: Incoterms 2010®

### Situation

Das Handelsunternehmen Müller Elektro GmbH in Nürnberg kauft 5.000 Kaffeeautomaten von Wang Electronics Shenzhen. Dabei entstehen folgende Transportkosten. Die unterschiedlichen Währungen, die in der Realität auch zu zahlen sind, wurden vom Spediteur aus Vereinfachungsgründen in EUR umgerechnet.

| Art der Kosten | EUR |
|---|---:|
| Vorlauf Shenzhen Factory – Shenzhen Hafen: EUR 120,00 x 4 | 480,00 |
| Ausfuhrzollabfertigung in Shenzhen | 55,00 |
| Terminal Handling Charges (THC) Shenzhen: 78,00 x 4 | 312,00 |
| Seefracht Shenzhen – Hamburg: 1.600,00 x 4 | 6.400,00 |
| Terminal Handling Charges (THC) Hamburg: 165,00 x 4 | 660,00 |
| Verzollung | 65,00 |
| Zoll + Einfuhrumsatzsteuer (EUSt) | 5.800,00 |
| Nachlauf Hamburg – Nürnberg 4 x 550,00 | 2.200,00 |
| Speditionskosten | 105,00 |
| Gesamt | 16.077,00 |

Die Produktionskosten belaufen sich für Wang Electronics auf umgerechnet 8,00 EUR/Stück. Die Kaffeeautomaten sollen in vier 40'-Standardcontainern in Kartons verpackt von Shenzhen nach Nürnberg befördert werden.

### Aufgabe 1

Welchen Verkaufspreis wird Wang Electronics in Abhängigkeit von den in der Tabelle aufgeführten Incoterms 2010® kalkulieren?

| Incoterms 2010® | Verkaufspreis | Ort des Kosten- und Risikoübergangs |
|---|---|---|
| EXW Shenzhen | | |
| FCA Terminal Port Shenzhen | | |
| CPT Nürnberg | | |
| CIP Nürnberg | | |
| DAT Hamburg | | |
| DAP Nürnberg | | |
| DDP Nürnberg | | |

**Aufgabe 2**

Tragen Sie den Ort in die Tabelle ein, ab welchem der Käufer jeweils die Kosten und das Risiko der Transaktion übernimmt.

**Aufgabe 3**

Welche Probleme könnten für die Müller Elektro GmbH auftreten, wenn EXW Shenzhen Incoterms 2010® im Kaufvertrag vereinbart wurde?

**Aufgabe 4**

Welche Information muss die Müller Elektro GmbH an Wang Electronics weitergeben, wenn sie sich auf FCA Shenzhen Incoterms 2010® geeinigt hätten?

**Aufgabe 5**

Wer muss bei CIP Nürnberg Incoterms 2010® die Transportversicherung in welchem Umfang abschließen?

**Aufgabe 6**

Wie hoch wäre die Prämie, wenn nach Institute Cargo Clauses (LMA/IUA) nur die Mindestdeckung (C) eingedeckt und die Prämie 2 Promille betragen würde?

**Aufgabe 7**

Welche Probleme/Nachteile könnten sich für Wang Electronics bei einer Vereinbarung DDP Nürnberg ergeben?

# 1 Außenhandelsverträge gestalten

## Fallstudie 2: Dokumentenakkreditiv im Swift[1]-Format:

### Situation

Sie sind Mitarbeiter der Spedition EUROCARGO und erhalten folgendes Dokument zur Bearbeitung.

| | | | |
|---|---|---|---|
| Basic Header | F 01 | | HYPODEMMAXXX 000 000000 |
| Application Header | I 700 | | SCBKHKHHXXXX U 3 |
| | | | *SHANGHAI COMMERCIAL BANK LIMITED |
| | | | *HONGKONG |
| Form of Doc. Credit | *40 A | : | IRREVOCABLE TRANSFERABLE |
| Doc: Credit Number | *20 | : | A645AI96403360 |
| Date of Issue | 31 C | : | 091025 |
| Expiry | *31 0 | : | 091231 Place MUNICH |
| Applicant | *50 | : | MAYER MODEN HAUPTSTR. 102, |
| | | | 90453 NUERNBERG |
| Beneficiary | *59 | : | /344-28-00095-6 |
| | | | MONDIAL STANLEY GARMENT LTD. |
| | | | ROOM 501-2, TOWER B, HUNGHOM C |
| | | | HUNGHOM KOWLOON / HONGKONG |
| Amount | *32 8 | : | Currency USD Amount 58.055,50 / |
| Pos. / Neg. tol. (%) | 39 A | : | HYPODEMM< |
| | | | *HYPOVEREINSBANK AG*MUENCHEN |
| | | | BY PAYMENT |
| Partial Shipments | 43 P | ; | ALLOWED |
| Transshipment | 43 T | : | ALLOWED |
| Loading in Charge | 44 A | : | HONGKONG PORT/AIRPORT |
| For Transport to …. | 44 B | : | HAMBURG/NUERNBERG |
| Latest Date of Ship. | 44 C | : | 041120 |
| Descript. of Goods | 45 A | : | SEE MT701 |
| Documents required | 46 A | : | 1) SIGNED COMMERCIAL INVOICE; 3-FOLD |
| | | | 2) DETAILED PACKING LIST, 3-FOLD |
| | | | 3) EXPORT LICENCE, COPY, ISSUED FOR EACH CATEGORY, ISSUED BY A COMPETENT AUTHORITY |
| | | | 4) CERTIFICATE OF ORIGIN, COPY, ISSUED FOR EACH SHIPMENT, ISSUED BY A CHAMBER OF COMMERCE OR ANY EQUAL PUBLIC AUTHORITY, DULY SIGNED |
| | | | 5) INSPECTION CERTIFCATE SIGNED BY MRS. KRATZER |
| Details of Charges | 71 B | : | ALL COMMISSION AND CHARGES OUTSIDE OF GERMANY AS WELL AS OUR DISCREPANCY COMMISSION OF EUR 50,00 OR EQUIVALENT, IF ANY, ARE FOR BENEFICIARY'S ACCOUNT |
| Presentation Period | 48 | : | 20 DAYS |
| Basic Header | F 01 | : | HYPODEMMAXXX 000 000000 |
| Application Header | I 700 | : | SCBKHHXXXX U 3 |
| | | | *SHANGHAI COMMERCIAL BANK LIMITED |
| | | | *HONGKONG |
| riod Confirmation | *49 | : | WITHOUT |

[1] SWIFT: Society for Worldwide Interbank Financial Telecommunication

| | | | |
|---|---|---|---|
| **Instructions** | 78 | : | AFTER RECEIPT OF DOCUMENTS, WE SHALL REMIT PROCEEDS AT THEIR OPTION. |
| | | | DOCS HAVE TO BE SENT TO US IN TWO SEPARATE LOTS. |
| | | | OUR POSTAL ADDRESS: 80278 MUNICH |
| | | | FOR COURIER MAIL: ARABELLASTR. 12, D-81925 MUNICH |
| **Documents required** | 46 B | | 6) CONFIRMATION, EVIDENCING THAT ORIGINAL EXPORT LICENCE AND ORIGINAL CERTIFICATE OF ORIGIN HAVE BEEN SENT BY COURIER SERVICE BEFORE SHIPMENT TO MAYER MODEN, HAUPTSTR. 102, 90453 NUERNBERG |
| | | | 7) IN CASE OF SEAFREIGHT: |
| | | | FULL SET OF CLEAN ON BOARD OCEAN BILL OF LADING, ISSUED TO ORDER, BLANK ENDORSED MARKED 'FREIGHT COLLECT' AND NOTIFY: MAYER MODEN, HAUPTSTRS. 102, 90453 NUERNBERG; PORT OF DESTINATION: HAMBURG |
| | | | IN CASE OF AIRFREIGHT (FOR DELAYED SHIPMENT): AIRWAY BILL, ISSUED BY FREIGHT EXPRESS INT'L LTD., CONSIGNED TO MAYER MODEN, HAUPTSTR. 102, 90453 NUERNBERG (ALSO NOTIFY), MARKED 'FREIGHT PREPAID', AIRPORT OF DESTINATION: NUERNBERG |
| | | | IN CASE OF SEA/AIRFREIGHT (FOR DELAYED SHIPMENT): FULL SET OF CLEAN ON BOARD MULTIMODAL TRANSORT BILL OF LADING, ISSUED TO ORDER, BLANK ENDORSED, MARKED 'FREIGHT PREPAID' AND NOTIFY: MAYER MODEN, HAUPTSTR: 102, 90453 NUERNBERG, AIRPORT OF DESTINATION: NUERNBERG |
| | | | 8) BENEFICIARY'S CONFIRMATION THAT GOODS SHIPPED UNDER THIS L/C DO NOT CONTAIN ANY AZO-COMPONENTS |
| | | | 9) SIGNED COPY OF SALES CONTRACT OF GOODS MENTIONED UNDER DESCRIPTION OF GOODS |
| **additional Cond.** | 47 B | : | 1) IF SHIPMENT WILL BE DELAYED UP TO 10 DAYS; SHIPMENT TERMS UNCHANGED. IF SHIPMENT WILL BE DELAYED 11 TO 20 DAYS, SHIPMENT MUST COME BY SEA/AIR. IF DELAYED MORE THAN 20 DAYS GOODS MUST BE SHIPPED FULLY BY AIR. DIFF. IN FREIGHT TO SEA FREIGHT CHARGES WILL BE FOR ACCOUNT OF BENEFICIARY AND TRANSPORT DOCUMENTS (MULTIMODAL TRANSPORT BILL OF LADING/AIRWAY BILL) MUST BE MARKED 'FREIGHT PREPAID' AND INVOICE MUST SHOW DELIVERY TERMS 'CPT NUERNBERG' |
| **Description of Goods** | 45 B | : | NO. 1000-0 |
| | | | 1.240 PCS., PA 340, |

|  |  |  |
|---|---|---|
|  |  | VIVALDI 349-01, LADIES BLOUSE PRICE: USD 8,70 BY SEA NO. 1005-0 5.110 PCS., PA 342, LACH 038-02, LADIES BLOUSE PRICE: USD 9,25 BY SEA |
| **Basic Header** | F 01 | HYPODEMMAXXX 000 000000 |
| **Application Header** | I 700 | SCBKHHXXXX U 3 *SHANGHAI COMMERCIAL BANK LIMITED *HONGKONG BLOUSE PRICE: USD 8,70 BY SEA NO. 1005-0 5.110 PCS., PA 342, LACH 038-02, LADIES BLOUSE PRICE: USD 9,25 BY SEA TERMS OF DELIVERY: FOB HONGKONG |
| **Additional Cond.** | 47 B : | 2) L/C IS TRANSFERABLE BY SHANGHAI COMMERCIAL BANK LTD. IMMEDIATE INFORMATION MUST BE SENT TO US OF EACH TRANSFER OF THIS L/C. FOR 4 PCS NO. 1005-0 OF DESCRIPTION OF GOODS INVOICE MUST SHOW 4 PCS 'IN TRANSIT TO CANADA' AND EXPORT LICENCE FOR SCANIA 'IN-TRANSIT-SHIPMENT' IS REQUIRED AND THEREFORE FINAL DESTINATION MUST SHOW: CANADA: SCANIA IMPORTS LTD., MRS. LOUISE DOUCET, 4200 ST.-LAURENT, SUITE 1000, CDN-H2W 2R2 MONTREAL, QUEBEC |

### Aufgabe 1
Wer hat dieses Dokument erstellt und wie wird es bezeichnet?

### Aufgabe 2
Wer hat dieses Dokumentenakkreditiv beantragt?

### Aufgabe 3
Wer ist Verkäufer?

### Aufgabe 4
Wer ist Käufer?

### Aufgabe 5
Welche Incoterms-2000®-Klausel wurde vereinbart?

### Aufgabe 6
Bei welcher Bank hat der Käufer das Dokumentenakkreditiv beantragt?

**Aufgabe 7**

Wer hat dem Verkäufer mitgeteilt, dass zu seinen Gunsten ein Dokumentenakkreditiv eröffnet wurde?

**Aufgabe 8**

Wie lange ist dieses Dokumentenakkreditiv gültig?

**Aufgabe 9**

Welche Dokumente müssen vorgelegt werden?

**Aufgabe 10**

Mit welchem Verkehrsträger kann der Transport der Ware durchgeführt werden?

**Aufgabe 11**

Wen soll die geforderte Transportversicherung schützen?

**Aufgabe 12**

Sind Teilladungen erlaubt?

**Aufgabe 13**

Wem hat der Verkäufer die geforderten Dokumente vorzulegen?

**Aufgabe 14**

Wann erhält der Verkäufer sein Geld (Bezahlung)?

**Aufgabe 15**

Wann muss der Käufer bezahlen (Kontobelastung)?

**Aufgabe 16**

Welchen Vorteil hat dieses Dokumentenakkreditiv für den Käufer?

**Aufgabe 17**

Welchen Vorteil hat der Verkäufer aus diesem Dokumentenakkreditiv?

## Fallstudie 3: Anwendung der Incoterms 2010®

### Situation

Die Max Weiss GmbH in Erlangen, Hersteller von Brennern für Ölfeuerungsanlagen verhandelt mit den First Automotive Works (FAW), einem Autohersteller in Changchun, China, über den Verkauf von Ölbrennern nach Nordostchina. Der Transport der Ölbrenner soll in Containern mit dem Seeschiffen erfolgen. Die Max Weiss GmbH möchte gut vorbereitet in die Verkaufsverhandlungen mit dem Käufer gehen und bittet die Spedition EUROCARGO um kompetenten Rat. Ihr Abteilungsleiter hat Sie beauftragt, die Max Weiss GmbH in folgenden Fragen zu beraten.

# 1 Außenhandelsverträge gestalten

**Aufgabe 1**

Welche Incoterms-2010®-Klauseln bleiben als Verhandlungsspielraum übrig, wenn die Max Weiss GmbH die Kosten sowie das Risiko für den Seetransport nicht übernehmen möchte?

**Aufgabe 2**

Der chinesische Vertragspartner wünscht, dass die Firma Max Weiss GmbH die Kosten für den Seetransport übernimmt. Das Transportrisiko würde das chinesische Unternehmen jedoch tragen. Welche Incoterms-Klausel 2010® wäre hierzu geeignet?

**Aufgabe 3**

Angenommen, das chinesische Unternehmen fordert in den Vertragsverhandlungen, die DDP Changchun Incoterms 2010® im Kaufvertrag festzuschreiben. Der Verhandlungsführer der Max Weiss GmbH bringt gegen diese Vereinbarung Bedenken vor. Welche Probleme könnten für die Max Weiss GmbH in diesem Fall entstehen?

## Fallstudie 4: Speditionsauftrag Nürnberg – Los Angeles

### Situation

Laut Speditionsauftrag an die EUROCARGO GmbH hat die Medicaid GmbH, Nürnberg, mit ihrem Vertragspartner Malibu Medical Care Inc. in Los Angeles (US) die Vereinbarung FCA Nuremberg Airport nach Incoterms 2010® abgeschlossen. Die Sendung soll im Luftfrachtverkehr abgewickelt werden.

**Aufgabe 1**

Wer hat die Güter zu verpacken?

**Aufgabe 2**

Wer hat den Frachtvertrag mit dem Carrier abzuschließen und die Transportkosten für die Luftfracht zu übernehmen?

**Aufgabe 3**

Wer schließt die Transportversicherung mit welchem Leistungsumfang ab, wer trägt die Kosten?

**Aufgabe 4**

Bis zu welchem Punkt trägt die Medicaid GmbH, Nürnberg, das Transportrisiko?

**Aufgabe 5**

Wann hat die Medicaid GmbH, Nürnberg, ihre Lieferverpflichtung erfüllt?

**Aufgabe 6**

Wer hat die Ausfuhrverzollung zu besorgen und zu bezahlen?

**Aufgabe 7**

Wer hat die Kosten für die Abfertigung der Luftfrachtsendung in Nürnberg zu tragen?

**Aufgabe 8**

Wer hat die Einfuhrabfertigung in Los Angeles durchzuführen und die Einfuhrabgaben dort zu bezahlen?

## Fallstudie 5: Exportauftrag Seeverkehr Nürnberg – New York

### Situation

Die Frankonia Packing GmbH, Nürnberg, erteilt der Spedition EUROCARGO den Auftrag, eine Maschine zur Verpackung von Süßigkeiten mit den Maßen 620 cm x 250 cm x 180 cm und einem Gewicht von 7,2 t von Nürnberg nach New York zu versenden. Im Speditionsauftrag steht, dass CIF New York Incoterms 2010® vereinbart wurde. EUROCARGO schließt mit der Reederei Henning GmbH, Bremen, im Auftrag der Frankonia Packing GmbH einen Seefrachtvertrag ab.

**Aufgabe 1**

Wer hat die Maschine seemäßig zu verpacken?

**Aufgabe 2**

Wer muss die Zollabfertigung für die Ausfuhr der Sendung in die Vereinigten Staaten von Amerika durchführen?

**Aufgabe 3**

Wer hat den Frachtvertrag mit der Reederei abzuschließen und die Transportkosten für die Seefracht zu übernehmen?

**Aufgabe 4**

Wer schließt die Transportversicherung mit welchem Leistungsumfang ab, wer trägt die Kosten?

**Aufgabe 5**

Wer muss das Konnossement beschaffen und die Kosten für das Papier tragen?

**Aufgabe 6**

Welche wesentlichen Informationen müssen zwischen der Frankonia Packing GmbH und dem Käufer in New York ausgetauscht werden?

**Aufgabe 7**

Bis zu welchem Punkt trägt die Frankonia Packing GmbH das Transportrisiko?

**Aufgabe 8**

Wann hat Frankonia Packing GmbH ihre Lieferverpflichtung erfüllt?

**Aufgabe 9**

Wer hat die Kosten der Entladung im Bestimmungshafen New York zu tragen?

**Aufgabe 10**

Wer hat die Einfuhrabfertigung in New York durchzuführen und wer muss anfallende Eingangsabgaben in den USA bezahlen?

# Wiederholungsfragen Incoterms 2010®:

1. Was sind Incoterms 2010®?

2. Welche Vorteile haben Verkäufer und Käufer, wenn sie im Kaufvertrag die Incoterms 2010® vereinbaren?

3. Wie werden Incoterms 2010® Bestandteil eines Kaufvertrags?

4. Nach welchen Kriterien hat die ICC die Incoterms 2010® eingeteilt?

5. Zwischen einem Käufer in Denver, Colorado, und einem Verkäufer in Biberach/Riss wird EXW Biberach Incoterms 2010® vereinbart. Wer (Käufer/Verkäufer) muss die Ausfuhrabfertigung besorgen?

6. Ein Verkäufer in Hongkong und ein Käufer in Nürnberg haben für eine Exportsendung Textilien „CPT Nuremberg Airport Incoterms 2010®" vereinbart. Die Sendung wird per Flugzeug von Hongkong nach Nürnberg befördert. Wo geht das Risiko vom Verkäufer auf den Käufer über?

7. Bei welchen Klauseln der Incoterms 2010® sind Gefahrenübergang und Kostenübergang nicht identisch?

8. Bitte kreuzen Sie an.

| | Risikoübergang vor dem Haupttransport | Käufer schließt Frachtvertrag über Haupttransport ab | See- oder Binnenschiff ausschließlich |
|---|---|---|---|
| EXW | | | |
| FCA | | | |
| CPT | | | |
| CIP | | | |
| DAT | | | |
| DAP | | | |
| DDP | | | |
| FAS | | | |
| FOB | | | |
| CFR | | | |
| CIF | | | |

9. Der Absender eines Containers, der im Vorlauf per Lkw von München nach Hamburg und von dort per Seeschiff nach Shanghai und im Nachlauf wieder per Lkw zum Zielort in China transportiert werden soll, hat „CFR Shanghai Incoterms 2010®" vereinbart. Welche Kosten übernimmt der Käufer?

10. Bei welchen Incoterms-2010®-Klauseln geht das Risiko vom Verkäufer auf den Käufer über, wenn die Ware an Bord eines Schiffes geladen wurde?

11. Der Absender einer LKW-Ladung hat seinen Sitz in Ulm. Er möchte alle Kosten, die Versicherung und die Fracht bis zum Bestimmungsort Budapest zahlen, das Risiko jedoch nur bis zur Übergabe an den Frachtführer tragen. Welche Klausel vereinbart er?

12. Erläutern Sie den Unterschied zwischen DAT und DAP.

13. Worin besteht der Hauptunterschied zwischen DAP und DDP?

14. Kann „FOB London Heathrow Incoterms 2010®" in einem Kaufvertrag als zulässige Klausel vereinbart werden?

15. Worin unterscheiden sich EXW und FCA?

**16** Auf dem Transport von Kassel nach Hamburg wird eine auszuführende Sendung beschädigt. Im Kaufvertrag wurde FOB Hamburg gemäß Incoterms 2010® vereinbart. Wer trägt das Beschädigungsrisiko und muss der Verkäufer nochmals liefern?

**17** Ein namhafter deutscher Hersteller von Waschmitteln bei Verhandlungen mit ausländischen Lieferern chemischer Grundstoffe im Rahmen der Beschaffung nur noch Incoterms 2010® zu verwenden, die dem Waschmittelhersteller ermöglichen, den Warentransport zu steuern und die Frachtführer zu bestimmen. Welche Incoterms-2010®-Klauseln dürfen die Beschaffungsexperten bei internationalen Transaktionen vereinbaren?

**18** Bitte kreuzen Sie an.

| Risikoübergang nach dem Haupttransport | | | |
|---|---|---|---|
| Käufer schließt Frachtvertrag über Haupttransport ab | | | |
| für alle Transportarten | | | |
| EXW | | | |
| FCA | | | |
| CPT | | | |
| CIP | | | |
| DAT | | | |
| DAP | | | |
| DDP | | | |
| FAS | | | |
| FOB | | | |
| CFR | | | |
| CIF | | | |

**19** Wer (Verkäufer/Käufer) hat für das Be- und Entladen der Ware während der Transportstrecke in Abhängigkeit vom jeweils gewählten Incoterm 2010® zu sorgen?

**20** Worin unterscheiden sich CIP und CIF?

**21** Ein Transformator, 52 t, wird „FOB Rotterdam Incoterms 2010®" nach Dubai verschifft. Im Hafen Rotterdam wird der schwere Transformator von einem Binnenschiff (Leichter) aus auf das Seeschiff verladen. Bei der Kranverladung ereignet sich ein Unfall und der Transformator fällt in das Wasser des Hafenbeckens. Wer trug das Risiko?

**22** Kann ein Käufer aus Shanghai, P.R.C., bei der Vereinbarung „FCA Nürnberg, Kleestraße 4 Incoterms 2010®" den Verkäufer bitten, für ihn den Frachtvertrag für den Haupttransport abzuschließen?

**23** Wo ist der Kosten- und Gefahrenübergang bei folgenden Incoterms-2010®-Klauseln? FCA, EXW, CPT, DAT, FOB, CFR

**24** Welche Vertragsbestandteile, die in einem Kaufvertrag enthalten sein müssten, sind durch eine Incoterms 2010® Vereinbarung nicht geregelt?

**25** Warum sollten Spediteure über Wesen, Art und Funktion der Incoterms 2010® gut informiert sein, obwohl Spediteure in der Regel keine internationalen Kaufverträge abschließen?

## Wiederholungsfragen: Dokumentenakkreditiv/-inkasso:

1. Was ist ein Akkreditiv?
2. Welchen Vorteil hat ein Verkäufer, wenn im Kaufvertrag ein Dokumentenakkreditiv vereinbart ist?
3. Welchen Vorteil hat ein Käufer aus einem Dokumentenakkreditiv?
4. Wer muss ein Dokumentenakkreditiv beantragen?
5. Schildern Sie den Ablauf eines Dokumentenakkreditivs!
6. Welche Dokumente können in einem Dokumentenakkreditiv verlangt werden?
7. Warum sollte ein Akkreditiv unwiderruflich sein?
8. Was ist ein bestätigtes Akkreditiv?
9. Vergleichen Sie Dokumentakkreditiv und Dokumenteninkasso im Hinblick auf den Ablauf und die Risiken für die Beteiligten?
10. Welchen Zweck hat ein Dokumenteninkasso?
11. Welche beiden Formen des Dokumenteninkassos werden verwendet?
12. Schildern Sie den Ablauf eines Dokumenteninkassos, wenn d/p vereinbart ist!
13. Welche Risiken bleiben bei einem internationalen Warengeschäft für den Verkäufer und den Käufer, wenn als Zahlungs- und Lieferungssicherung Dokumenteninkasso vereinbart wurde?

## Wiederholungsfragen: Spediteurdokumente:

1. Was bedeutet die Abkürzung FCR?
2. Was bestätigt ein Spediteur in einem FCR?
3. Welche Rechtsgrundlage gilt, wenn ein Spediteur ein FCR ausstellt?
4. Erläutern Sie die Funktion eines FCR!
5. Was bedeutet FBL?
6. Nennen Sie die Rechtsgrundlage für die Ausstellung eines FBL?
7. Was bestätigt ein Spediteur, wenn er ein FBL ausstellt?
8. Wie haftet ein Spediteur, wenn er ein FBL ausstellt?
9. Erläutern Sie den Wertpapiercharakter eines FBL!
10. Warum sollte ein Spediteur bei der Unterschrift eines FBL den Vermerk „as carrier" anbringen?
11. Welche Bedeutung hat das FBL im Rahmen eines Dokumentakkreditivs?
12. Warum wird ein Spediteur als MTO bezeichnet, wenn er ein FBL ausstellt?
13. Kann jeder Spediteur in Deutschland FBL's ausstellen?

# 2 Exportaufträge bearbeiten

## 2.1 Wie beschränken Staaten den Austausch von Waren und Dienstleistungen?

### 2.1.1 Wirtschaftspolitische Beschränkungen

Die wirtschaftlichen Beziehungen eines Staates zu anderen Staaten werden im Rahmen des Außenwirtschaftsrechts geregelt. Wie diese Beziehungen gestaltet sind, hängt von vielen Faktoren ab. Die wichtigsten dürften die wirtschaftspolitische Ausrichtung (z. B. Liberalismus) eines Staates sowie die ständig wechselnden politischen Veränderungen und Ereignisse sein. Damit ein Staat Handlungsspielraum im Hinblick auf wirtschaftliche Beziehungen zu anderen Staaten hat, wird ein solcher Staat seine wirtschaftlichen Außenbeziehungen nicht völlig liberalisieren. Er wird sich vielmehr einen Gestaltungsspielraum offen halten, innerhalb dessen er auf politische, wirtschaftliche und gesellschaftliche Ereignisse die Beziehungen zu anderen Staaten betreffend reagieren kann. Zur Steuerung des wirtschaftlichen Verkehrs für Waren, Dienstleistungen, Zahlungen und Kapital werden folgende Instrumente eingesetzt:[1]

| Instrumente | Beispiele |
|---|---|
| **Verbote** | Embargo, z. B. kein Verkauf militärischer Güter an China |
| **Genehmigungsvorbehalte** | Ein- und Ausfuhr bestimmter Waren hängen von der Vorlage entsprechender Genehmigungsbescheide (Lizenzen) ab. |
| **Sonstige Überwachungsmaßnahmen** | Vorlage besonderer Warenbegleitpapiere, z. B. Ursprungszeugnisse bei Textilerzeugnissen |

### 2.1.2 Zollrechtliche Handelshemmnisse

Neben rein außenwirtschaftlichen Beschränkungen existieren sogenannte tarifäre (zollrechtliche) Handelshemmnisse, auch als Verbote und Beschränkungen (VuB) bezeichnet, die darauf abzielen, die Natur, Gesundheit und öffentliche Ordnung zu schützen.[2] Verbote und Beschränkungen können dem Zolltarif entnommen werden.

### 2.1.3 Nicht tarifäre (zollrechtliche) Handelshemmnisse

Neben zollrechtlichen Instrumenten zur Steuerung des Außenhandels gibt es eine Vielzahl von nicht tarifären Handelshemmnissen. Als Beispiele sind zu nennen:
- Übermäßige Gesundheits- und Hygieneanforderungen
- Technische Standards
- Agrarpolitik der Europäischen Gemeinschaft

### 2.1.4 Ebenen der Reglementierungen und Einschränkungen

Es gibt nationale Reglementierungen und Einschränkungen des Warenverkehrs und solche auf europäischer Ebene. Aus der Sicht der Bundesrepublik Deutschland ist der Warenaustausch mit anderen Staaten wie folgt geregelt:

---
[1] vgl. www.zoll.de
[2] vgl. ebenda

| Nationale Regelungen | Gemeinschaftsrechtliche Vorschriften | Andere Vorschriften |
|---|---|---|
| Außenwirtschaftsgesetz (AWG) | EG-Dual-Use-Verordnung | UN-Vorschriften |
| Außenwirtschaftsverordnung (AWVO) | Zollkodex | US-Regelungen |
| Einfuhrliste (Anlage zum AWG) | | |
| Ausfuhrliste (Anlage zur AWVO) | | |
| Überwachung der Einhaltung aller Vorschriften: Compliance | | |

Die Einhaltung aller Vorschriften kann nur mit Hilfe von Software-Paketen effektiv überwacht werden. Man spricht hier von Compliance Management, das auch für Speditionsunternehmen sehr wichtig ist.

### 2.1.5 Ausfuhrgenehmigungen

Bestimmte Waren dürfen nur mit einer Ausfuhrgenehmigung ausgeführt werden.

| Ausfuhrgenehmigungspflicht besteht insbesondere für |
|---|
| • Kriegswaffen, |
| • militärisch verwendbare Erzeugnisse, |
| • bestimmte Chemikalien, |
| • Chemieanlagen, |
| • Waren, die militärisch genutzt werden könnten, |
| • Waren mit sicherheitsstrategischer Relevanz. |

Anträge auf Ausfuhrgenehmigung können bei dem BAFA (Bundesamt für Wirtschaft und Ausfuhrkontrolle) gestellt werden, das dem Bundesministerium für Wirtschaft unterstellt ist.

**BAFA (BUNDESAMT FÜR WIRTSCHAFT UND AUSFUHRKONTROLLE)**

Informationen über die Ausfuhr von Waren, insbesondere über die Dokumente, die ein Käufer im Bestimmungsland benötigt, kann man am besten den von der IHK Hamburg herausgegebenen „Konsulats- und Mustervorschriften" (K und M) entnehmen. Dieses Werk enthält umfassende Informationen zu den Importregelungen aller Staaten der Welt. Die K und M zeigen auf, welche Dokumente, in welcher Anzahl und ob unter Umständen eine Beglaubigung erforderlich sind.

**„KONSULATS- UND MUSTERVORSCHRIFTEN" (K UND M)**

Grundsätzlich kann man davon ausgehen, dass der Export von Waren in Länder außerhalb der EU umsatzsteuerfrei sein wird, sofern nachgewiesen werden kann, dass die Ware die EU-Grenze tatsächlich überschritten hat. Als Nachweis dienen das mit einem Vermerk versehene Ausfuhrbegleitdokument (ABD), die (weiße) Spediteurbescheinigung, der Bahnfrachtbrief oder der Posteinlieferungsschein.

## 2.2 Wie können Waren und Dienstleistungen aus der Europäischen Union ausgeführt werden?

Da die in der Europäischen Union hergestellte Maschine das Zollgebiet der Gemeinschaft verlässt, ist sie in das Ausfuhrverfahren zu überführen. Ein Ausfuhrverfahren ist ein Zollverfahren nach dem Zollkodex. Grundsätzlich ist die Ausfuhr bei der zuständigen Zollstelle anzumelden. „Die Ausfuhranmeldung ist bei der Zollstelle abzugeben, die für den Ort zuständig ist, an dem der Ausführer ansässig ist oder die Waren zur Ausfuhr verpackt oder verladen werden." Ausführer ist im Allgemeinen die Person, für deren Rechnung die Ausfuhranmeldung abgegeben wird und die zum Zeitpunkt der Anmeldung Eigentümer der Ware ist oder eine ähnliche Verfügungsberechtigung besitzt. Bei Personen, die außerhalb des Gebiets der Gemeinschaft ansässig sind, handelt der in der Gemeinschaft ansässige Beteiligte des Rechtsgeschäftes als Ausführer.

**AUSFUHRVERFAHREN**
**ZOLLVERFAHREN**
**AUSFUHRANMELDUNG**
**AUSFÜHRER**

## 2.2.1 Das Ausfuhrverfahren

**Abgrenzung von Begriffen**

Zum besseren Verständnis der nachfolgenden Ausführungen sollen zunächst wichtige Begriffe erläutert werden.

GEMEINSCHAFTS-
WAREN

„NICHTGEMEIN-
SCHAFTSWARE"

| Begriff | Erläuterung |
|---|---|
| Ausfuhr | Verbringen von Gemeinschaftswaren aus dem Zollgebiet der Gemeinschaft. |
| Gemein-schafts-waren | Waren, die im Zollgebiet der Gemeinschaft gewonnen oder hergestellt wurden.<br>Waren, die nicht im Zollgebiet der Gemeinschaft gewonnen oder hergestellt wurden und das Zollverfahren „Überführung in den zollrechtlich freien Verkehr" durchlaufen haben.<br>Alle übrigen Waren haben den Status „Nichtgemeinschaftsware". |
| Zollgebiet der Gemeinschaft | <br>Das Zollgebiete der Gemeinschaft umfasst das Hoheitsgebiet der 27 EG-Staaten. Die Abgrenzung des geografischen Raumes, in dem das Zollrecht angewendet wird, entspricht grundsätzlich dem Hoheitsgebiet der Mitgliedsstaaten. Es gibt jedoch einige Abweichungen. So gehört zum Beispiel die Insel Helgoland nicht zum Zollgebiet der Europäischen Union. Zum Staatsgebiet von Dänemark gehört z. B. Grönland. Es zählt jedoch nicht zum Zollgebiet der Europäischen Union. Kleine Bereiche des deutschen Staatsgebietes bei Büsingen (Südbaden) gehören nicht zum Zollgebiet der Gemeinschaft, während ein kleiner Teil des Territoriums der Schweiz dem Zollgebiet der Europäischen Gemeinschaft zugeteilt wurde.[1] |
| Versendung | Verbringen von Waren (Gemeinschaftswaren oder Nichtgemeinschaftswaren) von einem Mitgliedstaat der Gemeinschaft in einen anderen |

---

[1] Eine zusammenfassende Darstellung gibt es unter www.zoll.de

| Begriff | Erläuterung |
|---|---|
| **Ausführer** | Person, für deren Rechnung die Ausfuhranmeldung abgegeben wird und die zum Zeitpunkt der Anmeldung entweder Eigentümer der Ware ist oder eine ähnliche Verfügungsberechtigung besitzt. |
| **Ausfuhrzollstelle** | Zollstelle, in deren Bezirk der Ausführer seinen Sitz hat oder in deren Bezirk die Ware verladen oder verpackt wird. Unter Verlade- bzw. Verpackungsort ist der Ort zu verstehen, an dem die Beförderung der Waren zur Ausfuhr beginnt. |
| **Ausgangszollstelle** | Grenzzollstelle an der EU-Grenze (z. B. Weil-am-Rhein-Autobahn oder Hamburg Waltershof), da hier der körperliche Ausgang der Waren bescheinigt werden kann. |

**Ablauf des zweistufigen Ausfuhrverfahrens**

Das Ausfuhrverfahren läuft in zwei Phasen ab. In der ersten Stufe wird die Ware durch den Ausführer bei der Ausfuhrzollstelle eröffnet, in der zweiten Stufe wird das Ausfuhrverfahren an der Ausgangszollstelle beendet.

**AUSFUHRZOLLSTELLE**

**AUSGANGSZOLLSTELLE**

| Stufe 1 | Ausfuhrzollstelle |
|---|---|
| **Gestellung** | Der Ausführer muss der Zollbehörde anzeigen, dass die Ware, deren Ausfuhr er beabsichtigt, sich bei der Zollstelle befindet. |
| **Ausfuhranmeldung** | Der Ausführer gibt im Rahmen des IT-Verfahrens ATLAS (AES = Automated Export System) eine Ausfuhranmeldung ab. Bei der Anmeldung der Ausfuhr stehen folgende Alternativen zur Auswahl:<br><br>1. Eigene ATLAS Software<br><br>Das Unternehmen kauft und installiert die ATLAS Software. Man benötigt eine Beteiligten-Identifikations-Nummer (BIN).<br><br>2. Online-Zugang über ein Rechenzentrum<br><br>Das Unternehmen nutzt über einen kostenpflichtigen Online-Zugang die in einem Rechenzentrum installierte Software ATLAS. Schnittstellen zu internen Warenwirtschaftssystemen sind möglich.<br><br>3. Zollbüro, Zollagent, Spediteur<br><br>Diese zollrechtlichen Vertreter erstellen nach den Vorgaben des exportierenden Unternehmens die Ausfuhranmeldung (vollständige Auslagerung der Zollabwicklung). Die rechtliche Verantwortung bleibt jedoch beim Exporteur.<br><br>4. Internetzollanmeldung (IAA)[1]<br><br>Der Exporteur erstellt über eine kostenfrei zugängliche Internetseite eine elektronische Ausfuhranmeldung, druckt sie aus und gibt den unterschriebenen Ausdruck bei der zuständigen Zollstelle ab.<br><br>5. Internetzollanmeldung Plus (IAA Plus)<br><br>Bei diesem Verfahren wird die eigenhändige Unterschrift des Anmelders durch ein elektronisches Zertifikat[2] ersetzt. Überlassung der Ware und Zustellung des Ausgangsvermerks erfolgen elektronisch.<br><br>IAA und IAA Plus verfügen nicht über Schnittstellen zu Warenwirtschaftsprogrammen. Jede Ausfuhranmeldung muss manuell eingetragen werden. Beide Verfahren kommen nur für Unternehmen mit geringer Zahl von Ausfuhren in Betracht. |

---
[1] Die Internetausfuhranmeldung steht seit 01.09.2011 nicht mehr zur Verfügung. Vgl. www.zoll.de
[2] ELSTER-Zertifikat; für Spediteure nicht geeignet

| | |
|---|---|
| **Prüfung** | Die Ausfuhrzollstelle prüft die Ausfuhranmeldung auf Vollständigkeit und auf Zulässigkeit der Ausfuhr. |
| **Beschau** | Die Zollstelle kann die Ausfuhrsendung beschauen. Die Zollbeschau ist der Ausnahmefall. |
| **Überlassung** | Die Zollstelle gibt die Ware frei, wenn die Prüfung ergeben hat, dass die Ausfuhr zulässig ist.<br><br>Ergibt die Prüfung der Ausfuhranmeldung durch die Ausfuhrzollstelle, dass die Ausfuhr zulässig ist, sendet sie dem Antragsteller auf elektronischem Weg ein Ausfuhrbegleitdokument (ABD), das der Ausführer ausdruckt. Das ABD muss die Sendung nicht begleiten, jedoch bei der Zollausgangsstelle vorgelegt werden. Auf dem ADB befindet die MRN (Movement Reference Number), mit der sich jeder Exportvorgang in allen EU-Staaten identifizieren lässt. Über die MRN kann man als Zollbeteiligter den Status seiner Exportsendung verfolgen (Intenet). Beispiel für eine MRN, die auch als Barcode ausgedruckt werden muss: 09DE420807608568E6. |
| **Alternatives Verfahren** | Der Ausführer kann beantragen die Sendung außerhalb des Amtsplatzes, z. B. auf seinem Firmengelände, zu gestellen. Diesen Antrag auf Gestellung außerhalb des Amtsplatzes muss er zusammen mit dem Ausfuhrantrag abgeben. Zeitpunkt und Ort der Verladung sind darin festzulegen und exakt einzuhalten. Damit die Ausfuhrzollstelle eine Zollbeschau durchführen kann, ist der Antrag spätestens zwei Stunden vor Dienstschluss am Tag des Verpackens oder Beladens abzugeben. Erfolgt keine Zollbeschau durch die Ausfuhrzollstelle, darf die Ware nach Ablauf einer bewilligten Wartezeit zur Ausgangszollstelle befördert werden. |

| Stufe 2 | Ausgangszollstelle |
|---|---|
| Gestellung | Erneute Gestellung der Waren und Vorlage des ABD |
| Prüfung | Vergleich der Angaben im ABD mit den mitgelieferten Warendokumenten sowie der Ware selbst |
| Abweichungen | Beschaffenheit: keine Ausfuhr erlaubt<br>Mehrmengen: nur die in der Ausfuhranmeldung angegebene Menge erlaubt, für den Rest Ausfuhranmeldung erforderlich<br>Mindermengen: Erfassung der Abweichungen, Nachricht an Ausfuhrzollstelle über Unregelmäßigkeiten |
| Zulassung der Ausfuhr | Bescheinigung des Überschreitens der EU-Grenze durch Nachricht an Ausfuhrzollstelle |

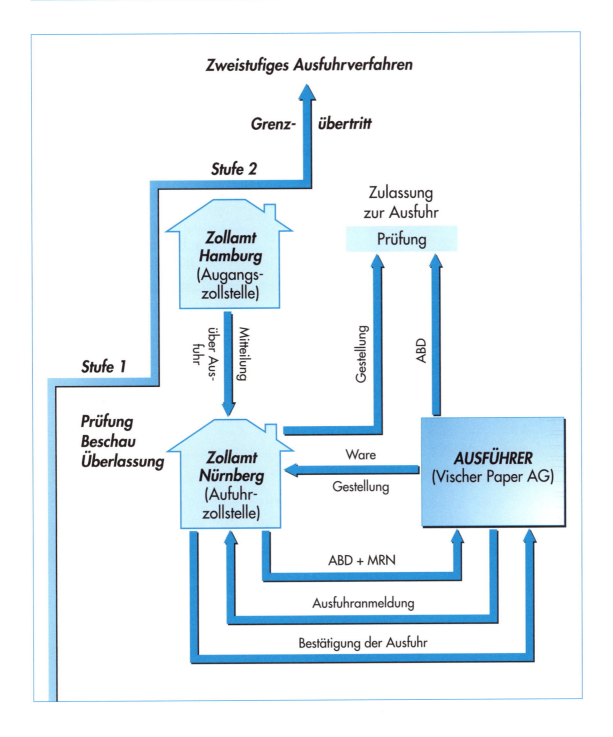

## Vereinfachungsverfahren

Zur Beschleunigung und Entbürokratisierung der Warenausfuhr gibt es folgende Vereinfachungsverfahren.

**KLEINSENDUNGEN**

**ZOLLANMELDUNG BEI DER AUSGANGSZOLLSTELLE**

**KEINE ELEKTRONISCHE ZOLLANMELDUNG**

| Kleinsendungen | |
|---|---|
| Warenwert bis 3.000 EUR | Bei einem Warenwert bis 3.000 EUR kann auf eine Zollabfertigung im Binnenland bei der Ausfuhrzollstelle verzichtet werden und es genügt, lediglich eine Zollanmeldung bei der Ausgangszollstelle abzugeben. |
| Warenwert bis 1.000 EUR | Liegt der Warenwert unter 1.000 EUR ist keine elektronische Zollanmeldung erforderlich. Die Zollanmeldung kann z. B. durch Vorlage einer Handelsrechnung oder durch mündliche Erklärung erfolgen. |
| Gewicht < 1000 kg | Bei Sendungen mit einem Gewicht ab 1.000 kg ist immer eine Vorabfertigung durch die Ausfuhrzollstelle im Binnenland erforderlich. Die oben genannten Vereinfachungen gelten also nur für Sendungen mit einem Gewicht unter 1.000 kg. |

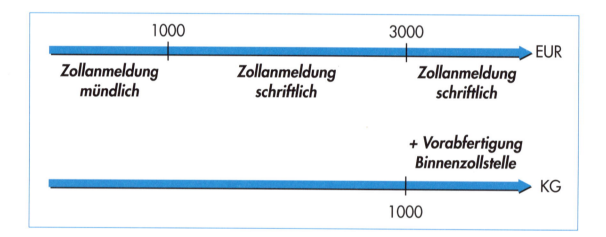

**„UNVOLLSTÄNDIGE ANMELDUNG"**

Als weiteres Vereinfachungsverfahren gilt die „unvollständige Anmeldung".

**GEWISSE ANGABEN ODER UNTERLAGEN FEHLEN**

**SCHUTZ DES AUSFÜHRERS**

| Unvollständige Anmeldung (UVA) |
|---|
| Abgabe einer Zollanmeldung, bei der gewisse Angaben oder Unterlagen fehlen |
| Bewilligung durch das zuständige Hauptzollamt nicht erforderlich |
| Grund:<br>Die Lieferung erfolgt durch Subunternehmer. Die Komponenten stammen von anderen Lieferanten. |
| Subunternehmer:<br>Versender, der auf Wunsch seines Kunden (des Ausführers) Waren nicht an diesen liefert, sondern direkt an dessen Kunden in einem Nicht-EU-Land. |
| Funktion:<br>Schutz des Ausführers davor, dass der Subunternehmer Geschäftsgeheimnisse wie Preise, Lieferbedingungen usw. erfährt; Vereinfachung von Teilsendungen, da mehrere Teilsendungen auf einer endgültigen Ausfuhranmeldung zusammengefasst werden können |

Zwei weitere vereinfachte Ausfuhrverfahren sind das Verfahren des „Zugelassenen Ausführers" und das einstufige Ausfuhrverfahren für den „Vertrauenswürdigen Ausführer". Die wesentlichen Unterschiede sind nachfolgend dargestellt:

ZUGELASSENER AUSFÜHRER

VERTRAUENSWÜRDIGER AUSFÜHRER

|  | Verfahren des Zugelassenen Ausführers | Einstufiges Ausfuhrverfahren (Vertrauenswürdiger Ausführer) |
|---|---|---|
| Wie erfolgt die Abwicklung des Verfahrens? | zweistufig | einstufig |
| Welche Zollstelle ist für die Annahme der Ausfuhranmeldung zuständig? | Ausfuhrzollstelle | Ausgangszollstelle |
| Ist eine Gestellung der Waren am Amtsplatz der Zollstelle zur Überführung in das Ausfuhrverfahren erforderlich? | nein | ja, Ausnahmen (z. B. im Teilnehmerverfahren bei der Überwachung im Luft-/Seeverkehr) sind jedoch möglich |
| Kann die Ausfuhranmeldung auch außerhalb der Öffnungszeiten von der Zollstelle angenommen werden? | ja, Ausnahmen (z. B. für sensible Waren) sind jedoch möglich | nein, i. d. R. gelten jedoch für Ausgangszollstellen längere Öffnungszeiten |
| Sind Wartezeiten bis zur Überlassung vorgesehen? | nein, Ausnahmen (z. B. für sensible Waren) sind jedoch möglich | ja |
| Besteht die Möglichkeit zur Abgabe einer Internetausfuhranmeldung? | ja | nein |
| Ist ein Wechsel der Ausgangszollstelle möglich? | ja | nein |
| Ist die Abwicklung bei einer Ausgangszollstelle in einem anderen Mitgliedstaat möglich? | ja | nein |
| Ist die Überführung in ein Versandverfahren (Artikel 793 b ZK-DVO) möglich? | ja | nein |
| Besteht die Möglichkeit zur Bewilligung im Status als <br> • Ausführer (in eigenem Namen und auf eigene Rechnung) <br> • direkter Vertreter (Subunternehmer) <br> • indirekter Vertreter (Anmelder) | <br>ja<br>ja<br>ja | <br>ja<br>nein<br>nein |

Quelle: www.zoll.de (Merkblatt zu den Unterschieden bei den vereinfachten Ausfuhrverfahren im Rahmen des IT-Verfahrens ATLAS-Ausfuhr)

## Nachweis der Ausfuhr

Der Ausführer benötigt einen Nachweis der Ausfuhr, um von den Finanzbehörden eine Befreiung von der Umsatzsteuer zu erhalten.

**WEISSE SPEDITEURBESCHEINIGUNG**

| Ausgangsbestätigung | Weiße Spediteurbescheinigung |
|---|---|
| Die Ausgangszollstelle sendet, wenn die Ware zur Ausfuhr die EU-Grenze überschritten hat, im Rahmen des IT-Verfahrens ATLAS eine Information über die erfolgte Ausfuhr an die Ausfuhrzollstelle. Diese wiederum sendet dem Ausführer per PDF-Datei eine Bestätigung der Ausfuhr. | Formloses Dokument, das ein Spediteur erstellt, um die tatsächliche Ausfuhr von Gemeinschaftswaren zu bestätigen (Ausfuhrbescheinigung für Umsatzsteuerzwecke). |

### Beispiel für „weiße Spediteurbescheinigung"

Speditions GmbH · 90317 Nürnberg · Hafenstraße 1

**Ausfuhrbescheinigung**

Datum: 09.05.2010
Seite: 1

| KUNDEN ID: | INTERNE REF.: | LADEORT: | SCHIFFSABFAHRT: | ABGANGSHAFEN: | SCHIFFSNAME: |
|---|---|---|---|---|---|
| DE 811 120 044 | 32/0394/046 | NÜRNBERG | 03.05.2010 | BREMERHAVEN | LUDWIGSHAFEN EXPRESS |
| **AUFTRAG VOM:** | **REFERENZ:** | **AUSLIEFERUNG** | **SCHIFFSANKUNFT:** | **BESTIMMUNGSHAFEN:** | **SCHIFFSKURS:** |
| 25.04.2010 | 00502046 | | 13.05.2010 | NORFOLK | |

**ABSENDER:**

**EMPFÄNGER:**
Eurogate Container Terminal, Senator Borttscheller Straße 1, Gatehouse 2, D-27568 Bremerhaven

| Markierung | Anzahl | Verpackung | Inhalt | Gewicht |
|---|---|---|---|---|
| ACLU 961 965-4 | 1 | 40 H. C. | = 2 PACKAGES SPARE | 1138,00 KG |
| SEAL 387908 | | | PARTS FOR EXCAVATORS | |
| | | | (1 CARTON IMO 2) | |

REEDEREI: ACL

| Anzahl gesamt | 1 | | Gewicht gesamt | 1138,00 KG |
|---|---|---|---|---|

Ausfuhrbescheinigung für Umsatzsteuerzwecke
(Ausfuhr durch den Beauftragten eines inländischen oder ausländischen Auftraggebers)
(§ 10 Abs. 1 Nr. 2 UStDV)

**ORIGINAL**
Wir bestätigen hiermit, in Ihrem Auftrag obige Sendung erhalten und gemäß o.a. Daten in das umsatzsteuerliche Ausland verladen zu haben.

Wir versichern, dass wir die vorstehenden Angaben nach bestem Wissen und Gewissen auf Grund unserer Geschäftsunterlagen gemacht haben, die im Geltungsbereich der UStDV nachprüfbar sind.

## 2.2.2 Beispiel für eine Ausfuhranmeldung

Die Spedition EUROCARGO, Hafenstraße 1, 90137 Nürnberg, Zollnummer 2332742. erhält von der Vischer Paper AG, Nürnberg, den Auftrag, Module für eine Maschine zur Papierherstellung nach China zu transportieren und die Ausfuhr abzuwickeln. Für den Auftrag liegen folgende Informationen vor.

| | |
|---|---|
| Versender | Vischer Paper AG, Ziegelsteinstraße 145, 90411 Nürnberg (Zollnummer 2463579) |
| Empfänger | Huatai Paper, Dawang, Shandong, China (PRC) |
| Ware | 1 20'-Container, 1 40'-Container, 1 Flatrack-Container, Module für eine Maschine zur Papierherstellung |
| Beförderungsmittel Abgang | Lastkraftwagen |
| Beförderungsmittel grenzüberschreitend | Schiff Berlin Express |
| Ladeort | Hamburg |
| Ursprungsland | Bundesrepublik Deutschland |
| Bezugsnummer | Auftrag 6754/05 |
| Incoterm | FCA Nürnberg |
| Warennummer | 8439 20 00 |
| Bruttogewicht | 55 700 kg |
| Eigenmasse | 49 500 kg |
| Wert lt. Handelsrechnung | 1.580.000,00 EUR |
| Ausfuhrzollstelle | HH-Waltershof/BRD |
| Datum | 31.07.20… |

Auszug aus dem Merkblatt zum Ausfüllen des Einheitspapiers (2011):

| Feld 1 | | Erstes Unterfeld |
|---|---|---|
| | EU | Im Warenverkehr zwischen der Gemeinschaft und den EFTA-Ländern |
| | EX | Im Warenverkehr zwischen der Gemeinschaft und anderen Drittländern als den EFTA-Ländern für eine Anmeldung zur Ausfuhr von Gemeinschaftswaren aus dem Zollgebiet der Gemeinschaft nach einem anderen Drittland als einem EFTA-Land |
| | | im Warenverkehr zwischen den Mitgliedsstaaten der Gemeinschaft für eine Anmeldung zur Versendung von Nichtgemeinschaftswaren |
| | CO | Im Warenverkehr zwischen Mitgliedstaaten der Gemeinschaft |
| | | Zweites Unterfeld |
| | A | Für eine Ausfuhranmeldung |
| | B | Für eine unvollständige Ausfuhranmeldung |
| | C | Für eine vereinfachte Ausfuhranmeldung |
| | X | Für eine ergänzende Ausfuhranmeldung eines unter B definierten vereinfachten Verfahrens |
| | Y | Für eine ergänzende Ausfuhranmeldung eines unter C definierten vereinfachten Verfahrens |
| | Z | Für eine ergänzende Ausfuhranmeldung im Rahmen eines vereinfachten Verfahrens |

|  |  | Drittes Unterfeld |
|---|---|---|
|  | T1 | Waren, die im externen gemeinschaftlichen Versandverfahren befördert werden sollen |
|  | T2 | Waren, die im internen gemeinschaftlichen Versandverfahren befördert werden sollen |
| Feld 2 |  | Als Versender/Ausführer ist die Person anzugeben, für deren Rechnung die Versendungs-/Ausfuhranmeldung abgegeben wird und die zum Zeitpunkt der Abnahme dieser Anmeldung Eigentümer der Waren ist oder eine ähnliche Verfügungsberechtigung besitzt. |
| Feld 4 |  | Anzahl der ggf. verwendeten und beigefügten Ladelisten |
| Feld 3 |  | Lfd. Nummer in Verbindung mit der Gesamtzahl der verwendeten Vordrucksätze |
| Feld 5 |  | Gesamtzahl der vom Anmelder auf allen verwendeten Vordrucken angemeldeten Warenpositionen |
| Feld 8 |  | Empfänger |
| Feld 14 |  | Name und Vorname bzw. Firma und vollständige Anschrift des Anmelders |
| Feld 15 |  | Versendungs-/Ausfuhrland |
| Feld 17 |  | Land, in dem Waren gebraucht oder verbraucht, bearbeitet oder verarbeitet werden sollen |
| Feld 17 a |  | Bestimmungsland nach dem ISO-alpha-2-Code für Länder (Anhang 1 A) |
| Feld 18 |  | Anzugeben sind ggf. Kennzeichen oder Name des Beförderungsmittels auf dem die Waren bei ihrer Gestellung bei der Zollstelle, bei der die Versandförmlichkeiten erfüllt werden, unmittelbar verladen sind sowie die Staatszugehörigkeit dieses Beförderungsmittels mit dem ISO-alpha-2-Code für Länder (Anhang A). |
| Feld 19 | 0 | Nicht in Containern beförderte Waren |
|  | 1 | In Containern beförderte Waren |
| Feld 20 |  | Anzugeben ist die Lieferbedingung entsprechend Anhang 2. Im ersten Unterfeld des Feldes wird der Incoterm-Code eingetragen, im zweiten Unterfeld der darauf bezogene Ort, das dritte Unterfeld bleibt frei. |
| Feld 21 |  | Unterfeld<br>Anzugeben ist die Art (Lastkraftwagen, Schiff, Waggon, Flugzeug) des aktiven Beförderungsmittels, das beim Überschreiten der Außengrenze der Gemeinschaft benutzt wird. Das Kennzeichen des mutmaßlichen Beförderungsmittels, das beim Überschreiten der Außengrenzen der Gemeinschaft benutzt wird, ist nur bei Beförderungen im Seeverkehr (Schiffsname) anzugeben.<br>Unterfeld<br>Staatszugehörigkeit des mutmaßlichen aktiven Beförderungsmittels, das beim Überschreiten der Außengrenze der Gemeinschaft benutzt wird nach ISO-alpha-2-Code für Länder (Anhang 1 A). |
| Feld 22 |  | Währung (1. Unterfeld), auf die der Geschäftsvertrag lautet (ISO-alpha-3-Code nach Anhang 1 B), und der in Rechnung gestellte Betrag (2. Unterfeld); bei kostenloser Lieferung: Eintrag „unentgeltlich". |
| Feld 24 |  | In diesem Feld ist die Art des Geschäfts (Angabe, aus der bestimmte Klauseln des Geschäftsvertrags wie z. B. Verkauf oder Kommission ersichtlich werden) mit der Schlüsselnummer entsprechend Anhang 3 anzugeben (z. B. endgültiger Kauf/Verkauf 11, Probesendungen 12). |

| | | |
|---|---|---|
| Feld 25 | | Code für die Art des Verkehrszweiges entsprechend dem mutmaßlichen aktiven Beförderungsmittel, mit dem die Waren das Zollgebiet der Gemeinschaft verlassen (1 – Seeverkehr, 2 – Eisenbahnverkehr, 3 - Straßenverkehr, 4 – Luftverkehr, 5 – Postsendungen, 7 – fest installierte Transporteinrichtungen, 8 – Binnenschifffahrt, 9 – eigener Antrieb) |
| Feld 26 | | Code für die Art des Verkehrszweiges entsprechend dem Beförderungsmittel, auf dem Waren bei ihrer Gestellung bei der Zollstelle, bei der die Versendungs-/Ausfuhrförmlichkeiten erfüllt werden (Codes entsprechend Feld 25) |
| Feld 29 | | Ausgangszollstelle nach Schlüsselnummer gemäß Anhang 4<br>Vor die Schlüsselnummer ist der Zusatz „DE00" zu setzen. |
| Feld 31 | | Einzutragen sind Zeichen und Nummern, Anzahl und Art der Packstücke anhand der Verpackungscodes (Anhang 8). Die Warenbezeichnung muss so genau sein, dass die Einreihung der Ware in das „Warenverzeichnis für die Außenhandelsstatistik" möglich ist. Werden Waren in Containern befördert, so sind die Nummern der Container in diesem Feld anzugeben. |
| Feld 32 | | Auszufüllen wenn sich die Anmeldung auf mehr als eine Warenposition bezieht. |
| Feld 33 | | Anzugeben ist die Warennummer des „Warenverzeichnisses für die Außenhandelsstatistik" der zutreffenden Warenposition. Es ist nur das erste Unterfeld (kombinierte Nomenklatur) mit acht Stellen der Warennummer nach dem „Warenverzeichnis für die Außenhandelsstatistik" auszufüllen |
| Feld 34 a<br>Feld 34 b | | Nicht ausfüllen<br>Schlüsselnummer des Ursprungsbundeslandes<br>01 – Schleswig-Holstein, 02 – Hamburg, 03 – Niedersachsen, 04 – Bremen, 05 – Nordrhein-Westfalen, 06 – Hessen, 07 – Rheinland-Pfalz, 08 – Baden-Württemberg, 09 – Bayern, 10 – Saarland, 11 – Berlin, 12 – Brandenburg, 13 – Mecklenburg-Vorpommern, 14 – Sachsen, 15 Sachsen-Anhalt, 16 - Thüringen |
| Feld 37 | | Anzugeben ist die zollrechtliche Bestimmung, zu der die Waren bei der Versendung/Ausfuhr angemeldet werden, unter Benutzung eines vierstelligen numerischen oder ggf. siebenstelligen alphanumerischen Codes entsprechend Anhang 6. |
| Feld 38 | | Anzugeben ist die Eigenmasse der im Feld 31 beschriebenen Ware, ausgedrückt in kg. |
| Feld 40 | | Bei der Ausfuhr sind nur dann Vorpapiere anzugeben, wenn es auch ein Vorverfahren gegeben hat. |
| Feld 41 | | Anzugeben ist für jede Position der Zahlenwert für die im „Warenverzeichnis für die Außenhandelsstatistik" vorgegebene besondere Maßeinheit, z. B. die Stückzahl. |
| Feld 44 | | Einzutragen sind die nach den jeweiligen Vorschriften, Zulassungen, Bewilligungen usw. erforderlichen Angaben sowie die Bezugsangaben aller mit der Anmeldung vorgelegten Unterlagen, z. B. RET-EXP – 30400, wenn man die Rückgabe des Exemplars Nr. 3 der Ausfuhranmeldung bei der Ausfuhrzollstelle wünscht. Bei passiver Veredelung sind z. B. die Bewilligung durch das Hauptzollamt sowie die vorgesehenen Veredelungsvorgänge |
| Feld 46 | | Anzugeben ist der Wert des Gutes bei Überschreiten der deutschen Grenze. |
| Feld 49 | | Nur bei der Versendung/Ausfuhr aus einem Zoll- oder Freilager auszufüllen. |

Auszug aus dem Merkblatt zum Einheitspapier, Ausgabe 2011, S. 44 f.:

„Im Feld Nr. 44 sind insbesondere auch zu vermerken

- alle für eine Anmeldung relevanten AEO-Zertifkate. Die Kennzeichnung jedes einzelnen Beteiligten, der ein AEO-Zertifikat besitzt, ist hier durch Verwendung des jeweiligen Codes aus Anhang 11 und der aus dem ISO-alpha-2-Code des erteilenden Mitgliedstaats, der des Zertifikats und der Bewilligungsnummer des erteilenden Mitgliedstaats bestehenden AEO-Zertifikatsnummer vorzunehmen:

**Beispiel:**
Y0231TAEOC1A2B3C4D5E6F7G

| Y023 | Art des AEO (hier: Empfänger) |
|---|---|
| IT | ISO-alpha-2-Code des erteilenden Mitgliedstaats (hier: Italien) |
| AEOC | Art des AEO-Zertifikats („C" für „Zollrechtliche Vereinfachungen", „S" für „Sicherheit" oder „F" für „Zollrechtliche Vereinfachungen/Sicherheit") |
| 1A2B3C4D5E6F7G | Bewilligungsnummer (Code) des ausstellenden Mitgliedstaates |

- der Name des betreffenden zwischenstaatlichen Gemeinschaftsprogramms (vgl. Feld Nr. 24),
- Nummer, Datum, Gültigkeitsdauer der Ausfuhrgenehmigung bzw. der Ausfuhrlizenz, bei Anwendung einer Allgemeinen Genehmigung deren Nummer und Datum. Sofern der in Feld 2 vermerkte Ausführer nicht identisch ist mit dem Inhaber der Ausfuhrgenehmigung, so ist zusätzlich noch der Name mit vollständiger Anschrift des Genehmigungsinhabers anzugeben,
- Namen und vollständige Anschrift der Überwachungszollstelle, wenn die Anmeldung von Waren zu Wiederausfuhr bei gleichzeitiger Beendigung eines Zolllagerverfahrens bei einer anderen als der Überwachungszollstelle abgegeben wird,
- Genehmigungen und Bescheinigungen nach den VuB-Vorschriften"

# Anhang 1 A

**Anhang 1 A** – Länderverzeichnis für die Außenhandelsstatistik – ISO-alpha-2-Code für Länder

(Stand: Januar 2006)

|  |  |
|---|---|
| Afghanistan | AF |
| Ägypten | EG |
| Albanien | AL |
| Algerien | DZ |
| Amerikanisch-Samoa | AS |
| Amerikanische Jungferninseln | VI |
| Amerikanische Überseeinseln, kleinere | UM |
| Andorra | AD |
| Angola | AO |
| Anguilla | AI |
| Antarktis | AQ |
| Antigua und Barbuda | AG |
| Äquatorialguinea | GQ |
| Arabische Republik Syrien | SY |
| Argentinien | AR |
| Armenien | AM |
| Aruba | AW |
| Aserbaidschan | AZ |
| Äthiopien | ET |
| Australien | AU |
| Bahamas | BS |
| Bahrain | BH |
| Bangladesch | BD |
| Barbados | BB |
| Belarus | BY |
| Belgien | BE |
| Belize | BZ |
| Benin | BJ |
| Bermuda | BM |
| Besetzte palästinensische Gebiete | PS |
| Bhutan | BT |
| Bolivien | BO |
| Bosnien und Herzegowina | BA |
| Botsuana | BW |
| Bouvetinsel | BV |
| Brasilien | BR |
| Britische Jungferninseln | VG |
| Britisches Territorium im Indischen Ozean | IO |
| Brunei Darussalam | BN |
| Bulgarien | BG |
| Burkina Faso | BF |
| Burundi | BI |
| Ceuta | XC |
| Chile | CL |
| Cookinseln | CK |
| Costa Rica | CR |
| Côte d'Ivoire | CI |
| Dänemark | DK |
| Demokratische Republik Kongo | CD |
| Demokratische Volksrepublik Korea | KP |
| Demokratische Volksrepublik Laos | LA |
| Deutschland | DE |
| Dominica | DM |
| Dominikanische Republik | DO |
| Dschibuti | DJ |
| Ecuador | EC |
| Ehemalige Jugoslawische Republik Mazedonien | MK |
| El Salvador | SV |
| Eritrea | ER |
| Estland | EE |
| Falklandinseln | FK |
| Färöer | FO |
| Fidschi | FJ |
| Finnland | FI |
| Föderierte Staaten von Mikronesien | FM |
| Frankreich | FR |
| Französisch-Polynesien | PF |
| Französische Südgebiete | TF |
| Gabun | GA |
| Gambia | GM |
| Georgien | GE |
| Ghana | GH |
| Gibraltar | GI |
| Grenada | GD |
| Griechenland | GR |
| Grönland | GL |
| Guam | GU |
| Guatemala | GT |
| Guinea | GN |
| Guinea-Bissau | GW |
| Guyana | GY |
| Haiti | HT |
| Heard und McDonaldinseln | HM |
| Honduras | HN |
| Hongkong | HK |
| Indien | IN |
| Indonesien | ID |
| Irak | IQ |
| Irland | IE |
| Islamische Republik Iran | IR |
| Island | IS |
| Israel | IL |
| Italien | IT |
| Jamaika | JM |
| Japan | JP |
| Jemen | YE |
| Jordanien | JO |
| Kaimaninseln | KY |
| Kambodscha | KH |
| Kamerun | CM |
| Kanada | CA |
| Kap Verde | CV |
| Kasachstan | KZ |
| Katar | QA |
| Kenia | KE |
| Kirgisistan | KG |
| Kiribati | KI |
| Kokosinseln (Keelinginseln) | CC |
| Kolumbien | CO |
| Komoren | KM |
| Kosovo | XK |
| Kroatien | HR |
| Kuba | CU |
| Kuwait | KW |
| Lesotho | LS |
| Lettland | LV |
| Libanon | LB |
| Liberia | LR |
| Libysch-Arabische Dschamahirija | LY |
| Liechtenstein | LI |
| Litauen | LT |
| Luxemburg | LU |
| Macau | MO |
| Madagaskar | MG |
| Malawi | MW |
| Malaysia | MY |
| Malediven | MV |
| Mali | ML |
| Malta | MT |
| Marokko | MA |
| Marshallinseln | MH |
| Mauretanien | MR |
| Mauritius | MU |
| Mayotte | YT |
| Melilla | XL |
| Mexiko | MX |
| Mongolei | MN |
| Montenegro | XM |
| Montserrat | MS |
| Mosambik | MZ |
| Myanmar | MM |
| Namibia | NA |
| Nauru | NR |
| Nepal | NP |
| Neukaledonien | NC |
| Neuseeland | NZ |
| Nicaragua | NI |
| Niederlande | NL |
| Niederländische Antillen | AN |
| Niger | NE |
| Nigeria | NG |
| Niue | NU |
| Nördliche Marianen | MP |
| Norfolkinsel | NF |
| Norwegen | NO |
| Oman | OM |
| Österreich | AT |

noch **Anhang 1 A**

noch – **Länderverzeichnis für die Außenhandelsstatistik – ISO-alpha-2-code für Länder**

| | | | | | |
|---|---|---|---|---|---|
| Pakistan | PK | Tonga | TO | **Bundesländer** | |
| Palau | PW | Trinidad und Tobago | TT | **der Bundesrepublik** | |
| Panama | PA | Tschad | TD | **Deutschland** | |
| Papua-Neuguinea | PG | Tschechische Republik | CZ | | |
| Paraguay | PY | Tunesien | TN | 01 | *Schleswig-Holstein* |
| Peru | PE | Türkei | TR | 02 | *Hamburg* |
| Philippinen | PH | Turkmenistan | TM | 03 | *Niedersachsen* |
| Pitcairn-Inseln | PN | Turks- und Caicosinseln | TC | 04 | *Bremen* |
| Polen | PL | Tuvalu | TV | 05 | *Nordrhein-Westfalen* |
| Portugal | PT | | | 06 | *Hessen* |
| | | Uganda | UG | 07 | *Rheinland-Pfalz* |
| Republik Kongo | CG | Ukraine | UA | 08 | *Baden-Württemberg* |
| Republik Korea | KR | Ungarn | HU | 09 | *Bayern* |
| Republik Moldau | MD | Uruguay | UY | 10 | *Saarland* |
| Ruanda | RW | Usbekistan | UZ | 11 | *Berlin* |
| Rumänien | RO | | | 12 | *Brandenburg* |
| Russische Föderation | RU | Vanuatu | VU | 13 | *Mecklenburg-Vorpommern* |
| | | Vatikanstadt | VA | 14 | *Sachsen* |
| Salomonen | SB | Venezuela | VE | 15 | *Sachsen-Anhalt* |
| Sambia | ZM | Vereinigte Arabische | | 16 | *Thüringen* |
| Samoa | WS | Emirate | AE | | |
| San Marino | SM | Vereinigte Republik | | | |
| São Tomé und Príncipe | ST | Tansania | TZ | | |
| Saudi-Arabien | SA | Vereinigtes Königreich | GB | | |
| Schiffs- und Luftfahrzeug- | | Vereinigte Staaten | US | | |
| bedarf (Einfuhr auf | | Vietnam | VN | | |
| deutsche und Ausfuhr bzw. | | Volksrepublik China | CN | | |
| Durchfuhr auf fremde | | | | | |
| Seeschiffe und | | Wallis und Futuna | WF | | |
| Luftfahrzeuge | QQ | Weihnachtsinsel | CX | | |
| Schweden | SE | | | | |
| Schweiz | CH | Zentralafrikanische | | | |
| Senegal | SN | Republik | CF | | |
| Serbien | XS | Zypern | CY | | |
| Seychellen | SC | | | | |
| Sierra Leone | SL | | | | |
| Simbabwe | ZW | | | | |
| Singapur | SG | | | | |
| Slowakei | SK | | | | |
| Slowenien | SI | | | | |
| Somalia | SO | | | | |
| Spanien | ES | | | | |
| Sri Lanka | LK | | | | |
| St. Helena | SH | | | | |
| St. Kitts und Nevis | KN | | | | |
| St. Lucia | LC | | | | |
| St. Pierre und Miquelon | PM | | | | |
| St. Vincent und die | | | | | |
| Grenadinen | VC | | | | |
| Südafrika | ZA | | | | |
| Sudan | SD | | | | |
| Südgeorgien und die | | | | | |
| Südlichen Sandwichinseln | GS | | | | |
| Suriname | SR | | | | |
| Swasiland | SZ | | | | |
| | | | | | |
| Tadschikistan | TJ | | | | |
| Taiwan | TW | | | | |
| Thailand | TH | | | | |
| Timor-Leste | TL | | | | |
| Togo | TG | | | | |
| Tokelau | TK | | | | |

Das Länderverzeichnis dient nur statistischen Zwecken. Aus den Bezeichnungen kann keine Bestätigung oder Anerkennung des politischen Status eines Landes oder der Grenzen seines Gebietes abgeleitet werden.

Anhang 2

## Anhang 2 – Zu Feld Nr. 20: Lieferbedingung

| Erstes Unterfeld | Bedeutung | Zweites Unterfeld |
|---|---|---|
| Incoterm-Code | Incoterm – CCI/ECE, Genf | Anzugebender Ort |
| EXW | AB WERK | Standort des Werks |
| FCA | FRANCO SPEDITEUR | ... vereinbarter Ort |
| FAS | FRANCO LÄNGSSEITS SCHIFF | vereinbarter Verladehafen |
| FOB | FRANCO BORD | vereinbarter verladehafen |
| CFR | KOSTEN UND FRACHT (C & F) | vereinbarter Bestimmungshafen |
| CIF | KOSTEN, VERSICHERUNG, FRACHT | vereinbarter Bestimmungshafen |
| CPT | FRACHT, PORTO BEZAHLT BIS | vereinbarter Bestimmungshafen |
| CIP | FRACHT, PORTO BEZAHLT BIS, EINSCHLIESSLICH VERSICHERUNG BIS | vereinbarter Bestimmungshafen |
| DAF | FREI GRENZE | vereinbarter Lieferort an der Grenze |
| DAP | GELIEFERT BENANNTER ORT | vereinbarter Ort |
| DAT | GELIEFERT TERMINAL | verinbarter Ort |
| DES | FREI „ex ship" | vereinbarter Bestimmungshafen |
| DEQ | FREI KAI | verzollt ... vereinbarter Hafen |
| DDU | FREI UNVERZOLLT | vereinbarter Bestimmungsort im Einfuhrland |
| DDP | VERZOLLT | vereinbarter Lieferort im Einfuhrland |
| XXX | ANDERE LIEFERBEDINGUNGEN ALS VORSTEHEND ANGEGEBEN | genaue Angabe der im Vertrag enthaltenen Bestimmungen |

Das **dritte Unterfeld** ist in Deutschland nicht auszufüllen.

\* Die in den Incoterms 2010 entfallenen Klauseln DAF, DES, DEQ und DDU können weiterhin angemeldet werden. Diese sehen vor, dass die Klauseln FAS, FOB, CFR und CIF nur für den See- und Binnenschiffsverkehr anwendbar sind. Für Altverträge hat es jedoch keine Auswirkungen.

**Anhang 3** – Zu Feld Nr. 24: Art des Geschäfts

| Art des Geschäfts | Schlüsselnummer |
|---|---|
| **Geschäfte mit Eigentumsübertragung (tatsächlich oder beabsichtigt) und mit Gegenleistung (finanziell oder anderweitig), Ausnahme:** | |
| Die unter den Schlüsselnummern 21 – 23, 71, 72 und 81 zu erfassenden Geschäfte[a] [b] [c]. | |
| – Endgültiger Kauf/Verkauf[b] | 11 |
| – Ansichts- oder Probesendungen, Sendungen mit Rückgaberecht und Kommissionsgeschäfte (einschließlich Konsignationslager) | 12 |
| – Kompensationsgeschäfte (Tauschhandel) | 13 |
| – Verkauf an ausländische Reisende für deren persönlichen Bedarf | 14 |
| – Finanzierungsleasing (Mietkauf)[c] | 15 |
| **Rücksendung von Waren, die bereits unter den Schlüsselnummern 11 bis 15 erfasst wurden[d]; Ersatzlieferungen ohne Entgelt[d]** | |
| – Rücksendung von Waren | 21 |
| – Ersatz für zurückgesandte Waren | 22 |
| – Ersatz (z.B. wegen Garantie) für nicht zurückgesandte Waren | 23 |
| **Geschäfte (nicht vorübergehender Art) mit Eigentumsübertragung, jedoch ohne Gegenleistung (finanziell oder anderweitig)** | |
| – Warenlieferungen im Rahmen von durch die Europäische Gemeinschaft ganz oder teilweise finanzierten Hilfsprogrammen | 31 |
| – andere Hilfslieferungen öffentlicher Stellen | 32 |
| – sonstige Hilfslieferungen (von privaten oder von nicht öffentlichen Stellen) | 33 |
| – sonstige Geschäfte | 34 |
| **Warensendung zur Lohnveredelung[e]; ausgenommen die unter den Schlüsselnummern 71 und 72 zu erfassenden Warensendungen** | 41 |
| **Warensendung nach Lohnveredelung[e]; ausgenommen die unter den Schlüsselnummern 71 und 72 zu erfassenden Warensendungen** | 51 |
| **Vorübergehende Warenverkehre (für nationale Zwecke); ausgenommen die unter Schlüsselnummer 93 zu erfassende Warensendungen[f]** | |
| – Warensendung zur Reparatur und Wartung gegen Entgelt | 63 |
| – Warensendung zur Reparatur und Wartung ohne Entgelt | 64 |
| – Warensendung nach Reparatur und Wartung gegen Entgelt | 65 |
| – Warensendung nach Reparatur und Wartung ohne Entgelt | 66 |
| – sonstige vorübergehende Warenverkehre bis einschließlich 24 Monaten[g] | 69 |

**Anhang 4**

**Anhang 4** – Zu Feld Nr. 29: Ausgangszollstelle / Eingangszollstelle
– Verzeichnis der anzugebenden Schlüsselnummern –

A. Verzeichnis deutscher Zollstellen bei der Aus- und Einfuhr über die Landgrenze zwischen Deutschland und der Schweiz

*Vor die Schlüsselzahl (Spalte 3) ist jeweils der Zusatz „DE00" zu setzen.*

**Zu Spalte 1:** DZA = Deutsches Zollamt  **Zu Spalte 4:** L = Landstraße
ZA = Zollamt   E = Eisenbahn
AbfSt = Abfertigungsstelle   Bi = Binnenschifffahrt
   RL = Rohrleitungen

| 1 | 2 | 3 | 4 |
|---|---|---|---|
| **Deutsch-schweizerische Grenze** | | | |
| ZA | Bad Säckingen | 4209 | L |
| DZA | Basel | 4058 | E |
| AbfSt | Basel-Bad. Güterbahnhof | 4081 | E |
| ZA | Bietingen | 4101 | L |
| ZA | Bühl | 4214 | L |
| AbfSt | Bühl-Altenburg-Rheinbrücke | 4232 | L |
| AbfSt | Bühl-Jestetten-Bahnhof | 4233 | E |
| ZA | Büßlingen | 4109 | L |
| ZA | Erzingen | 4201 | L |
| AbfSt | Friedrichshafen-Fähre | 9420 | Bi |
| ZA | Friedrichshafen | 9402 | Bi |
| ZA | Gailingen | 4112 | L |
| AbfSt | Gailingen-West | 4185 | L |
| ZA | Grenzacherhorn | 4051 | L |
| ZA | Günzgen | 4217 | L |
| ZA | Inzlingen | 4060 | L |
| ZA | Jestetten | 4203 | L |
| ZA | Konstanz-Autobahn | 4005 | L |
| ZA | Konstanz-Emmishofer Tor | 4001 | L |
| ZA | Konstanz-Güterbahnhof | 4002 | E |
| ZA | Konstanz-Kreuzlinger Tor | 4003 | L |
| ZA | Konstanz-Paradieser Tor | 4010 | L |
| AbfSt | Konstanz Personenbhf. | 4032 | E |
| AbfSt | Langenargen | 9423 | Bi |
| ZA | Laufenburg | 4204 | L |
| ZA | Lottstetten | 4205 | L |
| AbfSt | Meersburg | 9422 | Bi |
| ZA | Neuhaus (Randen) | 4102 | L |
| ZA | Öhningen | 4117 | L |
| AbfSt | Randegg | 4187 | L |
| ZA | Rheinfelden | 4054 | L |
| ZA | Rheinheim | 4222 | L |
| ZA | Rielasingen | 4103 | L |
| ZA | Rötteln | 4223 | L |

noch **Anhang 4**

noch **A. Verzeichnis deutscher Zollstellen bei der Aus- und Einfuhr über die Landgrenze zwischen Deutschland und der Schweiz**

*Vor die Schlüsselzahl (Spalte 3) ist jeweils der Zusatz „DE00" zu setzen.*

**Zu Spalte 1:** DZA = Deutsches Zollamt  
ZA = Zollamt  
AbfSt = Abfertigungsstelle

**Zu Spalte 4:** L = Landstraße  
E = Eisenbahn  
Bi = Binnenschifffahrt  
RL = Rohrleitungen

| 1 | 2 | 3 | 4 |
|---|---|---|---|
| ZA | Singen-Bahnhof | 4105 | E |
| AbfSt | Singen-Personenbahnhof | 4181 | E |
| ZA | Stetten | 4053 | L |
| AbfSt | Stetten Wiesenuferweg | 4082 | L |
| ZA | Stühlingen | 4206 | L |
| AbfSt | Thayngen | 4183 | E |
| AbfSt | Waldshut-Personenbahnhof | 4241 | E |
| ZA | Waldshut | 4208 | L |
| ZA | Weil am Rhein-Autobahn | 4055 | L |
| ZA | Weil am Rhein-Friedlingen | 4056 | L |
| ZA | Weil am Rhein-Ost | 4061 | L |
| ZA | Weil am Rhein-Otterbach | 4057 | L |

**Rohrleitungen**

| | | | |
|---|---|---|---|
| GVS Rheintalleitung (Gas) | | 9963 | RL |
| Lottstetten (Erdgas) | | 9962 | RL |
| GVS Oberschwabenleitung (Gas) | | 9984 | RL |
| Trinkwasser | | 9982 | RL |

noch **Anhang 4**

**B. Verzeichnis deutscher Zollstellen im Luftverkehr**

*Vor die Schlüsselzahl (Spalte 3) ist jeweils der Zusatz „DE00" zu setzen.*

**Zu Spalte 1:** ZA = Zollamt
AbfSt = Abfertigungsstelle

| 1 | 2 | 3 |
|---|---|---|
| AbfSt | Augsburg-Flughafen | 7430 |
| AbfSt | Baden-Airport | 5881 |
| ZA | Berlin-Schönefeld-Flughafen | 2102 |
| ZA | Berlin-Tegel-Flughafen | 2105 |
| ZA | Bremen-Flughafen | 2301 |
| AbfSt | Dortmund-Flughafen | 8131 |
| ZA | Flughafen Dresden | 5552 |
| ZA | Düsseldorf-Flughafen | 2601 |
| AbfSt | Erfurt-Luftverkehr | 3030 |
| ZA | Frankfurt a. M.-Flughafen – Fracht | 3302 |
| ZA | Frankfurt a. M.-Flughafen – Reise | 3303 |
| ZA | Frankfurt a. M. – Flughafenüberwachung | 3301 |
| AbfSt | Friedrichshafen-Flughafen | 9421 |
| ZA | Hahn-Flughafen | 6756 |
| ZA | Hamburg-Flughafen | 4701 |
| ZA | Hannover-Flughafen | 5103 |
| AbfSt | Verkehrslandeplatz Hof-Plauen | 8730 |
| ZA | Flughafen Köln/Bonn | 7154 |
| AbfSt | Mönchengladbach-Flughafen | 2931 |
| ZA | Laage | 9120 |
| ZA | Flughafen Leipzig | 5604 |
| ZA | München-Flughafen | 7650 |
| ZA | Münster-Flughafen | 8306 |
| ZA | Nürnberg-Flughafen | 8755 |
| ZA | Flughafen Paderborn | 8380 |
| ZA | Saarbrücken-Flughafen | 9304 |
| ZA | Stuttgart-Flughafen | 9555 |

noch **Anhang 4**

### C. Verzeichnis deutscher Zollstellen im Seeverkehr

*Vor die Schlüsselzahl (Spalte 3) ist jeweils der Zusatz „DE00" zu setzen.*

**Zu Spalte 1:** HZA = Hauptzollamt
ZA = Zollamt

| 1 | 2 | 3 |
|---|---|---|
| **Zollstellen an der Ostsee** | | |
| AbfSt | Flensburg-Hafen | 6132 |
| ZA | Heiligenhafen | 6302 |
| AbfSt | Kiel-Norwegenkai | 6231 |
| ZA | Kiel-Wik | 6203 |
| AbfSt | Lübeck-Hafen | 6332 |
| ZA | Mukran | 9154 |
| ZA | Rendsburg | 6206 |
| ZA | Rostock | 9104 |
| AbfSt | Stralsund (HZA) | 9180 |
| ZA | Wismar | 9103 |
| ZA | Wolgast | 9152 |
| **Zollstellen an der Nordsee außer Bremen, Bremerhaven und Hamburg** | | |
| ZA | Brake | 5301 |
| ZA | Brunsbüttel | 6151 |
| ZA | Cuxhaven | 4501 |
| ZA | Emden | 5004 |
| ZA | Helgoland | 4506 |
| ZA | Husum | 6155 |
| AbfSt | Lemwerder | 5332 |
| ZA | Papenburg | 5008 |
| ZA | Stade | 5203 |
| ZA | Wilhelmshaven | 5310 |
| Eldfisk (Erdgas)-Rohrleitung | | 9964 |

noch **Anhang 4**

noch **C. Verzeichnis deutscher Zollstellen im Seeverkehr**

*Vor die Schlüsselzahl (Spalte 3) ist jeweils der Zusatz „DE00" zu setzen.*

**Zu Spalte 1:** ZA = Zollamt
AbfSt = Abfertigungsstelle

| 1 | 2 | 3 |
|---|---|---|

**Zollstellen in Hamburg**

| | | |
|---|---|---|
| ZA | Hamburg-Waltershof | 4851 |

**Zollstellen in Bremen einschließlich Bremerhaven**

| | | |
|---|---|---|
| ZA | Bremen-Überseestadt | 2302 |
| ZA | Bremen-Industriehafen | 2306 |
| ZA | Bremen-Neustädter Hafen | 2304 |
| ZA | Bremerhaven | 2452 |

**D. Sonstige**

*Vor die Schlüsselzahl (Spalte 3) ist jeweils der Zusatz „DE00" zu setzen.*

| 1 | 2 | 3 |
|---|---|---|
| | Förderbänder | 9903 |
| | Post | 9901 |
| | Werksbahn | 9902 |

noch **Anhang 4**

## Anhang 8 - Zu Feld Nr. 31: Art der Packstücke

Die folgenden Codes sind zu verwenden.
(UN/ECE-Empfehlung Nr. 21/Rev. 4 vom Mai 2002)

### Verpackungscodes

| | |
|---|---|
| Aerosol (Sprüh- oder Spraydose) | AE |
| Ampulle, geschützt | AP |
| Ampulle, ungeschützt | AM |
| Balken | GI |
| Balken, im Bündel/Bund | GZ |
| Ballen, gepresst | BL |
| Ballen, nicht gepresst | BN |
| Ballon, geschützt | BP |
| Ballon, ungeschützt | BF |
| Bandspule | SO |
| Barren | IN |
| Barren, im Bündel/Bund | IZ |
| Becher | CU |
| Behälter | BI |
| Behältnis, eingeschweißt in Kunststoff | MW |
| Behältnis, Glas | GR |
| Behältnis, Holz | AD |
| Behältnis, Holzfaser | AB |
| Behältnis, Kunststoff | PR |
| Behältnis, Metall | MR |
| Behältnis, Papier | AC |
| Beutel, flexibel | FX |
| Beutel, gewebter Kunststoff | 5H |
| Beutel, gewebter Kunststoff, ohne Innenfutter/Auskleidung | XA |
| Beutel, gewebter Kunststoff, undurchlässig | XB |
| Beutel, gewebter Kunststoff, wasserresistent | XC |
| Beutel, groß | ZB |
| Beutel, klein | SH |
| Beutel, Kunststoff | EC |
| Beutel, Kunststofffilm | XD |
| Beutel, Massengut | 43 |
| Beutel, mehrlagig, Tüte | MB |
| Beutel, Papier | 5M |
| Beutel, Papier, mehrlagig | XJ |
| Beutel, Papier, mehrwandig, wasserresistent | XK |
| Beutel, Tasche | PO |
| Beutel, Textil | 5L |
| Beutel, Textil, ohne Innenfutter/Auskleidung | XF |
| Beutel, Textil, undurchlässig | XG |

### noch Anhang 8 – Zu Feld Nr. 31: Art der Packstücke

| | |
|---|---|
| Beutel, Textil, wasserresistent | XH |
| Beutel, Tüte | BG |
| Bierkasten | CB |
| Blech | SM |
| Bohle | PN |
| Bohlen, im Bündel/Bund | PZ |
| Bottich | VA |
| Bottich, mit Deckel | TL |
| Bottich, Wanne, Kübel, Zuber, Bütte, Fass | TB |
| Boxpalette | PB |
| Brett | BD |
| Bretter, im Bündel/Bund | BY |
| Bund | BH |
| Bündel | BE |
| Container, nicht anders als Beförderungsausrüstung angegeben | CN |
| Deckelkorb | HR |
| Dose, rechteckig | CA |
| Dose, zylindrisch | CX |
| Eimer | BJ |
| Einmachglas | JR |
| Einzelabpackung | ZZ |
| Fass | BA |
| kleines Fass, ca. 40 l | FI |
| kleines Fass, Fässchen | KG |
| Fass, Holz | 2C |
| Fass, Holz, abnehmbares Oberteil | QJ |
| Fass, Holz, Spundart | QH |
| Fass, Tonne | CK |
| Fass, Trommel, Aluminium | 1B |
| Fass, Trommel, Aluminium, abnehmbares Oberteil | QD |
| Fass, Trommel, Aluminium, nicht abnehmbares Oberteil | QC |
| Fass, Trommel, Eisen | DI |
| Fass, Trommel, Holz | 1W |
| Fass, Trommel, Holzfaser | 1G |
| Fass, Trommel, Kunststoff | IH |
| Fass, Trommel, Kunststoff, abnehmbares Oberteil | QG |
| Fass, Trommel, Kunststoff, nicht abnehmbares Oberteil | QF |
| Fass, Trommel, Sperrholz | 1D |
| Fass, Trommel, Stahl | 1A |
| Fass, Trommel, Stahl, abnehmbares Oberteil | QB |
| Fass, Trommel, Stahl, nicht abnehmbares Oberteil | QA |
| Feldkiste | FO |
| Filmpack | FP |
| Flasche, geschützt, bauchig | BV |
| Flasche, geschützt, zylindrisch | BQ |
| Flasche, ungeschützt, bauchig | BS |
| Flasche, ungeschützt, zylindrisch | BO |

## 2 Exportaufträge bearbeiten

noch Anhang 8 – Zu Feld Nr. 31: Art der Packstücke

| | |
|---|---|
| Flaschenkasten/Flaschengestell | BC |
| Garnitur | SX |
| Gasflasche | GB |
| Gestell | RK |
| Gestell, Garderobenstange | RJ |
| Glasballon, geschützt | DP |
| Glasballon, ungeschützt | DJ |
| Glaskolben | FL |
| Glasröhrchen | VI |
| Halbschale | AI |
| Handkoffer | SU |
| Haspel, Spule | RL |
| Henkelkrug | PH |
| Hülle, Deckel, Überzug | CV |
| Hülle, Stahl | SV |
| Hülse | SY |
| Jutesack | JT |
| Käfig | CG |
| Käfig, Commonwealth Handling Equipment Pool (CHEP) | DG |
| Käfig, Rolle | CW |
| Kanister | CI |
| Kanister, Kunststoff | 3H |
| Kanister, Kunststoff, abnehmbares Oberteil | QN |
| Kanister, Kunststoff, nicht abnehmbares Oberteil | QM |
| Kanister, rechteckig | JC |
| Kanister, Stahl | 3A |
| Kanister, Stahl, abnehmbares Oberteil | QL |
| Kanister, Stahl, nicht abnehmbares Oberteil | QK |
| Kanister, zylindrisch | JY |
| Kanne, mit Henkel und Ausguss | CD |
| Kapsel/Patrone | AV |
| Karton | CT |
| Kasten | BX |
| Kasten, Aluminium | 4B |
| Kasten, Commonwealth Handling Equipment Pool (CHEP), Eurobox | DH |
| Kasten, für Flüssigkeiten | BW |
| Kasten, Holz, Naturholz, gewöhnliches | QP |
| Kasten, Holz, Naturholz, mit undurchlässigen Wänden | QQ |
| Kasten, Holzfaserplatten | 4G |
| Kasten, Kunststoff | 4H |
| Kasten, Kunststoff, ausdehnungsfähig | QR |
| Kasten, Kunststoff, fest | QS |
| Kasten, Naturholz | 4C |
| Kasten, Sperrholz | 4D |
| Kasten, Stahl | 4A |
| Kasten, wiederverwendbares Holz | 4F |
| Kegel | AJ |

noch Anhang 8 – Zu Feld Nr. 31: Art der Packstücke

| | |
|---|---|
| Kistchen | CS |
| Kiste | CH |
| Kiste, Display, Karton | IB |
| Kiste, isothermisch | EI |
| Kiste, Massengut, Holz | DM |
| Kiste, Massengut, Karton | DK |
| Kiste, Massengut, Kunststoff | DL |
| Kiste, mehrlagig, Holz | DB |
| Kiste, mehrlagig, Karton | DC |
| Kiste, mehrlagig, Kunststoff | DA |
| Kiste, mit Palette | ED |
| Kiste, mit Palette, Holz | EE |
| Kiste, mit Palette, Karton | EF |
| Kiste, mit Palette, Kunststoff | EG |
| Kiste, mit Palette, Metall | EH |
| Kiste, Stahl | SS |
| Koffer | TR |
| Kolben | BU |
| Konservendose | TN |
| Korb | BK |
| Korb, mit Henkel, Holz | HB |
| Korb, mit Henkel, Karton | HC |
| Korb, mit Henkel, Kunststoff | HA |
| Körbchen | PJ |
| Korbflasche | WB |
| Korbflasche, geschützt | CP |
| Korbflasche, ungeschützt | CO |
| Krug | JG |
| Kübel | PL |
| Kufenbrett | SL |
| Lattenkiste | CR |
| Lebensmittelbehälter | FT |
| Los | LT |
| Massengut, fest, feine Teilchen („Pulver") | VY |
| Massengut, fest, große Teilchen („Knollen") | VO |
| Massengut, fest, körnige Teilchen („Körner") | VR |
| Massengut, flüssig | VL |
| Massengut, Flüssiggas (bei anormaler Temperatur/anormalem Druck) | VQ |
| Massengut, Gas (bei 1031 mbar und 15 °C) | VG |
| Massengutbehälter, mittelgroß | WA |
| Massengutbehälter, mittelgroß, Aluminium | WD |
| Massengutbehälter, mittelgroß, Aluminium, beaufschlagt mit mehr als 10 kpa | WH |
| Massengutbehälter, mittelgroß, Aluminium, Flüssigkeit | WL |
| Massengutbehälter, mittelgroß, flexibel | ZU |
| Massengutbehälter, mittelgroß, gewebter Kunststoff, beschichtet | WP |
| Massengutbehälter, mittelgroß, gewebter Kunststoff, beschichtet, mit Umhüllung | WR |
| Massengutbehälter, mittelgroß, gewebter Kunststoff, mit Umhüllung | WQ |

## noch Anhang 8 – Zu Feld Nr. 31: Art der Packstücke

| Bezeichnung | Code |
|---|---|
| Massengutbehälter, mittelgroß, gewebter Kunststoff, ohne Umhüllung | WN |
| Massengutbehälter, mittelgroß, Holzfaser | ZT |
| Massengutbehälter, mittelgroß, Kunststofffolie | WS |
| Massengutbehälter, mittelgroß, Metall | WF |
| Massengutbehälter, mittelgroß, Metall, beaufschlagt mit > 10 kpa | WJ |
| Massengutbehälter, mittelgroß, Metall, Flüssigkeit | WM |
| Massengutbehälter, mittelgroß, Metall, kein Stahl | ZV |
| Massengutbehälter, mittelgroß, Naturholz | ZW |
| Massengutbehälter, mittelgroß, Naturholz, mit Auskleidung | WU |
| Massengutbehälter, mittelgroß, Papier, mehrlagig | ZA |
| Massengutbehälter, mittelgroß, Papier, mehrlagig, wasserresistent | ZC |
| Massengutbehälter, mittelgroß, Sperrholz | ZX |
| Massengutbehälter, mittelgroß, Sperrholz, mit Auskleidung | WY |
| Massengutbehälter, mittelgroß, Stahl | WC |
| Massengutbehälter, mittelgroß, Stahl, beaufschlagt mit mehr als 10 kpa | WG |
| Massengutbehälter, mittelgroß, Stahl, Flüssigkeit | WK |
| Massengutbehälter, mittelgroß, starrer Kunststoff | AA |
| Massengutbehälter, mittelgroß, starrer Kunststoff, frei stehend, Feststoffe | ZF |
| Massengutbehälter, mittelgroß, starrer Kunststoff, frei stehend, Flüssigkeiten | ZK |
| Massengutbehälter, mittelgroß, starrer Kunststoff, frei stehend, mit Druck beaufschlagt | ZH |
| Massengutbehälter, mittelgroß, starrer Kunststoff, statische Struktur, Feststoffe | ZD |
| Massengutbehälter, mittelgroß, starrer Kunststoff, statische Struktur, Flüssigkeiten | ZJ |
| Massengutbehälter, mittelgroß, starrer Kunststoff, statische Struktur, mit Druck beaufschlagt | ZG |
| Massengutbehälter, mittelgroß, Textil, beschichtet | WV |
| Massengutbehälter, mittelgroß, Textil, beschichtet und Umhüllung | WX |
| Massengutbehälter, mittelgroß, Textil, mit äußerer Umhüllung | WT |
| Massengutbehälter, mittelgroß, Textil, mit Umhüllung | WW |
| Massengutbehälter, mittelgroß, Verbundmaterial | ZS |
| Massengutbehälter, mittelgroß, Verbundmaterial, flexibler Kunststoff, Feststoffe | ZM |
| Massengutbehälter, mittelgroß, Verbundmaterial, flexibler Kunststoff, Flüssigkeiten | ZR |
| Massengutbehälter, mittelgroß, Verbundmaterial, flexibler Kunststoff, mit Druck beaufschlagt | ZP |
| Massengutbehälter, mittelgroß, Verbundmaterial, starrer Kunststoff, Feststoffe | ZL |
| Massengutbehälter, mittelgroß, Verbundmaterial, starrer Kunststoff, Flüssigkeiten | ZQ |
| Massengutbehälter, mittelgroß, Verbundmaterial, starrer Kunststoff, mit Druck beaufschlagt | ZN |
| Massengutbehälter, mittelgroß, wiederverwertetes Holz | ZY |
| Massengutbehälter, mittelgroß, wiederverwertetes Holz, mit Auskleidung | WZ |
| Matte | MT |
| Milchkanne | CC |
| Milchkasten | MC |
| Netz | NT |
| Netz, schlauchförmig, Kunststoff | NU |
| Netz, schlauchförmig, Textil | NV |
| Nicht verfügbar | NA |
| Nicht verpackt oder nicht abgepackt | NE |
| Nicht verpackt oder nicht abgepackt, eine Einheit | NF |
| Nicht verpackt oder nicht abgepackt, mehrere Einheiten | NG |
| Obststeige | FC |

## noch Anhang 8 – Zu Feld Nr. 31: Art der Packstücke

| Bezeichnung | Code |
|---|---|
| Ohne Käfig | UC |
| Oxhoft | HG |
| Päckchen | PA |
| Packung, Display, Holz | IA |
| Packung, Display, Kunststoff | IC |
| Packung, Display, Metall | ID |
| Packung, Karton, mit Greiflöchern für Flaschen | IK |
| Packung, Papierumhüllung | IG |
| Packung, Präsentation | IE |
| Packung, Schlauch | IF |
| Packung/Packstück | PK |
| Paket | PC |
| Palette | PX |
| Palette, ~100 cm x 110 cm | AH |
| Palette, eingeschweißt | AG |
| Palette, modular, Manschette 80 cm x 100 cm | PD |
| Palette, modular, Manschette 80 cm x 120 cm | PE |
| Palette, modular, Manschette 80 cm x 60 cm | AF |
| Patrone | CQ |
| Platte | PG |
| Platten, im Bündel/Bund | PY |
| Quetschtube | TD |
| Rahmen | FR |
| Ring | RG |
| Rohr | PI |
| Rohre, im Bündel/Bund | PV |
| Rolle | RO |
| Rotnetz | RT |
| Sack | SA |
| Sack, mehrlagig | MS |
| Sarg | CJ |
| Schachtel | NS |
| Schale | BM |
| Schlauch, Röhrchen | TU |
| Schläuche, Röhrchen, im Bündel/Bund | TZ |
| Schrumpfverpackt | SW |
| Seekiste | SE |
| Segeltuch | CZ |
| Sparren | TS |
| Spender | DN |
| Spindel | SD |
| (Garn-) Spule, Rolle | BB |
| Spule, Spirale | CL |
| Stab | BR |
| Stab, Stange | RD |
| Stäbe, im Bündel/Bund | BZ |
| Stäbe, Stangen, im Bündel/Bund | RZ |

## 2 Exportaufträge bearbeiten

### noch Anhang 8 – Zu Feld Nr. 31: Art der Packstücke

| | |
|---|---|
| Stamm | LG |
| Stämme, im Bündel/Bund | LZ |
| Steige, auch umschlossen | FD |
| Steige, niedrig | SC |
| Streichholzschachtel | MX |
| Stufe, Etage | TI |
| Tafel, Bogen, Platte | ST |
| Tafel, Bogen, Platte, eingeschweißt in Kunststoff | SP |
| Tafel, Bögen, Platten, im Bündel/Bund | SZ |
| Tafel, Scheibe | SB |
| Tank, rechteckig | TK |
| Tank, zylindrisch | TY |
| Teekiste | TC |
| Tiertransportbox | PF |
| Tonne | TO |
| Topf | PT |
| Trägerpappe | CM |
| Transporthilfe | SI |
| Tray-Packung (Trog, Tablett, Schale, Mulde) | PU |
| Tray-Packung, einlagig, ohne Deckel, Holz | DT |
| Tray-Packung, einlagig, ohne Deckel, Karton | DV |
| Tray-Packung, einlagig, ohne Deckel, Kunststoff | DS |
| Tray-Packung, einlagig, ohne Deckel, Styropor | DU |
| Tray-Packung, zweilagig, ohne Deckel, Holz | DX |
| Tray-Packung, zweilagig, ohne Deckel, Karton | DY |
| Tray-Packung, zweilagig, ohne Deckel, Kunststoff | DW |
| Trommel, Fass | DR |
| Truhe | CF |
| Tube, mit Düse | TV |
| Umschlag | EN |
| Umzugskasten | LV |
| Vakuumverpackt | VP |
| Vanpack | VK |
| Verschlag | SK |
| Weidenkorb | CE |
| Wickel | BT |
| Zerstäuber | AT |
| Zusammengesetzte Verpackung, Glasbehälter | 6P |
| Zusammengesetzte Verpackung, Glasbehälter im Weidenkorb | YV |
| Zusammengesetzte Verpackung, Glasbehälter in Aluminiumkiste | YR |
| Zusammengesetzte Verpackung, Glasbehälter in Aluminiumtrommel | YQ |
| Zusammengesetzte Verpackung, Glasbehälter in dehnungsfähigem Kunststoffgebinde | YY |
| Zusammengesetzte Verpackung, Glasbehälter in festem Kunststoffgebinde | YZ |
| Zusammengesetzte Verpackung, Glasbehälter in Holzfaserkiste | YX |
| Zusammengesetzte Verpackung, Glasbehälter in Holzfasertrommel | YW |
| Zusammengesetzte Verpackung, Glasbehälter in Holzkiste | YS |
| Zusammengesetzte Verpackung, Glasbehälter in Sperrholzkiste | YT |

### noch Anhang 8 – Zu Feld Nr. 31: Art der Packstücke

| | |
|---|---|
| Zusammengesetzte Verpackung, Glasbehälter in Stahlkiste | YP |
| Zusammengesetzte Verpackung, Glasbehälter in Stahltrommel | YN |
| Zusammengesetzte Verpackung, Kunststoffbehälter | 6H |
| Zusammengesetzte Verpackung, Kunststoffbehälter in Aluminiumkiste | YD |
| Zusammengesetzte Verpackung, Kunststoffbehälter in Aluminiumtrommel | YC |
| Zusammengesetzte Verpackung, Kunststoffbehälter in fester Kunststoffkiste | YM |
| Zusammengesetzte Verpackung, Kunststoffbehälter in Holzfaserkiste | YK |
| Zusammengesetzte Verpackung, Kunststoffbehälter in Holzfasertrommel | YJ |
| Zusammengesetzte Verpackung, Kunststoffbehälter in Holzkiste | YF |
| Zusammengesetzte Verpackung, Kunststoffbehälter in Kunststofftrommel | YL |
| Zusammengesetzte Verpackung, Kunststoffbehälter in Sperrholzkiste | YH |
| Zusammengesetzte Verpackung, Kunststoffbehälter in Sperrholztrommel | YG |
| Zusammengesetzte Verpackung, Kunststoffbehälter in Stahlkiste | YB |
| Zusammengesetzte Verpackung, Kunststoffbehälter in Stahltrommel | YA |
| Zylinder | CY |

## 2.2.3 Beispiel für eine unvollständige/vereinfachte Ausfuhranmeldung

**Beispiel:**

Sie sind Mitarbeiter/-in der Spedition EUROCARGO, Hafenstraße 1, 90137 Nürnberg (Zollnummer 2332724). Ihr Auftraggeber, die Mobilplay Spielzeug GmbH, Zollhausstraße 99, 90137 Nürnberg (Zollnummer 987 6543), hat 100 Robbycar Spielzeugfahrzeuge (Gewicht 250 kg, Verpackung 60 kg) in Kartons an die Spielwaren Ulm GmbH, Römerstraße 42, 89077 Ulm, verkauft. Diese wünscht, dass die Spielwaren direkt an deren Kunden Heidi's-Spielzeug-Lädle, Winterthurer Straße 27, CH-1500 Zürich, frei Haus in die Schweiz per Lkw über den Grenzübergang Konstanz Autobahn geliefert werden. Die Rechnung und die Warenverkehrsbescheinigung EUR 1 Nr. V672 853 werden per Post an den Empfänger übersandt.

Die Ablösung der unvollständigen Ausfuhranmeldung Nr. YY 7463246 wird bei dem für den Ausführer zuständigen Zollamt Ulm Donautal, Daimlerstraße 15, 89079 Ulm durch den Ausführer erstellt.

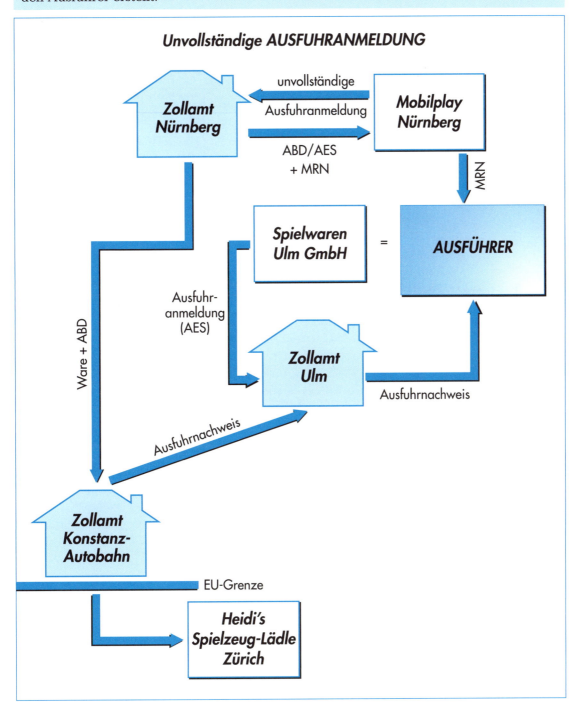

## 2 Exportaufträge bearbeiten

## 2.3 Wie werden innergemeinschaftliche Lieferungen erfasst?

Mit der Einführung des EU-Binnenmarktes wurden die Überwachung und die statistische Erfassung bei der Ausfuhr von Gemeinschaftswaren und der Einfuhr von Nichtgemeinschaftswaren an die EU-Außengrenze verlagert. Innergemeinschaftliche Lieferungen (Intrahandel) müssen durch ein anderes System erfasst werden. Nach der „Verordnung (EWG) Nr. 3330/91", auch Intrastat-Verordnung genannt, sind innergemeinschaftliche steuerpflichtige Lieferungen anzumelden. Dabei ist sowohl im Abgangsland als auch im Bestimmungsland eine statistische Meldung an die jeweils zuständige staatliche Behörde erforderlich. Die Meldung kann auf Vordrucken oder Datenträgern (z. B. Disketten) bzw. online monatlich an das Statistische Bundesamt weitergeleitet werden. Liegt der jährliche Warenumsatz unter 400.000 EUR, ist eine Intrastat-Meldung nicht erforderlich, wobei diese Schwelle für Umsätze je Verkehrsrichtung gilt.

Bei der Ausfuhr von Waren in ein EU-Land ist der Vordruck „Versendung" auszufüllen, während bei der Einfuhr von Waren aus einem EU-Staat der Vordruck „Eingang" zu verwenden ist.

## 2 Exportaufträge bearbeiten

**Beispiel für eine Intrastat-Meldung „Versendung"**

| EUROPÄISCHE GEMEINSCHAFT | | VORDRUCK N | | |
|---|---|---|---|---|
| X | **1** Steuernummer aus der USt.-Voranmeldung: 1234567890 Zusatz: Bundesl. FA: 06 | | Versendung [X] |  INTRASTAT |
| | Auskunftspflichtiger (Name und Anschrift): Fa. Mustermann GmbH, Bahnhofstraße 13 | | **2** Monat: 01  Jahr: 04 | |
| | **4** Drittanmelder (Name und Anschrift): | | **5** – Statistische Meldung – An das Statistische Bundesamt Außenhandelsstatistik D-65180 Wiesbaden | |

| 6 Warenbezeichnung | 7 Pos.-Nr. | 8 Best.-Land / Urspr.-Reg. | 10 Art d. Gesch. | 11 | 12 |
|---|---|---|---|---|---|
| neuer Kleinbus mit 12 Sitzplätzen und Dieselmotor mit 3.000 cm³ Hubraum | 01 | a GB  b 05 | 11 | | |
| | **13** Warennummer: 87021011 | | **14** | **15** | |
| | **16** Eigenmasse in vollen kg: 1800 | | **17** Menge in der Besonderen Maßeinheit: 1 | | |
| | **18** Rechnungsbetrag in vollen Euro: 25300 | | **19** Statistischer Wert in vollen Euro: | | |
| Gefriertruhe mit einem Inhalt von 300 Litern | 02 | a GR  b 06 | 51 | | |
| | **13** Warennummer: 84183091 | | | | |
| | **16** Eigenmasse: 1000 | | **17** Menge: 10 | | |
| | **18** Rechnungsbetrag: | | **19** Statistischer Wert: 4700 | | |
| Haushaltsstaubsauger von 110 V | 03 | a IE  b 16 | 41 | | |
| | **13** Warennummer: 85091010 | | | | |
| | **16** Eigenmasse: 1025 | | **17** Menge: 150 | | |
| | **18** Rechnungsbetrag: | | **19** Statistischer Wert: 18000 | | |
| nicht nachfüllbare Taschenfeuerzeuge für Gas | 04 | a BE  b 99 | 11 | | |
| | **13** Warennummer: 96131000 | | | | |
| | **16** Eigenmasse: 50 | | **17** Menge: 10000 | | |
| | **18** Rechnungsbetrag: 750 | | **19** Statistischer Wert: | | |

**Erläuterungen:**
Feld 8a: Bestimmungsmitgliedstaat
 8b: Ursprungsregion (Bundesland)
 10 : Art des Geschäfts

**NV 2002**

**20** Ort/Datum/Unterschrift des Auskunftspflichtigen/Drittanmelders
Im Auftrag
Maier, Herbert
*H. Maier*
Abt.-Leiter Versand

„VERSENDUNG"
„EINGANG"

*Formular-Verlag Purschke + Hensel GmbH*

## Fallstudie 1: Erstellen einer Ausfuhranmeldung

### Situation

Die EUROCARGO SpeditionsGmbH, Hafenstraße 1, 90137 Nürnberg, (Zollnummer 2332742) erhält den Auftrag, die Ausfuhrabfertigung für eine Sendung Dekor-Mais zu übernehmen.

| | |
|---|---|
| Versender | Franken-Mühle, Rangaustraße 66, 91522 Ansbach |
| Empfänger | Shen Bian Shui, Taipei City, Taiwan R.O.C. |
| Ware | 144 Kartons zu je 4 kg „Dekor Mais", Erzeugnisse aus Mais |
| Beförderungsmittel Abgang | Lastkraftwagen |
| Beförderungsmittel grenz-überschreitend | Schiff EVER RACER |
| Ladeort | Hamburg |
| Ursprungsland | Tschechische Republik |
| Bezugsnummer | Auftrag 798886 |
| Incoterm | CIF Keelung, Taiwan |
| Warennummer | 11022090 |
| Bruttogewicht | 593 kg |
| Eigenmasse | 576 kg |
| Wert lt. Handelsrechnung | 817,92 EUR |
| Ausfuhrzollstelle | HH-Waltershof/BRD |
| Datum | 31.01.20… |

### Aufgabe

Bitte erstellen Sie eine Ausfuhranmeldung für diese Sendung. Verwenden Sie den Vordruck 0733 des Einheitspapiers sowie die o. a. Auszüge des Merkblatts zum Ausfüllen des Einheitspapiers.

## Fallstudie 2: Export einer Schneidemaschine in die Türkei

### Situation

Die Gerd Dennerlein GmbH, Hersteller von Spezialmaschinen in 91154 Roth/Mfr., Nürnberger Straße 40, verkauft eine Spann-und-Schneidemaschine an die EUROTÜRK Tekstil San. Ltd. Sti., Aegean Free Zone, Ege Sebest Bölgesi, TR – 35410 Izmir/Gaziemir. Der Wert der Maschine EXW Roth beläuft sich auf 120.000,00 EUR. Als zuständiger Sachbearbeiter/-in bei der Spedition EUROCARGO sind Sie unter anderem für die Ausfuhrabfertigung dieser Maschine zuständig.

### Aufgabe 1

Beschreiben und begründen Sie detailliert die einzelnen Schritte für die Ausfuhrabfertigung dieser Maschine und gehen Sie dabei auf die Dokumentation ein.

### Aufgabe 2

Die Maschine soll per LKW von Roth/Mfr. nach Izmir transportiert werden. Welche Route würden Sie wählen, wenn Sie diesen Lkw-Transport disponieren sollten? Bitte begründen Sie Ihre Entscheidung.

## Wiederholungsfragen

1. Warum ist der Warenverkehr mit anderen Staaten in Deutschland nicht völlig liberalisiert?
2. Nennen Sie Waren, deren Export verboten ist oder die nur mit einer besonderen Genehmigung ausgeführt werden dürfen.
3. Welche Behörde entscheidet in Deutschland über Ausfuhrgenehmigungen?
4. Welche weiteren Instrumente hat der Staat, um den Warenverkehr zu überwachen und zu steuern?
5. Wie wird über das Zollrecht die Warenausfuhr kontrolliert?
6. Welches Territorium umfasst das Zollgebiet der Gemeinschaft?
7. Was ist der Unterschied zwischen Ausfuhr und Versendung?
8. Grenzen Sie ab: Ausfuhrzollstelle und Ausgangszollstelle.
9. Erläutern Sie das 2-stufige Ausfuhrverfahren.
10. Wird für folgende Exporte eines Nürnberger Unternehmens eine Ausfuhranmeldung benötigt? Begründen Sie jeweils Ihre Antwort.
    a) Waren im Wert von 5.000,00 EUR werden nach Basel verkauft.
    b) Export von Waren für 600,00 EUR nach Oslo
    c) Verkauf von Waren im Wert von 1.650,00 EUR nach Istanbul
    d) Eine Exportsendung im Wert von 4.000,00 wird nach Riga transportiert.
11. Ist für Nichtgemeinschaftswaren ebenfalls ein Ausfuhrverfahren erforderlich, wenn sie aus dem Gebiet der Gemeinschaft verbracht werden?
12. Wie kann ein Ausführer gegenüber den Finanzbehörden nachweisen, dass die Ware das Zollgebiet der EU verlassen hat?
13. In welchen Fällen kann eine Zollanmeldung an der Ausfuhrzollstelle unterbleiben?
14. Welchen Zweck hat eine unvollständige Ausfuhrerklärung?
15. Worin unterscheiden sich eine unvollständige Ausfuhrerklärung und die vereinfachte Anmeldung?
16. Wer kann im Anschreibeverfahren Ausfuhrerklärungen abgeben?
17. Warum sind Intrastat-Meldungen abzugeben?
18. Wer muss eine Intrastat-Meldung abgeben?
19. An welche Stelle (Institution) ist die Intrastat-Meldung zu senden?
20. In welcher Form können Intrastat-Meldungen versandt werden?

# 3 Frachtverträge in der Seeschifffahrt bearbeiten

## 3.1 Welche Bedeutung hat der Transport von Gütern mit dem Seeschiff?

Die Seeschifffahrt befördert 90 % aller Güter weltweit. Ohne Seeschifffahrt wären internationaler Handel, der Massentransport von Rohstoffen und der Export oder Import von Nahrungsmitteln und Gebrauchsgütern zu erschwinglichen Preisen einfach nicht möglich. Die Globalisierung hätte sich ohne Seeschifffahrt nie in dem Maße entwickelt, wie sie heute auftritt.

Seeschiffe sind technisch hoch entwickelte Wertanlagen (größere moderne Schiffe kosten mehr als US-$ 150.000.000) und erwirtschaften Frachteinnahmen von jährlich mehr als 380 Milliarden USD, das entspricht etwa 5 % der Weltwirtschaft.

## 3.2. Welche Vor- und Nachteile hat der Transport von Gütern mit Seeschiffen?

In Heft 1 dieser Reihe[1] wurden Kriterien für die Auswahl von Verkehrsmitteln festgelegt. Anhand dieser Kriterien sollen nachfolgend die Vor- und Nachteile des Verkehrsmittels „Seeschiff" untersucht werden.

| Kriterien | Vorteil Seeschiff | Nachteil Seeschiff |
|---|---|---|
| **Transportkosten/ Preis** | Der Transport von Gütern mit dem Seeschiff ist sehr preisgünstig. Ohne Seeschiffe wären an vielen Orten der Erde eine große Anzahl von Gütern zu einem erschwinglichen Preis nicht verfügbar. | |
| **Nebenkosten** | Bei Verwendungen von Containern spart man Verpackung. | Güter sind seemäßig zu verpacken, um sie vor Transportgefahren zu schützen. In den meisten Fällen ist ein Vor- oder Nachlauf zum/vom Seehafen erforderlich. In manchen Fällen sind die Vor-/Nachlaufkosten so hoch wie oder sogar höher als die eigentliche Seefracht. Zur Abdeckung der Risiken und zum Ausgleich der beschränkten Haftung von Reedereien ist eine Transportversicherung im Seeverkehr unerlässlich. |

---
[1] vgl. Heft 1

### 3 Frachtverträge in der Seeschifffahrt bearbeiten

| Kriterien | Vorteil Seeschiff | Nachteil Seeschiff |
|---|---|---|
| Ladekapazität | Die Ladekapazität von Seeschiffen ist sehr hoch. Die neueste Generation von Containerschiffen kann die Lademenge von 10.000 Lkws befördern. Die größten Massengutschiffe können bis zu 200.000 t Getreide transportieren, genug um eine halbe Million Menschen ein Jahr lang zu ernähren. | |
| Schadensanfälligkeit | | Güter unterliegen beim Transport mit Seeschiffen vielfältigen Belastungen, Schiffe durchfahren unterschiedliche Klimazonen, hohe Luftfeuchtigkeit und Salzwasser können die Güter angreifen. Häufiges Umladen und Umschlagen der Güter birgt weitere Transportrisiken. |
| Zuverlässigkeit | Seeschiffe gelten als zuverlässig. | |
| Pünktlichkeit | Wegen der großen Entfernungen und der entsprechend langen Transportdauer können die Abfahrts-/Ankunftszeiten nicht minutengenau angegeben werden. In der Containerschifffahrt werden die von den Reedereien angegebenen Abfahrts- und Ankunftszeiten weitgehend eingehalten, schon um hohe Kosten zu vermeiden. | |
| Regelmäßigkeit | Die Linienschifffahrt bietet regelmäßige Dienste zu den verschiedenen Fahrtgebieten der Welt an. | Im Trampverkehr[1] gibt es keine regelmäßigen Schiffsverkehre, da hier Transporte nach Bedarf durchgeführt werden. |
| Häufigkeit Frequenz | Durch Allianzen wird die Häufigkeit/Frequenz von Schiffsabfahrten erheblich erhöht. Nach Ostasien oder der Ostküste der USA gibt es von Europa aus sehr viele Schiffsabfahrten. | Die Häufigkeit/Frequenz der Schiffsabfahrten hängt vom Fahrtgebiet ab. Während nach Shanghai mehrere Schiffe täglich von Europa aus abfahren, gibt es z. B. nach Luanda/Angola sehr wenige Abfahrten. |
| Beweglichkeit | | Seeschiffe können Güter nur zwischen Seehäfen befördern. Vor- und Nachläufe sind erforderlich. Der Einsatz ständig größerer Schiffe erfordert eine entsprechende Infrastruktur in den Seehäfen und eine Konzentration des Containerverkehrs auf wenige große Häfen in der Welt. Es werden Feeder-Dienste[2] notwendig, um entlegene Orte zu bedienen. Dadurch wird die Flexibilität des Verkehrsmittels „Seeschiff" eingeschränkt. |

---

[1] Hauptsächlicher Einsatz von Massengutschiffen ohne festen Fahrplan, Fahrten nach Bedarf.
[2] Einsatz von kleineren Schiffen, die als Zubringer dienen

| Kriterien | Vorteil Seeschiff | Nachteil Seeschiff |
|---|---|---|
| Abwicklungsvorschriften | Es gibt weltweit gültige Gefahrgutvorschriften, die dem Schutz und der Sicherheit des Seeverkehrs dienen. | Verschärfte Sicherheitsanforderungen, insbesondere im Zusammenhang mit der Terrorismusbekämpfung, haben zu Behinderungen und bürokratischen/administrativen Hemmnissen bei der Abwicklung von Seetransporten geführt. |
| Witterungsabhängigkeit | Die Seeschifffahrt ist von Ausnahmen abgesehen relativ unabhängig von Witterungseinflüssen. | Stürme in bestimmten Regionen der Weltmeere sowie Eis können die Seeschifffahrt beeinträchtigen. Nebel kann in Gebieten mit dichtem Schiffsverkehr, z. B. Ärmelkanal, zum Problem werden. |
| Kapitalbindungskosten | | Wegen langer Transportzeiten sind die Güter auf dem Seeschiff lange nicht nutzbar. Das in einer Maschine gebundene Kapital erbringt während einer langen Seereise keine Erträge. |
| Umweltverträglichkeit | Der $CO_2$-Ausstoß ist beim Transport mit dem Seeschiff im Vergleich mit allen anderen Verkehrsmitteln am niedrigsten. | Durch Schiffsunfälle und den Einsatz nicht sicherer Seeschiffe kann es zu Umweltkatastrophen in den Weltmeeren kommen. Unzulässiges Reinigen von Öltanks auf hoher See führt zu Verunreinigung des Meerwassers. |

## 3.3 Welche Schiffe werden für den Frachtverkehr eingesetzt?

Die frühere Messzahl für die Größe von Schiffen, die Bruttoregistertonne, wurde durch die **Bruttoraumzahl**[1] (BRZ) und **Nettoraumzahl**[2] (NRZ) ersetzt. Hierbei handelt es sich nicht um gängige Volumen- oder Gewichtseinheiten, sondern um eine künstliche Messzahl ohne Benennung. Nach der Brutto- oder Nettoraumzahl werden Gebühren berechnet, z. B. Hafengebühren, Lotsengebühren. Außerdem werden Schiffe nach der NRZ besteuert.

Die Tragfähigkeit als Maß für die Zuladefähigkeit von Handelsschiffen wird durch die Maßgröße tdw = **total dead weight** angegeben. Als Maßeinheit dienen entweder metrische Tonnen (1 metric ton = 1000 kg) oder englische long tons (1 long ton = 1016 kg).

### 3.3.1 Schiffstypen

Seeschiffe lassen sich in folgende Schiffstypen einteilen:

| Schiffstyp | | Beschreibung |
|---|---|---|
| Massengutschiffe (Bulk Carrier) | Dry-Bulk-Carrier (Trockenfrachter) | Befördern hauptsächlich trockene Schüttgüter, wie z. B. Getreide, Erze, Kohle |
| | Tanker | Tanker, die flüssige, staubförmige oder gasförmige Güter transportieren, z. B. Öl, Gas, Fruchtsaft, chemische Stoffe |

---
[1] BRZ= Maß für die Gesamtgröße von Schiffen, dimensionslose Vergleichszahl, berechnet nach dem gesamten umbauten Raum, multipliziert mit einem zwischen 0,22 und 0,32 liegenden Faktor je nach Schiffstyp
[2] NRZ = Maßeinheit für die Transportkapazität eines Schiffes

| Schiffstyp | | Beschreibung |
|---|---|---|
| Stückgut-schiffe | Break-Bulk-Carrier (General Cargo Vessel) | Befördern Sendungen, die nicht in einen Container verladen wurden oder verladen werden können. Die Größe der Sendungsteile variiert von kleineren Stücken bis zu schweren Lasten. Häufig sind diese Packstücke durch eine Holzverpackung ummantelt, um die Güter vor den Gefahren des Transports zu schützen. |
| | Containerschiffe | Auf diesen Schiffen werden nur Container transportiert. vgl. unten |
| Spezialschiffe | Ro-Ro-Schiffe | vgl. unten |
| | Mischformen | vgl. unten |
| | Küstenmotor-schiffe (Kümo) | Kleinere Schiffe, die von Binnenhäfen, z. B. ab Duisburg, entlang der Küste bis in das Schwarze Meer oder zu Häfen in Nordafrika fahren |

## 3.3.2 Containerschiffe

Der Außenhandel hätte sich nie in dem Maße entwickeln können, wenn es nicht die Containerschiffe gäbe. Sie gelten als die Lastesel des Schiffstransports. Seit Mitte der Sechzigerjahre des letzten Jahrhunderts hat sich die Containerschifffahrt rasant entwickelt. Der Seegüterumschlag im Hafen Hamburg spiegelt diese Entwicklung wieder.

**Containerumschlag im Hafen Hamburg 1980 – 2009**

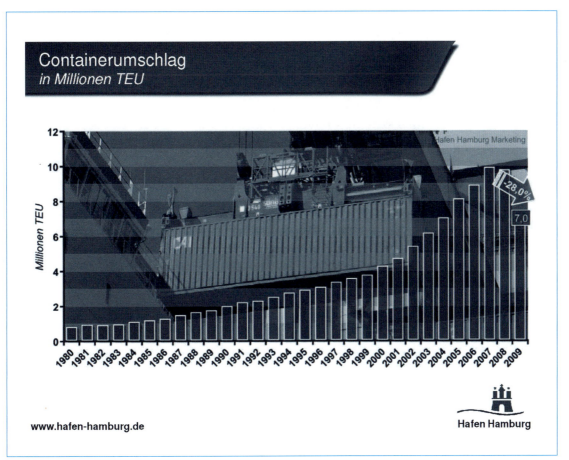

Quelle: Hafen Hamburg

Die Größe von Containerschiffen hängt von deren Ladekapazität ab, die in TEU (twenty foot equivalent unit) gemessen wird. 1 TEU bezieht sich auf einen 20'-Container. Es gibt Containerschiffe mit einer Kapazität von beispielsweise 80 TEU. Die größten heute[1] eingesetzten Schiffe können mehr als 15 000 TEU tragen. Die Entwicklung der großen Containerschiffe ist noch nicht abgeschlossen. Sie soll im Folgenden dargestellt werden.

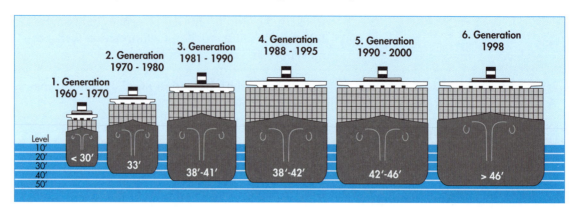

Ab 1960: erste Generation mit 1 000 TEU

Ab 1970: zweite Generation mit 2 000 TEU

Ab 1972: dritte und vierte Generation (Panamax-Klasse) mit 3 000 bzw. 4 000 TEU.

Ab 1992: Postpanamax-Klasse mit 5 000 bis 6 000 TEU.

Ab 2001: „Hamburg Express" (Hapag-Lloyd) 7 506 TEU

Ab 2004: „Colombo Express" (Hapag-Lloyd) 8 750 TEU

Ab 2006: "Cosco Guangzhou" 9 500 TEU

Ab 2006: „Emma Maersk" 11 000 bis 14 000 TEU

Ab 2010: „Christophe Colomb" (CMA CGM) 13 880 TEU

In Planung:

Malacca-max-Klasse mit mehr als 18 000 TEU

**Feeder-Dienste**

Die großen Containerschiffe können nicht jeden Hafen anlaufen, sondern nur Häfen, die entsprechende Anlagen aufweisen, z. B. ein tiefes Hafenbecken sowie Umschlageinrichtungen mit hoher Kapazität. Die kleineren Häfen werden durch sogenannte Feeder-Dienste bedient, d. h. es werden kleinere Containerschiffe als Zubringer eingesetzt.

**Container-brücken (gantry cranes)**

Damit die Containerschiffe rationell und zeitsparend be- oder entladen werden können, sind spezielle Umschlageinrichtungen im Hafen erforderlich. Diese Containerbrücken sind Spezialkräne (gantry cranes) mit klappbarem Ausleger. Sie haben eine Tragfähigkeit von mehr als 50 t. Für die rationelle Be- und Entladung von großen Containerschiffen stehen mehrere Containerbrücken gleichzeitig im Einsatz zur Verfügung.

**Straddle Carriers (Van Carriers)**

**Reach Stackers**

**Containerstapler**

**fahrerloses Transportsystem**

Um Container auf dem Kai bewegen zu können, setzt man Straddle Carriers (Van Carriers) ein, Spezialfahrzeuge, mit denen man 3 Lagen von Containern übereinanderstapeln kann. Ein weiteres Gerät zu Beförderung von Containern in Seehäfen sind Reach Stackers, überdimensionale Stapler, die Container greifen und transportieren können. Containerstapler können Container in vertikaler Richtung bis in eine Höhe von 15 m stapeln. In modernen Containerterminals, wie z. B. in Hamburg-Altenwerder, setzt man ein fahrerloses Transportsystem ein, um Container auf dem Kaigelände rationell zu bewegen.

---

[1] Stand: 2011

## 3 Frachtverträge in der Seeschifffahrt bearbeiten

Fahrerloses Transportsystem im Hafen Rotterdam
Quelle: Gottwald Port Technology GmbH

Einsatz fahrerloser Transportfahrzeuge im Hafen Hamburg-Altenwerder zwischen
Containerbrücken und Containerzwischenlager
Quelle: Gottwald Port Technology GmbH

*Beladung eines Container-
schiffes im Hafen Hamburg
Quelle:
Hafen Hamburg/Hettchen*

Quelle: Hafen Hamburg/Hasenpusch

Colombo Express, Quelle: Hapag-Lloyd AG

**Daten zum Containerschiff COLOMBO EXPRESS:**

| | |
|---|---|
| Name: | Colombo Express |
| Größe: | 93 750 BRZ |
| Baujahr: | 2005 |
| Länge über alles: | 335,70 m |
| Breite: | 42,87 m |
| Tiefgang: | 14,50 m |
| Geschwindigkeit: | 25,3 kn |
| Typ: | Container |
| Kapazität: | 8 749 TEU |
| Flagge: | Deutschland |
| Eigner: | Hapag-Lloyd, Hamburg/D |
| Bauwerft: | Hyundai Heavy Industries, Ulsan/Südkorea |
| Klasse: | GL (Germanischer Lloyd) |

*Hanjin Taipei*
*Quelle: Hafen Hamburg/Hasenpusch*

### 3.3.3 Roll-On/Roll-Off-Schiffe (Ro-Ro-Schiffe)

Kennzeichnend für diesen Schiffstyp ist, dass der Umschlag nicht vertikal, wie beim Container, sondern in horizontaler Richtung erfolgt. Die Ladung rollt selbst auf das Schiff oder wird mittels Straßen- oder Schienenfahrzeugen, Trailern (Mafi)[1] usw. auf das Schiff gerollt. Ein weiteres Kennzeichen ist, dass die Ladeebenen (Decks) nicht unterteilt sind und sich über die gesamte Länge des Schiffs erstrecken.

Insbesondere bei Autotransporten, Baumaschinen (Bagger, Kräne) und beim Transport besonders schwerer Güter (Transformatoren, Großkessel usw.), wird diese Form des Umschlags gewählt.

### 3.3.4 Kombination Stückgut-Container

Ein gewöhnliches Stückgutfrachtschiff kann auch Container an Bord nehmen. Ebenso ist es möglich Container auf Ro/Ro-Schiffen zu transportieren. Dabei wurde das ConRo-Schiff als

---
[1] Rolltrailer

Mischform entwickelt, eine Kombination aus Container- und Ro-Ro-Schiff. Beispielsweise setzt die Reederei Grimaldi solche Schiffe ein.[1]

### 3.3.5 Spezialschiffe

**KÜHLSCHIFFE**

**AUTOTRANS-PORTER**

Abhängig von der Besonderheit der zu befördernden Ware oder vom Einsatzzweck werden immer zahlreichere Typen von Spezialschiffen entwickelt und gebaut. Die wichtigsten wären Kühlschiffe, reine Autotransporter, Bergungsschlepper, LNG-Carrier[2], Versorgungsschiffe usw.

*Autocarrier*
*Quelle: AUTO-BANNER*

*LNG-Carrier Northwest Shearwater*
*Quelle: Deutsche BP AG*

---
[1] vgl. www.grimaldi.co.uk
[2] LNG = liquified natural gas; Tankschiffe, die Flüssiggas transportieren

*Stückgutschiff „Rickmers Tokyo nach dem Auslaufen aus Genua".*
*Foto: Rickmers Line*

### 3.3.6 Klassifikation von Seeschiffen

Seeschiffe werden nach ihren technischen Merkmalen einer bestimmten Schiffsklasse zugeordnet, aus der sich das Risiko für die Versicherungsgesellschaft ablesen lässt.

Die Zuordnung eines Seeschiffes zu einer bestimmten Schiffsklasse wird von Klassifikationsgesellschaften durchgeführt, die nach einheitlichen Beurteilungsmerkmalen ein Klassenzertifikat ausstellen, das internationale Anerkennung findet.

Die berühmteste Klassifikationsgesellschaft ist Lloyd's Register in London, die seit 1760 unter Lloyd's Register of British and Foreign Shipping (LR) Schiffsklassifikationen vornimmt. In Deutschland gibt es den Germanischer Lloyd (GL) seit 1867. Zu den bekannten Klassifikationsgesellschaften gehört auch Bureau Veritas (BV), 1828 in Antwerpen gegründet und seit 1832 in Paris ansässig.

SCHIFFSKLASSE

KLASSIFIKATIONS-
GESELLSCHAFTEN

KLASSENZERTI-
FIKAT

### 3.3.7 Schiffsregister und Schiffsflaggen

Jedes Schiff fährt unter der Flagge des Landes, in dem es registriert ist. Die Flagge ist äußeres Zeichen der Nationalität eines Schiffes, die davon abhängt, in welchem Staat das Schiff registriert ist. Mit der Eintragung eines Schiffes in das Schiffsregister unterliegt das Schiff der Rechtsordnung sowie dem diplomatischen Schutz des registrierenden Staats.

Man kann die Funktion des Schiffsregisters mit dem Grundbuch im Liegenschaftsrecht vergleichen. Das Schiffsregister wird beim Registergericht geführt und hat drei Abteilungen:
- Beschreibung des Schiffes
- Eigentumsverhältnisse
- Belastungen (Schiffshypotheken)

FLAGGE
RECHTSORDNUNG
DIPLOMATISCHEN
SCHUTZ
SCHIFFSREGISTER
REGISTERGERICHT

Das Registergericht stellt ein Schiffszertifikat aus, das an Bord ständig mitgeführt werden muss.

SCHIFFSZERTIFIKAT

Die Voraussetzungen für die Eintragung in das nationale Schiffsregister legt der jeweilige Staat fest. Kriterien können beispielsweise die Nationalität der Eigentümer oder der Besat-

**OFFENE REGISTER**

zung sein, die Besatzungsstärke, Sozialvorschriften, Arbeitsschutzvorschriften oder Abgabenregelungen. Es gibt Staaten mit sehr niedrigen Voraussetzungen für die Eintragung in das Schiffsregister (offene Register), z. B. Liberia, Panama, Singapur, Zypern. Viele Staaten, darunter auch Deutschland, haben sogenannte Zweitregister mit niedrigeren Anforderungen für die Eintragung eingeführt, um die Ausflaggung[1] einzudämmen. Um Kosten einzusparen, ist es dann z. B. möglich, Besatzungsmitglieder zu den günstigeren Bedingungen ihrer Herkunftsländer anzuheuern.

## 3.4 Welche Fahrtgebiete gibt es in der Seeschifffahrt?

Die Hauptrouten des internationalen Schiffsverkehrs spiegeln die Struktur der Welthandelsströme wider. Die größte Menge der mit Seeschiffen beförderten Güter wird mit Containerschiffen transportiert. Bereits in den späten Sechziger- und frühen Siebzigerjahren des letzten Jahrhunderts wurden die traditionellen Fahrtgebiete der Linienschifffahrt zwischen den Industriezentren der Welt durch Containerschiffe bedient. Das erste Containerschiff in Deutschland legte im Jahr 1966 in Bremen aus den Vereinigten Staaten kommend an.

**SEEWEG ZWISCHEN EUROPA UND NORDAMERIKA**

Der Seeweg zwischen Europa und Nordamerika (USA, Kanada) stellt eine große Magistrale des Weltcontainerverkehrs dar. Die beiden anderen Magistralen sind der Seeweg von Europa nach Ostasien und die Route Ostasien an die Westküste Nordamerikas.

**VON EUROPA NACH OSTASIEN**

**ROUTE OSTASIEN AN DIE WESTKÜSTE NORDAMERIKAS**

Diese drei Hauptrouten des Weltcontainerverkehrs sollen anhand von Fahrtplänen der Reederei OOCL[2] dargestellt werden. Auf der Route Europa-Asien dauert die Schiffsreise nach Tokyo 28 Tage, wobei nur der Hafen Singapur als Zwischenstopp angelaufen wird. Das Seeschiff beginnt seine Reise in Hamburg und fährt von der Nordsee durch die Meerenge des Ärmelkanals über den Atlantik nach Süden, bis es südlich von Portugal in die Straße von Gibraltar einbiegt, das Mittelmeer durchfährt bis zur ägyptischen Hafenstadt Port Said. Dort befindet sich der Eingang in den Suezkanal und das Schiff erreicht bei Suez das Rote Meer, das es nach der Meerenge von Bab El Mandeb verlässt, um durch den Golf von Aden am Horn von Afrika und an der Südspitze Indiens vorbei Richtung Singapur zu fahren. Dabei muss das Schiff die Meerenge zwischen der malaysischen Halbinsel und der indonesischen Insel Sumatra, die Straße von Malakka, durchfahren. Von Singapur aus begibt sich das Schiff in nordöstlicher Richtung durch das Südchinesische Meer, durchquert die Taiwanstraße zwischen der Insel Taiwan und dem chinesischen Festland, um durch das Ostchinesische Meer südlich von Südkorea nach Japan zu fahren.

---

[1] Registrierung eines Schiffes in einem anderen Land
[2] OOCL = Orient Overseas Container Line, setzte 1972 als erste Reederei ein Containerschiff auf der Route Ostasien-Europa ein.

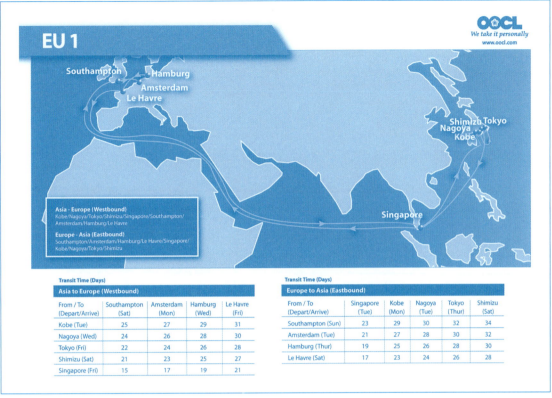

*Quelle: Orient Overseas Container Line Limited (OOCL), Hongkong*

Auf dem Rundkurs EU 3 fahren die Schiffe von OOCL z. B. von Hamburg nach Shanghai in 27 Tagen, wobei die Schiffe vorher im malaysischen Hafen Port Kelang und in Singapur sowie in den südchinesischen Häfen Shekou, Hongkong und Ningbo angelegt haben.

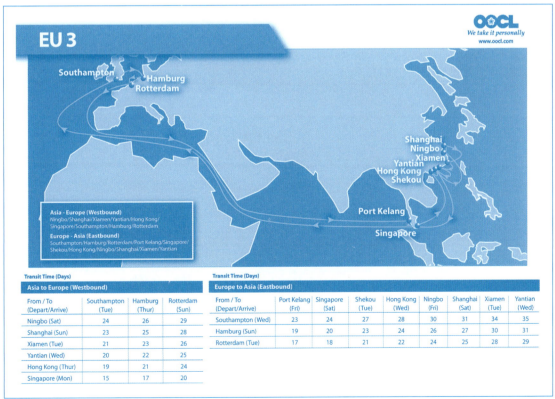

*Quelle: Orient Overseas Container Line Limited (OOCL), Hongkong*

Die Containerschiffe von OOCL von Hamburg nach New York sind 11 Tage unterwegs.

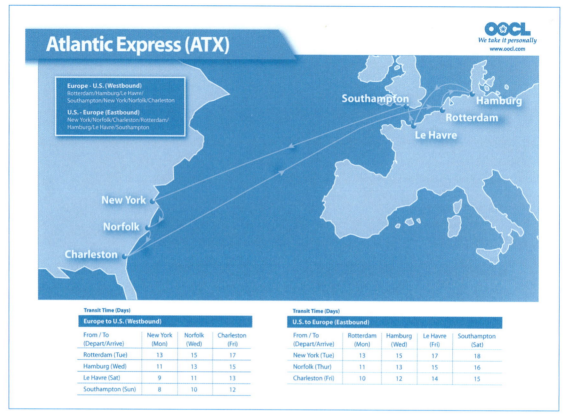

Quelle: Orient Overseas Container Line Limited (OOCL), Hongkong

Auf der Route Fernost – Nordamerika Westküste sind Containerschiffe z. B. von Shanghai nach Los Angeles 11 Tage unterwegs.

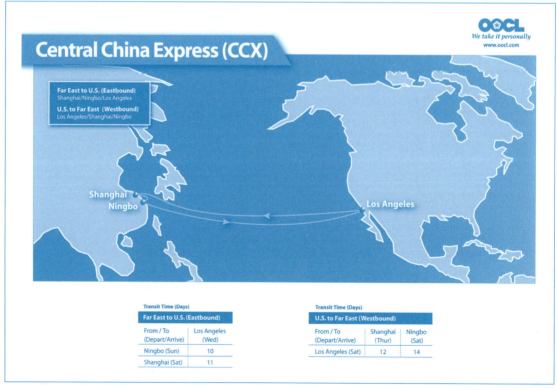

Quelle: Orient Overseas Container Line Limited (OOCL), Hongkong

Daneben sind folgende Relationen von Bedeutung:

- Europa - Südamerika Ostküste
- Europa - Südamerika Westküste
- Europa - Karibik
- Nordamerika - Südamerika Ostküste
- Nordamerika - Südamerika Westküste
- Amerika - Australien/Neuseeland
- Europa - südliches Afrika
- Europa - Indischer Ozean/Ostafrika
- Europa - Australien/Neuseeland
- Europa – Levante

Während bis in die frühen Achtzigerjahre des vorigen Jahrhunderts die jeweiligen Fahrtgebiete als unabhängige Märkte angesehen werden konnten, hat sich dies mit den „Round-the-world"-Diensten geändert. Wegen der zunehmenden Größe der Containerschiffe und den schnelleren Transitzeiten, laufen die Reedereien nur noch wenige große Häfen an, die sie als Hubs benutzen. Die Verteilung und das Sammeln der Container in der Region erfolgt durch Feeder-Schiffe[1]. Es hat sich ein Hub-and-Spoke-System ähnlich wie im Lkw-Sammelgutverkehr entwickelt.

**Seehäfen**

Seehäfen sind Schnittstellen zwischen Land- und Seetransport sowie zwischen Export- und Importströmen. Außerdem sind sie Knotenpunkte von Güter- und Informationsströmen. Die 20 größten Containerhäfen der Welt (Stand 2009) sind in nachfolgender Übersicht aufgeführt. Maßeinheit für den Containerumschlag sind Mio. TEU.[2]

SCHNITTSTELLEN

| Port | TEU 2009 | TEU 2008 | TEU 2007 | TEU 2006 | TEU 2005 |
|---|---|---|---|---|---|
| Singapore | 25866400 | 29918200 | 27932000 | 24792400 | 23192000 |
| Shanghai | 25002000 | 27980000 | 26168000 | 21710000 | 18084000 |
| Hong Kong | 20983000 | 24248000 | 23881000 | 23538580 | 22602000 |
| Shenzhen | 18250100 | 21413888 | 21099000 | 18468900 | 16197173 |
| Busan | 11954861 | 13425000 | 13270000 | 12038786 | 11843151 |
| Guangzhou | 11190000 | 11001300 | 9200000 | 6600000 | 4684000 |
| Dubai | 11124082 | 11827299 | 10653026 | 8923465 | 7619222 |
| Ningbo | 10502800 | 11226000 | 9349000 | 7068000 | 5191000 |
| Qingdao | 10260000 | 10320000 | 9462000 | 7702000 | 6310000 |
| Rotterdam | 9743290 | 10783825 | 10790604 | 9654508 | 9286757 |
| Tianjin | 8700000 | 8500000 | 7103000 | 5950000 | 4801000 |
| Kaohsiung | 8581273 | 9676554 | 10256829 | 9774670 | 9471056 |
| Port Klang | 7309779 | 7973579 | 7118714 | 6326295 | 5543527 |
| Antwerp | 7309639 | 8662890 | 8175951 | 7018899 | 6488029 |
| Hamburg | 7007704 | 9737110 | 9889792 | 8861804 | 8087545 |
| Los Angeles, CA | 6748994 | 7849985 | 8355039 | 8469853 | 7484619 |
| Tanjung Pelepas | 6000000 | 5581000 | 5500000 | 4770000 | 4169177 |
| Long Beach, CA | 5067597 | 6487816 | 7312465 | 7290365 | 6709818 |
| Xiamen | 4680400 | 5034600 | 4627000 | 4018700 | 3343000 |
| Laem Chabang | 4621635 | 5133930 | 4641914 | 4123124 | 3765967 |

---

[1] Containerschiffe mit geringer Ladekapazität, z. B. 800 TEU, die im Short-Sea-Verkehr eingesetzt werden.
[2] Hafen Hamburg Marktforschung www.hafen-hamburg.de

Zu den „TOP 20"-Häfen in 2009 gehören 15 asiatische, 1 vorderasiatischer, 2 amerikanische und 3 europäische Häfen. Der Seehafen Bremen befindet sich nicht unter den ersten 20 Containerhäfen der Welt. Zusammen mit den Häfen Hamburg, Rotterdam und Antwerpen gehört er zu den sogenannten „North Range"-Häfen (Nordrange). In diesen Nordrange-Häfen werden ca. 50 % aller Containerumschläge in Europa abgewickelt. Ein ähnliches Bild zeigt sich in Nordamerika. Dort entfallen auf die drei größten Containerhäfen Los Angeles, Long Beach und New York ebenfalls ca. 50 % aller Containerumschläge.

*Containerhafen Hamburg-Altenwerder*
*Quelle: Hafen Hamburg*

## 3.5 Welche Organisationsformen gibt es in der Seeschifffahrt?

### 3.5.1 Linienschifffahrt – Trampschifffahrt

**LINIENSCHIFF-FAHRT**

In der internationalen Seeschifffahrt wird zwischen Linienschifffahrt und Trampschifffahrt unterschieden.

In Rahmen der internationalen **Linienschifffahrt** fahren die Seeschiffe
- nach einem definierten Fahrplan,
- zu festgelegten Terminen,
- zwischen festgelegten Häfen,
- an festgelegte Lade- und Liegeplätze,
- mit einer sehr hohen Wahrscheinlichkeit der Fahrt.

In der Linienschifffahrt kommen hauptsächlich Containerschiffe zum Einsatz.

Bei der **Trampschifffahrt** richtet sich der Schiffseinsatz nach dem Transportbedarf vorwiegend im Massengutmarkt. So erfolgt der Transport von Kohle, Erzen, Düngemitteln, Getreide, Zement, Bauxit usw. fast ausschließlich nach Angebot und Nachfrage auf dem Markt für Massengutfracht (Bulk Carrier). In der Tankerfahrt werden hauptsächlich Rohölprodukte, Melasse, pflanzliche Öle und leichte Chemikalien transportiert. Feste Fahrpläne und feste Routen gibt es nicht. Es hängt vom Markt ab, wann welches Schiff wo beladen wird und wohin es fährt. Reedereien setzen im Rahmen der Trampschifffahrt in der Regel keine Containerschiffe ein.

TRAMPSCHIFF-FAHRT

MASSENGUT-FRACHT

MARKT

KEINE CONTAINER-SCHIFFE

### 3.5.2 Kooperationssysteme in der Seeschifffahrt

Seeschifffahrt ist ein äußerst kapitalintensives Unternehmen. Zur Kosteneinsparung und besseren Nutzung der Ressourcen gibt es horizontale und vertikale Kooperationen im Bereich der Seeschifffahrt.

**Schifffahrtskonferenzen**

Die Aktivitäten der Linienreedereien unterliegen dem EU-Wettbewerbsrecht. Bis zum 18.10.2008 galt die Gruppenfreistellungsverordnung 4056/86, die es Linienreedereien ermöglichte, Frachtraten und Zuschläge durch Preisabsprachen zu regeln. Reedereien, die ihre Frachtraten für bestimmte Fahrtgebiete untereinander absprachen, waren Mitglieder einer sogenannten Schifffahrtskonferenz. Seit Oktober 2008 müssen Reedereien ihre Frachtraten, Zuschläge und Rabatte mit den Kunden individuell und direkt verhandeln, ohne Kontakt zu Mitbewerbern. Diese Regelung gilt jedoch ausschließlich für Linienverkehre von und nach Europa. Reedereien, deren Frachtschiffe ausschließlich außereuropäische Häfen anlaufen, können immer noch legal mit anderen Reedereien Preise für ihre Dienstleistungen im Rahmen von Schifffahrtskonferenzen absprechen.

SCHIFFFAHRTS-KONFERENZEN

**Outsider**

Linienreedereien, die in keiner Schifffahrtskonferenz Mitglied sind, werden als „Outsider" bezeichnet. Sie haben sich keiner Konferenz oder keinem Pool angeschlossen, sondern treten als deren Konkurrenz auf. Da die Outsider in der Regel nicht die Abfahrtsdichte und den Service einer Konferenz bieten können, sind sie in der Lage den Befrachtern meist günstigere Frachtraten zu offerieren. Bei Outsider-Linien besteht immer das große Risiko, dass Schiffe verspätet eintreffen bzw. abfahren. Dies resultiert hauptsächlich daraus, dass sich Outsider vermehrt nach Aufkommen und Nachfrage richten und auch zwischendurch den Fahrplan entsprechend anpassen. In der Regel sind Outsider-Linien bei den Frachtraten günstiger, jedoch meist nicht so zuverlässig wie Konferenz- bzw. Pool-Linien. Darüber hinaus bieten Outsider nicht den hohen Servicegrad wie die Konferenz-Reedereien.

OUTSIDER

**Pools**

Pools sind spezielle Kooperationsformen innerhalb von Schifffahrtskonferenzen mit dem Ziel, den Konkurrenzkampf zwischen den Mitgliedern einzudämmen oder gänzlich auszuschließen.

POOLS

Es gibt Ladungspools, in welchen sich die Kooperationspartner das Ladungsaufkommen eines Fahrtgebietes aufteilen. In einem Frachtenpool werden darüber hinaus auch die Frachteinnahmen der Poolmitglieder aufgeteilt.

LADUNGSPOOLS
FRACHTENPOOL

Im Rahmen der kartellrechtlichen Einschränkung durch die EU-Kommission dürften Pools in Zukunft nicht mehr wie bisher ausgestaltet sein.

**Allianzen**

Mitte der Neunzigerjahre haben sich in der Wirtschaftswelt Allianzen in unterschiedlichen Branchen herausgebildet. So gibt es im Luftfahrtbereich Allianzen zwischen Fluggesell-

ALLIANZEN

**HORIZONTALE KOOPERATION**

schaften. Beispielsweise ist die Lufthansa Mitglied in der Star Alliance. Auch in der Seeschifffahrt haben sich zahlreiche Allianzen entwickelt. In der Schifffahrtsbranche bedeutet eine Allianz eine horizontale Kooperation mit Unternehmen der gleichen Branche, also anderen Reedereien, um Ziele zu erreichen, die durch individuelle Aktivitäten der einzelnen Reederei nicht zu verwirklichen wären. Hierzu zählen:

| Vorteile | Ursachen |
|---|---|
| Zeitvorteile | Höhere Abfahrtsfrequenzen in den jeweiligen Fahrtgebieten |
| Kostenvorteile | Verteilung der Kosten für den Aufbau ausreichender Flotten geringere Kosten für Terminalnutzung und Containerdisposition |
| Know-how-Vorteile und Kompetenzgewinn | Teilen und Ausgleich von Informationen und Kompetenz |
| Skalenvorteile | Höhere Auslastung der Containerschiffe durch „Economies of Scale" Fixkostendegression, niedrigere Transportkosten pro TEU |
| Risikominderung | Verteilung des Investitionsrisikos/Ausfallrisikos auf mehrer Parteien |
| Marktzutritt | Erleichterter Zugang zu bestimmten Fahrtgebieten, in denen Partnerreedereien ihren Heimatmarkt haben |

Zu den wichtigsten Allianzen im Seeschifffahrtsbereich gehören:

| Allianz | Mitglieder |
|---|---|
| Grand Alliance | Hapag-Lloyd, NYK, OOCL |
| New World Alliance | NOL-APL, HMM, MOL |
| CKYH-the Green Alliance | COSCO, K-Line, Yang Ming Line, Hanjin Shipping |
| United Alliance | DSR-Senator, Cho Yang, UASC |

**FUSIONEN**
**SKALENVORTEILE**
**SYNERGIEEFFEKTE**
**MERGER**

### Fusionen

Um Kostenvorteile, Economies of Scale (Skalenvorteile) und Synergieeffekte auszunutzen, schließen sich bestehende Linienreedereien zu einem neuen, größeren Unternehmen zusammen (Merger). So hat beispielsweise die dänische Reederei Maersk die amerikanische Linienreederei Sealand übernommen. Im Jahr 1996 haben sich die niederländische Reederei Nedlloyd und das britische Unternehmen P & O zu P & O Nedlloyd zusammengeschlossen. Im August 2005 kam es zur Mega-Fusion zwischen Maersk-Sealand und P & O Nedlloyd. Dabei entstand die größte Linienreederei der Welt. Ebenfalls in 2005 ging die zum TUI-Konzern gehörende Reederei Hapag-Lloyd eine Fusion mit der kanadischen CP-Ships zur fünftgrößten Reederei der Welt ein.

### Vertikale Kooperationen

**VERTIKALE KOOPERATIONEN**

Neben horizontalen Kooperationen gehen Linienreedereien auch vertikale Kooperationen mit Unternehmen ein, die nicht der gleichen Branche angehören. Als Beispiel wäre das Joint Venture zwischen der Linienreederei Hapag-Lloyd und der HHLA (Hamburger Hafen und Logistik AG) zu nennen, die den neuen Containerhafen und das -terminal in Hamburg-Altenwerder im Rahmen eines Joint Venture errichtet haben und betreiben. Die chinesische Reederei COSCO hat den griechischen Hafen Piräus (Athen) gepachtet und plant durch massive Investitionen dort ein zweites Rotterdam zu errichten.

## 3.6 Wie werden Frachtverträge in der Seeschifffahrt abgeschlossen?

### 3.6.1 Rechtsgrundlagen

Das Seerecht ist im 5. Buch des HGB festgesetzt und basiert auf dem internationalen Recht für den Seeverkehr, den Haager Regeln (Hague Rules), die durch die Hague-Visby Rules modifiziert wurden. Diese Regelungen wurden vollständig in nationales Recht im HGB umgesetzt.

5. BUCH DES HGB
HAGUE RULES
HAGUE-VISBY RULES

| Nationales Seerecht | Internationales Seerecht |
|---|---|
| 5. Buch „Seerecht" HGB | Haager Regeln (Hague Rules) |
| | Hague-Visby Rules |
| | York-Antwerp Rules |
| | Hamburg Rules |
| | Rotterdam Rules |

Die York-Antwerp Rules können insbesondere für die Abwicklung von Havarie-grosse-Schäden[1] herangezogen werden. Die Hamburg Rules sollten die Haftung für Frachtführer in der Seeschifffahrt verschärfen. Sie wurden allerdings nur von wenigen – für die Seeschifffahrt unbedeutenden – Nationen ratifiziert und haben sich damit international nicht durchgesetzt.

Seit einigen Jahren versucht man unter Federführung der Vereinten Nationen ein neues internationales Seerecht zu schaffen, um der technischen Entwicklung, der Globalisierung und dem Internet Rechnung zu tragen. Ziel dieser Bestrebungen ist, die hinsichtlich technischer, wirtschaftlicher und gesellschaftlicher Entwicklungen veralteten Regelungen, wie Hague Rules, Hague-Visby-Rules und Hamburg Rules, abzulösen. Die neuen Vorschriften sind in den Rotterdam Rules zusammengefasst, die von 16 Nationen – darunter die Vereinigten Staaten von Amerika – unterzeichnet wurden. Keines der Unterzeichnerländer hat jedoch (Stand 2010) die Rotterdam Rules ratifiziert. Es müssen 20 Staaten die Ratifizierungsurkunde bei der UNO hinterlegen. Ein Jahr später kann das Abkommen in Kraft treten. Die Bundesregierung hat die Rotterdam Rules nicht unterzeichnet und plant mit einer Revision des HGB, Buch „Seerecht", die deutschen Rechtsvorschriften an die veränderten technischen, wirtschaftlichen und gesellschaftlichen Entwicklungen anzupassen.

### 3.6.2 Beteiligte am Seefrachtvertrag

**Beispiel:**

> Die Bauma GmbH, Nürnberg, stellt Baumaschinen (Bagger) her und verkauft diese an Kunden vor allem in Asien und Nordamerika. Sie beauftragt die Spedition Eurocargo, Nürnberg, 15 t Ersatzteile für Baumaschinen nach New York zu versenden. Die Ersatzteile werden in einen Container verladen und per Seeschiff via Bremen nach New York transportiert. Empfänger ist das Unternehmen American Construct in New York. Die Spedition EUROCARGO bucht im Auftrag ihres Kunden auf dem Schiff „Bremen Express" der Reederei Hapag-Lloyd einen Stellplatz für den Container.

---
[1] vgl. Seite 146 ff.

YORK-ANTWERP RULES

HAMBURG RULES

Welche Vertragsbeziehungen bestehen zwischen den Beteiligten?

```
                              Kaufvertrag
     ┌──────────────────────────────────────────────────────────┐
     ▼                                                          ▼
Bauma GmbH,        EUROCARGO,         Hapag-Lloyd,        American
Nürnberg           Nürnberg           Hamburg             Construct,
                                                          New York

┌──────────────┐   ┌──────────────┐   ┌──────────────┐   ┌──────────────┐
│  Befrachter  │   │  Spediteur   │   │  Verfrachter │   │   Empfänger  │
│ (Versender)  │   │ (Vermittler) │   │              │   │              │
└──────────────┘   └──────────────┘   └──────────────┘   └──────────────┘
       ▲                  ▲                  ▲
       └──────────────────┘                  │
            Speditionsvertrag                │
       └─────────────────────────────────────┘
                    Frachtvertrag
```

**BEFRACHTER**

Der Befrachter ist der Vertragspartner des Verfrachters aus dem Seefrachtvertrag und schuldet die Fracht. Im Stückgut- bzw. Containerverkehr ist der Befrachter häufig ein Spediteur, der in eigenem Namen für die Rechnung anderer den Seefrachtvertrag abschließt. Große Industrie- und Handelsunternehmen bedienen sich nicht immer der Dienstleistung eines Spediteurs, sondern schließen mit dem Verfrachter (Reeder) direkt und unmittelbar einen Frachtvertrag und werden damit zu Befrachtern. Der Verfrachter verpflichtet sich zur Beförderung der Güter über See und führt die Beförderung in eigenem Namen aus. Er muss nicht notwendigerweise Reeder sein.

**VERFRACHTER**

**REEDER**

**CHARTERER**

**ABLADER**
**AUSRÜSTER**

**NVOCC**

| Als Befrachter treten auf | Als Verfrachter treten auf |
|---|---|
| Exporteur (Produzent, Händler) | Reeder / Owner (eigenes Schiff) |
| Spediteur (Seehafenspediteur) | Charterer (Einsatz eines Charterschiffes) |
| Ablader[2] | Ausrüster (Schiff auf „Bare Boat"[3] gechartert) |
|  | NVOCC (non vessel operating common carrier), ein Unternehmen, das keinen eigenen Schiffsraum besitzt und Stellplätze auf Containerschiffen einkauft, z. B. Saco oder Spediteure wie DB Schenker oder Kühne & Nagel |

**ABLADER**

Die seemäßige Transportabwicklung wird vor Ort in vielen Fällen einem Seehafenspediteur überlassen, der als fachkundiger Experte gilt. Es ist seine Aufgabe, die Güter an den Verfrachter zu übergeben. In dieser Funktion wird der Spediteur als Ablader tätig. Der Begriff Ablader existiert nur im deutschen, jedoch nicht im internationalen Seerecht.

**Beispiel:**

> Die Stahlgroßhandlung Frenzel, Nürnberg, beauftragt die Spedition EUROCARGO, Nürnberg, den Transport von 50 t Stahlröhren nach Malaysia zu organisieren, die nicht in einem Container verladen werden können. EUROCARGO bucht bei der Reederei Rickmers, Hamburg. Die Stahlröhren werden auf einem Stückgutschiff von Hamburg nach Port Kelang befördert. EUROCARGO beauftragt die Seehafenspedition Lippert in Hamburg die Stahlröhren an die Reederei Rickmers in Hamburg zu übergeben und das Bill of Lading in Empfang zu nehmen.

---

[1] vgl. Seite 129 ff.
[2] Person, die das Gut dem Verfrachter übergibt (Den Ablader gibt es nur im deutschen Seerecht.)
[3] Bare-Boat Charter: Chartern eines Schiffes ohne Besatzung

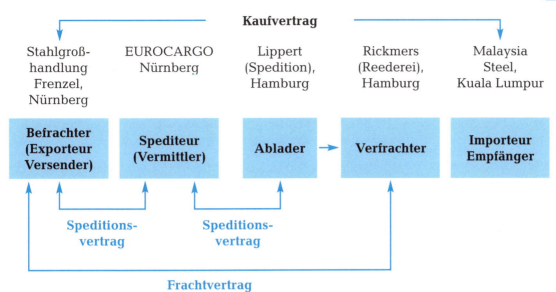

Die obige Grafik zeigt, dass der Kunde des Spediteurs mit diesem zunächst einen Speditionsvertrag abschließt. Der Spediteur tritt nicht unmittelbar als Befrachter in den Seefrachtvertrag ein, sondern tritt lediglich als Vermittler auf und nicht selbst, sondern der Exporteur als Befrachter den Frachtvertrag im Seeverkehr abschließt.

Häufig kommt es auch vor, dass der Frachtvertrag im Seeverkehr direkt zwischen dem Absender (Exporteur) und dem Verfrachter (Reederei/Carrier) abgeschlossen wird. Der Spediteur bleibt außen vor. Davon wurde der weitaus größte Teil direkt von den Industrie- und Handelsunternehmen in Auftrag gegeben. Die Spediteure haben einen Marktanteil von ca. 15,5 Prozent.

### 3.6.3 Vertragsarten im Seefrachtverkehr

Es gibt zwei grundsätzliche Vertragstypen:
- Raumfrachtvertrag (Chartervertrag)
- Stückgutfrachtvertrag

RAUMFRACHT-
VERTRAG
(CHARTERVERTRAG)

Kennzeichnend für den Chartervertrag ist, dass entweder ein gesamtes Schiff oder ein Teil eines Schiffes, z. B. Containerstellplätze, gemietet wird. Dabei können alle Arten von Schiffen, auch Containerschiffe, gechartert werden.

| Art des Raumfracht-/Chartervertrags | Erläuterung |
|---|---|
| **Reise-Charter** | Das Schiff wird für ein oder mehrere Reisen gechartert. Diese Vertragsform ist in der Trampschifffahrt vorherrschend, bei der ein Schiff keine im Voraus festgelegte Fahrtroute bedient, sondern je nach Auftragslage verschiedene Häfen anfährt. |
| **Zeit-Charter** | Das Schiff wird auf Zeit überlassen. Eines der größten Containerschiffe der Welt, die COSCO Guangzhou, ist von der Reederei Cosco gechartert, Eigentümerin ist eine griechische Reederei. Ein anderes Beispiel sind die über Schiffsfonds finanzierten Containerschiffe, die Finanzinvestoren gehören und von Reedereien gechartert werden. |
| **Slot-Charterpartie** | Es werden Containerstellgelegenheiten überlassen, wobei nicht ein präzise bestimmter, sondern irgendein Containerstellplatz zur Verfügung gestellt wird. Diese Art von Chartervertrag wird von NVOCCs angewendet, die Containerstellplätze auf Containerschiffen benötigen. |

| Bare-Boat-Charter | Bei dieser Vertragsart wird nur das Schiff, ohne Besatzung, gemietet. Ansonsten stellt das Charterunternehmen ein Schiff mit einsatzfähiger Besatzung. |
|---|---|

**Abschluss des Stückgutfrachtvertrags**

STÜCKGUTFRACHT-VERTRAG

„BOOKING NOTE"

Der Stückgutfrachtvertrag ist grundsätzlich formfrei. Zur schriftlichen Fixierung des Vertragsabschlusses kann eine sogenannte „booking note" erstellt werden.

Wegen der Vielzahl von Stückguttransporten ist es in der Praxis nicht üblich, Stückgutfrachtverträge individuell abzuschließen. Die Reedereien und Konferenzen legen sogenannte Konnossementsbedingungen als AGBs vor (Terms and Conditions of Carriage).

KONNOSSEMENTS-BEDINGUNGEN ALS AGBs

In der Praxis läuft es meist so ab, dass der Spediteur (Befrachter) bei einer Reederei anruft und den benötigten Laderaum auf einem bestimmten Schiff bucht. Er kann auch in den Schiffslisten, die als Beilage in der DVZ für Transporte von den Häfen Hamburg und Bremen erscheinen, eine geeignete Schiffsabfahrt heraussuchen. Alle Reedereien veröffentlichen auf ihren Websites die Segellisten für ihre Schiffe mit den entsprechenden Abfahrts-(ETS/ETD)[1] und Ankunftszeiten (ETA)[2].

| ETS | Schiff Typ ETA | Liegepl. | Reeder | Makler, Telefon |
|---|---|---|---|---|
| 7. 5. | Chicago Exp. F | CTA | MIS[3] | Pott & Körner, 25 455-02 |
| 8. 5. | OOCL New York F | CTA | MIS | Pott & Körner, 25 455-02 |
| 10. 5. | Bangkok Express F | CTA | MIS | Pott & Körner, 25 455-02 |
| 11. 5. | NYK Lodestar F | CTA | MIS | Pott & Körner, 25 455-02 |
| 14. 5. | Houston Express F | CTA | MIS | Pott & Körner, 25 455-02 |
| 15. 5. | OOCL Malaysia F | CTA | MIS | Pott & Körner, 25 455-02 |

Auszug aus der Hamburger Schiffsliste für Schiffe von Hamburg nach Shanghai.

FEST ODER KONDITIONELL

Die Buchung ist entweder fest oder konditionell.

KONDITIONELLE BUCHUNG

| Konditionelle Buchung | Bei der konditionellen Buchung kann sich der Befrachter für einen bestimmten Zeitraum (laufender Monat plus zwei Folgemonate) eine bestimmte Frachtrate sichern, wobei der genaue Abladetermin noch nicht bekannt ist. Teilt der Befrachter den Abladetermin mit, kommt ein Frachtvertrag zustande und es kann eine entsprechende Buchungsnote erstellt werden. |
|---|---|
| Feste Buchung | Der Schiffsraum wird für einen bestimmten Termin auf einem bestimmten Schiff bei der Reederei oder deren Repräsentanten fest gebucht. |

FESTE BUCHUNG

---

[1] ETS = estimated time of sailing, ETD = estimated time of departure
[2] ETA = estimated time of arrival
[3] MIS = Malaysian International Shipping Corporation

Die Buchung kann entweder bei der Reederei direkt erfolgen oder bei deren Beauftragten.

| Beauftragte der Reedereien | Beschreibung |
|---|---|
| Reedereikontore | Niederlassungen der Reederei in Großstädten im Binnenland |
| Reedereiagenten | Repräsentanten einer Reederei mit Agenturvertrag (häufig im Ausland) |
| Schiffsmakler | Selbstständiger Kaufmann (Makler), der für mehrere Reedereien tätig ist |

Reedereiagenten und Schiffsmakler werden nicht nur bei der Buchung von Frachtraum aktiv, sondern organisieren für die Reederei auch die Abfertigung der Schiffe im Seehafen, z. B. Liegeplatz, Wasser und Proviant, Einsatz von Stauereiunternehmen (stevedores), z. B. HHLA (Hamburger Hafen und Logistik AG).

**Hamburger Schiffsliste**

Postfach 10 16 09, 20010 Hamburg
Tel. 040/23714-131, Fax 23714-255
E-mail: anzeigen@dvz.de

SHA SHANGHAI (V.R. China)

| Datum | Schiff | | Code1 | Code2 | Agent |
|---|---|---|---|---|---|
| 4.5. | Chipolbrok Sun S 8.6. | | 080 | CPJ | Bange, 37605-0 |
| 4.5. | YM Green 31.5. | | PCH | SAR | LCL/Saco, 311706-0 |
| 4.5. | YM Green F 31.5. | | TCT | HJS | Hanjin Ship., 37685-0 |
| 4.5. | YM Green F 1.6. | | TCT | COC | COSCO, 3769080 |
| 5.5. | Chipolbrok Sun 8.6. | | 080 | CPJ | Glässel, 37607-01 |
| 5.5. | Ever Conquest F 4.6. | | BK9 | ITM | Wiking, 37679-250 |
| 5.5. | Ever Conquest F 6.6. | | BK9 | HTM | Evergreen, 237080 |
| 5.5. | Ever Conquest F 6.6. | | BK9 | EVL | Evergreen, 237080 |
| 5.5. | Wan He F 3.6. | | EIH | SISG | Senator Sped, 50028440 |
| 5.5. | Wan He F 3.6. | | PCH | SAR | LCL/Saco, 311706-0 |
| 5.5. | Wan He F 3.6. | | EUR | COC | COSCO, 3769080 |
| 5.5. | Wan He F 3.6. | | EUR | HJS | Hanjin Ship., 37685-0 |
| 5.5. | Wan He F 3.6. | | EUR | DSE | Senator L., 36133-0 |
| 5.5. | Xin Fu Zhou F 8.6. | | EUR | CCG | CMA/CGM, 23530-0 |
| 6.5. | Ever Unity F 3.6. | | BK9 | HTM | Evergreen, 237080 |
| 6.5. | Ever Unity F 3.6. | | BK9 | EVL | Evergreen, 237080 |
| 6.5. | Ever Unity F 9.6. | | BK9 | ITM | Wiking, 37679-250 |
| 6.5. | Xin Pu Dong F 6.6. | | EUR | ZIM | ZIM Germ., 878870 |
| 6.5. | Xin Pu Dong F 11.6. | | EUR | CIPR | China Ship., 360920 |
| 6.5. | YM Green F 31.5. | | TCT | DSR | Senator L., 36133-0 |
| 7.5. | APL Spain F 31.5. | | EUR | HMM | Hyundai, 36954-0 |
| 7.5. | APL Spain F 31.5. | | PCH | SAR | LCL/Saco. 311706-0 |
| 7.5. | Chicago Expr. F 2.6. | | CTA | MIS | Pott & Körner, 25455-02 |
| 7.5. | Chicago Expr. F 3.6. | | CTA | HMM | Hyundai, 36954-0 |
| 7.5. | Kota Kaya 2.6. | | TCT | WAA | Glässel, 37607-01 |
| 7.5. | Kota Kaya F 3.6. | | TCT | PIL | Lampke, 361520 |
| 7.5. | TBN F 3.6. | | EIH | SMP | LCL/Sea M. 3201040 |
| 7.5. | Xin Fu Zhou F 8.6. | | EUR | CIPR | China Ship., 360920 |

**Beispiel:**

Das Seeschiff Xin Pu Dong der Reederei China Shipping fährt am 6.5. von Hamburg nach Shanghai und wird dort voraussichtlich am 11.06. eintreffen.

**Beispiel einer Buchungsbestätigung:**

---

**BUCHUNGSBESTÄTIGUNG**

Sehr geehrte (r) Frau Klein,

im Namen der von uns als Agent vertretenden ZIM Integrated Shipping Services Ltd., Haifa bestätigen wir dankend Ihre Buchung vom 07.11. zu den nachfolgenden Konditionen:

| | | |
|---|---|---|
| Buchungs-Ref. | : | HAMHAM 33882 |
| Warenmenge/-art | : | 1x40 flat mit 2 Kisten 485x262x310 |
| | | 13,9 tons, 1x20 dv, 1.932 kgs |

Bei Verladung von Flatracks kann keine unter Deck-Stauung garantiert werden. Sollten aus stautechnischen Gründen Flat-Container an Deck verladen werden, muss folgende Klausel ins B/L:
LOADED ON DECK AT SHIPPERS RISK AND RESPONSIBILITY

| | | |
|---|---|---|
| Schiff, Reise | : | Ever Gentle 199/E |
| von | : | HAMBURG |
| nach | : | Colombo |
| ETS | : | 20.11.20.. |
| Ladeschluss | : | 17.11.20.. |
| | | Bitte senden Sie uns Ihre B/L spätestens bei Ladeschluss per DAKOSY. Danke. |
| Freistell-Ref | : | HAMHAM 33882 = 1x40 Flat     1x20 DV |
| Ex Depot | : | TCT     CDH |
| Rate | : | USD 5.550,–/40 flat     USD 700,–/20 DV |
| Zuschläge | : | plus baf USD 185/teu |
| | | plus thc EUR 153/cont |
| | | plus CAF 7,38 % |
| | | plus ISPS EUR 14,–/cntr |
| Anlieferschuppen | : | HHLA Container Terminal Tollerort (CTT) (ehemals TCT) |
| | | Lagergeldfreie Zeit vor Abgang des Schiffes: 7 TAGE (gem. Kaitarif) und für Gefahrgut 24 Stunden |
| Bemerkungen | : | Es wird vorrausgesetzt, dass für die bestätigte Ladung (Ware) die ... |

## 3.7 Wie erfolgt die Abfertigung von Stückgütern im Seehafen?

Die Übergabe der Güter durch den Ablader an den Verfrachter geschieht entweder am Kai oder im Schuppen (Lagerplatz der Reederei im Seehafen, meist überdacht).

Stückgüter müssen in den Laderaum eines Seeschiffes (unter Deck) verladen werden. Es gibt jedoch drei Ausnahmen:
- Der Befrachter hat einer Verladung an Deck ausdrücklich zugestimmt.
- Eine Verladung an Deck ist durch Gefahrgutbestimmungen (GGVSee/IMDG-Code) vorgeschrieben.
- Containerverladung

*Stauen von Stückgütern in einem Stückgutschiff*
*Quelle: Sloman-Neptun*

Die Kosten für das Laden bzw. Löschen werden gemäß Liner Terms zwischen Befrachter und Verfrachter aufgeteilt. Im konventionellen Stückgutverkehr sind die Kosten wie folgt zugeordnet:

| Verladekosten | |
|---|---|
| **Befrachter** | **Verfrachter** |
| Entladung des Lkws/Waggons<br>Sortierung und Lagern im Kaischuppen<br>Vorsorge im Lager (Zwischenbehandlung)<br>Transport zum Umschlaggerät<br>Eigentlicher Umschlag in das Seeschiff<br>Eventuell Vermessungskosten (Tallyfirmen) | Beladen des Seeschiffes<br>Stauen im Laderaum durch Stauereifirmen (Stevedores) |

In den Seehäfen gibt es unterschiedliche Usancen (Gepflogenheiten), die von der oben dargestellten Aufteilung der Kosten abweichen können. So sehen beispielsweise andere Regelungen vor, dass der Verfrachter die Kosten für Lagerung und Umschlag übernimmt.

*Verladung von Stückgut im Hafen Hamburg*
*Quelle: Hafen Hamburg/Hettchen*

## 3.8 Wie werden Containertransporte in der Seeschifffahrt abgewickelt?

Im Jahre 1966 legte das erste Containerschiff aus den USA kommend in Bremen an. Damals begann der grandiose Siegeszug des Transports von Gütern in Containern. Wie Container im Seeverkehr eingesetzt werden, soll im Folgenden dargestellt werden.

### 3.8.1 Containerarten

**AUSSENMASSE**

Die in der Seeschifffahrt eingesetzten Container entsprechen der ISO-Norm[1] 688. Die Außenmaße der am häufigsten eingesetzten Container sind wie folgt festgelegt:

| Außenmaße von ISO-Containern | | |
|---|---|---|
| Länge | Breite | Höhe |
| 20 Fuß (20')<br>6,058 m | 8 Fuß (8')<br>2,438 m | 8 Fuß oder 8,5 Fuß (8' oder 8,5')<br>2,438 m oder 2,591 m |
| 40 Fuß (40')<br>12,192 m | 8 Fuß (8')<br>2,438 m | 8 Fuß oder 8,5 Fuß (8' oder 8,5')<br>2,438 m oder 2,591 m |
| 45 Fuß (45')<br>13,176 m | 8 Fuß (8')<br>2,438 m | 8 Fuß oder 8,5 Fuß (8' oder 8,5')<br>2,438 m oder 2,591 m |

**45'-CONTAINER**

Einige Reedereien stellen 45'-Container zur Verfügung, die insbesondere im Shortsea-Verkehr[2] eingesetzt werden.

---

[1] ISO : International Organization for Standardization, Unterorgansiation der UN, Sitz in Genf
[2] Seetransporte entlang von Küsten, z B. von den europäischen Nordhäfen in das Mittelmeer oder nach Afrika

Für den Verlader sind die Innenmaße von besonderer Bedeutung. Die Innenabmessungen variieren je nach verwendetem Material, Baureihe und Hersteller.

Die gebräuchlichsten Container in der Seefahrt nach ISO 668:

| Container | Türbreite in cm | Türhöhe in cm | Dach-öffnung Breite x Länge in cm | Innenlänge in cm | Innen-breite in cm | Innen-höhe in cm |
|---|---|---|---|---|---|---|
| 20' Box | 228 - 232 | 227 - 229 | | 588 - 590 | 233 - 235 | 236 - 239 |
| 40' Box | 228 - 232 | 227 - 229 | | 1196 - 1200 | 233 - 235 | 236 - 239 |
| 40' High Cube | 228 - 234 | 258 - 259 | | 1200 - 1202 | 233 - 235 | 267 - 269 |
| 20' Reefer | 226 - 228 | 220 - 222 | | 542 - 548 | 226 - 229 | 221 - 223 |
| 40' Reefer | 226 - 229 | 217 - 220 | | 1156 - 1157 | 226 - 229 | 220 - 222 |
| 40' Reefer High Cube | 226 - 229 | 240 - 243 | | 1156 - 1160 | 226 - 229 | 248 - 251 |
| 20' Open Top | 228 - 232 | 227 | 221 x 543 | 588 - 590 | 233 - 234 | 235 in der Mitte |
| 40' Open Top | 228 - 233 | 227 | 221 x 1.157 | 1196 - 1202 | 233 - 234 | 235 - 237 in der Mitte |

Die Ladekapazität von Seecontainern ist von Reederei zu Reederei unterschiedlich. Die von Hapag-Lloyd verwendeten Container weisen folgende Ladegewichte auf:[1]

| Gewicht | Weight | 20-Fuß-Standard-Container | 40 Fuß Standard Container | Flat | Platform |
|---|---|---|---|---|---|
| Bruttogewicht | maximum gross weight | 30.480 kg | 30.480 kg | 45.000 kg | 45.000 kg |
| Eigengewicht | tare | 2.240 kg | 3.780 kg | 4200 kg | 5.700 kg |
| Zuladung | maximum payload | 28.230 kg | 26.700 kg | 40.800 kg | 39.300 kg |

Die zu transportierenden Güter haben unterschiedliche Transporteigenschaften. Dafür wurden entsprechende Containertypen entwickelt. Die gängigsten Containertypen sind:

| Container | Containertyp | Merkmale |
|---|---|---|
| | Standardcontainer 20', 40', 40' HC[2] | Für Standardladung |

---
[1] vgl. Hapag-Lloyd: Container Specifications
[2] HC = High Cube

| Container | Containertyp | Merkmale |
|---|---|---|
|  | Hardtop-Container 20′, 40′, 40′ HC | Standardcontainer mit abnehmbarem Stahldach. Speziell für schwere oder überhohe Ladung. Beladung von oben oder von der Türseite möglich, Türquerträger ausschwenkbar. |
|  | Open-Top-Container 20′, 40′, 40′ HC | Mit abnehmbarer Plane; speziell für überhohe Ladung; Beladung von oben oder von der Türquerseite bei ausgeschwenktem Türquerträger |
|  | Flatrack-Container (Flat) 20′, 40′, 40′ HC | Speziell für Schwergut und überbreite Ladung |
|  | Platform-Container 20′, 40′ | Speziell für Schwergut und übergroße Ladung (nicht für Inlandtransporte) |
|  | Ventilated Container 20′ | Speziell für Ladung, die belüftet werden muss. Lüftung erfolgt durch Fahrtwind, der durch Öffnungen und Schlitze in das Containerinnere geleitet wird. |

| Container | Containertyp | Merkmale |
|---|---|---|
| | Kühlcontainer (Refrigerated Container, Reefer) 20', 40', 40' HC | Dieser Container besitzt kein eigenes Kühlaggregat. Die Kühlung/Heizung erfolgt über Öffnungen (Portholes) entweder durch die Schiffskühlanlage, ein Landterminal oder durch ein „Clip-on"-Kühlaggregat während des Landtransports. |
| | Tankcontainer | Für den Transport von flüssigen Lebensmitteln, z. B.:<br>• Alkohol<br>• Fruchtsäfte<br>• Speiseöle<br>• Lebensmittelzusätze |

Quelle: Hapag-Lloyd

## 3.8.2 Organisation des Containereinsatzes (Containerrundlauf)

Container werden an den Verfrachter entweder im Seehafen (Gate Containerterminal) oder bereits im Binnenland (Containeryard) übergeben. Je nachdem ob ein voll beladener Container angeliefert wird oder Sendungen, die noch nicht in einen Container verladen wurden (Stückgut), unterscheidet man folgende Formen des Containerrundlaufs:

| Containerrundlauf | |
|---|---|
| **FCL/FCL (full container load)** | Der Befrachter (Verlader, Absender) übergibt einen gesamten Container, den er selbst beladen hat. |
| **LCL/LCL (less than container load)** | Übergibt ein Absender (Befrachter) der Reederei Güter, die nicht einen gesamten Container füllen, spricht man von less than container load (LCL). Bei der Kombination LCL\LCL handelt es sich um Stückgut im herkömmlichen Sinne, das jedoch nicht unmittelbar in den Laderaum eines Seeschiffes verstaut wird, sondern vorher – durch den Verfrachter – in einen Container. Zum Beladen und Stauen von LCL-Ware in den Container nehmen die Verfrachter (Reedereien) häufig die Dienste von Spezialunternehmen in Anspruch. So sind z. B. LCL-Sendungen in Deutschland für die chinesische Reederei Cosco in Hamburg an die Translog GmbH, Schuppen 74, im Hamburger Hafen zu liefern. Die Übergabe der Ware geschieht an einer Containerpackstation. Der Befrachter (Absender) muss die Transportkosten bis dorthin tragen. Das Stauen der Ware sowie den Transport des Containers zum Seeschiff lässt sich der Verfrachter durch eine besondere Gebühr (LCL-Service-Charges) vergüten. |

FCL/FCL
(FULL CONTAINER LOAD)

LCL/LCL
(LESS THAN CONTAINER LOAD)

| | Containerrundlauf | |
|---|---|---|
| **FCL/LCL** | FCL/LCL | Der Absender belädt den Container und organisiert den Vorlauf bis zum Verladehafen. Der Container wird im Empfangsland durch eine Reederei oder einen Spediteur entladen. Die übernommenen Einzelsendungen gelangen im konventionellen Transport zum Endempfänger. |
| **LCL/FCL** | LCL/FCL | Die Güter werden konventionell zum Beladeort (meist Seehafen) transportiert. Dort lädt eine Reederei, ein Spediteur oder ein NVOCC die Güter in einen Container. Im Empfangsland wird der Container zum Empfänger transportiert, der ihn schließlich entlädt. So wurde z. B. im September 2005 ein neuer LCL/FCL-Service zwischen Hamburg und Nhava Sheva und Mumbai eingerichtet.[1] |

Bei einem Haus-Haus-Containertransport (FCL/FCL) kann nach Wahl des Befrachters der Containervor-/-nachlauf wie folgt durchgeführt werden:

| | Organisation des Vor- und Nachlaufs von Containern | Kriterien |
|---|---|---|
| **MERCHANT'S HAULAGE** | Merchant's Haulage | Der Spediteur organisiert den Vor- und Nachlauf der beladenen/leeren Container.<br>Beförderungsmittel:<br>• Lkw<br>• Bahn (kombinierter Verkehr)<br>• Binnenschiff |
| **CARRIER'S HAULAGE** | Carrier's Haulage | Der Verfrachter (Reederei) organisiert den Vor- und Nachlauf der beladenen/leeren Container (häufig durch Spediteure oder Spezialunternehmen, wie TFG Transfracht)<br>Kosten: Rundlaufpauschale (Auftraggeber) |
| **MIXED ARRANGEMENT** | Mixed Arrangement | Der Verfrachter (Reederei) organisiert den Transport der leeren Container. Die Gebühr, die die Reederei dafür verlangt, wird als „Positioning Fee" bezeichnet.<br>Im System „Mixed Arrangement" organisiert der Befrachter den Transport der beladenen Container und trägt die Kosten dafür. |

| Containerrundläufe | | | | | |
|---|---|---|---|---|---|
| | Verkäufer Exporteur | Versandhafen CFS/CY | Seetransport | Bestimmungshafen CFS/CY | Käufer Importeur |
| FCL/FCL | beladener Container | Landtransport → | | Landtransport → | beladener Container |

---
[1] www.hafen-hamburg.de

| Containerrundläufe | | | | | |
|---|---|---|---|---|---|
| | Verkäufer Exporteur | Versand-hafen CFS/CY | Seetransport | Bestim-mungshafen CFS/CY | Käufer Importeur |
| LCL/LCL | Stückgut | Beladen des Containers | | Entladung des Containers | Stückgut |
| FCL/LCL | Beladen des Containers | Land-transport | | Entladen des Containers | Stückgut |
| LCL/FCL | Stückgut | Beladen des Containers | | Land-transport | Beladener Container |

Auf dem Terminal entstehen weitere Kosten für das Handling des Containers, die als Terminal Handling Charges (THC) oder Container Service Charges in Rechnung gestellt werden.

### 3.8.3 Fachbegriffe in Bezug auf Container

Beim Transport von Stückgütern in Containern hat sich eine eigene Fachsprache entwickelt. Zu den wichtigsten containerspezifischen Fachbegriffen gehören:

| Containerspezifische Fachbegriffe | Erläuterungen |
|---|---|
| **Stuffing** | Beladen eines Containers |
| **Stripping** | Entladen eines Containers |
| **CH** | Carrier's Haulage |
| **MH** | Merchant's Haulage |
| **THC** | terminal handling charges<br>Von der Reederei berechnete Kosten für das Bewegen/kurzfristiges Lagern von Containern in einem Seehafen |
| **CFS** | container freight station<br>Platz, an dem eine Reederei LCL-Sendungen übernimmt oder abgibt |
| **CY** | container yard<br>Platz, an dem eine Reederei FCL-Sendungen oder leere Container annimmt oder abgibt. |

| Containerspezifische Fachbegriffe | Erläuterungen |
|---|---|
| TEU | Twenty foot equivalent unit |
| FEU | Forty foot equivalent unit |
| BAF | Bunker adjustment factor |
| LSFS | Low Sulphur Surcharge, Zuschlag für Treibstoff mit geringem Schwefelanteil |
| CAF | Currency adjustment factor |
| OOG | Out of gauge<br>Zuschlag für Güter, die Standardmaße überschreiten |
| ISPS Surcharge | International ship and port facility security surcharge |
| DEMURRAGE | Gebühren, die Reedereien verlangen, wenn Container über die zugestandene Zeit hinaus im Hafen stehen und nicht rechtzeitig vom Empfänger/Spediteur übernommen werden. |
| DETENTION | Gebühren, die an Reedereien zu zahlen sind, wenn Container nicht rechtzeitig zurückgegeben werden. |
| LUMPSUM | Alle Kosten sind eingeschlossen. |
| FAK | Freight all kinds (für sämtliche Warenarten) |

## 3.9 Welche Bedeutung hat das Konnossement/Bill of Lading (B/L) in der Seeschifffahrt?

Ein Konnossement ist ein Wertpapier, das die Ware repräsentiert, die auf einem Seeschiff unterwegs ist. Der rechtmäßige Besitzer dieser Urkunde hat somit das Verfügungsrecht über die Ware.

Bei der Übergabe der Ware an den Verfrachter hat der Ablader Anspruch auf Ausstellung eines Konnossements. Dabei wird Zug um Zug Ware gegen ein Dokument ausgehändigt. Im Falle der Auslieferung der Ware wird nach dem umgekehrten Prinzip verfahren.

### 3.9.1 Funktionen eines Konnossements

Das Konnossement ist im HGB, 5. Buch, Seerecht geregelt und erfüllt gleichzeitig verschiedene Funktionen:

FUNKTIONEN DES KONNOSSEMENTS

QUITTUNG

BEWEISUNTERLAGE FÜR FRACHTVERTRAG

| Funktionen des Konnossements ||
|---|---|
| Quittung | Das Konnossement bestätigt den Empfang der Ware. |
| Beweisunterlage für Frachtvertrag | Das Konnossement selbst repräsentiert nicht den Frachtvertrag, der bereits vorher bei einer festen Buchung zustande kam. Es enthält jedoch Details über den Inhalt des abgeschlossenen Frachtvertrags. Darüber hinaus enthält es eine Beförderungsverpflichtung und verbrieft den Herausgabeanspruch. |

| | |
|---|---|
| **Wertpapier** | Das Konnossement ist ein sogenanntes Traditionspapier, da es das Eigentum an der transportierten Ware verbrieft. Es ist handelbar, begebbar (beleihbar/negotiable) und erhält damit große Bedeutung als Mittel der Kreditsicherung (vgl. Dokumentenakkreditiv). |
| **Ablieferungsversprechen** | Der Frachtführer (Reeder) verpflichtet sich im Konnossement die Sendung an den Empfänger abzuliefern. |

WERTPAPIER

TRADITIONSPAPIER

KREDITSICHERUNG

ABLIEFERUNGS-
VERSPRECHEN

Das Konnossement ist ein Orderpapier, wenn es „an Order" ausgestellt ist, und kann nach § 334 HGB durch Indossament (Übertragungsvermerk) weitergegeben werden. Damit gehen alle Rechte aus dem Konnossement auf den Erwerber über. Die Übertragung eines Orderkonnossements erfordert die Einigung zwischen dem Indossanten und dem Indossatar über den Erwerb des dinglichen Rechts an der Urkunde und die eigentliche Übergabe der Urkunde selbst (Besitzverschaffung).

ORDERPAPIER

Bei der Konnossementserstellung werden Originale und Kopien ausgefertigt. Die Anzahl ist beliebig, wobei die ausgestellte Anzahl der Originale auf dem Konnossement vermerkt sein muss, z. B. „number of originals 3/3". Diese Information bedeutet, dass 3 Originale ausgestellt wurden. Aus dieser Angabe kann man nicht entnehmen, wie viele Kopien erstellt wurden. Im Überseeverkehr werden in der Regel 3 Originale ausgestellt, während im Europaverkehr häufig nur zwei Originale erstellt werden.

ORIGINALE UND
KOPIEN

Jedes Original verbrieft die gleichen Rechte. Legt irgendein Berechtigter dem Verfrachter nur ein Original vor, muss er die Ware herausgeben. Die übrigen Originale verlieren damit ihre Gültigkeit und werden wertlos (Kassatorische Klausel).

KASSATORISCHE
KLAUSEL

### 3.9.2 Inhalte eines Konnossements

Das HGB (§ 643) schreibt die Inhalte eines Konnossements vor. Allerdings wird nicht festgelegt, welche Inhalte mindestens vorhanden sein müssen, um ein solches Dokument als Konnossement auszuweisen. Damit ein Konnossement die Wertpapierfunktion erhält, muss eine Klausel vorhanden sein, die ausdrückt, dass der Verfrachter die Verpflichtung eingeht, die Ware nur an die Person auszuliefern, die als legitimierter Inhaber ein Original dieses Dokuments vorlegen kann.

§ 643 HGB (Inhalt des Konnossements) Das Konnossement enthält:

1. den Namen des Verfrachters;
2. den Namen des Kapitäns;
3. den Namen und die Nationalität des Schiffes;
4. den Namen des Abladers;
5. den Namen des Empfängers;
6. den Abladungshafen;
7. den Löschungshafen oder den Ort, an dem Weisung über ihn einzuholen ist;
8. die Art der an Bord genommenen oder zur Beförderung übernommenen Güter, deren Maß, Zahl oder Gewicht, ihre Merkzeichen und ihre äußerlich erkennbare Verfassung und Beschaffenheit;
9. die Bestimmung über die Frachtzahlung;
10. den Ort und den Tag der Ausstellung;
11. die Zahl der ausgestellten Ausfertigungen.

| Carrier | Hapag-Lloyd Container Linie GmbH, Hamburg | **Bill of Lading** | Multimodal Transport or Port to Port Shipment |

| Shipper: | |
|---|---|
| FRANK EXPORT AG<br>PYRBAYERSTRASSE 1<br><br>92318 NEUMARKT/OPF. | **Hapag-Lloyd** |

| Carrier's Reference: | B/L-No: | Page: |
|---|---|---|
| 35716743 | HLCUSTR051100233 | 2/3 |

Export References:

**Consignee** (not negotiable unless consigned to order):
TO ORDER

Forwarding Agent:

**Notify Address** (Carrier not responsible for failure to notify - see clause 20 (1) hereof):
SENOK TRADE COMBINE LTD
NO. 3, R. A. DE. MEL MAWATHA
COLOMBO 5
SRI LANKA

Consignee's Reference:

Place of Receipt:

| Vessel(s): | Voyage-No: |
|---|---|
| BUSAN EXPRESS | 11E43 |

Place of Delivery:

Port of Loading:
HAMBURG EUROPEAN PORT

Port of Discharge:
COLOMBO, SRI LANKA

Container Nos., Seal Nos.; Marks and Nos. | Number and Kind of Packages, Description of Goods | Gross Weight: | Measurement:

AS PER ATTACHED STATEMENT

Hapag-Lloyd
Container Linie GmbH
(as Carrier)

SHIPPED ON BOARD,     DATE: 01.11.20..
PORT OF LOADING:      HAMBURG EUROPEAN PORT
VESSEL NAME          BUSAN EXPRESS

FREIGHT PREPAID

*SLAC = SHIPPER'S LOAD, STOW, WEIGHT AND COUNT

Shipper's declared Value (see clause 7(2) and 7(3))

| Total No. of Containers received by the Carrier: | Packages received by the Carrier: |
|---|---|
| 2 | |

| Movement: | Currency: |
|---|---|
| FCL/FCL | |

| Charge | Rate | Basis | Wt/Vol/Val | P/C | Amount |
|---|---|---|---|---|---|
| TSO | | | | P | |
| THO | | | | P | |
| SEA | | | | P | |
| CSF | | | | P | |
| BAF | | | | P | |
| CAF | | | | P | |

Total Freight Prepaid | Total Freight Collect | Total Freight

Above Particulars as declared by Shipper. Without responsibility or warranty as to correctness by Carrier (see clause 11(1) and (2))

RECEIVED by the Carrier from the Shipper in apparent good order and condition (unless otherwise noted herein) the total number or quantity of Containers or other packages or units indicated in the box opposite entitled "Total No. of Containers/Packages received by the Carrier" for Carriage subject to all the terms and conditions hereof (INCLUDING THE TERMS AND CONDITIONS ON THE REVERSE HEREOF AND THE TERMS AND CONDITIONS OF THE CARRIER'S APPLICABLE TARIFF) from the Place of Receipt or the Port of Loading, whichever is applicable, to the Port of Discharge or the Place of Delivery, whichever is applicable. One original Bill of Lading, duly endorsed, must be surrendered by the Merchant to the Carrier in exchange for the Goods or a delivery order. In accepting this Bill of Lading the Merchant expressly accepts and agrees to all its terms and conditions whether printed, stamped or written, or otherwise incorporated, notwithstanding the non-signing of this Bill of Lading by the Merchant.
IN WITNESS WHEREOF the number of original Bills of Lading stated below all of this tenor and date has been signed, one of which being accomplished the others to stand void.

| Place and date of issue: | |
|---|---|
| HAMBURG | 04.11.20.. |

| Freight payable at: | Number of original Bs/L: |
|---|---|
| ORIGIN | 3/3 |

HAPAG-LLOYD
CONTAINER LINIE
GMBH (AS CARRIER)

## 3.9.3 Arten von Konnossementen

Ja nach Ausstattung und Verwendung werden für Konnossemente unterschiedliche Bezeichnungen gebraucht.

**Konnossementsarten nach der Bezeichnung des Empfängers**

| Konnossementsarten | Eigenschaften |
|---|---|
| Namenskonnossement | Im Consignee-Feld steht Name des Empfängers. <br> Eigentumserwerb: Einigung, Übergabe und Zession (Abtretung) <br> Vorkommen: häufig |
| Orderkonnossement – B/L | Im Consignee-Feld steht „to order" oder der Name des Empfängers + "to order". <br> Eigentumserwerb: Einigung, Übergabe und Indossament <br> Vorkommen: sehr häufig |
| Vollindossament | Für uns an die „Order" von Firma ... <br> (Adresse, Namen, Unterschrift von Weitergebenden und neuem Besitzer) |
| Kurzindossament/ Blankoindossament | Name, Adresse, Unterschrift des Weitergebenden <br> (Durch ein Kurzindossament wird das B/L zum Inhaberdokument, d. h. jeder kann das B/L einreichen.) |

Der Shipper indossiert immer als Erster.

**Konnossementsarten nach dem Ort der Übernahme des Gutes**

| Konnossementsarten | Eigenschaften |
|---|---|
| Bordkonnossement (shipped on board) | Bescheinigung über die Verschiffung der Ware (shipped B/L) <br> Diese Form ist für Dokumentenakkreditive erforderlich. |
| Übernahmekonnossement (received B/L) | Empfangsbestätigung, dass die Ware zur Verschiffung empfangen wurde. <br> Die Ware befindet sich noch am Schuppen. <br> Wird ausgestellt, wenn Verschiffung terminlich feststeht |

**Konnossementsarten nach der Zusammenfassung von Sendungen**

| Konnossementsarten | Eigenschaften |
|---|---|
| Sammelkonnossement | Spediteur konsolidiert Ladung und tritt dem Verfrachter mit einer großen Partie gegenüber. <br> Er bezahlt für FCL/FCL eine Boxrate. |
| Teilkonnossement | Teilung einer Partie in mehrere Teilpartien <br> Jedes Teil-B/L muss mit dem Original übereinstimmen. <br> In der Praxis wird allerdings eine D/O (delivery order) verwendet. |

**Konnossementsarten nach der Bezeichnung des Warenzustandes**

| Konnossementsarten | Eigenschaften |
|---|---|
| **Reines Konnossement (clean B/L)** | Ware ohne Abschreibungen, d. h. keine Beschädigungen, keine Fehlmengen<br>Zwingend für Dokumentenakkreditiv |
| **Unreines Konnossement (unclean/foul B/L)** | Ware mit Abschreibungen<br>Vermerk auf dem Konnossement, dass die Ware oder Verpackung beschädigt ist oder dass Packstücke fehlen |

**Konnossementsarten nach der Rangordnung**

| Konnossementsarten | Eigenschaften |
|---|---|
| **Originalkonnossement** | Es werden 3 Originale ausgestellt.<br>Zwei davon werden zeitverzögert dem Empfänger zugesandt (in different lots). |
| **Kopie** | Nicht handelbare Kopie des Originals |

**Konnossementsarten nach dem Weg, den die Ladung nimmt**

| Konnossementsarten | Eigenschaften |
|---|---|
| **Durchkonnossement (through B/L)** | Das B/L ist eine Transporturkunde für gesamte Seestrecke.<br>Mehr als ein Verfrachter sind beteiligt (Feeder – Operator).<br>Im B/L erkennt man ein Durch – B/L an der Formulierung z. B. „via Hamburg". |
| **combined transport bill of lading (Konnossement für den kombinierten Transport)** | Transport mit verschiedenen Beförderungsmitteln, z. B. Seeschiff, Bahn<br>Der Erstbeförderer (Pre-Carrier) geht in eigenem Namen die Beförderung für die Gesamtstrecke ein. |

## 3.10 Wie werden Schadensfälle in der Seeschifffahrt geregelt?

**RISIKOREICH**

**TEMPERATURSCHWANKUNGEN**

**MEERWASSER**

Der Transport von Gütern mit dem Seeschiff ist sehr risikoreich. Die Transportstrecke und -dauer sind sehr lang. Außerdem sind viele Umschlagvorgänge notwendig, um die Ware vom Absender zum Empfänger zu bringen. Während des Transports sind die Waren extremen Temperaturschwankungen ausgesetzt, da die Transportstrecke häufig über verschiedene Klimazonen führt. Das Meerwasser ist salzhaltig und wirkt aggressiv auf viele Transportgüter ein. Gegen diese Risiken kann man verschiedenste Vorkehrungen treffen, insbesondere die seemäßige Verpackung spielt hier eine wesentliche Rolle. Doch trotz sorgfältigster Planung und Durchführung der Transporte lassen sich Schäden im Seeverkehr nicht vollständig ausschließen, sodass es immer wieder zu Schadensfällen kommt. Welche Möglichkeiten und Chancen auf Schadensersatz im Schadensfalle jemand hat, der das Transportrisiko trägt, soll im Folgenden dargestellt werden. Kennzeichnend für die Regelung von Schadensfällen in der Seeschifffahrt ist die unübersichtliche rechtliche Regulierung von Schadensfällen im Seeverkehr. Es gibt nationale und internationale rechtliche Regulierungen auf der einen Seite sowie die Konnossementsbedingungen der Reedereien, die sie beim Abschluss eines Seefrachtvertrages zugrunde legen und in welchen sie die Haftung weitgehend einschränken oder ausschließen. Deshalb empfiehlt es sich wegen der eingeschränkten Schadensersatzregelungen, im Seeverkehr in jedem Fall eine Transportversicherung abzuschließen, um die Ware gegen die Risiken im Seetransport abzusichern.

**TRANSPORTVERSICHERUNG**

### 3.10.1 Haftung nach HGB

Die Haftung der Verfrachter in der Seeschifffahrt entspricht den internationalen Regelungen der Hague Rules bzw. der Hague-Visby Rules, deren Haftungsvorschriften in das HGB übernommen wurden.

**HAGUE RULES BZW. DER HAGUE-VISBY RULES**

**HGB**

#### Voraussetzungen

Der Verfrachter (Reeder) haftet, wenn folgende Voraussetzungen vorliegen:
- Die Ausstellung eines Konnossements
- Die Verschiffung von deutschem Seehafen
- Die Verschiffung zu einem deutschen Seehafen

**VORAUSSETZUNGEN**

#### Haftungstatbestände

Der Verfrachter haftet für:
- Anfängliche Seeuntüchtigkeit des Schiffes
- Fürsorgliche Behandlung der Güter (z. B. richtige Stauung)
- Verlust oder die Beschädigung von der Annahme bis zur Ablieferung (keine Vermögensschäden, keine Güterfolgeschäden)

**HAFTUNGSTATBESTÄNDE**

#### Haftungsausschlüsse nach HGB

Der Verfrachter (Reederei) haftet nicht, wenn die Schäden durch folgende Ereignisse verursacht wurden:
- Gefahren und Unfälle der See
- Kriegerische Ereignisse, Unruhen oder Verfügungen von hoher Hand sowie Quarantänebeschränkungen
- Gerichtliche Beschlagnahme
- Streik
- Natürlicher Schwund oder Art und Beschaffenheit der Güter
- Handlungen oder Unterlassungen des Eigentümers des Gutes oder seine Agentur/Vertreter
- Rettung von Leben oder Eigentum zur See
- Feuer
- Nautisches Verschulden

**HAFTUNGSAUSSCHLÜSSE NACH HGB**

#### Haftungsprinzip § 606 HGB

Nach HGB Seerecht gilt das Prinzip der Verschuldenshaftung (vermutete Verschuldenshaftung)
- Verschulden des Verfrachters im Schadensfall zunächst vermutet
- Verfrachter kann beweisen, dass er und seine Leute mit der erforderlichen Sorgfalt gearbeitet haben (Beweislastumkehr).

**HAFTUNGSPRINZIP § 606 HGB**

**VERMUTETE VERSCHULDENSHAFTUNG**

**FREIZEICHNUNG § 662 HGB**

### Freizeichnung § 662 HGB

Der Verfrachter kann in den Konnossementsbedingungen durch Vertragsklauseln die Haftung für bestimmte Fälle zu seinen Gunsten ändern. Gegen diese Risiken können sich Verlader über eine Seetransportversicherung absichern.

**FREIZEICHNUNGS-KLAUSELN**

### Freizeichnungsklauseln

- Seetransport lebender Tiere
- Verladung an Deck, falls vereinbart
- Schäden vor dem Laden und nach dem Löschen

**RÜGEFRISTEN**

### Rügefristen

Der Geschädigte muss nachweisen, dass der Verfrachter für die Schäden ursächlich verantwortlich war. Deshalb sind bestimmte Fristen für die schriftliche Schadensanzeige einzuhalten.

| Rügefristen ||
| --- | --- |
| **Offene Mängel** | **Versteckte Mängel** |
| Bei beendeter Auslieferung | spätestens 3 Tage nach Auslieferung |

Geht die Ware in die Obhut des Empfängers oder seines Beauftragten (z. B. Spediteur) über, gilt die Auslieferung als beendet. In den Konnossementsbedingungen wird in den meisten Fällen festgelegt, dass ein Gut als ausgeliefert gilt, wenn es der Kaiverwaltung übergeben wurde, auch wenn der Empfänger (Spediteur) die Sendung erst später abnimmt.

**VERJÄHRUNG**

### Verjährung

1 Jahr

**HAFTUNGSHÖCHSTGRENZEN**

### Haftungshöchstgrenzen nach HGB

Nach HGB/Hague-Visby Rules haftet ein Verfrachter mit folgenden Höchstbeträgen:

| Schadensart | | Verfrachter haftet maximal mit |
| --- | --- | --- |
| Güterschäden | Verlust oder Beschädigung | 2 SZR je kg brutto<br>oder<br>666,67 SZR je Packstück bzw. Einheit nach Wahl des Anspruchstellers |
| Vermögensschäden | | Keine Haftung |

Der Anspruchsberechtigte wird den Schadensersatz wählen, bei dem er den höheren Ersatzbetrag erhält.

Als Stück oder Einheit gelten z. B. ein Karton, ein Sack, eine Palette oder auch ein Container. Der Container gilt als Einheit, wenn er vom Befrachter beladen wurde. Hat die Reederei jedoch Packstücke in den Container verladen, gelten diese als Einheit. Werden die vom Absender in den Container verladenen Einzelsendungen im Konnossement angegeben, würde der Verfrachter ebenfalls dafür haften. Er kann sich davon befreien, indem er in das Konnossement den Zusatz s.t.c. (said to contain) aufnimmt, z. B. „1 container, s.t.c. (said to contain) 400 cartons …".

**S.T.C. (SAID TO CONTAIN)**

## 3.10.2 Havarie grosse (General Average)

**HAVARIE GROSSE**

Die Havarie grosse gilt als eines der ältesten Rechtsinstitute der Seefahrt und hat ihren Ursprung in Gesetzen auf der Insel Rhodos zur Zeit der Phönizier, in welchen ursprünglich der Seewurf von Ladung geregelt wurde. Heute ist der Begriff der großen Haverei (Havarie grosse) im HGB § 700 geregelt. Eine weitere Rechtsgrundlage bilden die York-Antwerp-Rules, die zur Anwendung kommen, wenn sie zwischen allen Havariebeteiligten vereinbart wurden.

HGB § 700
YORK-ANTWERP-RULES

### Anwendung der Havarie grosse

Die Havarie grosse kommt nur dann zur Anwendung, wenn ein Schaden (bzw. Kosten) an Ladung oder Schiff absichtlich, vernünftig und außergewöhnlich von der Schiffsführung herbeigeführt wurde. Diese Maßnahme muss zur Errettung von Schiff und Ladung aus einer gemeinsamen unmittelbaren und erheblichen Gefahr dienen. Man spricht nur von Havarie grosse, wenn die Rettungsaktion erfolgreich verlaufen ist. Beispiele für eine Havarie grosse sind Wasserschäden hervorgerufen durch Flutung von Laderäumen oder Feuerlöschung an Bord, sowie auch absichtliches Überbordwerfen von Ladung, welche die Sicherheit des Schiffes gefährdet, Notstrandung und Abschleppen. Die Schadensregulierung erfolgt in diesem Fall so, dass alle am Risiko einer Seereise Beteiligten anteilsmäßig zur Deckung der Kosten herangezogen werden (Wert von Ladung, Fracht und Schiff). In der Praxis bedeutet dies, dass der Eigentümer einer Containerladung, die unversehrt ihr Ziel erreicht, anteilsmäßig einen Beitrag zur Schadensregulierung leisten muss. Gegen das Risiko solcher Havarie-grosse-Einschüsse kann man sich im Rahmen der Seetransportversicherung absichern.

ERRETTUNG VON SCHIFF UND LADUNG

HAVARIE-GROSSE-EINSCHÜSSE

### Voraussetzungen für Havarie grosse

Damit ein Schaden als Havarie-grosse-Fall abgewickelt werden kann, müssen folgenden Voraussetzungen gegeben sein:

| Havarie-grosse-Voraussetzungen |
|---|
| • Gemeinsame Gefahr für Schiff und Ladung |
| • Aktivitäten, die vorsätzlich Schäden an Schiff und Ladung oder beidem verursachen, veranlasst durch den Kapitän (Erbringung von Opfern) |
| • Zweck/Ziel: Rettung von Eigentum an Schiff und Ladung |
| • Erfolgreiches Handeln |

### Fälle für Havarie grosse

Nach § 706 HGB kann unter Beachtung der genannten Voraussetzung in folgenden Fällen eine Havarie grosse vorliegen:
- Seewurf (Überbordwerfen) und gleichgestellte Fälle
- Leichterung (Entladen, Umladen)
- Strandung
- Einlaufen in einen Nothafen
- Verteidigung gegen Feinde oder Seeräuber
- Loskauf von Schiff und Ladung
- Kosten der Geldbeschaffung zur Deckung von Verlusten und Kosten durch Havarie grosse und der Auseinandersetzung zwischen Beteiligten
- Löschung eines an Bord ausgebrochenen Feuers
- Überanstrengung der Maschine
- Annahme von Schleppern

**Dispacheur**

**DISPACHEUR**
**DISPACHE**

Die im Rahmen einer Havarie grosse verursachten Schäden sind auf die Beteiligten (Schiff, Fracht, Ladung) zu verteilen. Diese Aufgabe übernimmt ein Dispacheur. Auf Grundlage der festgestellten Schäden erstellt er einen Verteilungsplan (Dispache). In Deutschland ist ein Dispacheur ein amtlich bestellter, neutraler, eigenverantwortlich handelnder Sachverständiger[1], dessen Dispache vom Gericht bestätigt wird. Im anglo-amerikanischen Raum gibt es keine amtlich bestellten Sachverständigen, sondern es werden Privatgutachter eingesetzt.

**Inhalt einer Dispache**

Die Schadensaufstellung, die ein Dispacheur vorlegt, muss folgende Punkte beinhalten:
- Feststellung des Tatbestandes der Havarie grosse
- Aufstellung der zu vergütenden Schäden
- Aufstellung der beitragspflichtigen Werte
- Berechnung des Beitragssatzes (Havarie-grosse-Prozentsatz) und der daraus resultierenden Vergütungen und Beiträge der Beteiligten

**Beispiel einer Havarie-grosse-Abwicklung**

Eine vereinfachte Havarie-grosse-Abrechnung könnte wie folgt aussehen:

| | | Beitragswerte | Havarie-grosse Schäden |
|---|---|---|---|
| Wert des geretteten Schiffes | 7.002.000,– EUR | | |
| + H/G-Schäden | 498.000,– EUR | | **498.000,– EUR** |
| Beitragswert des Schiffes: | 7.500.000,– EUR | 7.500.000,– EUR | |
| Wert der geretteten Ladung | 8.820.000,– EUR | | |
| + H/G-Schäden | 180.000,– EUR | | **180.000,– EUR** |
| Beitragswert der Ladung: | 9.000.000,– EUR | 9.000.000,– EUR | |
| Fracht für gerettete Ladung | 709.200,– EUR | | |
| + H/G-Frachtverlust | 10.800,– EUR | | **10.800,– EUR** |
| Beitragswert der Fracht: | 720.000,– EUR | 720.000,– EUR | |
| Beitragskapital (Aktivmasse) | | **17.220.000,– EUR** | |
| H/G-Schäden | | | 688.800,– EUR |
| H/G-Kosten (Dispache) | | | 86.100,– EUR |
| Summe Havarie-grosse-Schäden | | | **774.900,– EUR** |

**Beitragsquote:** Havarie-grosse-Schäden · 100 : Beitragswerte
= 774.900 EUR · 100 : 17.220.000 EUR = 4,5 %

---
[1] vgl. § 729 HGB

**Beispiel:**

Auf einem Seeschiff wurde Havarie grosse ausgerufen. Ein Container mit der Nr. 4576889 und einem Wert der Ladung von 30.000,00 EUR befand sich an Bord. Der Container und die darin befindliche Ware waren unversehrt. Welchen Betrag muss der Eigentümer dieser Containerladung zur Aufteilung des Schadens im Rahmen einer Havarie-grosse-Abwicklung als Havarie-grosse-Einschuss leisten, wenn die Beitragsquote 4,5 % beträgt?

*Lösung:*

Havarie-grosse-Beitrag: 4,5 % von 30.000,00 EUR = 1.350,00 EUR

Der Ladungseigentümer kann sich durch eine Transportversicherung gegen solche Ansprüche absichern. Transportversicherungspolicen enthalten im Allgemeinen eine Risikoabsicherung gegen Havarie-grosse-Einschüsse.

Im März 2006 brach auf dem Containerschiff Hyundai Fortune, das mit Containern voll beladen von Fernost nach Europa unterwegs war, vor der Küste Jemens ein Feuer aus. Es gelang, das Feuer zu löschen und das Schiff in den Hafen Salalah nach Oman zu schleppen. Im April 2006 wurde durch die Reederei Havarie grosse ausgerufen. Durch dieses Unglück waren auch zahlreiche Spediteure und deren Kunden in Deutschland betroffen. Im Hafen von Salalah wurden die Container entladen und auf Schäden überprüft. Die unbeschädigten Container wurden nach ca. 6 Wochen freigegeben und von den Reedereien, denen die Container gehörten, nach Weisung der Eigentümer der Waren entweder zum Zielhafen in Europa oder zum Ausgangshafen in Asien befördert. Nach Angaben der Reederei APL wird die endgültige Abwicklung dieses Havarie-grosse-Schadens, der auf über 300 Mio. USD geschätzt wird, voraussichtlich mehrere Jahre dauern.

*Feuer auf der Hyundai Fortune, März 2006*
*Quelle: Cargo Law*

### 3.10.3 Besondere Haverei

Hierbei handelt es sich um einen Seeunfall eines Schiffes. Bei der besonderen Haverei muss der Betroffene, bzw. dessen Versicherung, die Kosten und Schäden tragen, die durch diesen Unfall entstehen. Es sind i. d. R. zufällige, d. h. unbeabsichtigte Schäden an Schiff

SEEUNFALL

**UNVORHERGESE-HENES EREIGNIS**

und/oder Ladung, die durch ein unvorhergesehenes Ereignis entstanden sind. Als Beispiel ist ein Orkansturm zu nennen, der auf See Container über Bord reißt, oder der Zusammenstoß zweier Schiffe bei starkem Nebel im Ärmelkanal, die sinken.

### 3.10.4 Kleine Haverei

**GEBÜHREN UND KOSTEN**

In diesem Fall liegt weder ein Schiffsunfall vor noch wurden Schäden absichtlich herbeigeführt, um Schiff und Ladung aus einer gemeinsamen Gefahr zu retten. Hier handelt es sich um Gebühren und Kosten, die im Zusammenhang mit Schiffstransporten anfallen, z. B. Lotsengebühren, Kaigebühren.

## 3.11 Wie werden Entgelte im Seeverkehr berechnet?

**KEIN EINHEIT-LICHER TARIF**

Im Seeverkehr gibt es keinen einheitlichen Tarif. Jede Reederei hat ihre eigenen Tarife. Wenn es sich nicht um laufende Transporte handelt, müssen sie für jeden Container angefragt werden. Große Konzernspeditionen (z. B. Kühne & Nagel, Schenker), die ein hohes jährliches Ladungsaufkommen im Seeverkehr haben, handeln mit bestimmten Reedereien besonders günstige Raten aus, die in unregelmäßigen Zeitabständen angepasst werden.

Bei LCL-Sendungen sucht man sich einen Partner (Spediteur oder NVOCC), der diese Sendungen verlädt und auch einen entsprechenden Preis nennt. Gegenüber der Reederei tritt der Spediteur oder der NVOCC als Befrachter (Shipper) auf. Für LCL-Sendungen ist als Minimum immer die Fracht für 1 m³ bzw. 1 t zu zahlen.

**RICHTUNGSGEBUN-DEN**

Seefrachttarife gelten immer vom Abgangshafen bis zum Bestimmungshafen. Sie sind also richtungsgebunden. Die Höhe der Seefrachttarife unterliegt den Gesetzen von Angebot und Nachfrage.

**GRUNDSÄTZE**

Für die Berechnung von Seefracht für Stückgut gelten die folgenden Grundsätze.

### 3.11.1 Maß- und Gewichtsraten

Die Seefrachtrate drückt den Preis für die Beförderungsleistung pro Frachttonne (frt, F/T) aus. Das Produkt aus dem Betrag der Frachttonne und der Frachtrate ergibt die Seefracht.

**Abrechnung nach Maß oder Gewicht**

**FRACHTTONNE**

Als Frachttonne gilt die Maßeinheit, die der Reederei die höhere Frachteinnahme bringt. Das kann entweder die Frachteinheit nach dem tatsächlichen Gewicht oder nach dem Volumen (Maß) der Sendung sein. Ausgedrückt wird dies durch die Bezeichnung w/m (weight/measurement), auf Deutsch „Maß/Gewicht", in der Ratenquotierung.

**Beispiel:**

| Sendung | Gewicht | Volumen | Abrechnung | Abrechnung nach |
|---|---|---|---|---|
| 1 Kiste (w/m) | 1.400 kg | 2,1 cbm | 2,1 · Frachtrate | Maß |
| 1 Kiste (w/m) | 1.900 kg | 1,7 cbm | 1,9 · Frachtrate | Gewicht |

Bei der Quotierung der Frachtraten können folgende Begriffe verwendet werden:

| M/G (Maß/Gewicht) | w/m (weight/measurement) |
|---|---|
| per Frachttonne (F/T) | per freightton (f/t) |
| in Schiffswahl<br>in Reeders Wahl | in ship's option |

Als tarifliche Maß- und Gewichtssysteme gelten 1000 kg (1 t) oder 1 cbm.

Der Grundsatz, dass die höheren Frachteinnahmen für die Reederei maßgebend sind, besteht auch für Sendungen, die aus mehr als einem Packstück bestehen. Jedes Packstück ist einzeln abzurechnen, auch wenn die Sendung aus mehreren Packstücken besteht.

Seefrachtraten für Stückgut sind artikelabhängig. Bei Sendungen, die aus mehreren Packstücken mit unterschiedlichen Inhalten bestehen, sind deshalb die Spezifikationen für jedes einzelne Packstück anzugeben.

ARTIKELABHÄNGIG

Die Seefrachtraten enthalten die Kosten für das Verladen, Stauen und Löschen.

Das Maß-/Gewichtsverhältnis wird auch mit der Bezeichnung „x-mal messend" ausgedrückt. Wenn beispielsweise eine Sendung 3-mal messend ist, bedeutet dies, dass die Maßzahl für das Volumen dreimal höher ist als die Maßzahl für das Gewicht.

KOSTEN FÜR DAS VERLADEN, STAUEN UND LÖSCHEN

„X-MAL MESSEND"

### Reine Gewichtsraten

Es gibt Ratenquotierungen, in denen reine Gewichtsraten per 1000 kg unabhängig vom Volumen der Sendung genannt werden.

REINE GEWICHTSRATEN

#### Beispiel für eine reine Gewichtsrate:

Eine Industriepresse wird, von Bremen nach Savannah/US transportiert. Bruttogewicht 22,23 t, vereinbarte Frachtrate 256,96 USD/t.

*Lösung:*
**22,23 t · 256,96 USD/t = 5.712,22 USD**

### Reine Maßraten

Reine Maßraten werden per 1 cbm unabhängig vom tatsächlichen (evtl. höheren) Gewicht angegeben.

REINE MASSRATEN

#### Beispiel für eine reine Maßrate:

Eine Verpackungsmaschine wird von Hamburg nach Buenos Aires verschifft. Maße der Maschine: 4,1 m · 2,7 m · 2,2 m; vereinbarte Frachtrate: USD 105,98/cbm.

*Lösung:*
**Volumen: 4,1 m · 2,7 m · 2,2 m = 24,354 m³**
**24,354 m³ · 105,98 USD/m³ = 2.581,04 USD**

## 3.11.2 FAK-Raten (Freight All Kinds)

FAK-Raten sind Pauschalfrachten, die sich nicht auf bestimmte Waren oder Warengruppen beziehen. FAK-Raten werden z. B. für Containersendungen angewandt.

FAK-RATEN

CONTAINERSENDUNGEN

#### Beispiel:

Verschiffung von drei 20-Fuß-Containern von Bremerhaven nach Jacksonville/Florida, vereinbarte FAK-Rate USD 1.210 pro Container.
Container 1: 15 t Oppenheimer Krötenbrunnen (Wein), Wert 131.250,00 EUR
Container 2: Verpackungsmaschine für Süßigkeiten, Gewicht 7,1 t, Wert 65.000,00 EUR
Container 3: 3 gebrauchte Motorräder und Ersatzteile, Gewicht 6,6 t, Wert 35.000,00 EUR

COMMODITIY-BOX-RATEN

### 3.11.3 Commodity-Box-Raten

Im Containerverkehr gibt es auch artikelabhängige Pauschalfrachten pro Container (z. B. für Textilien), die man als Commoditiy-Box-Raten[1] bezeichnet.

AD-VALOREM-RATEN

### 3.11.4 Ad-valorem-Raten (Wertraten)

Bei dieser Quotierung berechnet die Reederei die Seefracht als Prozentsatz vom FOB-Wert.

**Beispiel:**

> Die Spedition EUROCARGO besorgt für ihren Kunden DOMA den Seetransport eines Baukrans von Nürnberg nach Dalian, China. Der Preis FOB Hamburg beträgt 1,4 Mio. EUR. Die Reederei quotiert 3,25 % des FOB-Wertes.
>
> **Lösung:**
>
> 3,25 % von 1.400.000,00 EUR = 45.500,00 EUR

### 3.11.5 Zu- und Abschläge zur/von der Seefracht

Abhängig vom jeweiligen Fahrtgebiet verlangen Schifffahrtskonferenzen und Outsider Zu- und Abschläge zur Seefracht. Die häufigsten Zuschläge sind:

| BAF | Bunker adjustment factor (fuel adjustment factor) | Bunkerölzuschlag | in Prozent oder per frt oder W-/M-Zuschlag; bei Containerverladungen differenziert nach 20'-/40'-Containern; manchmal auch FAF fuel adjustment factor genannt |
|---|---|---|---|
| LSFS | Low sulphur fuel surcharge | | Zuschlag für den Einsatz von Treibstoff mit niedrigen Schwefelgehalt |
| CAF | Currency adjustment factor | Währungszuschlag | In Prozent, bezogen auf die Grundfracht. Grund: Ausgleich von Wechselkursschwankungen |
| H/L | heavy lifts | Schwergewichtszuschlag | Meistens ab 20 t, keine Abrechnung im FCL/FCL-Verkehr |
| L/L | long length | Längenzuschlag | Meist ab 12 m Länge des Packstücks |
| ISPS | International Ship and Port Facility Security Code | Sicherheitsgebühr | An Schifffahrtslinien |
| War Risk | War risk surcharge | Kriegszuschlag | nach Häfen in Gebieten, die kriegsgefährdet sind |

---

[1] Container werden im Englischen auch als „Box" bezeichnet. Commodities sind Waren einer bestimmten Art.

| | | | |
|---|---|---|---|
| CS | Congestion surcharge | Verstopfungszuschlag | Erhoben beim Transport zu/von bestimmten Häfen, die hoch frequentiert sind |
| PSS | Peak Season Surcharge | Hochsaisonzuschlag | Erhoben von Schifffahrtslinien für zusätzliches Gerät und zusätzliche Dienstleistungen während der Hochsaison, insbesondere in Häfen der US-Westküste |
| | Panama Canal surcharge | | Manche Reedereien erheben einen Zuschlag für die Fahrt durch den Panama-Kanal. |
| | Piracy (Risk) Surcharge | | Zuschlag für die Durchfahrt durch Piraten gefährdeter Gebiete, z. B. Golf von Aden |

## 3.12 Wie wird Gefahrgut mit Seeschiffen transportiert?

### 3.12.1 Rechtsgrundlagen

Als Rechtsgrundlage für die Beförderung gefährlicher Güter mit Seeschiffen gilt die Gefahrgutverordnung See (GGVSee) sowie deren Anlage, die deutsche Fassung des IMDG-Codes (International Maritime Dangerous Goods Code). Die Neufassung des IMDG-Codes ist ab dem 1. Januar 2006 verbindlich anzuwenden.

GEFAHRGUTVERORDNUNG SEE (GGVSEE)

IMDG-CODE

### 3.12.2 Der IMDG-Code

Der IMDG-Code enthält Regelungen und Hinweise für den Umgang mit Gefahrgut, das Bezetteln, die Markierung sowie die Anbringung von Placards, das Verladen und Stauen von Gefahrgut sowie die Trennung, das Verhalten in Notfällen. Außerdem bestimmt der IMDG-Code, was Gefahrgut ist. Der IMDG-Code wurde von der International Maritime Organization (IMO) 1961 zum ersten Mal erarbeitet und mehrmals den neuesten Entwicklungen angepasst mit dem Ziel, die Gefahrgutbestimmungen für internationale Gefahrguttransporte auf den Meeren zu harmonisieren.

**IMDG-CODE**

Der IMDG-Code besteht aus 7 Abschnitten, deren wichtigste Regelungen in folgender Übersicht dargestellt werden:

| Teil 1 | Allgemeine Vorschriften, Begriffsbestimmungen und Schulung |
|---|---|
| 1.1 | Allgemeine Vorschriften |
| 1.2 | Begriffsbestimmungen, Maßeinheiten und Abkürzungen |
| 1.3 | Schulung |
| Teil 2 | Klassifizierung |
| 2.0 | Einleitung |
| 2.1 | Klasse 1 – Explosive Stoffe und Gegenstände mit Explosivstoff |
| 2.2 | Klasse 2 - Gase |
| 2.3 | Klasse 3 – Entzündbare flüssige Stoffe |
| 2.4 | Klasse 4 – Entzündbare feste Stoffe, Selbstentzündliche Stoffe, Stoffe, die in Berührung mit Wasser entzündbare Gase entwickeln |
| 2.5 | Klasse 5 – Entzündend (oxidierend) wirkende Stoffe und organische Peroxide |
| 2.6 | Klasse 6   Giftige Stoffe und ansteckungsgefährliche Stoffe |
| 2.7 | Klasse 7 – Radioaktive Stoffe |
| 2.8 | Klasse 8 – Ätzende Stoffe |
| 2.9 | Klasse 9 – Verschiedene gefährliche Stoffe und Gegenstände |
| 2.10 | Meeresschadstoffe |
| Teil 3 | Gefahrgutliste und Ausnahmen für begrenzte Mengen |
| 3.1 | Allgemeines |
| 3.2 | Gefahrgutliste |
| 3.3 | Anzuwendende Sondervorschriften für bestimmte Stoffe oder Gegenstände |
| 3.4 | Begrenzte Mengen |
| 3.5 | Transportblätter für Klasse 7 – Radioaktive Stoffe |
| Teil 4 | Vorschriften für Verpackungen und Tanks |
| 4.1 | Verwendung von Verpackungen einschließlich Großpackmitteln (IBC) und Großverpackungen |
| 4.2 | Verwendung ortsbeweglicher Tanks und Gascontainer mit mehreren Elementen (MEGC) |
| 4.3 | Verwendung von Bulkverpackungen |
| Teil 5 | Verfahren für den Versand |
| 5.1 | Allgemeine Vorschriften |
| 5.2 | Beschriftung, Markierung und Kennzeichnung von Versandstücken einschließlich Großpackmitteln (IBC) |
| 5.3 | Plakatierung, Markierung und Beschriftung von Beförderungseinheiten |
| 5.4 | Dokumentation |
| 5.5 | Sondervorschriften |
| Teil 6 | Bau- und Prüfvorschriften für Verpackungen, Großpackmitteln (IBC), Großverpackungen, ortsbewegliche Tanks, Straßentankfahrzeuge und Großcontainer mit mehreren Elementen (MEGC) |
| 6.1 | Bau und die Prüfvorschriften von Verpackungen (außer Verpackungen für Stoffe der Klasse 6.2) |
| 6.2 | Vorschriften für den Bau und die Prüfung von Druckgefäßen, Druckgaspackungen und kleinen Gefäßen für Gase (Gaspatronen) |
| 6.3 | Bau und die Prüfvorschriften für Verpackungen für Stoffe der Klasse 6.2 |

| | |
|---|---|
| 6.4 | Vorschriften für den Bau, die Prüfung und die Zulassung von Versandstücken und Stoffen der Klasse 7 |
| 6.5 | Vorschriften für den Bau und Prüfung von Großpackmitteln (IBC) |
| 6.6 | Bau und die Prüfvorschriften für Großverpackungen |
| 6.7 | Vorschriften für Auslegung, Bau, Besichtigung und Prüfung von ortsbeweglichen Tanks und Gascontainern mit mehreren Elementen (MEGC) |
| 6.8 | Vorschriften für Straßentankfahrzeuge |
| Teil 7 | Vorschriften für die Beförderung |
| 7.1 | Stauung |
| 7.2 | Trennung |
| 7.3 | Besondere Bestimmungen für Unfälle und Brandschutzmaßnahmen bei gefährlichen Gütern |
| 7.4 | Beförderung von Beförderungseinheiten mit Schiffen |
| 7.5 | Packen von Beförderungseinheiten |
| 7.6 | Beförderung gefährlicher Güter in Trägerschiffsleichtern auf Trägerschiffen |
| 7.7 | Vorschriften für die Temperaturkontrolle |
| 7.8 | Beförderung von Abfällen |
| 7.9 | Zulassung/Genehmigungen der zuständigen Behörden |

### 3.12.3 IMO-Erklärung für gefährliche Güter

IMO-ERKLÄRUNG

Nach § 8 GGVSee muss der Absender von Gefahrgut eine verbindliche Erklärung ausfüllen und diese als Begleitdokument dem Transportunternehmen übergeben.

Die Information des Absenders über Gefahren, die von seiner Sendung ausgehen, hat enorme Bedeutung für die Sicherheit von Transporten mit Seeschiffen. Das Feuer auf dem Containerschiff Hyundai Fortune im März 2006 soll in Containern ausgebrochen sein, die mit Feuerwerkskörpern beladen waren. Diese Container waren unter Deck verladen, obwohl die Gefahrgutvorschriften eine Verladung unter Deck bei Feuerwerkskörpern untersagen. Experten gehen davon aus, dass bei einer Verladung auf Deck das Feuer auf dem Containerschiff Hyundai Fortune nicht so verheerend gewesen wäre. Man vermutet, dass wegen falscher Absenderangaben im Hinblick auf Gefahrgut die Container falsch gestaut wurden.

*Quelle: dpa*

*Quelle: dpa*

Beispiel für eine IMO dangerous goods declaration (IMO Erklärung):

# BEFÖRDERUNGSDOKUMENT FÜR GEFÄHRLICHE GÜTER
## nach §8 GGVSee (IMO-ERKLÄRUNG)
## TRANSPORT DOCUMENT FOR DANGEROUS GOODS
### (IMO-DANGEROUS GOODS DECLARATION)

Dieses Formular entspricht SOLAS 74, Kapitel VII Regel 4; MARPOL 73/78, Anlage III, Regel 4 und dem IMDG-Code, Kapitel 5.4
This form meets the requirements of SOLAS 74, chapter VII regulation 4; MARPOL 73/78, Annex III, regulation 4 and the IMDG-Code, Chapter 5.4

**Versender (Name & Anschrift) / Shipper (Name & Address):**
BAUMA AG GMBH
REGENSBURGER STR. 100
90478 NÜRNBERG/GERMANY

**Buchungsnummer(n) / Reference number(s):**

**Empfänger / Consignee:**
MONROE CONSTRUCTION EQUIPMENT
4100 CHESTNUT AVE
23605 NEWPORT NEWS VA USA

**Beförderer / Carrier:**

**CONTAINER/FAHRZEUG-PACKZERTIFIKAT / CONTAINER/VEHICLE PACKING CERTIFICATE**

ERKLÄRUNG: Es wird erklärt, dass das Packen der gefährlichen Güter in die oder auf die Beförderungseinheit gem. den Bestimmungen nach 5.4.2.1 durchgeführt wurde.
DECLARATION: It is declared that the packing of the goods into the cargo transport unit has been carried out in accordance with the provisions of 5.4.2.1.

AUSFÜLLEN FÜR SENDUNGEN IN CONTAINERN ODER FAHRZEUGEN
TO BE COMPLETED FOR SHIPMENTS IN CONTAINERS OR VEHICLES

**Container-/Fahrzeug-Nr.: / Container-/Vehicle-Nr.:**

**Name/Funktion, Unternehmen/Organisation des Unterzeichners / Name/status, company/organization of signatory:**

**Ort und Datum / Place and date:**

**Unterschrift für den Packer / Signature on behalf of packer:**

**Schiffsname und Nummer der Reise / Ship's name and voyage No.:**

**Ladehafen / Port of loading:**

(Frei für Text, Anweisungen und sonstige Angaben)
(Reserved for text, instructions or other matter)

**ACCUMULATION CATEGORIE**

**Löschhafen / Port of discharge:**

| UN-Nr. / UN-No. | Inhalt (richtiger technischer Name) Proper Shipping Name (Correct technical name) | Klasse/Unterklasse nach IMO / IMO-Class | Verpackungsgruppe / Packing group | Markierung der Versandstücke Falls zutreffend, Identifikations-Nummer oder amtl. Kennzeichen / Marks & Nos, if applicable, identification or registration number(s) of the Unit | | Anzahl und Verp.-Art / No. and kind of packages |
|---|---|---|---|---|---|---|
| 816240 POS. 31 | 1 CARTON 4GY 10 STEELCANS | AEROSOLS | | 2 | 1950 | 2.1 |

**Bruttomenge (Volumen/Masse) / Gross quantity (volume/mass)**
**Nettomenge/Volumen/Masse · Net quantity/volume/mass**
**Netto Explosivstoffmasse ···**
**Net explosive mass ···**

BRUT WEIGHT: 4 KG
NET WEIGHT: 3,5 KG

**Merkblatt-Nr. für Unfall-Maßnahmen / EmS No.:**
F-D, S-U

**Eigenschaften/Properties**
Flammpunkt/Flashpoint
MARINE POLLUTANT **
Kontroll- und Notfalltemperatur **
Control- and emergency temperature **

FLASHPOINT 18 °C LTD, QTY

**Güter angeliefert als/Goods delivered as:**
☐ Stückgut/Breakbulk cargo
☐ Ladungseinheiten (Unit Loads) Unitized cargo
☐ Bulkverpackungen/Bulk packages

**Art der Einheit** (Container, Anhänger, Tank, Fahrzeug usw.)
**Type of unit** (container, trailer, tank, vehicle etc.)
☐ offen/open
☐ geschlossen/closed

Zutreffendes ankreuzen/Insert "X" in appropriate box (Diese Spalte kann bis auf die Überschrift freigelassen werden; in diesem Fall ist die zutreffende Beschreibung einzusetzen.) (This column may be left empty apart from the heading, in which case insert appropriate description.)

- Marken- oder Handelsnamen allein sind nicht ausreichend. Falls zutreffend: (1) das Wort „ABFALL" vor den Namen setzen; (2) „LEER UNGEREINIGT" oder „RÜCKSTÄNDE – ZULETZT ENTHALTEN" hinzufügen; (3) „BEGRENZTE MENGE" hinzufügen.
- ** Falls nach Kapitel 5.4 IMDG-Code erforderlich; *** Nur bei Stoffen der Klasse 1;
- Proprietary/trade names alone are not sufficient. If applicable: (1) the word "WASTE" should precede the name; (2) "EMPTY UNCLEANED" or "RESIDUE – LAST CONTAINED" should be added; (3) "LIMITED QUANTITY" should be added.
- ** When required in chapter 5.4 of the IMDG-Code;   *** Class 1 only;

**ZUSÄTZLICHE ANGABEN:** Unter bestimmten Bedingungen sind besondere Angaben/Bescheinigungen erforderlich; siehe IMDG-Code, Kapitel 5.4 (siehe Rückseite).
**ADDITIONAL INFORMATION:** In certain circumstances special information/certificates are required, see IMDG-Code, chapter 5.4 (see backside).

**ERKLÄRUNG:** Hiermit erkläre ich, dass der Inhalt dieser Sendung mit dem (den) richtigen technischen Namen vollständig und genau bezeichnet ist. Die Güter sind nach den geltenden internationalen und nationalen Vorschriften klassifiziert, verpackt, beschriftet und gekennzeichnet/plakatiert und befinden sich in jeder Hinsicht in einem für die Beförderung geeigneten Zustand.

**DECLARATION:** I hereby declare that the contents of this consignment are fully and accurately described by the Proper Shipping Name, and are classified, packaged, marked and labelled/placarded, and are in all respects in proper condition for transport according to the applicable international and national governmental regulations.

**Name/Funktion, Unternehmen/Organisation des Unterzeichners / Name/status, company/organization of signatory:**
Andreas Münch

**Ort und Datum / Place and date:**
Nürnberg, 23. April 20..

**Unterschrift für den Versender / Signature on behalf of shipper:**

Order No.: 299     11/06

Formularverlag CW Niemeyer, Hameln (0 51 51) 98 93-0, Wuppertal (02 02) 50 20 31, Frankfurt (0 69) 69 71 17-0, Weil der Stadt (0 70 33) 3 49 40, Hohendodeleben (03 92 04) 54 47

## 3.13 Wie werden Gütertransporte im Sea-Air-Verkehr organisiert?

Es dauert ca. 4 bis 5 Wochen, um Güter mit dem Seeschiff von Fernost, z. B. China, Korea oder Japan, nach Europa zu transportieren. Für manche Unternehmen dauert dieser Transport zu lange, andererseits sind sie jedoch nicht bereit oder in der Lage, die hohen Kosten (ca. 10-mal höher) für einen Lufttransport aufzubringen, der ca. 2 bis 3 Tage inklusive Vor- und Nachlauf dauern würde. Deshalb gibt es auf dem Verkehrsmarkt Unternehmen, die diese Nische besetzen und Sea-Air-Verkehre anbieten. Dabei handelt es sich um kombinierte Verkehre von Seeschiff und Flugzeug, indem man die Vorzüge dieser Verkehrsmittel nutzt. Der erste Teil der Transportstrecke in Asien wird auf einem Containerschiff zu einem Hub (z. B. Dubai) zurückgelegt, dort erfolgt die organisierte Umladung der Güter in ein Flugzeug, das die Güter nach Europa bringt.

<small>KOMBINIERTE VERKEHRE VON SEESCHIFF UND FLUGZEUG</small>

Die Hubs befinden sich entweder im Persischen Golf, z. B. in Dubai oder in Asien, z. B. in Singapur oder Seoul in Südkorea. Die in Container verladenen Güter werden mit dem Seeschiff z. B. von chinesischen Häfen nach Dubai oder Singapur transportiert. Die Container sind auf den Containerschiffen so verladen, dass sie besonders schnell aus dem Seeschiff entladen werden können. Daraufhin werden die Güter aus dem Seecontainer in einen Luftfrachtcontainer umgeladen und in ein Flugzeug verladen. Die Transportdauer verkürzt sich dabei um die Hälfte. Als Faustregel gilt, dass sich der Preis im Vergleich zum reinen Lufttransport ebenfalls halbiert.

<small>SEECONTAINER LUFTFRACHTCONTAINER</small>

In den Nahen Osten fliegen täglich viele Flugzeuge von Europa kommend, die diese Region mit Lebensmitteln und Industriegütern versorgen. Andererseits gibt es nur ein relativ geringes Ladungsaufkommen für Flugzeuge aus der Region Persischer Golf, sodass die Flugzeuge mit sehr geringer Auslastung im Frachtbereich nach Westeuropa zurückfliegen müssten (unpaarige Verkehre). Damit bietet sich der Inhalt von Seecontainern als Rückladung für Flugzeuge aus Europa an.

<small>UNPAARIGE VERKEHRE</small>

Sea-Air-Transporte werden hauptsächlich für Textiltransporte genutzt. Große Versandhäuser, z. B. Otto Versand in Hamburg, lassen ihren Grundbestand per Seeschiff im Container von Fernost nach Hamburg befördern. Laufen Artikel besonders gut, werden entsprechende Mengen nachbestellt. Es darf jedoch nicht 4 Wochen oder länger dauern, bis diese Artikel in Europa ankommen. In diesem Fall bietet sich der Sea-Air-Verkehr an. Reiner Lufttransport wäre für diese Mengen zu teuer.

<small>TEXTILTRANSPORTE</small>

Eine weitere Variante des Sea-Air-Verkehrs ist der Vortransport der Güter im Container von Ostasien nach Vancouver an die Westküste Kanadas. Dort werden die Güter aus den Seecontainern entladen und in ein Flugzeug nach Europa verladen oder via Landbrücke an die Ostküste der USA transportiert und von dort per Flugzeug weiterbefördert.

<small>OSTASIEN NACH VANCOUVER</small>

Beispiel für Schiffslisten und Transportzeiten im Sea-Air-Verkehr von Shanghai nach Europa via Dubai:

| Shanghai via Dubai (UAE) | | | | | |
|---|---|---|---|---|---|
| Schiff | Closing[1] | ETD Origin | ETD Transit | ETA Euro-Hub | Zeitspanne |
| Xin Quan Zhou | 05.07. | 08.07. | 23.07. | 23.07. | 15 Tage |
| Mol Maas | 11.07. | 14.07. | 29.07. | 29.07. | 15 Tage |
| Xin Xia Men | 12.07. | 15.07. | 30.07. | 30.07. | 15 Tage |
| APL Chiwan | 18.07. | 21.07. | 05.08. | 05.08. | 15 Tage |
| Xin Wei Hai | 19.07. | 22.07. | 06.08. | 06.08. | 15 Tage |
| APL Ningbo | 25.07. | 28.07. | 12.08. | 12.08. | 15 Tage |

---

[1] Annahmeschluss

## Fallstudie 1: Containerhäfen

### Situation

Die unten stehende Liste zeigt die Rangfolge der 20 wichtigsten Containerhäfen der Welt (2009).

| Ranking | Containerhafen | Land | Umschlag in Mio. TEU |
|---|---|---|---|
| 1 | Singapore | | 25,866 |
| 2 | Shanghai | | 25,002 |
| 3 | Hong Kong | | 20,983 |
| 4 | Shenzen | | 18,250 |
| 5 | Pusan | | 11,955 |
| 6 | Guangzhou | | 11,190 |
| 7 | Dubai | | 11,124 |
| 8 | Ningbo | | 10,503 |
| 9 | Qingdao | | 10,260 |
| 10 | Rotterdam | | 9,743 |
| 11 | Tianjin | | 8,700 |
| 12 | Kaohsiung | | 8,581 |
| 13 | Port Klang | | 7,310 |
| 14 | Antwerpen | | 7,310 |
| 15 | Hamburg | | 7,008 |
| 16 | Los Angeles | | 6,749 |
| 17 | Tanjung Pelapas | | 6,000 |
| 18 | Long Beach | | 5,068 |
| 19 | Xiamen | | 4,680 |
| 20 | Laem Chabang | | 4,622 |

**Aufgabe 1**

Tragen Sie die Länder ein, in denen die Containerhäfen liegen.

**Aufgabe 2**

Stellen Sie den Umschlag der 10 größten Containerhäfen grafisch (z. B. mit Microsoft Excel) dar.

**Aufgabe 3**

Warum werden im Hafen von Singapur die meisten Container weltweit umgeschlagen?

**Aufgabe 4**

Tragen Sie diese Häfen in die auf folgender Seite abgedruckte Weltkarte ein und zeichnen Sie die Hauptmagistralen des Containertransports in diese Karte.

## Fallstudie 2: Berechnen der Seefracht

### Situation

Die Spedition EUROCARGO erhält von verschiedenen Kunden Aufträge zur Abwicklung im Seefrachtverkehr.

### Aufgabe 1

2 Kisten Maschinenteile mit den Maßen von jeweils 122 x 87 x 70 cm, Gesamtgewicht 2245 kg sind von Erlangen via Hamburg nach Doha/Quatar per Seeschiff zu transportieren. Die Seefracht beträgt nach Angaben der Reederei 67,00 USD w/m, BAF 7,00 USD w/m. Für den Vorlauf sind 297,85 EUR zu entrichten. Der Umschlag wird mit 12,00 EUR in Rechnung gestellt. Berechnen Sie die gesamten Kosten des Transports. (Kurs 1,2156)

### Aufgabe 2

Ein Bund Maschinenteile ist von Bayreuth via Bremerhaven nach Hongkong zu versenden. Die Sendung hat ein Gewicht von 1928 kg, die Maße belaufen sich auf 240 x 240 x 107 cm. Nach Angaben der Reederei beträgt die Seefracht 55,00 USD M/G, BAF 10 %, Kurs 1,1928. Für den Vorlauf werden 374,00 EUR berechnet. Die Umschlagkosten in Bremerhaven betragen 8,50 EUR. Berechnen Sie die Gesamtkosten für diesen Seetransport.

### Aufgabe 3

8 Kranteile, 25930 kg, 220,258 cbm, werden von Nürnberg gestaut in 3 45'-Containern und 1 40'-High-Cube-Container via Bremerhaven nach Jeddah/Saudi Arabien befördert. Für den Vorlauf ist für einen 45'-High-Cube-Container 1.046,00 EUR und für einen 40'-High-Cube-Container 675,00 EUR zu bezahlen. Die Terminal Handling Charges belaufen sich pro Container auf 153,00 EUR. Pro Container sind 14,00 EUR ISPS-Charge zu bezahlen. Die Seefracht für einen 45'-High-Cube-Container wird mit 1.125,00 USD und für den 40'-High-Cube-Container mit 775,00 USD in Rechnung gestellt. Außerdem verlangt die Reederei 360,00 USD BAF und 126,00 USD CAF pro Container sowie eine Documentation Fee in Höhe von 150,00 USD für die gesamte Sendung. Wie viel EUR kostet der gesamte Transport, wenn die Reederei folgenden Kurs vorgibt: 1 USD = 0,843739 EUR?

### Aufgabe 4

Die Bauma GmbH, Nürnberg, erteilt der EUROCARGO SpeditionsGmbH, Nürnberg, den Auftrag, 6 Paletten Ersatzteile mit dem Gesamtgewicht von 16 238 kg von Nürnberg über Bremerhaven nach Newport News, Virginia/USA, zu versenden. Die Paletten sollen in einen 40' High Cube (HC) Container (FCL) verladen werden. Welchen Betrag stellen Sie der Bauma GmbH in Rechnung, wenn Sie mit einem 10%igen Gewinnaufschlag und folgenden Kosten kalkulieren?

| Seefracht | Per Unit 40' HC | 1.100,00 USD |
|---|---|---|
| BAF | Per 40' Container | 846,00 USD |
| Security Fee | Pro Sendung | 30,00 USD |
| CAF | | 66,00 USD |
| THC USA | | 500,00 USD |
| Nachlauf | Norfolk – Newport News | 225,00 USD |
| Schiffskurs | Laut Vorgabe der Reederei | 0,83660 |
| Vorlauf | Nürnberg – Bremerhaven | 1.000,00 EUR |
| Maut | Bis Bremerhaven | 136,00 EUR |
| Packen | | 350,00 EUR |
| THC in Bremerhaven | | 170,00 EUR |

## Fallstudie 3: Konnossement (Bill of Lading)

### Situation

Die Spedition EUROCARGO erhält von einem Kunden folgendes Konnossement zur Prüfung.

## Aufgabe 1

Beurteilen Sie das vorliegende B/L unter dem Gesichtspunkt, ob alle Inhalte, die das HGB für ein Konnossement vorsieht, vorhanden sind.

## Aufgabe 2

Beurteilen Sie das vorliegende B/L nach folgenden Kriterien:

a) Übertragbarkeit

b) Bezeichnung des Zustands der Ware

c) Ort der Übernahme des Gutes

d) Rangordnung

## Aufgabe 3

Im vorliegenden B/L wird als Service-Mode „FCL-FCL" angegeben. Erklären Sie diese Form des Containerrundlaufs.

## Aufgabe 4

Das vorliegende B/L weist als Löschhafen „Keelung" aus. Dies ist nicht der größte Seehafen in Taiwan. Wie heißt der größte Seehafen Taiwans?

## Aufgabe 5

Das obige B/L enthält die Bezeichnung „S.T.C.". Was bedeutet diese Abkürzung und welchen Zweck hat sie?

## Aufgabe 6

Bei Containertransporten in die Vereinigten Staaten von Amerika darf im Bill of Lading (B/L) der Vermerk "S.T.C." nicht mehr erscheinen. Welchen Vermerk muss die Reederei stattdessen eintragen und welche Bedeutung hat er?

## Aufgabe 7

Welche Incoterms-2010-Klausel wurde zwischen dem Verkäufer und dem Käufer vereinbart? Wer ist für die Buchung des Schiffsraumes zuständig und wer muss die Seefracht bezahlen?

## Fallstudie 4: Erstellen eines Konnossements

### Situation

Die Spedition EUROCARGO erhält von ihrem Kunden die Kopie eines Dokumentenakkreditivs.

**Aufgabe**

Bitte erstellen Sie anhand der Vorschriften des Dokumentenakkreditivs von Seite 65 einen Entwurf für ein Konnossement, das Sie an die Reederei Hapag-Lloyd senden (Vorlage, folgende Seite).

## 3 Frachtverträge in der Seeschifffahrt bearbeiten

| Shipper | **Bill of Lading** | Multimodal Transport or Port to Port Shipment |
|---|---|---|
| | Carrier's Reference: | B/L-No: | Page: |
| | Export References: | | |
| Consignee (not negotiable unless consigned to order): | | |
| | Forwarding Agent: | | |
| | Consignee's Reference: | | |
| Notify Address (Carrier not responsible for failure to notify: see clause 20 (1) hereof): | Place of Receipt: | |
| Vessel(s): | Voyage No: | Place of Delivery: |
| Port of Loading: | | |
| Port of Discharge: | | |

| Container Nos., Seal Nos.; Marks and Nos. | Number and Kind of Packages. Description of Goods | Gross Weight: | Measurement: |
|---|---|---|---|

Shipper's declared Value [see clause 7(2) and 7(3)]

| Total No. of Containers received by the Carrier: | Packages received by the Carrier: |
|---|---|
| Movement: | Currency: |

| Charge | Rate | Basis | Wt/Vol/Val | P/C | Amount |
|---|---|---|---|---|---|

Above Particulars as declared by Shipper. Without responsibility or warranty as to correctness by Carrier [see clause 11(1) and (2)]

RECEIVED by the Carrier from the Shipper in apparent good order and condition (unless otherwise noted herein) the total number or quantity of Containers or other packages or units indicated in the box opposite entitled "Total No. of Containers/Packages received by the Carrier" for Carriage subject to all the terms and conditions hereof (INCLUDING THE TERMS AND CONDITIONS ON THE REVERSE HEREOF AND THE TERMS AND CONDITIONS OF THE CARRIER'S APPLICABLE TARIFF) from the Place of Receipt or the Port of Loading, whichever is applicable, to the Port of Discharge or the Place of Delivery, whichever is applicable. One original Bill of Lading, duly endorsed, must be surrendered by the Merchant to the Carrier in exchange for the Goods or a delivery order. In accepting this Bill of Lading the Merchant expressly accepts and agrees to all its terms and conditions whether printed, stamped or written, or otherwise incorporated, notwithstanding the non-signing of this Bill of Lading by the Merchant.

IN WITNESS WHEREOF the number of original Bills of Lading stated below all of this tenor and date has been signed, one of which being accomplished the others to stand void.

Place and date of issue:

| Freight payable at: | Number of original Bs/L: |
|---|---|

| Total Freight Prepaid | Total Freight Collect | Total Freight |
|---|---|---|

## Fallstudie 5: Abrechnung einer Sammelgutsendung im Seeverkehr

### Situation

Die Spedition EUROCARGO erhält von 3 Auftraggebern Sendungen Ersatzteile für Baumaschinen für einen Empfänger in Newport News, Virginia/USA über die Seehäfen Bremerhaven und Norfolk. EUROCARGO verlädt die 3 Sendungsteile in einen 40'-HC-Container. Die Reederei ACL übernimmt den Container Carrier's Haulage und erstellt nachfolgend aufgeführte Rechnung. Für die Vorlaufkosten der einzelnen Sendungsteile berechnet der Frachtführer FrankenTrans 300,00 EUR. Die Zollabfertigung in Bremerhaven hat der Seehafenspediteur Geuther in Bremerhaven übernommen, der 48,50 EUR in Rechnung stellt. Der Sammelcontainer wurde von Applied Logistics in Norfolk, Virginia/USA in Empfang genommen und dem Endempfänger zugestellt. Der amerikanische Empfangsspediteur berechnete dafür 200,00 USD.

### Aufgabe

Ermitteln Sie für diese Sammelgutsendung den Rohgewinn, wenn die Spedition EUROCARGO folgende Beträge in Rechnung stellt:

| Kunde | Gewicht der Sendung | Betrag in EUR |
|---|---|---|
| Deinzer | 1 857 kg | 818,25 |
| Weidinger | 7 323 kg | 3.186,88 |
| Thummert | 1 138 kg | 516,79 |

# ACL ATLANTIC CONTAINER LINE AB (publ) — FREIGHT INVOICE

Registered Office : S-406 36 Gothenburg, Sweden

Raised By Office : HAM  
Phone : 49-40-3613030  
Fax : 49-40-36 13 03-80  
E-Mail : KChristiansen@aclcargo.com  

**Invoice No.:** 10431687    **Date :** 03-05-20..  
Our ref.: CL, Hamburg  
Payment as per agreement.

**Vessel:** LUDWIGSHAFEN EXPRESS  
**Voy. no.:** 6866  
**Shipment no. Or B/l no.:** S1-388825-00  

Place and date of receipt : Nürnberg  
**Port and date of Load :** Bremerhaven 03-05-2010  
**Port and date of Discharge:** Norfolk 13-05-2010  
Place of Delivery :

EUROCARGO SpeditionsGmbH  
Hafenstraße 1  
90137 Nürnberg

**Shipper ref.:**  
**Forwarder ref.:** 32/0394/046  
**Consignee ref.: :**  
**File ref. No.:**  
**Import Forwarder ref. no.:**

**Payor Vat No.:**  
**Vendor code/Info:**  
**Payer ID:** 351414

| References | Charge Type | Rate Basis | Rate Base | Factor | Total in Rate Currency | ROE | Total in Pay Currency | VAT Code |
|---|---|---|---|---|---|---|---|---|
| 1) 1 40 ft. High Cube (ACLU9619654) | | | | | | | | |
| Booked Items: excavator parts | | | | | | | | |
| AEROSOLS, IMO 2 / UN 1950 / LQ | | | | | | | | |
| | Basic Frt. | Per Unit | 1,500.00 USD | 1.00 | 1,500.00 USD | 0.82610 | 1,239.15 EUR | |
| | US.Cur.Sur. | Percent | | 6.00% | 90.00 USD | 0.82610 | 74.35 EUR | |
| | Bunker Sur. | 40 Ft Cntr | 846.00 USD | 1.00 | 846.00 USD | 0.82610 | 698.88 EUR | |
| | USA Term. | Per Unit | 500.00 USD | 1.00 | 500.00 USD | 0.82610 | 413.05 EUR | |
| | Eur.Term. | Per Unit | 170.00 EUR | 1.00 | 170.00 EUR | 1.00000 | 170.00 EUR | |
| | Pre-Carr | Per Unit | 1,000.00 EUR | 1.00 | 1,000.00 EUR | 1.00000 | 1,000.00 EUR | |
| | Brokerage | Percent | | -3.50% | -52.50 USD | 0.82610 | -43.37 EUR | |
| | Security Fee | Per Shipme | 30.00 USD | 1.00 | 30.00 USD | 0.82610 | 24.78 EUR | |
| | MAUT S/C | Per Unit | 116.00 EUR | 1.00 | 116.00 EUR | 1.00000 | 116.00 EUR | |

Vat code legend:    Inv. currency    Local currency

**NET AMOUNT**    3,692.84 EUR  
**V.A.T.**    0.00 EUR  
**TOTAL**    3,692.84 EUR  

E & O. E.

**Payment Information:**  
1) Due Date 31-05-20..  
2) Amount, Date and Invoice Nbr. To Be Mentioned In Your Payment

**Invoice Bank Account Details:**  
Svenska Handelsbanken DE  
Routing Code: 51420600  
Account No: 0011659000 EUR

**Remittance Address:**  
ACL DeutschlandGMBH  
Grosser Grasbrook 10  
20457 HAMBURG  
IBAN  
DE44514206000011659000

**V.A.T. r.o.e.:**    **ACL VAT Number:** SE556000-7006

**Clauses:**  
1) Die Regulierung der Frachten im Hinblick auf Zahlungstermin, endgültigen Umrechnungskurs und Zahlung in Fremdwährung nur unter Beachtung der einschlägigen Konferenz- / Tarifbestimmungen sowie der örtlichen Usancen.  
2) International Freight Transport - EC Sixth Directive, Article 15, section 13 applies  
3) Intra-EU Transport - EC Sixth Directive, Article 28b, C, 3 applies  
4) If the charge is a cancellation fee for a frustrated export, this charge is outside the scope of VAT.

## Fallstudie 6: Meerengen und Kanäle

### Situation

Meerengen und Kanäle stellen Engpässe und in vielen Fällen Kosten- und Risikofaktoren für die Seeschifffahrt dar.

### Aufgabe 1

Tragen Sie in die Karte die Meerengen und Kanäle ein, die Kosten und Risiken für die Reedereien erhöhen sowie Engpässe für die Seeschifffahrt darstellen.

### Aufgabe 2

Kennzeichnen Sie die Seegebiete, die durch Piraterie besonders gefährdet sind!

## Fallstudie 7: Deutsche Seehäfen

### Situation

Hamburg und Bremen sind die wichtigsten internationalen Seehäfen in Deutschland. Es gibt jedoch weitere Seehäfen in Deutschland mit regionaler Bedeutung.

**Aufgabe 1**

Benennen Sie die in untenstehender Karte dargestellten Seehäfen!

**Aufgabe 2**

Stellen Sie in Tabellenform den Güterumschlag in den deutschen Seehäfen dar. Unterscheiden Sie dabei zwischen Containerumschlag, Stückgut und Massengut! Benutzen Sie das Internet zur Datengewinnung.

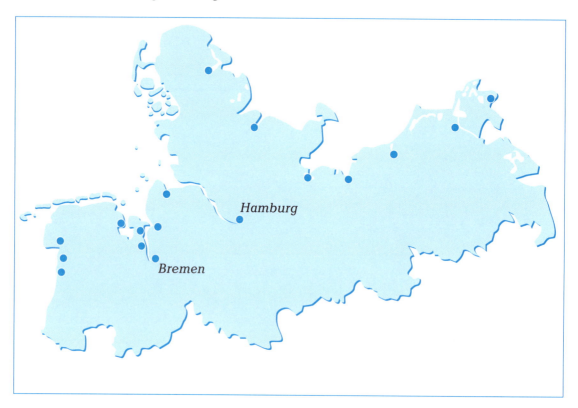

### 3 Frachtverträge in der Seeschifffahrt bearbeiten

## Wiederholungsfragen

1 Welche Vor- und Nachteile hat der Gütertransport mit dem Seeschiff?

2 Die Reederei APL setzte ab 1992 Postpanamax-Schiffe mit 5 137 TEU ein. Erläutern Sie die unterstrichenen Begriffe!

3 Welche Vorteile bieten Ro-Ro-Schiffe?

4 Die Reederei APL erhält den Auftrag, 140 000 t Mais von Lousiana/USA nach Chittagong (Bangladesh) zu befördern. Welchen Schiffstyp wird sie dazu einsetzen?

5 Welches Gut kann mit einem LNG-Carrier transportiert werden?

6 Der Germanische Lloyd ist weltweit eine der bedeutendsten Klassifikationsgesellschaften der Welt. Welche Aufgaben haben Klassifikationsgesellschaften?

7 Welche Bedeutung hat die Flagge eines Seeschiffes?

8 Wie versucht man in der Bundesrepublik Deutschland die Ausflaggung einzudämmen?

9 Welche Funktion hat das Schiffsregister?

10 Nennen Sie die drei Hauptrouten des Containerverkehrs weltweit.

11 Wie viele Tage dauert die Seereise eines Containerschiffs von Hamburg nach Shanghai?

12 Die Colombo Express von Hapag-Lloyd wird auf der Route Hamburg – Fernost eingesetzt. Beschreiben Sie den Seeweg (Meere und Meerengen), den die Colombo Express auf ihrem Weg von Shanghai nach Hamburg zurücklegt.

13 Ein Schiff der Reederei APL fährt von Bremerhaven an die Ostküste der Vereinigten Staaten. Bitte bringen Sie folgende Häfen von Nord nach Süd in die richtige Reihenfolge.
*Savannah, Norfolk, Charleston, Miami, New York, Jacksonville*

14 Eine Maschine wird auf einem Seeschiff von Hamburg nach Lima transportiert. Beschreiben Sie Fahrtroute (Meere und Meerengen).

15 Ein Schiff fährt von Le Havre nach Chicago. Beschreiben Sie den Seeweg.

16 In welchem Land liegen folgende Seehäfen?

Koper, Walvis Bay, Doha, Gioia Tauro, Santos, Algeciras, Jeddah, Callao, Shenzhen, Chennai, Laem Chabang, Karachi, Altamira, Shimizu, Colombo, Mombasa, Pusan

17 Ein Schiff der Reederei APL fährt von Bremerhaven an die Ost- und Westküste der USA. Beschreiben Sie die Fahrtroute und bringen Sie die angefahrenen Häfen in die richtige Reihenfolge. *Norfolk, Savannah, Miami, New York, Charleston, Long Beach, Oakland, Los Angeles, Seattle, Tacoma, San Francisco, Portland*

18 Ein Bagger der Fa. Bauma, Nürnberg, wird von Antwerpen nach Luanda auf einem Ro-Ro-Schiff transportiert. In welchen Ländern liegen diese Seehäfen?

19 Nennen Sie drei wichtige Häfen in Indien, Japan, Frankreich, Italien, Spanien, Brasilien.

20 Eine Maschine soll von Bremen nach New Delhi transportiert werden. Welcher Seehafen wäre im Bestimmungsland dafür geeignet?

21 Eine Getreidelieferung zur Linderung einer Nahrungsmittelknappheit soll von New Orleans nach Dacca/Bangladesh befördert werden. Über welchen Seehafen in Bangladesh wäre dieser Transport möglich?

22 Im Januar 20.. gab es Meldungen über Streiks im Seehafen Durban. In welchem Land liegt dieser Seehafen?

23 Ein Seeschiff fährt die Relation Europa – China. Bringen Sie die folgenden Seehäfen in die richtige Reihenfolge von Süd nach Nord. Tianjin (Xingang), Ningbo, Dalian, Shanghai, Xiamen, Qingdao.

24 Die Reederei Hamburg-Süd bietet Dienstleistungen in der Linien- und Trampschifffahrt an. Unterscheiden Sie beide Organisationsformen der Seeschifffahrt.

25 Wie ist die Preisbildung im Seeverkehr von und nach Europa geregelt?

26 Was ist ein Outsider?

27 Die Reederei Hapag-Lloyd ist Mitglied der Grand Alliance. Erläutern Sie die Kooperationsform der Allianz im Seeverkehr.

28 Im Jahre 2005 hat die Reederei Maersk die Reederei P & O Nedlloyd erworben. Was erwartete sich Maersk von dieser Fusion?

29 Nennen Sie ein Beispiel für eine vertikale Kooperation im Seeverkehr.

30 Die Beteiligten an einem Seefrachtvertrag werden mit den Begriffen „Befrachter" und „Verfrachter" belegt. Wer (welche Unternehmen) kann Befrachter bzw. Verfrachter sein?

31 Unterscheiden Sie Raumfrachtvertrag und Stückgutfrachtvertrag.

32 Die Buchung im Seeverkehr kann entweder fest oder konditionell sein. Erläutern Sie die Unterschiede.

33 Unterscheiden Sie Reedereikontore, Reedereiagenten und Schiffsmakler im Hinblick auf ihre Funktion und Aktivitäten.

34 In Schiffslisten findet sich die Angaben ETS, ETD und ETA. Erläutern Sie die Bedeutung dieser Abkürzungen.

35 Die Fa. Saco, Hamburg, bietet folgenden direkten Service in der Hamburger Schiffsliste an! Für welches Land sind diese LCL-Sendungen bestimmt?

Nhava Sheva, Madras, Calcutta, Bangalore

36 Welche Meere verbindet die Straße von Hormuz?

37 Welchen Containertyp würden Sie für folgende Sendungen einsetzen?

a) 120 Mikrowellengeräte in Kartons verpackt, Maße eines Kartons: Höhe 50 cm, Breite 75 cm, Länge 57 cm

b) 8 150 Liter Cola-Sirup von Jacksonville nach Hamburg-Eurokai

c) 24 Tonnen kanadischer Weizen unverpackt von Vancouver nach Callao

d) 18 Tonnen gefrorenes Lammfleisch in Folien verschweißt von Wellington nach Bremerhaven

e) 23 Stahlröhren, Durchmesser 420 mm, Länge 11 500 mm von Bremen nach Alexandria

f) 22,5 Tonnen rohe Kaffeebohnen in Jutesäcken verpackt von Mombasa Kenia nach Hamburg Burchardkai

38 Im Seeverkehr werden die meisten Güter in Standardcontainern transportiert. Nennen Sie die Außenmaße und Innenmaße eines solchen 40'-Standardcontainers.

39 Beim Einsatz von Seecontainern spricht man von „Stuffing" und „Stripping". Welche Bedeutung verbirgt sich hinter diesen Begriffen?

40 Wofür stehen folgende Abkürzungen im Containerverkehr?

TEU, CFS, CH, LCL, THC, ISPS, LSFS, SLAC

41 Im Containerverkehr wird der Begriff „Merchant's Haulage" verwendet. Erläutern Sie kurz was darunter zu verstehen ist und grenzen Sie „Carrier's Haulage" davon ab.

42 Ihr Kunde, die Wein Import-Export GmbH in Nürnberg, erteilt Ihnen den Auftrag, im Seehafen Hamburg drei Kisten mit einem Gewicht von jeweils brutto 1 000 kg, netto 900 kg, beladen mit jeweils kalifornischem Cabernet Sauvignon Rotwein in Kartons ab Schiff zu übernehmen und unter Zollverschluss nach Nürnberg zu transportieren. Dafür wurde Ihnen ein Orderkonnossement ausgehändigt. Bei der Übernahme der Sendung, die FOB San Francisco verschifft wurde, wird Ihnen mitgeteilt, dass eine Kiste beim Transport verloren gegangen ist. Sie werden von der Wein Import-Export GmbH, Nürnberg, schriftlich beauftragt, sofort Schadenersatzansprüche zu stellen. Für den Verlust des Weins macht der Auftraggeber einen Schaden von 2.700,00 EUR und für die Verpackung von 300,00 EUR geltend. Welche Schadensersatzansprüche können nach HGB erhoben werden, damit der Kunde eine möglichst hohe Entschädigung erhält?

## 3 Frachtverträge in der Seeschifffahrt bearbeiten

**43** Das Konnossement ist das Frachtdokument in der Seeschifffahrt. Nennen Sie die Konnossementsarten nach den aufgeführten Unterscheidungsmerkmalen.
*Ort der Übernahme des Gutes, Rangordnung, Bezeichnung des Empfängers, Bezeichnung des Warenzustandes, Zusammenfassung mehrerer Sendungen, Einbeziehung verschiedener Verkehrsträger*

**44** Die Firma Siemens in Erlangen übergibt der Spedition Kühne & Nagel einen Container mit Sendungen für verschiedene Siemens-Joint-Venture-Unternehmen in China. Der Bestimmungshafen ist Schanghai. Kühne & Nagel Schanghai entlädt den Container und beauftragt die Spedition Sinotrans mit dem Transport der Sendungsteile an die jeweiligen Siemensstandorte in China. Wie bezeichnet man diese Form des Containerrundlaufs?

**45** Eine Sendung im LCL-Verkehr besteht aus einem Packstück und hat ein Bruttogewicht von 300 kg. Sie wird im Seetransport total beschädigt. In welcher Höhe kann **maximal** Schadensersatz verlangt werden?

**46** Wie nennt man das rechtliche Verfahren (Methode), mit dem ein Orderkonnossement übertragen (weitergegeben) werden kann?

**47** Unter welchen Bedingungen haftet ein Verfrachter zwingend nach HGB?

**48** In welchem Zeitraum haftet ein Verfrachter nach HGB?

**49** Für welche Schäden muss ein Verfrachter haften?

**50** Welche Fälle sind von der Haftung im Seeverkehr ausgeschlossen?

**51** Nach welchem Haftungsprinzip wird im Seeverkehr nach HGB gehaftet?

**52** Bei der Verschiffung in Hamburg wird ein 20 t schweres Transportgut total beschädigt. Sendungswert: 50.000,00 EUR. In welcher Höhe haftet der Verfrachter nach dem HGB? Welches Wahlrecht hat der Geschädigte?

**53** Die Import/Export China GmbH, Nürnberg, hat mit ihrem Kunden aus Taiwan für eine Sendung Heizdecken „CIF Hamburg" vereinbart. Auf dem B/L findet sich der Vermerk „freight collect". Beurteilen Sie dieses Bill of Lading (B/L).

**54** Im März 2006 brach auf dem Containerschiff Hyundai Fortune im Indischen Ozean ein Feuer aus. Viele Container wurden zerstört. Von der Reederei wurde Havarie grosse erklärt. Auf dem Schiff befand sich ein Container für die Firma Sebiger in Nürnberg, der jedoch unbeschädigt blieb. Die Fa. Sebiger möchte von Ihnen wissen, welche Bedeutung für sie die Havarie grosse hat. Bitte geben Sie der Fa. Sebiger detailliert Auskunft.

**55** Erläutern Sie an einem Beispiel die Vorteile des Sea-Air-Verkehrs.

**56** Was verbirgt sich hinter dem Begriff „Havarie-grosse"?

**57** Welche Aufgabe erfüllt ein Dispacheur?

**58** Erläutern Sie das Wesen einer Dispache im Rahmen einer Havarie-grosse.

**59** Wie kann man sich als Wareninteressent gegen Havarie-grosse-Einschüsse schützen?

**60** Was ist ein NVOCC?

# 4 Frachtaufträge in der Binnenschifffahrt bearbeiten

Die Spedition EUROCARGO in Nürnberg erhält eine Transportanfrage von einem neuen Kunden, der Maschinenfabrik Weller in Nürnberg. 32 Tonnen Maschinenteile sollen von deren Zweigwerk in Stuttgart nach Tokio versandt werden, die Ankunft in Japan wird in etwa zwei Monaten erwartet. Neben dem Preis und der Sicherheit ist dem Versender die Umweltverträglichkeit des Transportes wichtig.

**Überlegungen zur Lösung des Einstiegsfalles**

Wegen der großen Entfernung und der fehlenden Landverbindung kommen für den Transport auf der Hauptstrecke nur das Flugzeug oder das Seeschiff infrage. Da kein Termindruck besteht, scheidet schon wegen der hohen Beförderungskosten das Flugzeug aus. Ein Versand mit dem Seeschiff ist günstig und umweltfreundlich. Als Seehafen wird das am Rhein gelegene Rotterdam in den Niederlanden ausgewählt.

Um die Transportsicherheit zu erhöhen, werden als Transportgefäße zwei 20-Fuß-Container gewählt.

Die Container könnten mit dem Lkw, der Bahn oder mit dem Binnenschiff nach Rotterdam befördert werden. Der Lkw ist schnell, aber teurer und wenig umweltfreundlich. Ein Transport mit der Bahn ist möglich, da aber Rotterdam am Rhein liegt, wird als Alternative eine Beförderung mit dem Binnenschiff erwogen.

Um eine fundierte Entscheidung treffen zu können, soll nun die Bearbeitung von Frachtaufträgen in der Binnenschifffahrt genauer betrachtet werden.

## 4.1 Über welche Einrichtungen verfügt das Verkehrssystem Binnenschifffahrt?

### 4.1.1 Binnengüterschiffe

Eine große Vielfalt von Binnengüterschiffen transportiert große Mengen von Gütern auf den Binnengewässern. Die Schiffe unterscheiden sich insbesondere nach Größe und Tragfähigkeit, Eignung für bestimmte Transportaufgaben und hinsichtlich ihres Antriebs.

| Einteilungskriterien | Arten von Binnenschiffen |
|---|---|
| **Größe und Tragfähigkeit** | Die vielfältigen Schiffstypen[1] sind klassifiziert. Beispiele: <br> Penische: Länge 38,5 m, Tragfähigkeit bis 400 t <br> Johann Welker: Länge 80 – 85 m, bis 1 500 t Tragfähigkeit <br> Großes Rheinschiff: Länge 95 – 110 m, Tragfähigkeit bis 3 000 t <br> Schubverband mit 4 Leichtern: Länge bis 200 m, Tragfähigkeit bis 12 000 t |
| **Eignung für bestimmte Transportgüter** | Trockengüterschiffe, Tankschiffe, Autotransportschiffe, Silo- und Zementschiffe, Ro/Ro-Schiffe[2], Containerschiffe usw. |
| **Schiffe mit oder ohne eigenen Antrieb** | Motorgüterschiffe („Selbstfahrer") <br> Schubverbände: Schubboot schiebt Leichter <br> Koppelverbände: Motorgüterschiff schiebt Leichter <br> Schleppverbände: Schleppschiff zieht Kähne <br> Barge-Carrier-System: Schubboot und Leichter, LASH-Schiff |

---

[1] vgl. detaillierte Übersicht auf S. 178
[2] Abkürzung für den englischen Begriff roll on/roll off, übersetzt „aus eigener Kraft auf das Schiff/vom Schiff herunter fahren"

## 4 Frachtaufträge in der Binnenschifffahrt bearbeiten

Die Größe und damit die Tragfähigkeit der Binnenschiffe wird begrenzt von den befahrenen Wasserstraßen. Ältere Kanäle können wegen ihrer geringen Wassertiefe und der Breite ihrer Schleusen nur mit der Penische mit einer Tragfähigkeit bis zu 400 t befahren werden. Auf dem Niederrhein dagegen können im Verkehr zwischen den ARA-Häfen[1] und dem Ruhrgebiet Schubverbände mit sechs Leichtern mit einer Gesamttragfähigkeit von ca. 16 000 t eingesetzt werden.

**MOTORGÜTERSCHIFFE**

Etwa 80 % der deutschen Binnenschiffe sind einzeln fahrende und bis zu 135 m lange **Motorgüterschiffe**. Ihre Motorleistung beträgt bis zu 3 000 PS. Häufig wird der Typ „Europaschiff" mit einer Länge von 135 m, einer Breite von 9,50 m, einem Tiefgang von 2,50 m und einer Tragfähigkeit von 1 350 t eingesetzt. Wird ein Motorgüterschiff mit einem Leichter aneinandergekoppelt, so entsteht ein Koppelverband.

*Die Pax stromabwärts auf dem Rhein. Im Hintergrund die Loreley, Deutschland*
*Quelle: Rob de Koter*

**CONTAINERSCHIFF**

Ein **Containerschiff** ist ein für den Containertransport spezialisiertes Motorgüterschiff. Die größten Schiffe dieser Art können bis zu 400 Container (TEU)[2] in vier Lagen befördern. Wegen der niedrigen Brückendurchfahrtshöhen können in den Kanalgebieten Containertransporte nur zweilagig durchgeführt werden.

*Die Pegasos stromabwärts am Kammereck, Deutschland*
*Quelle: Rob de Koter*

**RO/RO-SCHIFFE**

**Ro/Ro-Schiffe** befördern Straßenfahrzeuge ähnlich wie beim kombinierten Verkehr Schiene/Straße. Die Be-/Entladung der Schiffe erfolgt im roll on/roll off-Verfahren. Regelmäßige Verbindungen bestehen zurzeit auf dem Rhein zwischen Rotterdam und den Häfen Mannheim und Mainz und auf der Donau zwischen Passau und Vidin (Bulgarien).

*Der Autotransporter Ingona*
*Quelle: Bundesverband der Deutschen Binnenschifffahrt*

**BARGE-CARRIER-SYSTEM**

Beim **Barge-Carrier-System** werden die Güter in Leichtern[3] gestaut (geladen) wie beim Schubverband. Das Besondere ist, dass die Bargen von besonderen Seeschiffen an Bord genommen werden können. Die LASH-Schiffe[4] können die Leichter selbst be- und entladen. Für den Vor- bzw. Nachlauf auf der Binnenwasserstraße kann mit den Bargen ein Schubverband gebildet werden. Die im Barge-Carrier-System verwendeten Bargen sind ca. 20 m lang und somit erheblich kürzer als übliche Leichter. Die Güter müssen von den Abmessungen her in die Bargen passen.

---

[1] Als ARA-Häfen werden die bedeutenden Nordseehäfen **A**ntwerpen, **R**otterdam und **A**msterdam bezeichnet.
[2] TEU: **t**wenty foot **e**quivalent **u**nit; Maßeinheit zum Vergleich der Transportkapazität von Containerschiffen. Ein Schiff mit einem Fassungsvermögen von 200 TEU kann 200 Stück 20-Fuß- oder 100 Stück 40-Fuß-Container aufnehmen.
[3] Ein Leichter wird im Englischen als Barge oder Lighter bezeichnet.
[4] LASH: Abkürzung für **l**ighter **a**board **s**hip (Leichter an Bord eines Seeschiffes)

**CONTINUE-EINSATZ**

Der Trend geht in der Binnenschifffahrt zu Schiffen mit einer großen Tragfähigkeit, die mit moderner Technik wie Echolot und Radar ausgestattet sind. Diese Schiffe können 24 Stunden am Tag eingesetzt werden. Dieser **Continue-Einsatz** mit Tag- und Nachtfahrten gleicht den Nachteil der geringen Transportgeschwindigkeiten weitgehend aus. Ferner weisen die neuen Schiffe eine hohe Spezialisierung auf wie z. B. die Ro/Ro-Schiffe. Bei modernen Tankschiffen verhindern Konstruktionsmaßnahmen wie doppelte Schiffswände bei Unfällen eine Umweltverschmutzung.

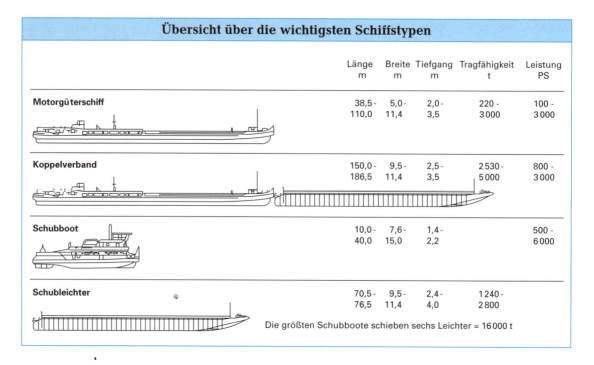

### Übersicht über die wichtigsten Schiffstypen

| Schiffstyp | Länge m | Breite m | Tiefgang m | Tragfähigkeit t | Leistung PS |
|---|---|---|---|---|---|
| Motorgüterschiff | 38,5 – 110,0 | 5,0 – 11,4 | 2,0 – 3,5 | 220 – 3 000 | 100 – 3 000 |
| Koppelverband | 150,0 – 186,5 | 9,5 – 11,4 | 2,5 – 3,5 | 2 530 – 5 000 | 800 – 3 000 |
| Schubboot | 10,0 – 40,0 | 7,6 – 15,0 | 1,4 – 2,2 |  | 500 – 6 000 |
| Schubleichter | 70,5 – 76,5 | 9,5 – 11,4 | 2,4 – 4,0 | 1 240 – 2 800 |  |

Die größten Schubboote schieben sechs Leichter = 16 000 t

**Welche Schiffstypen eignen sich besonders für bestimmte Transportgüter?**

Sehr große Mengen an Massengütern können Schubverbände mit ihrer riesigen Transportkapazität gut auslasten, die Transportkosten pro Tonne werden dann sehr niedrig. Für die Beförderung weniger großer Mengen oder besonderer Güter eignen sich besonders Motorschiffe bzw. Koppelverbände.

| Schiffstypen | Beschreibung | Transportgüter |
|---|---|---|
| **Motorgüterschiff (Selbstfahrer)** | Schiffsantrieb, Steueranlage, Mannschaftsräume und Laderaum befinden sich auf einem Schiff. Sowohl nach der Anzahl als auch der Tragfähigkeit haben sie einen Anteil von ca. 80 % in Deutschland. | Trockene Massengüter<br>Chemikalien, Gase und Flüssigkeiten (Tankschiffe)<br>Stückgüter<br>Schwergüter<br>Container (Containerschiffe)<br>Fahrzeuge (Ro-/Ro-Schiffe) |
| **Schubverband** | Der Verband besteht aus einem Schubschiff und bis zu 6 Schubleichtern (Laderaum). Die antriebslosen und unbemannten Leichter werden gekoppelt und vom Schubboot geschoben. | Erze, Kohle, Getreide, Futter- und Düngemittel, Baustoffe, Recyclinggüter usw. |
| **Koppelverband** | Ein Selbstfahrer mit Schubvorrichtung wird mit einem Leichter gekoppelt. | Siehe Motorgüterschiff |

## 4.1.2 Binnenwasserstraßen

Das Netz der Binnenwasserstraßen mit einer Gesamtlänge von etwa 7 500 km zählt neben dem Straßen- und Schienennetz zu den bedeutenden Güterverkehrswegen in Deutschland und Europa.

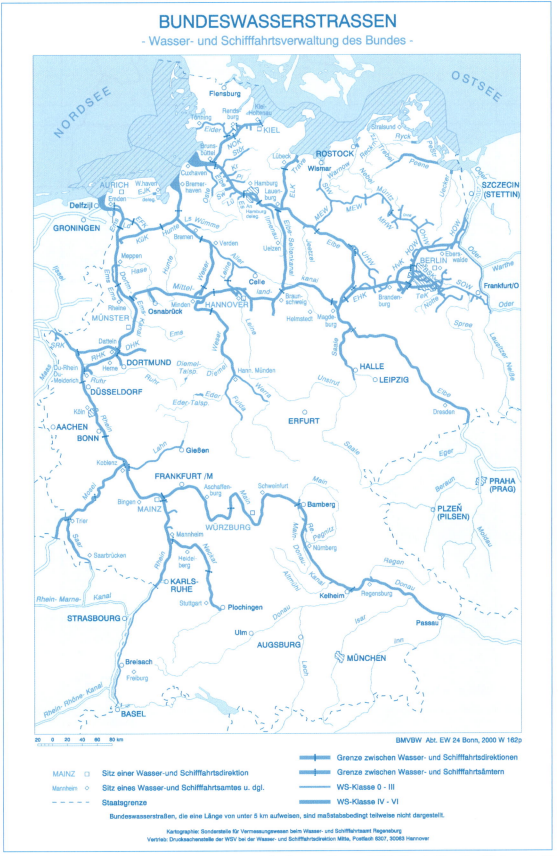

*Quelle: www.binnenschiff.de/Service/Sonstiges/Kartenmaterial*

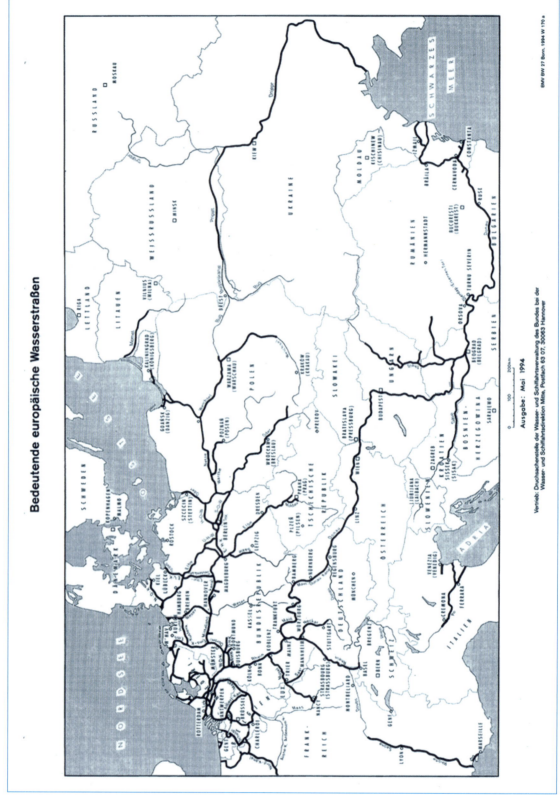

Quelle: www.binnenschiff.de

### 4 Frachtaufträge in der Binnenschifffahrt bearbeiten

Die verkehrsreichste Binnenwasserstraße der Welt ist der Rhein mit seinen Nebenflüssen Neckar, Main, Mosel, Saar und Lahn. Das Rheinstromgebiet, die Flüsse Ems, Weser, Elbe, Spree/Oder, Donau und die ca. 1 660 km langen künstlichen Kanäle wie Dortmund-Ems-, Mittelland-, Elbe-Seiten- und Main-Donau-Kanal bilden ein Verkehrsnetz, das die meisten deutschen Wirtschaftszentren verbindet. Gleichzeitig schafft es die Anbindung an die großen europäischen Nordseehäfen Hamburg, Bremerhaven, Rotterdam, Amsterdam und Antwerpen. Über den Main-Donau-Kanal und die Donau werden Verkehre nach Österreich und die osteuropäischen Länder bis zum Schwarzen Meer ermöglicht.

| Länge der Bundeswasserstraßen[1] | |
|---|---|
| **Rhein und Nebenflüsse** | **1 797 km** |
| Rhein (Rheinfelden – niederländische Grenze) | 623 km |
| Neckar (Mündung Rhein – Plochingen) | 201 km |
| Main (Mündung Rhein – Hallstadt) | 388 km |
| Main-Donau-Kanal (Mündung Main – Mündung Donau) | 171 km |
| Mosel (französische Grenze – Mündung Rhein) | 242 km |
| Saar (französische Grenze – Mündung Mosel) | 105 km |
| Lahn (Mündung Rhein – Steeden) | 67 km |
| **Wasserstraßen zwischen Rhein und Elbe** | **1 437 km** |
| Ruhr (Mündung Rhein – Mülheim) | 12 km |
| Rhein-Herne-Kanal (Duisburg – Mündung DEK) | 49 km |
| Wesel-Datteln-Kanal (Wesel – Mündung DEK) | 60 km |
| Datteln-Hamm-Kanal (Mündung DEK – Schmehausen) | 47 km |
| Dortmund-Ems-Kanal und Unterems | 303 km |
| Küstenkanal und Untere Hunte | 95 km |
| Mittellandkanal (MLK) (Mündung DEK – Elbe) | 326 km |
| Weser und Unterweser | 430 km |
| Elbe-Seitenkanal (Mündung MLK – Mündung Elbe) | 115 km |
| **Elbegebiet** | **1 049 km** |
| Nord-Ostsee-Kanal (Mündung Unterelbe – Kieler Förde) | 109 km |
| Elbe-Lübeck-Kanal und Kanaltrave | 88 km |
| Elbe und Unterelbe | 728 km |
| Saale (Leuna-Kreypau – Mündung Elbe) | 124 km |
| **Wasserstraßen zwischen Elbe und Oder** | **916 km** |
| Berliner Haupt- und Nebenwasserstraßen | 189 km |
| Havel-Oder-Wasserstraße und Nebengewässer | 485 km |
| Spree-Oder-Wasserstraße und Nebengewässer | 242 km |
| **Oder (polnische Grenze – Abzweigung Westoder)** | **162 km** |
| **Gewässer an der Ostseeküste** | **526 km** |
| **Donau (Kelheim – österreichische Grenze)** | **213 km** |
| **Sonstige Bundeswasserstraßen** | **1 376 km** |
| **Gesamt** | **7 476 km** |

### Klassifizierung der Binnenwasserstraßen

Um ein einheitliches Binnenwasserstraßennetz zu fördern, hat die Europäische Verkehrsministerkonferenz die westeuropäischen Binnenwasserstraßen in Wasserstraßenklassen eingeteilt. Aus der folgenden Tabelle kann man die Wasserstraßenklassen ablesen und ersehen, welche Schiffe diese Klasse umfasst. Vergleichen Sie hierzu auch die Karte „Bedeutende europäische Wasserstraßen" aus der Seite 159.

---
[1] Quelle: Bundesverband der deutschen Binnenschifffahrt e. V., Daten & Fakten 2005

| Typ der Binnenwasserstraße | Klasse der Binnenwasserstraße | MOTORSCHIFFE UND SCHLEPPKÄHNE Typ des Schiffes: allgemeine Merkmale | | | | | SCHUBVERBÄNDE Art des Schubverbandes: allgemeine Merkmale | | | | | |
|---|---|---|---|---|---|---|---|---|---|---|---|---|
| | | Bezeichnung | maxim. Länge L (m) | maxim. Breite B (m) | Tiefgang d (m) | Tonnage T (t) | Formation | Länge L (m) | Breite B (m) | Tiefgang d (m) | Tonnage T (t) | Brückendurchfahrtshöhe |
| 1 | 2 | 3 | 4 | 5 | 6 | 7 | 8 | 9 | 10 | 11 | 12 | 13 |
| VON REGIONALER BEDEUTUNG – WESTLICH DER ELBE | I | Penische | 38,5 | 5,05 | 1,8–2,2 | 250–400 | | | | | | 4,0 |
| | II | Kempenaar | 50–55 | 6,6 | 2,5 | 400–650 | | | | | | 4,0–5,0 |
| | III | Gustav Koenigs | 67–80 | 8,2 | 2,5 | 650–1000 | | | | | | 4,0–5,0 |
| VON REGIONALER BEDEUTUNG – ÖSTLICH DER ELBE | I | Groß Finow | 41 | 4,7 | 1,4 | 180 | | | | | | 3,0 |
| | II | BM-500 | 57 | 7,5–9,0 | 1,6 | 500–630 | | | | | | 3,0 |
| | III | | 67–70 | 8,2–9,0 | 1,6–2,0 | 470–700 | | 118–132 | 8,2–9,0 | 1,6–2,0 | 1000–1200 | 4,0 |
| VON INTERNATIONALER BEDEUTUNG | IV | Johann Welker | 80–85 | 9,50 | 2,50 | 1000–1500 | | 85 | 9,50 | 2,50–2,80 | 1250–1450 | 5,25 od. 7,00 |
| | Va | Große Rheinschiffe | 95–110 | 11,40 | 2,50–2,80 | 1500–3000 | | 95–110 | 11,40 | 2,50–4,50 | 1600–3000 | 5,25 od. 7,00 od. 9,10 |
| | Vb | | | | | | | 172–185 | 11,40 | 2,50–4,50 | 3200–6000 | 7,00 od. 9,10 |
| | VIa | | | | | | | 95–110 | 22,80 | 2,50–4,50 | 3200–6000 | 7,00 od. 9,10 |
| | VIb | | 140 | 15,00 | 3,90 | | | 185–195 | 22,80 | 2,50–4,50 | 6400 bis 12000 | 9,10 |
| | VIc | | | | | | | 270–280 | 22,80 | 2,50–4,50 | 9600 bis 18000 | 9,10 |
| | | | | | | | | 195–200 | 33,00 bis 34,20 | 2,50–4,50 | 9600 bis 18000 | |
| | VII | | | | | | | 285 | 33,00 bis 34,20 | 2,50–4,50 | 14500 bis 27000 | 9,10 |

*Quelle: Bundesministerium für Verkehr (Hrsg), Handbuch Güterverkehr Binnenschifffahrt, Bonn 1997*

**Beispiel:**

Um eine Schiffsladung Getreide von Emden nach Duisburg zu befördern, muss der Transport über die Ems, den Dortmund-Ems-Kanal, den Rhein-Herne-Kanal und den Rhein erfolgen. Der Dortmund-Ems-Kanal weist unter diesen Wasserwegen die niedrigste Klasse auf, nämlich IV. Davon hängt die maximale Größe der einsetzbaren Schiffe ab, möglich sind hier also:

- Motorschiff: Schiffe bis zur Größe „Johann Welker" (Europaschiff) mit einer Länge bis zu 85 m, einer Breite bis zu 9,5 m und einer Tragfähigkeit bis zu 1 500 t oder
- Schubverband: Schubschiff mit (nur) einem Leichter

Die Brückendurchfahrtshöhe ist wichtig bei der Beförderung von Containern in mehreren Lagen und für die Beförderung von überdimensioniertem Schwergut.

Die Fahrwassertiefe ist für die Beladung der Schiffe von großer Bedeutung. Die Wasserstände werden von Pegeln abgelesen. **Pegel** sind Messeinrichtungen an Brücken, Ufermauern etc. Die Pegelstände der großen Flüsse werden täglich veröffentlicht.[1]

PEGEL

### Niedrigwasser

Während einer längeren Trockenphase sinkt der Wasserpegel in den frei fließenden Flüssen wie Rhein, Elbe, Oder und Donau. Die Schiffe können dann nicht mehr ihre volle Ladekapazität auslasten, sondern müssen teilbeladen fahren, um ihren Tiefgang zu verringern. In den Kanälen besteht dieses Problem nicht, da die Betreiber einen bestimmten Mindestwasserstand garantieren.

### Hochwasser/Eisgang

Starke Hochwasser oder gefrorene Flüsse im Winter können die Schifffahrt gefährden und evtl. zu einer Einstellung des Verkehrs führen.

*Sonnenuntergang auf dem gefrorenen Schelde-Rheinkanal*
*Quelle: Rob de Koter*

## 4.1.3 Binnenhäfen

### Funktion der Binnenhäfen

Die an den Wasserstraßen gelegenen Binnenhäfen dienen grundsätzlich zum Laden und Löschen der Binnenschiffe. Die Schiffe legen am Kai an und werden dort beladen (abgeladen) bzw. gelöscht (entladen). Die Güter werden aus einem Lager heraus oder direkt von einem Güterwagen der Bahn oder einem Lkw ins Schiff umgeschlagen. Der Löschvorgang verläuft umgekehrt.

Güter werden in großen Mengen im Hafen gelagert, z. B. werden Recyclingprodukte wie Schrott aus dem Hinterland im Hafen gesammelt, um später als Schiffsladung zur Verhüttung weitertransportiert zu werden.

*Quelle: Bundesverband der Deutschen Binnenschifffahrt e. V.*

Im Eingang werden z. B. Bleche im Hafen aufbewahrt, um später in kleinen Partien von den Kunden abgerufen zu werden. Reicht die normale Lagerkapazität im Freilager oder im gedeckten Lager nicht aus, so können auch (alte) Schiffe als schwimmende Lager verwendet werden.

### Arten von Binnenhäfen

Hinsichtlich der Benutzungsrechte unterscheidet man zwischen öffentlichen Binnenhäfen und privaten Werkshäfen. **Werkshäfen** schlagen Güter für eigene Zwecke des privaten Trägers um. Werkshafenanlagen betreiben z. B. die Chemie- (z. B. BASF Ludwigshafen) und Stahlindustrie (z. B. Thyssen-Stahl). Kiesgruben (Kies), Kraftwerke (Kohle), Tanklager (Mineralöle) sowie Autohersteller (Fahrzeuge) verfügen über Verladestellen. Werkshäfen bewältigen ca. 30 % des Güterumschlags aller Binnenhäfen.

WERKSHÄFEN

---

[1] Eine aktuelle Übersicht liefert die Internetseite: www.elwis.de > Gewässerkundliche Informationen > Wasserstände

## ÖFFENTLICHE BINNENHÄFEN

Viele **öffentliche Binnenhäfen** haben sich heute über die Funktion als Umschlagplatz hinaus zu Güterverkehrszentren entwickelt, in denen sich Hafengesellschaft, Umschlagbetriebe, Lagereibetriebe, Speditionen, Güternahverkehrsunternehmer, Behörden wie der Zoll, Großhandelsunternehmen und weiterverarbeitende Industrie niedergelassen haben. Im kombinierten Verkehr verfügen die Häfen über einen Containerterminal und eine Ro/Ro-Anlage.

In der Bundesrepublik Deutschland gibt es rund 330 Häfen, davon sind ca. 180 öffentlich und 150 Werkshäfen.

Foto: duisport/v. Kaler

| Arten von Binnenhäfen ||
|---|---|
| **Öffentliche Binnenhäfen** | **Private Werkshäfen** |
| Verwaltung durch die öffentliche Hand (Stadt, Land) Dienen dem öffentlichen Verkehr | Nur für eigene Zwecke des Betreibers (Unternehmen) |

### Große deutsche Binnenhäfen

## DUISBURG-RUHRORT

Im Jahr 2004 haben 15 die größten deutschen Binnenhäfen insgesamt 267.374 Mio. t umgeschlagen. Der bedeutendste ist **Duisburg-Ruhrort**, der allein knapp 20 % dieses Volumens bewältigt hat.[1] Damit ist Duisburg auch der größte europäische Binnenhafen.

| Hafen | Gütermenge in Mio. t | Hafen | Gütermenge in Mio. t |
|---|---:|---|---:|
| Duisburg | 48 946 | Ludwigshafen | 7 302 |
| Köln | 14 710 | Karlsruhe | 6 698 |
| Hamburg | 8 987 | Bremen | 4 682 |
| Neuss/Düsseldorf | 8 031 | Heilbronn | 4 255 |
| Mannheim | 7 683 | Gelsenkirchen | 3 711 |

## FREIHÄFEN

**Freihäfen** sind besondere Teilgebiete von Häfen, in denen Zölle und Einfuhrumsatzsteuern zunächst nicht erhoben werden. Sie sind durch Grenzzäune abgegrenzt, in denen es Zolldurchlässe gibt. Sie dienen der Lagerung, Weiterverarbeitung und Veredelung der importierten Waren. Die Erhebung von Zöllen und Einfuhrumsatzsteuern ist bis zur Verbringung der Waren aus einem Freihafen in die Länder der europäischen Gemeinschaft ausgesetzt. Keine Abgaben fallen an, wenn die Waren in Länder außerhalb der EU exportiert werden.

In Deutschland gibt es Freihäfen in Emden seit 1751, Bremerhaven (1827), Bremen und Hamburg (1888), Cuxhaven und Kiel. Seit Gründung der EU wurden Freihäfen auch in den Binnenhäfen Deggendorf und Duisburg (1990) eingerichtet.

Foto: duisport/Laubner

---
[1] Quelle: BAG – Marktbeobachtung, Jahresbericht 2004

## 4.2 Was leistet die Binnenschifffahrt?

### 4.2.1 Verkehrsleistungen

Im Jahr 2009[1] leistete der Verkehrsträger „Binnenschifffahrt" 55.700.000.000 tkm, dies sind 16 % der gesamten Verkehrsleistung der Binnenverkehrsträger. Der schärfste Konkurrent des Binnenschiffs ist die Bahn, die eine Verkehrsleistung von 28 % erbrachte.

| Güterverkehr in Deutschland nach Verkehrsträgern im Jahr 2009 | | | |
|---|---|---|---|
| **Verkehrsträger** | **Gütermenge** | **Verkehrsleistung** | |
| | Mio t | Mrd. tkm | % |
| Eisenbahnen | 312,1 | 95,8 | 28 |
| Binnenschifffahrt | 203,9 | 55,7 | 16 |
| Straßenverkehr | 2 755,5 | 275,6 | 56 |

Die von der Binnenschifffahrt transportierten Gütermengen nach Güterabteilungen verteilen sich insbesondere auf Steine und Erden inkl. Baustoffe mit 21,0 %, dann Erdöl, Mineralölerzeugnisse und Gase mit 16,6 %, Erze und Metallabfälle mit 12,6 % und feste mineralische Stoffe mit 14,1 %. Bei allen diesen Gütern handelt es sich um Massengüter, deren Gesamtanteil damit ca. 2/3 ausmacht. Stückgüter werden als Schwergüter, Fahrzeuge oder in Containern verpackt transportiert. Dabei nimmt die Anzahl der Containertransporte seit Jahren kontinuierlich zu.

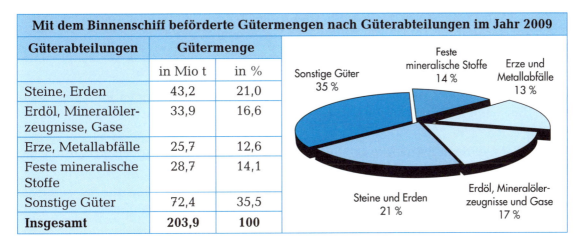

| Mit dem Binnenschiff beförderte Gütermengen nach Güterabteilungen im Jahr 2009 | | |
|---|---|---|
| **Güterabteilungen** | **Gütermenge** | |
| | in Mio t | in % |
| Steine, Erden | 43,2 | 21,0 |
| Erdöl, Mineralölerzeugnisse, Gase | 33,9 | 16,6 |
| Erze, Metallabfälle | 25,7 | 12,6 |
| Feste mineralische Stoffe | 28,7 | 14,1 |
| Sonstige Güter | 72,4 | 35,5 |
| **Insgesamt** | **203,9** | **100** |

Binnenschiffsverkehr ist meist ein internationaler Verkehr. Von den insgesamt 203,9 Mio t wurden 2009 nur 51,8 Mio t Güter im Binnenverkehr versandt, dies entspricht 25,4 %. Die restlichen 74,6 % wurden im internationalen Verkehr abgewickelt. Oft handelte es sich dabei um Importe bzw. Exporte über die ARA-Häfen.

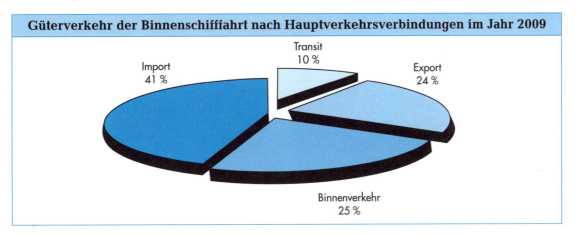

---
[1] Quelle: BAG-Marktbeobachtung, Jahresbericht 2009

## 4.2.2 Vorteile und Nachteile der Binnenschifffahrt

Das Güterschiff bietet enorme Kapazitätsvorteile. Ein einziger Schubverband mit 6 Leichtern kann 16000 t befördern. Dies entspricht 400 Eisenbahnwaggons oder 650 Lkws. Wegen der großzügigen Abmessungen der Schiffe können auch sperrige Schwergüter einfach transportiert werden.

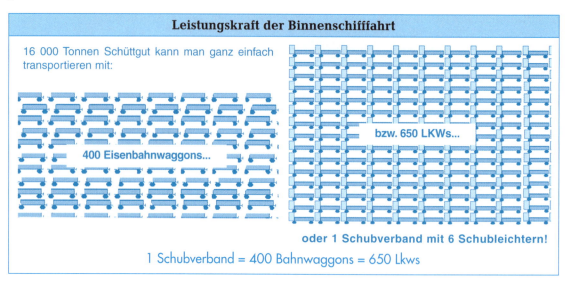

Binnenschiffe sind relativ langsam, insbesondere bei Bergfahrten flussaufwärts ca. 10 km/h, Talfahrt 20 km/h, Kanäle 10 bis 15 km/h. Dieser Nachteil wird zum Teil ausgeglichen durch Tag- und Nachtfahrten und durch Wegfall des Wochenendfahrverbots.

Schiffe haben eine hohe Lebensdauer. Dies ist umweltfreundlich wegen des geringen Resourcenverbrauchs und mindert die Abschreibungen.

Der geringe Energieverbrauch der Schiffe ergibt sich aus dem geringen Reibungswiderstand. Ein Schiff-PS vermag 4 000 kg Last zu bewegen, ein Bahn-PS schafft 500 kg und ein Lkw-PS nur 150 kg.

Wegen der niedrigen Betriebskosten (mäßige Abschreibungen, wenig Personalkosten, geringer Energieverbrauch) ist das Binnenschiff kostengünstig.

Die Werte hinsichtlich Luftverschmutzung, Unfallschäden, Lärm-, Boden- und Wasserbelastung sind im Vergleich der Verkehrsträger in der Binnenschifffahrt am besten.

Ein Nachteil der Binnenschifffahrt ist dagegen die geringe Netzdichte. Nicht alle Städte werden direkt erreicht. Binnenschifftransporte sind daher oft gebrochene Transporte.

Nachteilig ist auch die Abhängigkeit vom Wetter. Niedrigwasser, Hochwasser und Eis können die Schifffahrt erheblich beeinträchtigen.

> „Flüsse sind wichtige Verkehrsadern und unverzichtbarer Teil unserer Verkehrsinfrastruktur. Ihre Bedeutung für eine nachhaltige Verkehrspolitik wird mit steigendem Verkehrsaufkommen weiter zunehmen. Das Binnenschiff als Teil einer Transportkette oder als eigenständiger Transportträger hat unbestreitbare Vorteile. Dazu gehören ein sparsamer Energieeinsatz, eine hohe Verkehrssicherheit, geringe Luft- und Lärmemissionen sowie geringe Transportkosten je Tonnenkilometer. Diese positiven Umwelteffekte führen zu sehr niedrigen externen Kosten. Das Binnenschiff ist ein Transportmittel, das im Mix der Verkehrsträger eine wichtige Rolle spielt. Denn: Verkehr funktioniert besser in einem integrierten Zusammenwirken der Verkehrsträger. Und die Wasserwege sind der umweltfreundlichste Verkehrsträger."[1]

---

[1] Bundesverkehrsminister Stolpe bei der 2. Nationalen Flussgebietskonferenz am 23. Juni 2005 in Berlin

## 4.3 Wie ist der Markt in der Binnenschifffahrt geordnet?

Für den Marktzugang gibt es in der Binnenschifffahrt nur wenige Beschränkungen. Ein **Unternehmer** in der Binnenschifffahrt benötigt eine **Erlaubnis**. Um diese zu erhalten, muss er seine fachliche Eignung, seine persönliche Zuverlässigkeit und seine finanzielle Leistungsfähigkeit nachweisen.[1]

UNTERNEHMER
ERLAUBNIS

Um ein Schiff führen zu dürfen, benötigt der **Schiffer** ein **Schifferpatent**. Ähnlich wie bei einer Fahrerlaubnis für ein Kraftfahrzeug muss der Bewerber theoretische und praktische Schulungen besuchen und eine Prüfung erfolgreich ablegen.

SCHIFFER
SCHIFFERPATENT

Der **Bund** ist **Eigentümer der Bundeswasserstraßen**.[2] Die Verwaltung der Bundeswasserstraßen obliegt der Wasser- und Schifffahrtsverwaltung, die für den gebrauchsfähigen Zustand der Verkehrsinfrastruktur und die Sicherheit sowie Leichtigkeit des Verkehrs sorgt. Für die Benutzung der abgabenpflichtigen Bundeswasserstraßen werden **Schifffahrtsabgaben** erhoben. Abgabenpflichtig sind die meisten kanalisierten Flüsse und die Kanäle.

BUND
EIGENTÜMER DER BUNDESWASSERSTRASSEN
SCHIFFFAHRTSABGABEN

Binnenschifffahrtverkehre sind meist internationale Verkehre. Daher sind bereits zu Beginn des 19. Jahrhunderts internationale Vereinbarungen, sogenannte Schifffahrtsakte, abgeschlossen worden. Die Bedeutendste ist die **Rheinschifffahrtsakte („Mannheimer Akte für das Rheinstromgebiet")**.[3]

RHEINSCHIFFFAHRTSAKTE

> Die Vertragsstaaten der **Mannheimer Akte** haben sich gegenseitig die freie Schifffahrt auf dem Rhein und seinen Nebenflüssen von Basel bis ins offene Meer zugesichert, inklusive aller Kabotage-Verkehre und unter Befreiung von allen sog. Schifffahrtsabgaben.

**Vertragsstaaten** der Rheinschifffahrtsakte sind die Schweiz, Frankreich, die Bundesrepublik Deutschland, die Niederlande und Belgien; die Rechtswirkungen gelten aber auch für alle 25 EU-Mitgliedsstaaten. Seit dem 1. Mai 2004 gelten diese Regelungen also auch uneingeschränkt für Polen, Tschechien, Ungarn und die Slowakei.

VERTRAGSSTAATEN

**Kabotage** ist die Beförderung von Gütern zwischen Lade- und Löschplätzen an deutschen Binnenwasserstraßen. Für Schiffe mit Flagge der EU-Staaten ist die Kabotage erlaubnisfrei („Kabotagefreiheit"), dies gilt auch für Schiffe aus der Schweiz. Für alle übrigen Schiffe ist die Kabotage erlaubnispflichtig.

KABOTAGE

## 4.4 Welche Betriebsformen gibt es in der Binnenschifffahrt?

Die Transporte werden in der Binnenschifffahrt im Werkverkehr (Eigenverkehr), durch Reedereien oder Partikuliere durchgeführt. Zur Ladungs- und Frachtenvermittlung werden auch die Leistungen der Spediteure in Anspruch genommen.

### 4.4.1 Werkverkehr

Großverlader wie z. B. Unternehmen der Chemie- und Stahlindustrie oder Hersteller von Mineralölerzeugnissen haben einen hohen Bedarf an Binnenschiffstransporten. Wie im Kapitel über die Binnenhäfen bereits erläutert verfügen sie oft sogar über eigene Werkshäfen. Häufig besitzen sie auch eigene Schiffe. Zur Abwicklung und Durchführung der Transporte haben sie meist juristisch selbstständige Werksreedereien gegründet, die auch für andere Transporte durchführen können.

---

[1] Verordnung über den Zugang zum Beruf des Unternehmers im innerstaatlichen und grenzüberschreitenden Binnenschiffsgüterverkehr
[2] Artikel 89 Grundgesetz
[3] Die Mannheimer Akte wurde schon 1831 beschlossen und ist seitdem mehrmals weiterentwickelt worden.

## 4.4.2 Reedereien

Reedereien (Einzahl: Reeder) sind Schifffahrtsunternehmen, die die Organisation und Ausführung von Transporten mit eigenem und/oder fremdem Schiffsraum übernehmen. Fremder Schiffsraum wird verwendet, wenn die Reederei einen Vertrag nicht selbst ausführt, sondern mit einem anderen Frachtführer einen Unterfrachtvertrag schließt.

Reedereien sind meist in Binnenhäfen angesiedelt. Vom Lande aus wickeln sie die kaufmännische und logistische Organisation der Binnenschiffstransporte ab.

## 4.4.3 Partikuliere

Partikuliere sind selbstständige Schiffseigentümer, die meist auch selbst auf ihren Schiffen fahren. Sie sind oft für größere Reedereien als Subunternehmer tätig und besitzen in der Regel nur ein oder zwei Schiffe. Meist sind sie zugleich Schiffsführer, die mit ihrem Schiff oft lange unterwegs sind und auf ihrem Schiff wohnen. Partikuliere sind eine häufige Betriebsform in der Binnenschifffahrt. Im Gegensatz zu den Reedereien setzen sie nur eigene Schiffe für den Gütertransport ein. Die Ladung erhalten sie direkt vom Verlader **(freie Partikuliere)** oder sie fahren für eine Reederei, für die sie das Schiff und die Arbeitskraft bereitstellen **(Hauspartikuliere)**.

FREIE PARTIKULIERE

HAUSPARTIKULIERE

GENOSSENSCHAFTEN

Da Partikuliere die meiste Zeit auf dem Schiff verbringen, haben sie Schwierigkeiten mit der landseitigen Akquisition von Aufträgen. Daher haben sie sich zu **Genossenschaften** zusammengeschlossen, die für ihre Mitglieder Ladungen und Rückladungen besorgen, aber auch den gemeinsamen Einkauf, die betriebswirtschaftliche Betreuung usw. übernehmen.

## 4.4.4 Befrachter

Eine besondere Betriebsform in der Binnenschifffahrt ist der Befrachter. Er schließt mit der verladenden Wirtschaft **Frachtverträge** ab, obwohl er keinen eigenen Schiffsraum besitzt.

Rechtlich haben Befrachter die Rechte und Pflichten eines Frachtführers. Zur Durchführung des Transportauftrages schließen sie mit einem Schiffseigner (Reederei, Partikulier) Unterfrachtverträge.

**Beispiel:**

> EUROCARGO wird von der Maschinenfabrik Weller in Nürnberg beauftragt, die Versendung von 2 Containern nach Rotterdam zu besorgen. EUROCARGO beauftragt den Befrachter Mainschiff mit der Transportdurchführung. Mainschiff verfügt über keine eigenen Schiffe und beauftragt daher den Partikulier Hans Moser.

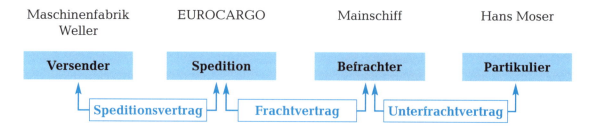

**Vorsicht**: Der Begriff Befrachter hat in der Seeschifffahrt[1] eine andere Bedeutung. Man versteht darunter den Vertragspartner des Verfrachters beim Abschluss des Frachtvertrages, also den in den Frachtbrief eingetragenen Absender.

---

[1] Siehe Kapitel 3 Frachtverträge in der Seeschifffahrt bearbeiten

## 4.4.5 Binnenschifffahrtsspeditionen

Spediteure treten hinsichtlich ihrer Rechtsstellung als **Vertreter einer Reederei** auf, für die sie ihre Dienstleistung erbringen. Die Binnenschifffahrtsspedition tritt im Selbsteintritt als **Frachtführer** auf, wenn sie eigene Schiffe einsetzt oder Schiffe befrachtet.[1] Die Frachtführereigenschaft gilt natürlich auch für den Fixkosten- und Sammelladungsspediteur.[2]

Die Spedition kann auch im herkömmlichen Sinne als Versandspediteur, als Empfangsspediteur oder als Umschlagspediteur tätig werden. Als **Versandspediteur** erledigt sie alle Aufgaben, die im Zusammenhang mit dem Versand anfallen, z. B. Vorlauf von Sammelgütern, Zusammenstellen der Sammelladung, Disposition von Frachtraum usw. Als **Empfangsspediteur** führt sie z. B. die Eingangskontrolle der Sammelladung durch, übernimmt Nebenleistungen wie die Verzollung von Waren und verteilt die Güter.

| Rechtsstellung eines Spediteurs in der Binnenschifffahrt | |
|---|---|
| Vertreter einer Reederei | Der Spediteur schließt im Auftrag, auf Rechnung und im Namen der Reederei Frachtverträge mit den Versendern ab. Sein Entgelt ist eine Provision von der Fracht. |
| Frachtführer | Die Spedition verfügt über eigene Schiffe, mietet Schiffsraum oder hat langfristige Frachtverträge mit Schiffseignern. |
| „Traditioneller" Spediteur | Er tritt auf als Versandspediteur, als Empfangsspediteur und/oder als Umschlagspediteur. |

RECHTSSTELLUNG

Großverlader bedienen sich bei Binnenschiffstransporten ihrer eigenen Werksreederei oder wenden sich direkt an eine Reederei oder eine Partikulier-Genossenschaft. Mittlere und kleinere Verlader haben jedoch meist keinen unmittelbaren Zugang zur Binnenschifffahrt und nehmen gerne die Dienstleistungen des Binnenschifffahrtsspediteurs in Anspruch. Spediteure haben hier eine wichtige Mittlerfunktion.

**Beispiel:**

> Die Binnenschifffahrtsspedition EUROCARGO wird von der Maschinenfabrik Weller in Nürnberg beauftragt, die Versendung von 2 Containern nach Rotterdam zu besorgen. EUROCARGO beauftragt die Reederei Aquanautik mit der Transportdurchführung.

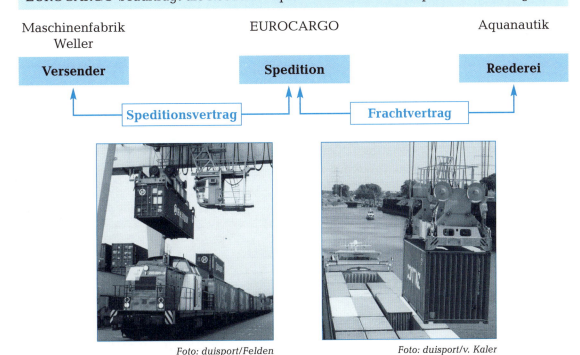

---

[1] vgl. Kapitel 4.4.4
[2] §§ 459, 460 HBG

| Gründe, einen Binnenschiffsspediteur einzuschalten |
|---|
| • Geringes Aufkommen: Stückgutsendungen oder kleine Partien<br>• Unregelmäßiges Aufkommen<br>• Absender oder Empfänger haben keinen eigenen Wasseranschluss und die Güter müssen in ein anderes Verkehrsmittel umgeschlagen werden.<br>• Güter müssen zwischengelagert und/oder bearbeitet werden.<br>• Sammelgutverkehre<br>• Abwicklung von Vor- und Nachlaufverkehren<br>• Umschlag/Lagerung von Gütern<br>• Behandlung der Güter (Stripping/Stuffing von Containern, Sortieren, Wiegen, Neutralisieren, Kommissionieren, Qualitätskontrolle, Verpacken usw.)<br>• Spezialdienste für Kühlgut, Gefahrgut<br>• Container: Depothaltung, Reparatur, Wartung<br>• Einbringen von Spezialkenntnissen (Zollabfertigung, Behandlung diverser Güter, verkehrsträgerübergreifende Marktkenntnis usw.) |

### Binnenumschlagsspeditionen

Das Laden und Löschen des Schiffsraums ist neben der Lagerung bzw. Zwischenlagerung des Transportgutes sowie zusätzlicher speditioneller Leistungen Aufgabe von Binnenumschlagsspeditionen.

**LEISTUNGEN**

| Leistungen von Binnenumschlagsspeditionen |
|---|
| • Überwachung des Umschlagsvorgangs<br>• Empfangskontrolle der eingehenden Güter vom Verkehrsmittel unter Wahrung evtl. Schadensersatzansprüche<br>• Weiterleitung des Transportgutes an das anschließende Verkehrsmittel durch direkten Umschlag (Seeschiff/Binnenschiff; Binnenschiff/Lkw bzw. Bahn) oder Zwischenlagerung<br>• Qualitätskontrolle; Prüfung Maße, Gewicht<br>• Behandlung der Güter (Sortieren, Verpacken etc.)<br>• Abschluss des neuen Frachtvertrags<br>• Vorlage von Kosten |

**UMSCHLAG-TECHNIK**

**LÄGER**

Um diese Aufgaben ausführen zu können, benötigt der Spediteur eine vielfältige **Umschlagtechnik** wie Kräne, Heber, Greifer, Förderbänder, Pumpen, Sauger usw. sowie **Läger,** z. B. Silos, Speicher, Lagerhäuser, Freilager. Diese Anlagen gehören dem Spediteur selbst oder er hat sie vom Eigner der Umschlagsanlagen (z. B. dem Eigner des Hafens) gepachtet.

*Ladung löschen in Linz an der Donau, Österreich*
*Quelle: Rob de Koter*

| Binnenschifffahrts- und Binnenumschlagsspediteure arbeiten grundsätzlich auf Basis der ADSp.[1] |
|---|

---
[1] § 2 ADSp

## 4.5 Wie werden Transportketten mit dem Binnenschiff gebildet?

Binnenschifftransporte können als direkte Verkehre zwischen Versender und Empfänger durchgeführt werden, wenn sowohl der Versender als auch der Empfänger direkt an der Wasserstraße liegen. Dies ist jedoch meist nicht der Fall. Dann muss die Beförderung als gebrochener Verkehr durchgeführt werden.

### 4.5.1 Direktverkehr

Der Direktverkehr ist eine eingliedrige Transportkette, d. h. es erfolgt ein Transport vom Versand- zum Empfangspunkt, ohne dass neben dem Binnenschiff noch ein weiteres Verkehrsmittel eingesetzt werden muss. Das Binnenschiff kann beim Direktverkehr sehr wirtschaftlich verwendet werden, vorausgesetzt es handelt sich um große und gleichmäßige Gütermengen.

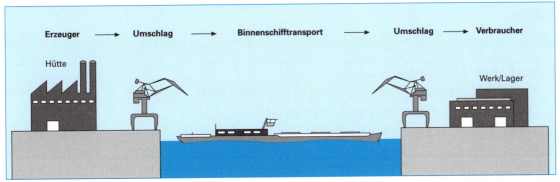

Quelle: Bundesministerium für Verkehr (Hrsg), Handbuch Güterverkehr Binnenschifffahrt, Bonn 1997

**Beispiel:**

Kontinuierliche Versorgung eines Kraftwerks mit Kohle; Transport mit einem Schubverband

**Organisation der Transportkette**

1. Umschlag der Kohle ab dem Lager des Versenders in Duisburg in Leichter
2. Transport über Rhein und Neckar im Schubverband
3. Umschlag an der Anlegestelle des Kraftwerks mit Stetigentlader
4. Leichter übernehmen die Funktion eines temporären Lagers.
5. Schubschiff nimmt die gelöschten Leichter wieder mit auf die Rückreise.

### 4.5.2 Gebrochener Verkehr

Der gebrochene Verkehr ist eine mehrgliedrige Transportkette. Bei der Transportdurchführung erfolgt mindestens ein Wechsel des Transportmittels. Als Transportmittel kommen ein Bahnwagen, ein Lkw, ein Binnen- oder Seeschiff infrage. Der Einsatz des Binnenschiffs ist jedoch nur dann von Nutzen, wenn die Kosten des zusätzlichen Umschlags sowie des Vor- und Nachlaufs durch die niedrigen Transportpreise des Binnenschiffs ausgeglichen werden.

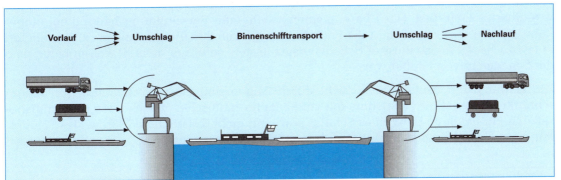

Quelle: Bundesministerium für Verkehr (Hrsg), Handbuch Güterverkehr Binnenschifffahrt, Bonn 1997

KOMBINIERTER
VERKEHR

**Kombinierter Verkehr**

Der kombinierte Verkehr ist eine Unterart des gebrochenen Verkehrs. Es werden mindestens zwei verschiedene Verkehrsmittel ohne Wechsel des Transportgefäßes eingesetzt. Häufig ist das verwendete Transportgefäß ein Container.

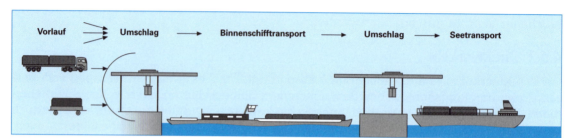

Quelle: Bundesministerium für Verkehr (Hrsg), Handbuch Güterverkehr Binnenschifffahrt, Bonn 1997

**Beispiel:**

Beförderung von zwei 20-Fuß-Containern von Stuttgart nach Tokio

**Organisation der Transportkette**

1. Abholung der beiden Container mit dem Lkw beim Werk des Verladers in Stuttgart
2. Lkw-Transport von Stuttgart nach Mannheim
3. Umschlag der Container in Mannheim mittels einer Containerbrücke auf ein Containerbinnenschiff
4. Binnenschiffstransport von Mannheim nach Rotterdam im Linienverkehr; 572 km, 2 Tage Fahrzeit (Betriebszeit Binnenschiff 24 Std./Tag)
5. Umschlag der Container vom Binnenschiff zur Zwischenlagerung auf dem Seehafen Terminal, Transport der Container auf einem Trailer zu einem anderen Terminal
6. Umschlag der Container mittels einer Containerbrücke auf das Seeschiff in Rotterdam
7. Transport der Container mit dem Seeschiff nach Japan

## 4.6 Wie werden Frachtverträge geschlossen und abgewickelt?

### 4.6.1 Rechtliche Bestimmungen

HGB

Für **nationale Frachtverträge** in der Binnenschifffahrt gilt wie bei allen anderen Frachtführern das Handelsgesetzbuch **HGB**, insbesondere §§ 407–450 (Frachtgeschäft/Allgemeine Vorschriften) und § 452 (Frachtgeschäft/Beförderung mit verschiedenartigen Beförderungsmitteln), als verbindliche Rechtsgrundlage[1]. Ausführlich wird dies im Heft 1 dieser Reihe erläutert.

BINSCHLV

Die Lade- und Löschzeiten und das Liegegeld wurden 1999 mit der **Verordnung über die Lade- und Löschzeiten sowie das Liegegeld in der Binnenschifffahrt (Lade- und Löschzeitenverordnung – BinSchLV)** geregelt. Diese Verordnung gilt, wenn nicht ausdrücklich im Frachtvertrag eine andere Vereinbarung getroffen wurde.

CMNI

Für **Frachtverträge im grenzüberschreitenden Verkehr** gilt seit dem 1. April 2005 das **Budapester Übereinkommen über den Vertrag über die Güterbeförderung in der Binnenschifffahrt (CMNI)**[2]. Von zentraler Bedeutung sind die Regelungen über die Haftung des Frachtführers für Verlust oder Beschädigung von Gütern sowie für die Überschreitung der vereinbarten Lieferfrist. Das Übereinkommen sieht eine Verschuldungshaftung mit umgekehrter Beweislast vor: Verliert der Frachtführer das von ihm übernommene Gut oder liefert er es beschädigt ab, so muss er Schadenersatz leisten, sofern er nicht beweisen kann, dass der Schaden unvermeidbar war.

Die Haftung darf grundsätzlich nicht durch Allgemeine Geschäftsbedingungen eingeschränkt werden. Eine Ausnahme gilt vor allem für nautisches Verschulden der Schiffsbesatzung, für Feuer an Bord eines Schiffes sowie für nicht feststellbare Mängel des Schiffes. Für diese Fälle kann der Frachtführer seine Haftung ausschließen.

---

[1] Von den vielen rechtlichen Bestimmungen werden nur die für unsere Zwecke wesentlichen genannt.
[2] CMNI = Convention de Budapest relative au contract de transport de marchandises en navigation interieure

Details zum Frachtvertrag können in eigenen oder allgemeinen Geschäftsbedingungen (AGB) geregelt werden, **soweit die gesetzlichen Vorschriften nicht zwingend sind**. Der Bundesverband der Deutschen Binnenschifffahrt e. V. empfiehlt seinen Mitgliedern die **Internationalen Verlade- und Transportbedingungen für die Binnenschifffahrt (IVTB)** zur Verwendung.

IVTB

### 4.6.2 Abschluss eines Frachtvertrags

**Beispiel:**

> EUROCARGO wird von der Frankenelektronik AG, Nürnberg, per Fax beauftragt einen 20-Fuß-Container mit Elektrogeräten zum Hansa Elektromarkt in Duisburg zu befördern. Der Container befindet sich bereits im Umschlaglager von EUROCARGO im Nürnberger Hafen und soll nach dem Binnenschiffstransport bei Ankunft im Hafen Duisburg dem Empfänger avisiert werden.

Zwischen EUROCARGO und der Frankenelektronik AG ist ein Speditionsvertrag zustande gekommen, sobald EUROCARGO den Auftrag annimmt. Dies ist auch stillschweigend möglich. Rechtsgrundlagen sind das HGB und die ADSp.

EUROCARGO beauftragt den Partikulier Helmut Neuss mit der Transportdurchführung, der dem Angebot zustimmt. Rechtsgrundlagen für diesen Frachtvertrag sind das HGB und die IVTB, wenn diese ausdrücklich vereinbart worden sind.

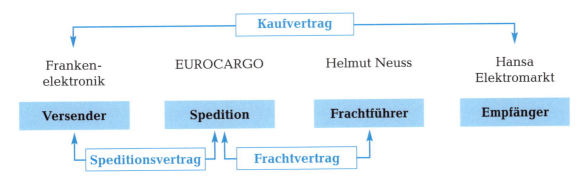

### 4.6.3 Abwicklung eines Frachtvertrags

Die Abwicklung des Frachtvertrags soll anhand des obigen Beispiels aufgezeigt werden.

#### Anzeige der Ladebereitschaft, Ladestelle

Der Absender EUROCARGO teilt dem Frachtführer Helmut Neuss die Ladestelle mit. Dies ist der Liegeplatz für das Schiff, an dem der Container auf das Schiff verladen werden soll. Der Frachtführer Helmut Neuss muss dem Absender EUROCARGO anzeigen, wann er ladebereit ist. Dies wird dann der Fall sein, wenn der Schiffer den Nürnberger Hafen erreicht. Am Tag nach der Anzeige der Ladebereitschaft beginnt die Ladezeit.

LADEBEREITSCHAFT
LADESTELLE

LADEZEIT

#### Laden/Löschen, Lade-/Löschzeit

Das Laden in das Schiff ist Aufgabe des Absenders. Nach Anweisung des Frachtführers sind die Güter zu stauen, zu trimmen (gleichmäßige Gewichtsverteilung im Schiff) und zu sichern. Das Löschen an der Löschstelle obliegt grundsätzlich dem Empfänger. Der Schiffer muss die Löschbereitschaft ankündigen, am Tag danach beginnt die Löschzeit.

LADEN

LÖSCHEN
LÖSCHZEIT

#### Dauer der Lade-/Löschzeit, Liegegeld

In der BinSchLV ist die Dauer der Lade-/Löschzeit festgelegt. Wird diese Zeit überschritten, darf der Frachtführer Liegegeld berechnen.[1] Die Höhe des Liegegeldes ist ebenfalls in der BinSchLV enthalten.

LIEGEGELD

---
[1] Das Liegegeld entspricht dem Standgeld im Güterkraftverkehr.

### Laufzeit

Je nach Motorleistung, Abladung und Fließgeschwindigkeit des Flusses fahren Binnenschiffe mit Geschwindigkeiten von 8–10 km/h in der Bergfahrt (gegen den Strom) und 18–20 km/h in der Talfahrt (mit dem Strom).

Bei den nachstehenden Fahrzeiten wird mit einem 24-Stunden-Tag gerechnet. Die Zeitangabe erfolgt in Tagen, km-Angabe = Straßenkilometer[1].

| Binnenschiffsverbindungen von und nach Rotterdam in Tagen | | | | | | | |
|---|---|---|---|---|---|---|---|
| Hafen | km | Bergfahrt | Talfahrt | Hafen | km | Bergfahrt | Talfahrt |
| Duisburg | 200 | 1,0 | 0,5 | Basel | 670 | 4,0 | 3,0 |
| Mannheim | 470 | 2,5 | 1,5 | Antwerpen | 100 | 0,5 | 0,5 |
| Karlsruhe | 535 | 2,5 | 1,5 | Wien | 1 180 | 10,0 | 9,0 |
| Berlin | 710 | 8,0 | 8,0 | Bratislava | 1 240 | 10,5 | 9,5 |
| Regensburg | 785 | 8,0 | 7,0 | Budapest | 1 435 | 11,5 | 10,5 |

### Fracht

Die Fracht umfasst den Transport ab frei gestaut Binnenschiff (Ladehafen) bis frei Ankunft Binnenschiff (Löschhafen). Alle gegenüber einem normalen Verlauf einer Schiffsreise entstehenden Mehrkosten gehen zulasten der Ware, z. B. bei Niedrig- oder Hochwasser.

> **§ 10 Fracht IVTB**
> 1. Mangels besonderer Vereinbarung umfasst die Fracht den Transport ab frei gestaut Binnenschiff (Ladehafen) bis frei Ankunft Binnenschiff (Löschhafen). Sie wird mindestens nach den in den Schiffspapieren deklarierten Bruttogewichten, Mengen oder Maßen der Güter berechnet. Werden in anderen Papieren höhere Gewichte oder Mengen ausgewiesen oder solche durch Gewichts- oder Kontrollprüfungen ermittelt, sind diese für die Frachtberechnung maßgeblich. Die Fracht ist bei Ablieferung des Gutes zur Zahlung fällig.
> 2. Die Lade-, Stau-, Befestigungs- und Löschkosten sowie alle weiteren Kosten, Auslagen und Aufwendungen sind zusätzlich zur Fracht zu vergüten, sofern sie nicht ausdrücklich in den vereinbarten Fracht- oder Übernahmesatz eingeschlossen worden sind.
> 3. Die Frachtvereinbarung hat offene und unbehinderte Schifffahrt zur Voraussetzung. Alle gegenüber einem normalen Verlauf einer Schiffsreise entstehenden Mehrkosten und Aufwendungen gehen zulasten der Ware.

### Fehlfracht

**FEHLFRACHT**
**FAUTFRACHT**

Bei einer **Fehlfracht**, auch **Fautfracht** genannt, handelt es sich um eine an die Reederei zu zahlende Entschädigung für nicht ausgenutzten Schiffsraum, wenn der Absender z. B. die für ein bestimmtes Schiff angemeldeten Güter nicht oder nur zum Teil anliefert. Neben den Bestimmungen nach HGB § 415(2) bei Kündigung durch den Absender und HGB § 416 wegen Anspruchs auf Teilbeförderung werden in den IVTB noch weitere Fälle genannt, nach denen der Frachtführer Anspruch auf Fehlfracht hat.

> **§ 11 Volle Fracht, Fehlfracht IVTB**
> 1. Der Frachtführer hat **Anspruch auf die volle Fracht**, auch wenn:
>    a) die Ladung nur teilweise geliefert wird;
>    b) Absender oder Empfänger das Ausladen der Güter im Verladehafen oder in einem Zwischenhafen verlangen;
>    c) die Fortsetzung der Reise dauernd oder zeitweilig verhindert ist (z. B. bei Eisgang);
>    d) die Reise nur teilweise ausgeführt wird, das Schiff untergeht oder sonst wie den Bestimmungsort nicht erreicht;
>    e) die Güter vernichtet, untergegangen, beschlagnahmt, eingezogen, beschädigt, vermindert oder sonst wie wertlos geworden sind.

---
[1] Quelle: Städtischer Hafenbetrieb Rotterdam

2. Der Frachtführer hat **Anspruch auf die Hälfte der Fracht**, wenn:
   a) keine Ladung geliefert wird;
   b) der Absender vor Antritt der Reise vom Vertrag zurücktritt;
   c) der Antritt der Reise dauernd oder zeitweilig verhindert ist.

### Kleinwasserzuschläge

Bei Niedrigwasser[1] können die Schiffe nicht mehr voll beladen werden, damit sie nicht auf Grund laufen. Um den Frachtausfall zumindest teilweise zu kompensieren, werden in Abhängigkeit von bestimmten Pegelständen (Wasserständen) Zuschläge zur Fracht berechnet.

**§ 12 Kleinwasserzuschläge IVTB**
1. Rhein
   a) Die vereinbarte Fracht wird um Kleinwasserzuschläge gemäß folgender Staffelsätze ohne weiteres erhöht:
   aa) im Verkehr unterhalb Duisburg[2] (inklusive) bei einem Ruhrorter Pegel von

   | Pegel | Zuschlag |
   |---|---|
   | 3,00–2,91 m | 10 % |
   | 2,90–2,81 m | 20 % |
   | 2,80–2,71 m | 30 % |
   | 2,70–2,61 m | 40 % |
   | 2,60–2,51 m | 50 % |
   | 2,50–2,41 m | 60 % |
   | 2,40–2,31 m | 70 % |
   | 2,30–2,21 m | 80 % |
   | 2,20–2,11 m | 90 % |
   | 2,10–2,01 m | 100 % |
   | 2,00–1,91 m | 110 % |
   | 1,90–1,81 m | 120 % |

## 4.6.4 Frachtbrief und Ladeschein

### Frachtbrief

Um den Frachtvertrag zu dokumentieren und die Übernahme des Gutes durch den Frachtführer zu bestätigen, kann in der Binnenschifffahrt ebenso wie im Landverkehr der Frachtführer die Ausstellung eines **Frachtbriefes** verlangen (§ 407 ff. HGB).

| Funktionen des Frachtbriefes |
|---|
| • Beweisurkunde (§ 408 Abs. 1 HGB) |
| • Sperrpapier (§ 418 Abs. 4 HGB) |
| • Warenbegleitpapier |

### Beispiel

Für die Sendung aus dem Beispiel S. 172 sollen ein Frachtbrief und alternativ ein Ladeschein ausgestellt werden. Darstellung vgl. Folgeseiten.

---

[1] Siehe auch Seite 162
[2] „Unterhalb Duisburg" bedeutet nördlich von Duisburg, also rheinabwärts.

## 4 Frachtaufträge in der Binnenschifffahrt bearbeiten

# FRACHTBRIEF

Dieser Frachtbrief ist kein Wertpapier. Er kann weder verpfändet noch übertragen werden. Die Auslieferung der Güter erfolgt ohne Vorlage bzw. Rückgabe eines Frachtbriefexemplares.
Ohne schriftlichen Auftrag wird keine Versicherung eingedeckt.

**Absender:**
Frankenelektronik AG
Lange Zeile 32
D-90419 Nürnberg

| | |
|---|---|
| Ladestelle: | Nürnberg |
| Ladetermin: | 16.01.20.. |
| Ladezeit: | dt. VO 99 |
| Begonnen: | 16.01.20.. – 9:00 h |
| Fertig: | 16.01.20.. – 12:00 h |
| Motorschiff: | Helene |

**Empfänger:**
Hansa Elektromarkt
Markt 2
D-47051 Duisburg

| | |
|---|---|
| Löschstelle: | Duisburg |
| Löschtermin: | m. b. A.[1] |
| Löschzeit: | 1 Tag |
| Schiffsführer: | Herr Neuss |

### NACH ANGABEN DES ABSENDERS BZW. AUFTRAGGEBERS

| Menge/Verpackung | Bezeichnung der Ware | Gewicht in kg |
|---|---|---|
| 1  20-Fuß-Container | Elektrogeräte | 10 500 kg |

UNVERANTWORTLICH FÜR STÜCKZAHL, MASS, GEWICHT, NUMMERN, MARKENZEICHEN, INHALT, GATTUNG, QUALITÄT, WERT, BESCHAFFENHEIT DER VERPACKUNG

| | | | |
|---|---|---|---|
| Teilladung: | NEIN | Meldung nur an 1. Löschstelle | |
| Frankatur: | FREI A/S | Zollverschluss: | |
| Laderäume: | | Bestimmungsland: | DEUTSCHLAND |
| Herkunftsland: | DEUTSCHLAND | | |
| Grenzabfertigung: | | | |
| Seeschiff/Lager: | | | |

Dem Transport liegen unser Abschluss vom 10.01.20.. und unsere Verlade- und Transportbedingungen, die wir auf Aufforderung überreichen, welche Absender, Ablader und Empfänger anerkennen, zugrunde.

| | | | |
|---|---|---|---|
| Ausgefertigt in: | Nürnberg | am: | 16.01.20.. |
| Unterschrift des Versenders | | Unterschrift der Reederei/Agentur | |

---
[1] m.b.A = melden bei Ankunft

**Wir haben empfangen von**

Frankenelektronik AG
Lange Zeile 32
D-90419 Nürnberg

**Ladestelle**

Nürnberg

**Empfänger**

Hansa Elektromarkt
Markt 2
D-47051 Duisburg

**Meldeadresse**

Hansa Elektromarkt, Duisburg

| mit Motorschiff | Schiffsführer |
|---|---|
| Helene | Herr Neuss |

**nachstehend verzeichnete Güter zum Transport**

nach     Duisburg

**Löschstelle**     anzuweisende

Antwerpener Straße 2
68219 Mannheim

Telefon +49 (0)621 70
Telefax +49 (0)621 71

# KONNOSSEMENT

Dieses Konnossement ist ein Wertpapier. Die Auslieferung der Güter erfolgt nur gegen Rückgabe des ordnungsgemäß übertragenen Original-Konnossements. Nach Erledigung des Originals gelten die übrigen Exemplare als erledigt.

Ohne schriftlichen Antrag wird keine Versicherung eingedeckt.

| Nach Angaben des Absenders bzw. Auftraggebers ||||
|---|---|---|---|
| Markierung | Menge/Verpackung | Bezeichnung der Ware | Gewicht in kg |
| 1 | 20-Fuß-Container | Elektrogeräte | 10 500 kg |

Unverantwortlich für Stückzahl, Maß, Gewicht, Nummern, Merkzeichen, Inhalt, Art, Gattung, Qualität, Zustand, Wert, Beschaffenheit der Verpackung

| Teilladung | ☒/nein | Meldetag nur an 1. Löschstelle |
|---|---|---|

**Zollabfertigung**

| Frankatur | frei A/S | Löschzeit | 1 Tag |
|---|---|---|---|
| Herkunftsland | Deutschland | Bestimmungsland | Deutschland |

Ausgefertigt in   Nürnberg     am   17.01.20..

**Unterschrift des Versenders**     **Unterschrift der Reederei/Agentur**

Wir arbeiten grundsätzlich nach den Allgemeinen Deutschen Spediteurbedingungen, jeweils neueste Fassung. **Diese beschränken in Ziffer 23 die Haftung für Güterschäden in speditionellem Gewahrsam auf EUR 5/kg,** bei Transporten mit verschiedenen Beförderungsmitteln unter Einschluss einer Seebeförderung auf 2 SZR/kg sowie darüber hinaus je Schadenfall bzw. Schadenereignis auf EUR 1 Mio. bzw. EUR 2 Mio. oder 2 SZR/kg, je nachdem, welcher Betrag höher ist. Bei allgemeinen Binnenschiffstransporten gelten unsere Verlade- und Transportbedingungen, die wir auf Anforderung überreichen und welche Absender, Ablader und Empfänger anerkennen. **Diese begrenzen nach § 17 die Haftung für Güterschäden auf 2 SZR/kg.** Bei Containerbinnenschiffstransporten gelten die Allgemeinen Geschäftsbedingungen der Helmut Neuss Binnenschifftransporte, Mannheim. **Diese sehen eine Haftung für Güterschäden bis zu 2 SZR/kg vor, soweit Ort der Übernahme und der Ort der Ablieferung des Gutes innerhalb Deutschlands liegt.** Sitz und Registergericht Mannheim HRB XXXX

### Ladeschein

**LADESCHEIN**

**KONNOSSEMENT**

Als Frachtdokument wird anstelle des Frachtbriefs in der Binnenschifffahrt der **Ladeschein** (§§ 444 ff. HGB) im Vergleich zum Güterkraftverkehr erheblich öfter verwendet. Der Ladeschein wird auch als **Konnossement**[1] bezeichnet. Der Inhalt des Ladescheins entspricht dem des Frachtbriefs (§ 444 HGB). Konnossemente werden insbesondere auch im Seeverkehr eingesetzt.[2]

**RÜCKGABE DES LADESCHEINS**

Der Frachtführer stellt den Ladeschein aus. Damit verpflichtet er sich das Gut nur gegen **Rückgabe des Ladescheins** auszuliefern. Die Ware muss demjenigen ausgehändigt werden, der als Erster ein Originalkonnossement vorlegt; das heißt, mit der Vorlage des ersten Originals verlieren die restlichen Originale ihre Wirksamkeit. Verstößt der Frachtführer gegen diese Verpflichtung, so wird er schadensersatzpflichtig.

**WARENWERT-PAPIER**

Der Ladeschein ist der Nachweis über das Eigentum an der Ware. Es handelt sich um ein sogenanntes Traditionspapier bzw. ein handelbares, begebbares **Warenwertpapier**. Der rechtmäßige Besitzer des Ladescheins ist Eigentümer des Gutes. Diese Rechtskonstruktion ist im Automobilbereich ähnlich. Der Besitzer des KFZ-Briefs gilt als Eigentümer des Autos.

---

**§ 446 HGB Legitimation durch Ladeschein**

(1) Zum Empfang des Gutes legitimiert ist derjenige, an den das Gut nach dem Ladeschein abgeliefert werden soll oder auf den der Ladeschein, wenn er an Order lautet, durch Indossament übertragen ist.

(2) Dem zum Empfang Legitimierten steht das Verfügungsrecht nach § 418 zu. Der Frachtführer braucht den Weisungen wegen Rückgabe oder Ablieferung des Gutes an einen anderen als den durch den Ladeschein legitimierten Empfänger nur Folge zu leisten, wenn ihm der Ladeschein zurückgegeben wird.

**§ 447 HGB Ablieferung und Weisungsbefolgung ohne Ladeschein**

Der Frachtführer haftet dem rechtmäßigen Besitzer des Ladescheins für den Schaden, der daraus entsteht, dass er das Gut abliefert oder einer Weisung wegen Rückgabe oder Ablieferung Folge leistet, ohne sich den Ladeschein zurückgeben zu lassen. Die Haftung ist auf den Betrag begrenzt, der bei Verlust des Gutes zu zahlen wäre.

**§ 448 HGB Traditionspapier**

Die Übergabe des Ladescheins an denjenigen, den der Ladeschein zum Empfang des Gutes legitimiert, hat, wenn das Gut von dem Frachtführer übernommen ist, für den Erwerb von Rechten an dem Gut dieselben Wirkungen wie die Übergabe des Gutes.

---

**Funktionen des Ladescheins**

- Beweisurkunde über den Abschluss des Frachtvertrags
- Empfang der Ware durch den Frachtführer
- Verpflichtung des Frachtführers, die Ware demjenigen auszuhändigen, der ein Original-Konnossement vorlegt
- Nachweis des Eigentums an der Ware (da es sich um ein Warenwertpapier handelt)

---

**MELDEADRESSE**

### Meldeadresse

Bei Orderkonnossementen gibt es oft einen Notify-Vermerk („who is to be notified"). Dies ist die Adresse des Berechtigten oder seines Spediteurs, d. h. desjenigen, dem der Frachtführer im Bestimmungshafen die Ware zur Übernahme anbieten soll (eine „arrival notice" geben soll).

---

[1] Konnossemente werden ausführlich im Kapitel „3 Frachtverträge in der Seeschifffahrt bearbeiten" besprochen.
[2] Siehe Kapitel „3 Frachtverträge in der Seeschifffahrt bearbeiten".

## Arten von Ladescheinen/Konnossementen

| Arten des Ladescheins nach dem Empfänger | |
|---|---|
| **Orderkonnossement** | Als Empfänger (Berechtigter) wird eingetragen:<br>• der Empfänger selbst und der Zusatz „oder Order" bzw.<br>• es wird kein Berechtigter genannt und das Konnossement enthält nur den Vermerk „an Order".<br><br>Der Empfänger kann seinen Herausgabeanspruch durch Indossament weitergeben. Ist kein Empfänger genannt, indossiert der Absender.<br><br>Beispiel: Auf der Vorderseite des Ladescheins steht als Empfänger: „Hansa Elektromarkt oder an dessen Order" bzw. nur „an Order".<br><br>Auf die Rückseite des Ladescheins schreibt dann der Berechtigte „Hansa Elektromarkt" bzw. der Absender „Für mich an XY" mit Unterschrift.<br><br>Der Orderladeschein ist das in der Praxis des Binnenschiffsverkehrs übliche Dokument. |
| **Namenskonnossement** | Das sind Wertpapiere, bei denen der Berechtigte (nur) der darauf Genannte ist. Die Übertragung erfolgt durch eine Zession (= Forderungsabtretung). |

ORDER-KONNOSSEMENT

NAMENS-KONNOSSEMENT

| Sonderformen von Konnossementen | |
|---|---|
| **Durchkonnossement**<br>(through bill of lading) | Ein Konnossement, das der (erste) Frachtführer ausstellt, wenn er weiß, dass er den (End-)Bestimmungshafen nicht selbst anlaufen wird, sondern die Ware in einem Zwischenhafen auf das Schiff einer anderen Reederei umgeladen wird (auch mehrmals). Dadurch wird eine durchgehende Haftung/Gesamthaftung aller Frachtführer erreicht. |
| **Reines Konnossement**<br>(clean bill of lading) | Das „clean B/L" enthält keine Vorbehalte an der Ware (clean on board). Banken akzeptieren keine B/L, auf denen ein Mängelvermerk zu finden ist. |
| **Combined-Transport-B/L** | Falls ein Transport über mehrere Verkehrsträger durchgeführt wird (Lkw/Bahn/Schiff) wird ein Combined-Transport-B/L ausgestellt. Dieses ist bankfähig. |
| **Spediteurkonnossement** (FIATA bill of lading FBL) | Das FBL wird vom Spediteur ausgestellt. Es ist bankfähig. |

DURCH-KONNOSSEMENT

REINES KONNOSSEMENT

COMBINED-TRANSPORT-B/L

SPEDITEUR-KONNOSSEMENT

## 4.7 Was ist bei Gefahrgütern zu beachten?

Für Binnenschiffstransporte gelten neben den allgemein gültigen internationalen und nationalen Bestimmungen[1] besonders folgende rechtlichen Bestimmungen:

| ADNR | Verordnung über die Beförderung gefährlicher Güter auf dem Rhein (2005) |
|---|---|
| GGVBinSch | Gefahrgutverordnung Binnenschifffahrt (national) |
| ADN | Entwurf eines europäischen Übereinkommens über die internationale Beförderung von gefährlichen Gütern auf Binnenwasserstraßen |

Im nationalen und im internationalen Verkehr sind inzwischen die Gefahrgutvorschriften weitgehend aneinander angeglichen worden. Besonders für die Abwicklung gebrochener Verkehre, bei denen verschiedene Verkehrsmittel miteinander kombiniert werden, ist dies eine große Erleichterung.

**ADNR**  Die Verordnung über die Beförderung gefährlicher Güter auf dem Rhein (**ADNR**) ist ein umfassendes Basisregelwerk. Sie enthält Vorschriften insbesondere für die Klassifizierung, Verpackung, Kennzeichnung und Dokumentation gefährlicher Güter und für den Umgang während der Beförderung. Durch Verordnung ist der Geltungsbereich der ADNR auf alle schiffbaren Binnengewässer ausgedehnt worden.

**GGVBinSch**  Die Verordnung über die Beförderung gefährlicher Güter auf Binnengewässern (Gefahrgutverordnung Binnenschifffahrt – **GGVBinSch**) ist die nationale Vorschrift für den Gefahrguttransport mit Binnenschiffen auf allen schiffbaren Binnengewässern in Deutschland. Neben der Einführung der ADNR in deutsches Recht werden unter anderem Regelungen zu Zuständigkeiten, Pflichten und Ordnungswidrigkeiten getroffen.

> Binnenschiffe gelten als sehr sicher und sind daher für Gefahrguttransporte besonders geeignet.

### Besondere Vorkehrungen zur Erhöhung der Sicherheit in der Binnenschifffahrt

- Tankschiffe für besonders gefährliche Güter müssen mit Doppelhülle gebaut werden.
- Gastanker müssen mit Druckbehältern ausgerüstet werden.
- Gefahrgutschiffe müssen bei Tag je nach Grad der Gefährdung durch ein bis drei blaue Kegel und nachts durch ebenso viele blaue Lichter gekennzeichnet werden.
- Schilder kennzeichnen besondere Liegeplätze für Gefahrgutschiffe.

*Die Spitz Amersfortia auf dem Schelde-Rhein-Kanal.*
*Eine „Spitz" ist ein Schiff für französische Kanäle und misst 39 m auf 5,05 m.*
Quelle: Rob de Koter

---
[1] vgl. hierzu die ausführliche Darstellung im Heft 1 Kapitel „Gefährliche Güter auf der Straße befördern".

## 4.8 Wie werden Transportpreise kalkuliert?

Entsprechend dem Schema bei der Ermittlung der Fahrzeugselbstkosten im Güterkraftverkehr[1] werden auch in der Binnenschifffahrt fixe und variable Einsatzkosten unterschieden. Die fixen Einsatzkosten werden als Bereithaltungskosten bezeichnet, die variablen Einsatzkosten heißen Fortbewegungskosten.

| Schema zur Ermittlung der SCHIFFSSELBSTKOSTEN[2] | |
|---|---|
| **Fixe Einsatzkosten =<br>Bereithaltungskosten** | **Variable Einsatzkosten =<br>Fortbewegungskosten** |
| • Schiffvorhaltekosten, z. B.<br>   • Personalkosten<br>   • Versicherung<br>   • Abschreibung<br>   • Zinsen<br>   • Steuern   +<br>   • Anteilige Verwaltungskosten | Beispiele:<br>   • Gasölkosten<br>   • Schmierstoffkosten<br>   • Reparaturkosten |
| = Jährliche Bereithaltungskosten | = Jährliche Fortbewegungskosten |
| Bezugsgröße: jährliche Einsatztage | Bezugsgröße: jährliche Einsatzstunden |

Aus den jährlichen Bereithaltungs- und Fortbewegungskosten werden der Tagessatz für die Bereithaltungskosten und der Stundensatz für die Bereithaltungs- und Fortbewegungskosten ermittelt.

| Bereithaltungskosten: Berechnung des Tages- und Stundensatzes | |
|---|---|
| Tagessatz: | $\dfrac{\text{Bereithaltungskosten}}{\text{Einsatztage pro Jahr}}$ |
| Stundensatz: | $\dfrac{\text{Tagessatz}}{\text{Einsatzstunden pro Tag}}$ |

| Fortbewegungskosten: Berechnung des Stundensatzes | |
|---|---|
| Stundensatz: | $\dfrac{\text{Fortbewegungskosten}}{\text{Einsatzstunden pro Jahr}}$ |

Die Selbstkosten des Schiffes ergeben sich, wenn die fixen Bereithaltungskosten und die variablen Fortbewegungskosten addiert werden.

| Schiffs-<br>selbstkosten | Tagessatz Bereithaltungskosten · Einsatztage |
|---|---|
| | + Stundensatz Fortbewegungskosten · Einsatzstunden |
| | = Schiffsselbstkosten |

---

[1] vgl. hierzu die ausführliche Darstellung im Heft 1, Kapitel „3.6 Make-or-Buy-Entscheidung"
[2] Zur besseren Übersicht handelt es sich hier um ein vereinfachtes Schema!

**Beispiel:**

Berechnung der Gesamtkosten eines Transports von 1 000 t Getreide von Minden nach Duisburg mit vorheriger Leeranfahrt ab Hannover:

Bereithaltungskosten:
Tagessatz 1.110,00 EUR; Fortbewegungskosten: Stundensatz 25,00 EUR

| 1. Bereithaltungskosten | |
|---|---:|
| Effektive Fahrzeit: | |
| Leeranfahrt Hannover – Minden | 4 Std. |
| Ladungsfahrt Minden – Duisburg | 25 Std. |
| Summe effektive Fahrzeit | 29 Std. |
| Zeit für Laden/Löschen, Meldetag: | 1,5 Tage |
| ½ gesetzliche Ladezeit für 1 000 t | 1,5 Tage |
| 1 Meldetag beim Löschen, keiner beim Laden | 1 Tag |
| Summe Lade-/Löschzeit, Meldetag | 4 Tage |
| Gesamtdauer des Transports: | |
| Effektive Fahrzeit + Zeit für Laden/Löschen, Meldetag | |
| 29 Std. + 4 Tage (29 Std : 14 Std. pro Tag = 2,1 Tage) | 6,1 Tage |
| Bereithaltungskosten: | |
| Gesamtdauer des Transports · Tagessatz | |
| 6,1 Tage · 1.100,00 EUR | 6.710,00 EUR |
| Summe Bereithaltungskosten | 6.710,00 EUR |
| **2. Fortbewegungskosten** | |
| Effektive Fahrzeit · Stundensatz | |
| 29 Std. · 25,00 EUR | 725,00 EUR |
| Summe Fortbewegungskosten | 725,00 EUR |
| **Gesamtkosten des Transports** | **7.435,00 EUR** |

| Berechnung der Kosten des Transports pro Tonne | |
|---|---:|
| Gesamtkosten des Transports : Gesamtgewicht der Ladung | |
| 7.435,00 EUR : 1 000 t | 7,44 EUR/t |
| **Kosten des Transports pro Tonne** | **7,44 EUR/t** |

**Ermittlung des Angebotspreises**

**GEWINNANTEIL**

Die Kostensätze (Tages-/Stundensatz und km-Satz) sind Selbstkosten und enthalten noch keinen **Gewinnanteil**, der daher noch gesondert für das Angebot berechnet werden muss. Der Gewinnzuschlag wird üblicherweise von den Gesamtkosten ausgehend berechnet, z. B. mit 5 % angesetzt.

Der Angebotspreis beträgt demnach in diesem Fall:

| | |
|---|---:|
| Selbstkosten | 7.435,00 EUR |
| Gewinnzuschlag 5 % | 371,75 EUR |
| **Angebotspreis:** | **7.806,75 EUR** |

## 4.9 Was ist bei einem Schadensfall zu beachten?

### 4.9.1 Allgemeine Haftungsregelungen

Der Frachtführer in der Binnenschifffahrt haftet im Wesentlichen nach den Haftungsbestimmungen im HGB, die für alle Frachtführer gelten. Vor der Transportrechtsreform war es üblich, dass sich der Frachtführer von der Haftung freizeichnete, soweit die Schäden fahrlässig verursacht worden sind. Dies ist heute gemäß HGB nur noch bei individuell ausgehandelten Verträgen möglich, nicht mehr durch allgemeine Geschäftsbedingungen wie die IVTB.[1]

Gesetzlich gelten aber bereits, wie bei allen anderen Verkehrsträgern auch, besondere Haftungsausschlussgründe (§ 427 HGB). Danach ist der Frachtführer von seiner Haftung befreit, soweit der Verlust, die Beschädigung oder die Überschreitung der Lieferfrist auf eine der folgenden Gefahren zurückzuführen ist, allerdings nur dann, wenn er alle Anweisungen des Absenders sorgfältig befolgt hat.

| Besondere Haftungsausschlussgründe (§ 427 HGB) |
| --- |
| • Vereinbarte oder der Übung entsprechende Verwendung von offenen, nicht mit Planen gedeckten Fahrzeugen oder Verladung auf Deck |
| • Ungenügende Verpackung durch den Absender |
| • Behandeln, Verladen oder Entladen des Gutes durch den Absender oder den Empfänger |
| • Natürliche Beschaffenheit des Gutes, die besonders leicht zu Schäden führt, insbesondere durch Bruch, Rost, inneren Verderb, Austrocknen, Auslaufen, normalen Schwund |
| • Ungenügende Kennzeichnung der Frachtstücke durch den Absender |
| • Beförderung lebender Tiere |

| Übersicht über die Haftung in der Binnenschifffahrt gemäß §§ 425 ff. HGB ||
| --- | --- |
| Haftungsprinzip | Gefährdungshaftung |
| Höchsthaftung | Schäden aus Verlust/Beschädigung (8,33 SZR für jedes Kilogramm des Rohgewichts der Sendung) |
| | Schäden aus Lieferfristüberschreitung (max. dreifache Fracht) |
| | Sonstige Vermögensschäden (max. dreifacher Betrag wie bei Verlust) |
| Güterfolgeschäden | Keine Haftung |

| Haftungshöchstgrenzen nach § 16 IVTB ||
| --- | --- |
| Verlust und Beschädigung | Max. 10,00 EUR je kg bzw. 200,00 EUR je Packstück oder Frachteinheit, Höchstbetrag 500.000 EUR; |
| | • Ist deutsches Recht anwendbar, höchstens 2 SZR je kg |
| Lieferfristüberschreitung bei Terminvereinbarung | Maximal vereinbarte Fracht |

---

[1] vgl. Lorenz, Leitfaden für Spediteure und Logistiker in Ausbildung und Beruf, 20. Auflage, S. 423

| Haftungshöchstgrenzen nach Artikel 20 CMNI ||
|---|---|
| **Verlust und Beschädigung** | Max. 666,67 SZR je Packung oder andere Ladungseinheit oder 2 SZR je kg, je nachdem welcher Betrag höher ist |
| | Handelt es sich bei der Packung oder Ladungseinheit um einen Container, so gelten 1.500 SZR statt 666,67 SZR für den Container und zusätzlich max. 25.000 SZR für die im Container verstauten Güter. |
| **Lieferfristüberschreitung bei Terminvereinbarung, Verspätungsschaden** | Maximal vereinbarte Fracht |

**Der Absender kann sich gegen sein Schadensrisiko durch den Abschluss einer Transportversicherung schützen.**

### Auszug aus den IVTB

#### § 15 Haftung des Frachtführers

1. Der Frachtführer haftet für Verlust oder Beschädigung der Güter nur in dem Zeitraum nach Beendigung der Beladung und Stauung aller an der Ladestelle zu übernehmenden Güter bis zum Beginn des Löschens.

2. Der Frachtführer haftet nicht
   für Verlust oder Beschädigung der Güter, über deren Natur oder Wert der Absender, Auftraggeber oder Empfänger falsche oder unvollständige Angaben gemacht oder die er ungenügend oder unzulänglich gekennzeichnet hat, oder sonstige Nachteile ohne Rücksicht auf Schadensursache oder Verschulden;

   b) wenn er darlegt, dass Verlust, Beschädigung, Verspätung oder sonstige Nachteile die Folge von Umständen oder Ereignissen sind, welche er oder die in § 2 Abs. 2 benannten Personen lediglich fahrlässig verursacht haben;

   c) bei anfänglicher Fahr- oder Ladeuntüchtigkeit des Schiffes, falls ein gültiges Schiffsattest einer Schiffsuntersuchungskommission oder ein gültiges Attest einer anerkannten Klassifikationsgesellschaft vorliegt und der fahr- oder ladeuntüchtige Zustand des Schiffes bei Anwendung der Sorgfalt eines ordentlichen Frachtführers nicht erkannt werden konnte;

   d) für Verlust oder Beschädigung der Güter, Aufenthalt oder Verspätung oder sonstige Nachteile infolge nautischen Verschuldens, insbesondere Zusammenstoß, Anfahrung, Festfahrung, Scheitern, Bersten, Kentern, Strandung oder Untergang des Schiffes sowie Feuer, Explosionen und Wellenschlag, soweit nicht Vorsatz oder grobe Fahrlässigkeit seiner leitenden Angestellten vorliegt;

   e) für Behandlung, Verladen, Verstauen oder Ausladen des Gutes durch die Ladungsbeteiligten oder die Personen, die für sie handeln;

   f) für natürliche Beschaffenheit gewisser Güter, derzufolge sie gänzlichem oder teilweisem Verlust oder Beschädigung, insbesondere durch Bruch, Rost, inneren Verderb, Austrocknen, Auslaufen, normalen Schwund oder Einwirkung von Ungeziefer oder Nagetieren ausgesetzt sind;

   g) bei Durchkonnossementen für die Transportstrecken, die nicht von ihm ausgeführt werden;

3. Hat bei der Entstehung des Schadens ein Verhalten des Absenders oder des Empfängers oder ein besonderer Mangel des Gutes mitgewirkt, so hängen die Verpflichtung zum Ersatz sowie der Umfang des zu leistenden Ersatzes davon ab, inwieweit diese Umstände zu dem Schaden beigetragen haben.

#### § 16 Umfang der Haftung

1. Die Ersatzleistung des Frachtführers bei Verlust oder Beschädigung der Güter sowie bei Verspätungsschäden und Vermögensschäden bestimmt sich aufgrund der nachstehenden Bestimmungen, soweit nicht zwingende gesetzliche Bestimmungen entgegenstehen. Für den nationalen Verkehr gelten hinsichtlich des Umfangs der Haftung bei Verlust oder Beschädigung, Verspätungsschäden oder Vermögensschäden die jeweiligen gesetzlichen Bestimmungen.

2. Die Haftung für Verlust oder Beschädigung der Güter ist auf den Betrag von 10,00 EURO je 100 kg oder auf 200,00 EURO für jedes Packstück oder jede Frachteinheit beschränkt. Insgesamt haftet der Frachtführer für alle auf dem Schiff verladenen Güter nur mit einem Höchstbetrag von 500.000 EURO mit der Maßgabe, dass dieser Betrag zwischen mehreren Ladungsbeteiligten, die von dem Gesamtschadensereignis betroffen sind, im Verhältnis der Haftungssummen zueinander aufzuteilen ist. Wird ein Behälter, eine Palette oder ein ähnliches Pack-/Lademittel verwendet, so gilt diese Beförderungseinheit als ein Packstück.

   *Falls auf den Frachtvertrag deutsches Recht anwendbar ist, wird die vom Frachtführer zu leistende Entschädigung wegen Verlust oder Beschädigung des Gutes auf zwei Rechnungseinheiten begrenzt.*
   *Rechnungseinheit je Kilogramm ist das vom Internationalen Währungsfonds festgelegte Sonderziehungsrecht.*

3. Für Manko, Mindergewicht oder Mindermaß, welches 2 % des Gesamtgewichtes oder Maßes der betreffenden Partie nicht übersteigt, wird vorbehaltlich abweichender Handelsbräuche nicht gehaftet.

4. Wird ein vereinbarter Termin nicht eingehalten, beschränkt sich die Ersatzleistung auf den Betrag der für die Sendung vereinbarten Fracht.

## 4.9.2 Havarie

Unter Havarie (Haverei) versteht man alle durch Unfall verursachten Beschädigungen an einem Schiff und/oder seiner Ladung sowie die dadurch verursachten Kosten (z. B. auch Lotsengeld, Hafengeld, Leuchtfeuergeld, Schleppgeld usw.).

Die Rechtsgrundlage für die Havarie sind das HGB und das Binnenschifffahrtsgesetz (BinSchG). Die Bestimmungen sind weitgehend identisch mit den Vorschriften für die Seeschifffahrt.

> **§ 78 BinSchG**
> (1) Große Haverei sind alle Schäden, welche einem Schiff oder der Ladung desselben oder beiden zum Zweck der Errettung beider aus einer gemeinsamen Gefahr von dem Schiffer oder auf dessen Geheiß vorsätzlich zugefügt werden, sowie auch die durch solche Maßregeln ferner verursachten Schäden einschließlich des Verlusts der Fracht für aufgeopferte Güter, desgleichen die Kosten, welche zu dem bezeichneten Zweck von dem Schiffer oder nach seiner Anweisung von einem der Ladungsbeteiligten aufgewendet werden.
> (2) Die große Haverei wird von Schiff und Ladung gemeinschaftlich getragen; die Havereiverteilung tritt jedoch nur ein, wenn sowohl das Schiff als auch die Ladung, und zwar jeder dieser Gegenstände entweder ganz oder teilweise, wirklich gerettet worden sind.
> (3) Alle nicht zur großen Haverei gehörigen, durch einen Unfall verursachten Schäden und Kosten (besondere Haverei) werden von den Eigentümern des Schiffes und der Ladung, von jedem für sich allein, getragen.

**GROSSE HAVARIE**

Die **große Havarie** (Havarie grosse) regelt im Grundsatz die Verteilung von außergewöhnlichen Kosten zwischen Schiff und Ladung, die durch eine Rettung aus gemeinsamer Gefahr anfallen. Diese Kosten entstehen entweder direkt durch Aufwendungen (z. B. Schlepplohn) oder anlässlich bewusst mit Rettungsmaßnahmen durch die Schiffsführung herbeigeführter oder geduldeter Schäden am Schiff und/oder seiner Ladung (z. B. Seewurf von Deckladung).

Der großen Havarie liegt der in seinen Grundzügen bis in die Antike zurückreichende Rechtsgedanke der Gefahrengemeinschaft zugrunde, bei der außergewöhnliche Aufwendungen und Opfer zur Abwendung einer allen Beteiligten einer Seereise drohenden Gefahr auch von allen gemeinsam getragen werden müssen und nicht nur vom zufällig unmittelbar Betroffenen allein.

> Havarie grosse sind Aufwendungen bzw. Schäden, die vom Schiffsführer veranlasst werden, um Schiff und Ladung aus einer gemeinsamen Gefahr zu retten.

**DISPACHEUR**

Die Havarie-grosse-Kosten werden von einem **Dispacheur** ermittelt und über die Dispache verteilt. Lagen alle Voraussetzungen eines echten Havarie-grosse-Falles vor, müssen die durch Aufopferung entstandenen Schäden ermittelt und auf die Beteiligten im Verhältnis ihrer geretteten Werte aufgeteilt werden. Diese Aufgabe der Ermittlung der maßgeblichen Werte und ihrer Beteiligung wird i. d. R. durch einen als „Dispacheur" bezeichneten Spezialisten wahrgenommen, der einen Verteilungsplan („Dispache") erstellt („aufmacht"). Ein Dispacheur fungiert dabei als spezialisierter Sachverständiger. Er wird im Regelfall vom Reeder beauftragt, seine Gebühren zählen zu den Havarie-grosse-Kosten.

> **Der Schaden, der aus der Havarie grosse entsteht, wird prozentual aufgeteilt nach dem Wert von Schiff und Ladung.**[1]

**DISPACHE**

| Hauptbestandteile einer Dispache |
|---|
| • Darstellung des Unfallherganges |
| • Kostenaufstellung der Havarie grosse |
| • Aufstellung der beitragspflichtigen Werte von Schiff und Ladung |
| • Abrechnung der Beiträge und Vergütungen |

---

[1] Nach § 700 Abs. 2 HGB tragen im Seehandelsrecht Schiff, Fracht und Ladung zur Havarie grosse bei, nach § 78 BinSchG nur Schiff und Ladung. Die Fracht soll nach dem Willen des Gesetzgebers dem Schiffseigner eines Binnenschiffes ungeschmälert zustehen.

**KLEINE HAVARIE**

Die **kleine Havarie** beinhaltet alle Kosten, die im Zusammenhang mit einem Schiffstransport anfallen. § 621 HGB erwähnt hierzu u. a. Lotsengeld, Hafengeld, Leuchtfeuergeld, Schlepplohn, Quarantänegelder. Derartige Kosten sind, wenn nicht vertraglich etwas anderes vereinbart ist, vom Frachtführer alleine zu tragen. Sie sind nicht versicherbar, da sie regelmäßig, also unabhängig von einem Schadensfall, anfallen. In der Praxis berücksichtigt der Frachtführer diese Kosten bereits bei der Kalkulation seiner Fracht, sodass sie anteilig von den Ladungsinteressenten getragen werden.

**BESONDERE HAVARIE**

Zur **besonderen Havarie** zählt das BinSchG (§ 78 [3]) alle durch einen Unfall verursachten Schäden und Kosten, soweit sie nicht zur großen oder kleinen Havarie gehören. Es handelt sich also um Schäden infolge eines Unfalls, ohne dass eine gemeinsame Gefahr für Schiff und Ladung bestand oder keine Rettung von Schiff und Ladung möglich war (§ 78 [2]) BinSchG.

| Havariearten | Beschreibung | Schadensverteilung |
|---|---|---|
| **Große Havarie (Havarie grosse)** | Aufwendungen bzw. Schäden, die vom Schiffsführer veranlasst werden, um Schiff **und** Ladung aus einer **gemeinsamen** Gefahr zu retten. | Nach dem Wert von Schiff und Ladung (ohne Fracht) |
| **Besondere Havarie** | Unfallbedingte Schäden und Kosten, wenn keine Havarie grosse vorliegt | Jeder Geschädigte muss seinen Schaden selbst tragen. |
| **Kleine Havarie** | Kein Schadensfall, sondern sonstige Schiffskosten wie Lotsengeld, Hafengeld | Schiffseigner |

**VERSICHERUNGS-MÖGLICHKEIT**

**Versicherungsmöglichkeit** gegen das Schadensrisiko aus einer großen oder einer besonderen Havarie:

Schiffseigner: Fluss-Kaskoversicherung
Ladungseigentümer: Transportversicherung

### 4.9.3 Anzeige von Schäden

**Verpflichtung zur Schadensanzeige**

**SCHADENSANZEIGE (§ 438 HGB)**

Es ist Aufgabe des Empfängers oder des Absenders, den Schaden anzuzeigen. Erfolgt die **Schadensanzeige** nicht, so wird vermutet, dass die Sendung in vertragsgemäßen Zustand abgeliefert worden ist (§ 438 HGB).

**Inhalt und Form der Schadensanzeige**

Die Schadensanzeige ist **schriftlich** zu erstatten. Zur Wahrung der Frist genügt die rechtzeitige Absendung (§ 438 HGB).

## Zeitpunkt der Schadensanzeige

Für den Zeitpunkt der Schadensanzeige gelten die Bestimmungen gemäß HGB bzw. die besonderen Vereinbarungen, z. B. IVTB.

| Gesetzliche Regelung (§ 438 HGB/Art. 23 CMNI) | Vertragliche Regelung (§ 17 IVTB) |
|---|---|
| **Verlust oder Beschädigung des Gutes** | **Verlust, Beschädigung oder Verwechslung des Gutes, Verspätung usw.** |
| Äußerlich erkennbarer Schaden: bei Ablieferung des Gutes<br><br>Äußerlich nicht erkennbarer Schaden: innerhalb von 7 Tagen nach Ablieferung | Äußerlich erkennbarer Schaden: bei Ablieferung des Gutes<br><br>Äußerlich nicht erkennbarer Schaden: sofort bei Entdeckung, spätestens binnen 3 Werktagen nach Ablieferung |
| **Lieferfristüberschreitung** | |
| Innerhalb von 21 Tagen nach Ablieferung | Bei Ablieferung des Gutes |

*Der Schubverband Camaro*
*Quelle: Rob de Koter*

## Fallstudie 1: Tourenplanung und zeitliche Disposition von Binnenschiffstransporten

### Situation:

Sie sind bei der Spedition EUROCARGO, Hafenstraße 1, 90137 Nürnberg, beschäftigt und arbeiten dort in der Abteilung Binnenschifffahrtsspedition. Die Nürnberger Zentrale von EUROCARGO disponiert europaweit Aufträge auch für die Filialen des Konzerns. EUROCARGO verfügt über keinen eigenen Schiffsraum, arbeitet aber mit verschiedenen Reedereien und Partikuliergenossenschaften zusammen.

Heute liegen Ihnen verschiedene Beförderungsaufträge zur Disposition vor.

| Auftr.-Nr. | Versandhafen | Empfangshafen | Transportgut | Verpackung/Anzahl | Gewicht in t |
|---|---|---|---|---|---|
| 20-110 | Duisburg | Basel | Recyclingglas | Schüttgut | 2 400 |
| 20-111 | Rotterdam | Mannheim | Getreide | Schüttgut | 10 000 |
| 20-112 | Mannheim | Rotterdam | Sattelauflieger | 4 Stück | 80 |
| 20-113 | Regensburg | Duisburg | Altpapier | Paletten | 1 300 |
| 20-114 | Karlsruhe | Rotterdam | 20-Fuß-Cont. | 4 Container | 70 |
| 20-115 | Hamburg | Magdeburg | Diesel | Tankgut | 1 000 |

Zur Erledigung der Aufträge haben Sie die Wahl zwischen folgenden Schiffen:

1. Schubverband, Schubschiff mit 2 Leichtern, Ladekapazität je Leichter 2 500 t, Reederei Kranich
2. Schiff „Anna", Klasse Europaschiff, Partikulier Hans Moser
3. Containerschiff „Morgenstern", Typ „Johann Welker", Continue-Einsatz möglich, Reederei Mannes
4. Schiff „Helmut Moser", Großes Rheinschiff, Ladekapazität 2 500 t, Continue-Einsatz möglich, Reederei Frisch
5. Tankschiff „Magdalena", Typ „Johann Welker", Ladekapazität 1 000 t, Partikulier Johannsen
6. Ro/Ro-Schiff „Stadt Köln", Typ „Johann Welker", Continue-Einsatz möglich, Reederei Mannes

**Aufgabe 1**

Erstellen Sie einen übersichtlichen Dispositionsplan, in dem Sie den Aufträgen die passenden Schiffe zuordnen, und berechnen Sie die ungefähre Transportdauer in Tagen. Für die Berechnung unterstellen Sie eine Fahrzeit von 12 Std./Tag und 24 Std. im Continue-Einsatz.

**Aufgabe 2**

Welche Wasserstraßen befahren die Schiffe?

## 4 Frachtaufträge in der Binnenschifffahrt bearbeiten

## Fallstudie 2: Abwicklung eines Transportauftrages

### Situation:

Die Spedition EUROCARGO soll im Auftrag des Kunden BayLag 1 000 t Getreide (lose) aus deren Lagerhaus in der Hafenstraße 25, 90419 Nürnberg, zur Getreidemühle „Goldmehl" in Emmerich, Am Hafen 10, verschiffen. Mit der Transportdurchführung beauftragen Sie den Partikulier Helmut Meier. Bei Ankunft des Schiffes in Emmerich soll sich der Schiffer bei der Spedition Rasch, Zunftgasse 2, Emmerich, Tel. 02822 45911, melden. Als Frachtdokument wird ein Ladeschein vereinbart.

### Aufgabe 1
Welcher Schiffstyp wird für den Transport benötigt?

### Aufgabe 2
Welche Wasserstraßen muss das Schiff befahren?

### Aufgabe 3
Der Partikulier Helmut Meier trifft mit seinem Schiff „Schönbord", Tragfähigkeit 1 350 t, am Sonntag in Nürnberg ein und hat seine Ladebereitschaft für diesen Tag angezeigt. Wann beginnt die Ladezeit?

### Aufgabe 4
Wer ist für die Beladung des Schiffes verantwortlich und wer trägt die Kosten?

### Aufgabe 5
Wie lange beträgt die gesetzliche Ladezeit?

### Aufgabe 6
Die Beladung ist am Dienstag um 18:00 Uhr abgeschlossen. Darf Helmut Meier Liegegeld berechnen? Bei einer positiven Antwort ist das Liegegeld zu berechnen.

### Aufgabe 7
Wann wird der Transport voraussichtlich Emmerich erreichen? Die Tageseinsatzzeit beträgt 12 Stunden. Das Schiff legt am Mittwoch Morgen in Nürnberg ab.

### Aufgabe 8
Als Transportdokument wurde ein Orderlagerschein vereinbart. Was muss Helmut Meier bei der Übergabe der Ware vom Empfänger verlangen?

### Aufgabe 9
Welchen Vorteil bietet die Angabe einer Meldeadresse, wenn während des Transports die Ware weiterverkauft worden ist?

---

**Auszug aus der BinSchLV: Abschnitt 1 Trockenschifffahrt**

§ 1 Beginn der Ladezeit
(1) Hat der Frachtvertrag die Beförderung von anderen als flüssigem oder gasförmigem Gut zum Gegenstand, so beginnt die Ladezeit nach Ablauf des Tages, an dem der Frachtführer die Ladebereitschaft dem Absender oder der vereinbarten Meldestelle anzeigt. (...)

§ 2 Dauer der Ladezeit
(1) Die Ladezeit beträgt eine Stunde für jeweils 45 Tonnen Rohgewicht der für ein Schiff bestimmten Sendung. Als ein Schiff im Sinne von Satz 1 ist auch ein Schub- oder Koppelverband anzusehen.
(2) Bei der Berechnung der Ladezeit kommen folgende Zeiten nicht in Ansatz:
1. Sonntage und staatlich anerkannte allgemeine Feiertage an der Ladestelle,
2. an Werktagen die Zeit zwischen 20:00 Uhr und 6:00 Uhr, (...)

§ 3 Löschzeit
Für die Bestimmung des Beginns der Entladezeit (Löschzeit) sowie ihrer Dauer sind die §§ 1 und 2 entsprechend mit der Maßgabe anzuwenden, dass an die Stelle des Absenders der Empfänger tritt.

§ 4 Liegegeld
(1) Das dem Frachtführer geschuldete Standgeld (Liegegeld) beträgt bei einem Schiff mit einer Tragfähigkeit bis zu 1 500 Tonnen für jede angefangene Stunde, während der der Frachtführer nach Ablauf der Lade- oder Löschzeit wartet, 0,05 Euro je Tonne Tragfähigkeit. Bei einem Schiff mit einer Tragfähigkeit über 1 500 Tonnen beträgt das für jede angefangene Stunde anzusetzende Liegegeld 75 Euro zuzüglich 0,02 Euro für jede über 1 500 Tonnen liegende Tonne. (...)

## Fallstudie 3: Kalkulation der Schiffskosten

### Situation:

Die Reederei Nautilus hat den Auftrag übernommen, 90 000 t Kohle von Rotterdam nach Duisburg zu befördern (Entfernung 240 km). Zur Wahl für die Beförderung stehen ein Großes Rheinschiff mit einer Ladekapazität von 3 000 t und ein Schubverband, bestehend aus einem Schubboot (SB) und 4 Schubleichtern (SL), Tragfähigkeit jeweils 2 500 t.

Führen Sie die Kalkulation für die beiden Alternativen durch. Aus der Buchhaltung liegen Ihnen folgende Daten vor:

|  | Motorgüterschiff | Schubverband |
|---|---|---|
| Geschwindigkeit zu Berg | 10 km/h | 8 km/h |
| Geschwindigkeit zu Tal | 24 km/h | 20 km/h |
| Aufenthaltszeiten je Reise (unterwegs und beim Laden/Löschen) | 36 h | SB 6 h<br>SL Umschlag je 20 h |
| Fixkostensatz | 80,00 EUR/h | SB 140,00 EUR/h<br>Je SL 14,00/h |
| Energieverbrauch je Fahrstunde | 30,00 EUR | 150,00 EUR |

Eine Reise besteht immer aus einer Hin- und einer Rückfahrt. Das Schubboot fährt nach Abkopplung der Leichter in Duisburg mit vier anderen leeren Leichtern nach Rotterdam zurück.

**Aufgabe 1**

Ermitteln Sie die Dauer einer Reise in Stunden

a) für das Motorschiff,

b) für den Schubverband.

**Aufgabe 2**

Ermitteln Sie die Fixkosten für eine Reise

a) für das Motorschiff,

b) für den Schubverband.

**Aufgabe 3**

Ermitteln Sie die Energiekosten für eine Reise

a) für das Motorschiff,

b) für den Schubverband.

**Aufgabe 4**

Ermitteln Sie die Selbstkosten je Tonne

a) für das Motorschiff,

b) für den Schubverband.

**Aufgabe 5**

Nennen Sie Bestandteile der fixen Einsatzkosten.

**Aufgabe 6**

Soll die Kohle mit dem Motorgüterschiff oder mit dem Schubverband befördert werden? Begründen Sie Ihre Entscheidung.

**Aufgabe 7**

Der Schubverband wird im Continue-Einsatz genutzt. Beschreiben Sie diese Einsatzform.

## Fallstudie 4: Abrechnung von Transportaufträgen

### Situation:

Sie sind in der Abrechnungsabteilung von EUROCARGO beschäftigt. Es liegen Ihnen Unterlagen von mehreren durchgeführten Binnenschiffstransporten vor, die Sie bearbeiten sollen.

Mit ihren Kunden hat EUROCARGO folgendes Abrechnungsschema vereinbart:

|   | **Grundfracht** |
|---|---|
| – | Marge (bezogen auf die Grundfracht) |
| + | Gasölzuschlag (wird berechnet, wenn der Treibstoffpreis steigt) |
| = | **Zwischenergebnis** |
| + | KWZ (Kleinwasserzuschlag) |
| = | **Zwischenergebnis** |
| + | öffentlich-rechtliche Abgaben (Schifffahrtsabgaben, Hafengeld usw.) |
| = | **Nettowert** |

Die Abrechnung erfolgt spitz, d. h., Tonnen werden mit 3 Nachkommastellen gerechnet, Währungsbeträge mit 2 Nachkommastellen. Berechnen Sie die Frachten ohne Mehrwertsteuer.

### Aufgabe 1

Eine Ladung mit 1 150 400 kg Getreide wurde befördert, der vereinbarte Frachtsatz beträgt 4,28 EUR/t. Berechnen Sie die Grundfracht.

### Aufgabe 2

Eine Sendung Koks, 1 500 t, wurde von Rotterdam nach Duisburg befördert. Der Pegel in Duisburg zeigte einen Wasserstand von 2,75 m. Der vereinbarte Frachtsatz beträgt 3,28 EUR/t. Berechnen Sie die Fracht.

### Aufgabe 3

Für eine Sendung Metallabfälle, 987 t, wurde ein Frachtsatz von 4,50 EUR/t vereinbart. Es wird eine Marge von 5 % auf die Grundfracht gewährt. Wegen Niedrigwassers beträgt der KWZ 20 %. Berechnen Sie die Fracht.

## Fallstudie 5: Schäden im Binnenschiffsverkehr bearbeiten

### Situation:

Sie sind in der Schadensabteilung von EUROCARGO beschäftigt. Ihr Abteilungsleiter beauftragt Sie bei den folgenden Schadensfällen zu prüfen, ob ein Schadensersatzanspruch besteht. Nennen Sie die Rechtsgrundlage für Ihre Entscheidung und berechnen Sie die Höhe des Schadensersatzes, falls der Anspruch berechtigt ist. Für alle Binnenschiffstransporte gelten die IVTB.

### Aufgabe 1

Sperrige Maschinenteile eines Versenders wurden vereinbarungsgemäß auf dem Deck eines Binnenschiffes befördert. Bei der Entladung zeigt sich Rost an verschiedenen Stellen, der Schaden für die Nachbehandlung beträgt 3.000,00 EUR. Das Gewicht der Teile beträgt 50 t.

### Aufgabe 2

Eine Sendung mit Bauteilen im Gewicht von 75 t ist während eines innerdeutschen Transportes beschädigt worden, der Schaden beläuft sich auf 100,00 EUR.

### Aufgabe 3

Eine Sendung Kies wog bei der Beladung des Schiffes 1 200 t, bei der Entladung aber nur noch 1 180 t. Der Ladungseigentümer fordert Ersatz für die fehlenden 20 t Kies.

### Aufgabe 4

Mit dem Absender einer Ladung chemischer Produkte, 450 t, Wert 25.000,00 EUR, vereinbarte Fracht 700,00 EUR, wurde im Frachtbrief als Ankunftstermin fest der Mittwoch vereinbart, die Sendung kam jedoch erst am Freitag an. Der Absender macht wegen der Verspätung einen Schaden wegen Produktionsausfalls in Höhe von 900,00 EUR geltend.

### Aufgabe 5

Für eine Beförderung, bei der das Rheintal von Mainz nach Koblenz durchfahren wurde, musste zur Sicherheit ein Lotse eingesetzt werden. Ein Rechnungsempfänger beschwert sich, dass ihm das Lotsengeld in Rechnung gestellt worden ist.

### Aufgabe 6

Ein Dispacheur hat bei einem Schiffsunfall, bei dem ein Teil der Ladung vernichtet worden ist, „große Havarie" festgestellt. Der Gesamtwert der Ladung betrug 100.000,00 EUR, die beschädigte Ware hat einen Wert von 60.000,00 EUR. Der Wert des unbeschädigten Schiffes beträgt 200.000,00 EUR. Sonstige Kosten sind nicht angefallen. Berechnen Sie den Anspruch des Ladungseigentümers.

## Wiederholungsfragen

1. Der Main-Donau-Kanal ermöglicht einen Transport mit dem Binnenschiff zwischen zwei Meeren. Welche sind es?
2. Wie viele Lkw-Fahrten wären nötig, um genauso viele Container zu befördern wie ein großes Binnenschiff bei maximaler Auslastung?
3. Was ist ein Pegel?
4. Wozu dienen Freihäfen? Nennen Sie zwei deutsche Freihäfen im Binnenland.
5. Stellen Sie mittels einer Mindmap übersichtlich die Vorteile und die Nachteile der Binnenschifffahrt dar.
6. Durch welchen internationalen Vertrag wird in der Binnenschifffahrt die Abgabenfreiheit auf dem Rhein und seinen Nebenflüssen garantiert?
7. Warum schließen sich viele Partikuliere in Genossenschaften zusammen?
8. Was ist ein Befrachter in der Binnenschifffahrt?
9. Welches Gesetz regelt die Haftung im nationalen Binnenschiffsverkehr?
10. Welche Rechtsgrundlage mit Gesetzescharakter regelt den Frachtvertrag im internationalen Binnenschiffsverkehr?
11. Was versteht man unter „abladen" und „löschen" eines Binnenschiffs?
12. Wann wird Liegegeld berechnet? Wer erhält das Liegegeld?
13. Ein Absender tritt vor Antritt der Reise vom Frachtvertrag zurück. Darf der Frachtführer dennoch eine Fracht berechnen, wenn die IVTB vereinbart worden sind? Wie bezeichnet man diese Art von Fracht?
14. Wie kann das Eigentum an einer Schiffssendung bei einem Verkauf übertragen werden, wenn ein Orderladeschein ausgestellt wurde?
15. In welchem Gesetzeswerk müssen Sie nachschlagen, wenn Gefahrgüter mit dem Binnenschiff von Basel nach Rotterdam zu befördern sind?
16. Was versteht man unter einen Dispacheur?

# 5 Frachtaufträge in der Luftfracht bearbeiten

## 5.1 Wie entwickelt sich das Luftfrachtaufkommen voraussichtlich in den nächsten Jahren?

Bis Mitte der Fünfzigerjahre spielte das Flugzeug für den Gütertransport nahezu keine Rolle. Nur für Notfallsendungen wurde die damals recht teuere Luftfracht eingesetzt. Erst in den Siebzigerjahren stieg das Luftfrachtaufkommen kontinuierlich an.

Die Zukunftsprognosen gehen für die kommenden Jahre von steigenden Frachtzahlen aus. Gründe hierfür sind sicherlich u. a.

- die zunehmende internationale Arbeitsteilung und Globalisierung der Märkte,
- die Tatsache, dass der Anteil der hochwertigen Güter am Außenhandel ständig steigt und
- dass der Zeitaspekt beim Warenhandel eine immer wichtigere Rolle spielt.

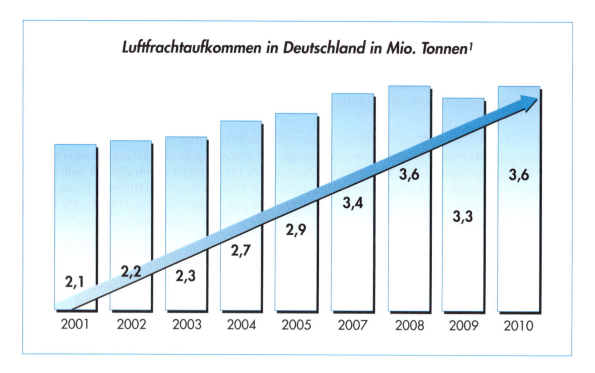

Den stärksten Anstieg erlebte die Luftfracht im Jahr 2004, in dem das Aufkommen in Deutschland um fast 18 % zunahm. 2005 und 2006 hatte sich das Wachstum des Luftfrachtaufkommens gegenüber 2004 abgeschwächt, lag aber über dem langjährigen Durchschnitt. So betrug der Zuwachs 2005 ca. 8 % und lag 2006 sogar bei 9 %. Im Jahr 2009 kam es auf Grund des Wirtschaftskrise zu einem starken Einbruch. Aber bereits im ersten Halbjahr 2010 meldeten die Fluggesellschaften starke Zuwachszahlen. Das größte Wachstum wird im Warenaustausch mit dem asiatisch-pazifischen Raum erwartet.

Auf internationalen Strecken gibt es für viele Güter aus Zeitgründen keine Alternative zur Luftfracht, sodass unabhängig von der konjunkturellen Entwicklung auch für die kommenden Jahre ein Anstieg des Luftfrachtaufkommens erwartet wird. Man rechnet in Zukunft mit jährlichen Zuwachsraten von 5 bis 6 %.

Der Anstieg des Luftfrachtaufkommens hat sicherlich seine Ursache u. a. auch in den Vorteilen, die der Transport mit dem Flugzeug bietet. Deshalb sind hier die wichtigsten Vor- und Nachteile zusammengefasst:

---

[1] Quelle: Statistisches Bundesamt Deutschland, www.destatis.de

| Vor- und Nachteile des Gütertransports mit dem Flugzeug ||
|---|---|
| Vorteile | • Schnelligkeit<br>• Relativ hohe Sicherheit (sowohl in Bezug auf Unfälle als auch in Bezug auf das Handling mit der Ware)<br>• Das bedeutet Verpackungsersparnis vor allem im Vergleich zur Seefracht.<br>• Relativ hohe Netzdichte, d. h. hohe Anzahl von Flughäfen, die anders als Seehäfen, im Land verteilt sind, was evtl. einen kürzeren Vor- bzw. Nachlauf zur Folge hat.<br>• Niedrigere Kapitalbindungskosten[1]<br>• Relativ hohe Zuverlässigkeit |
| Nachteile | • Begrenzung hinsichtlich Gewicht und Volumen<br>• Hohe Frachtkosten<br>• Eventuell witterungsabhängig (z. B. Nebel, Vereisungsgefahr) |

VOR- UND NACHTEILE DES GÜTERTRANSPORTS MIT DEM FLUGZEUG

Einer der entscheidenden Vorteile ist dabei sicherlich die Schnelligkeit, wie folgende Gegenüberstellung verdeutlicht.

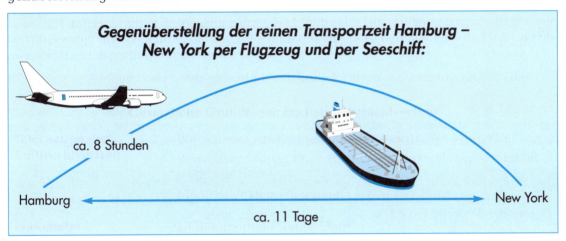

Gegenüberstellung der reinen Transportzeit Hamburg – New York per Flugzeug und per Seeschiff:
Hamburg – ca. 8 Stunden – New York
ca. 11 Tage

Aufgrund der Vorteile der Luftfrachtbeförderung bietet sich der Transport mit dem Flugzeug vor allem für folgende Güter an:

| Typische Luftfrachtgüter |
|---|
| • Leicht verderbliche Waren (z. B. Blumen, Früchte, Fisch)<br>• Lebende Tiere<br>• Hochwertige Waren zur Vermeidung hoher Kapitalbindungskosten während des Transports<br>• Terminsendungen<br>• Eilige Ersatzteile zur Vermeidung von Produktionsausfällen<br>• Zeitungen, Pressematerial<br>• Medikamente<br>• Bruch- und diebstahlsgefährdete Waren |

TYPISCHE LUFTFRACHTGÜTER

Zunehmend werden heute auch z. B. Kfz-Teile, Maschinenteile, ja sogar ganze Autos als Luftfracht zu Produktionsstätten ins Ausland transportiert, da die Schnelligkeit hier eine immer größere Rolle spielt. Zum Teil wird sogar versucht Just-in-time-Lieferungen aufzubauen.

---

[1] Die Formel zur Berechnung der Kapitalbindungskosten lautet: $\dfrac{\text{Kapital} \cdot \text{Zinsen} \cdot \text{Transportdauer in Tagen}}{100 \cdot 360}$

Das steigende Luftfrachtaufkommen darf aber nicht darüber hinweg täuschen, dass insgesamt mit dem Flugzeug aufgrund der Gewichtsbegrenzungen sehr viel weniger Fracht transportiert wird wie z. B. mit dem Seeschiff oder mit dem Lkw. Die Lufthansa als einer der weltweit größten Luftfrachttransporteure befördert am Tag weltweit etwas mehr als 3000 Tonnen. Im Vergleich zu anderen Verkehrsträgern ist dies relativ wenig.

LUFTFRACHT-
AUFKOMMEN

| Rangfolge der Luftfrachtgesellschaften nach transportierten Tonnenkm (in Millionen)[2] | | |
|---|---|---|
| 1. | FedEx Express *(USA)* | 13 756 |
| 2. | UPS Airlines *(USA)* | 9 189 |
| 3. | Korean Air Cargo *(Südkorea)* | 8 284 |
| 4. | Cathay Pacific *(Hongkong)* | 7 722 |
| 5. | Lufthansa Cargo *(Deutschland)* | 6 668 |
| 6. | Singapore Airlines *(Singapur)* | 6 455 |
| 7. | Emirates Airlines *(Vereinigte Arabische Emirate)* | 6 369 |
| 8. | China Airlines *(Taiwan)* | 4 903 |
| 9. | Air France *(Frankreich)*[3] | 4 675 |
| 10. | Cargolux *(Luxemburg)* | 4 652 |

Die nachfolgende Graphik macht deutlich, dass das Luftfrachtaufkommen gewichtsmäßig am gesamten Außenhandel der BRD relativ gering ist, aber wertmäßig ist der Anteil am Außenhandel recht hoch, da es sich dabei zum Großteil um hochwertige Güter handelt.

| Der Anteil der Luftfracht an der gesamten Außenhandelstonnage der Bundesrepublik Deutschland beträgt ca. 0,2 %. | Der wertmäßige Anteil der Luftfracht am deutschen Außenhandelsaufkommen liegt bei ca. 20 % |
|---|---|

---

[1] Der Frachtjumbo Boeing 747 F kann z. B. maximal ca. 100 Tonnen Fracht laden.
[2] Quelle: IATA World Air Transports Statistics 2010
[3] Ohne KLM

## 5.2 Welche Flughäfen spielen in Deutschland eine Rolle?

Der bedeutendste Flughafen in Deutschland und sogar in Europa ist der Flughafen Frankfurt/Main. Das gilt sowohl für das Passagier- als auch für das Frachtaufkommen.

Im Jahr 2009 wurden in Frankfurt/Main mehr als 1,8 Mio. Tonnen Fracht umgeschlagen. Damit sank das Frachtaufkommen in Frankfurt um ca. 10,1 % gegenüber dem Jahr 2008, in dem ca. 2,2 Mio. Tonnen umgeschlagen wurden. Das Frachtaufkommen der anderen deutschen Flughäfen liegt deutlich darunter. Der wichtigste Markt für Frankfurt ist nach wie vor Asien. Der Anteil dieses Kontinents am Frachtaufkommen liegt bei rund 49 %. Der zweitgrößte Markt ist Nordamerika mit 24 %, während der innereuropäische Frachtanteil bei rund 15 % liegt.

**FLUGHAFEN FRANKFURT/MAIN**

Insgesamt sind am Flughafen Frankfurt über 250 Unternehmen und Airlines im Bereich Fracht tätig. Der Flughafen Frankfurt ist zudem der erste Flughafen weltweit, der über eigene Gleisanschlüsse verfügt. Die Frachtabfertigung ist über zwei Zuführungsgleise an die Ausbaustrecke Frankfurt-Mannheim und so direkt an das europäische Schienennetz angebunden. Unter dem Namen Cargo City Süd wurde im Südteil ein weiterer Flughafenbereich für die Frachtabfertigung gebaut.

Mit seinen ca. 68000 Beschäftigten ist der Flughafen Frankfurt die größte lokale Arbeitsstätte in Deutschland.

|  | 2007 | 2008 | 2009 |
|---|---|---|---|
| **Fracht (t) ges. (ohne Luftpost)** | 2 095 393 | 2 133 302 | 1 807 058 |
| **Beiladung Passagiermaschinen** | 47,6 % | 46,9 % | 43,7 % |
| **Nur-Frachterflüge** | 52,4 % | 53,1 % | 56,3 % |

Bis zum Jahr 2020 wird die Menge der beförderten Fracht am Frankfurter Flughafen insgesamt um mehr als 70 % auf 3,16 Millionen Tonnen steigen.[1]

Die Deutsche Lufthansa AG betreibt in Frankfurt mit dem **Lufthansa Cargo Center (LCC)** als Kernstück der Frachtabfertigung den weltweit größten Umschlagbetrieb für Luftfracht. Das LCC ist eine Einrichtung, die täglich 24 Stunden an 365 Tagen im Jahr betrieben wird. Über eine 250 m lange Rampe können 44 Lkws gleichzeitig direkt in die Frachtumschlaghalle entladen bzw. von dort beladen werden. Über ein computergesteuertes Fördersystem werden die Frachtgüter in 3 unterschiedliche Lageranlagen weitergeleitet. Kleinsendungen werden nach Zielorten sortiert und im Minishipment-System zwischengelagert. Mittelgroße Sendungen werden in Boxen sortiert und vollautomatisch im Boxenhochregallager deponiert. Dabei kann vollelektronisch alle 5 Sekunden eine Aus- oder Einlagerung erfolgen. Paletten und Container werden im Hochregallager ebenfalls vollelektronisch zwischengelagert. Speziell entwickelte Regalförderzeuge übernehmen computergesteuert und vollautomatisch die Ein- und Auslagerung der Paletten und Container.

**LUFTHANSA CARGO CENTER (LCC)**

Zusätzlich stehen mehrere Sonderlager zur Verfügung: Kühl- und Tiefkühlräume, ein Tierraum und speziell gesicherte Räume für Frachtsendungen mit besonderem Wert oder unter Auflage strenger Sicherheitsbestimmungen.

---
[1] Quelle. Fraport AG, Frankfurt, www.fraport.de

**3-LETTER CODE**

Alle Flughäfen weltweit werden mit drei Buchstaben abgekürzt, dem sogenannten **3-Letter Code**, der von der IATA, einem internationalen Zusammenschluss von Fluggesellschaften vergeben wird.

Hier sehen Sie eine Auflistung der wichtigsten deutschen und internationalen Flughäfen, gestaffelt nach dem Frachtaufkommen.

| Luftfrachtaufkommen deutscher Flughäfen 2009[1] (inklusive Luftpost) | | | |
|---|---|---|---|
| Flughäfen | Luftfracht in t | Flugzeugbewegungen gesamt | 3-Letter-Code |
| Frankfurt | 2 133 302 | 485 789 | FRA |
| Köln/Bonn | 587 000 | 141 673 | CGN |
| Leipzig/Halle | 442 406 | 59 924 | LEJ |
| München | 251 075 | 432 296 | MUC |
| Frankfurt-Hahn | 123 075 | 40 568 | HHN |
| Nürnberg | 104 606 | 76 767 | NUE |
| Düsseldorf | 90 100 | 228 533 | DUS |
| Hamburg | 38 212 | 172 067 | HAM |
| Berlin-Tegel | 28 427 | 161 237 | TXL |
| Bremen | 27 649 | 46 876 | BRE |
| Stuttgart | 20 104 | 160 241 | STR |
| Hannover | 16 557 | 86 798 | HAJ |
| Münster/Osnabrück | 13 915 | 40 903 | FMO |
| Berlin-Schönefeld | 4 399 | 68 771 | SXF |
| Dortmund | 6 134 | 31 926 | DTM |
| Erfurt | 2 794 | 13 299 | ERF |
| Dresden | 412 | 36 968 | DRS |
| Saarbrücken | 210 | 17 245 | SCN |
| insgesamt | 3 890 377 | 2 301 881 | |

| Luftfrachtaufkommen internationaler Flughäfen 2009[2] | | | |
|---|---|---|---|
| Flughafen | Staat | Frachtaufkommen in Tonnen | 3-Letter-Code |
| Memphis | USA | 3 697 185 | MEM |
| Hongkong | China | 3 384 765 | HKG |
| Shanghai | China | 2 539 284 | PVG |
| Seoul-Incheon | Südkorea | 2 313 001 | ICN |
| Anchorage | USA | 1 990 061 | ANC |
| Louisville | USA | 1 949 130 | SDF |
| Dubai | Vereinigte Arabische Emirate | 1 927 510 | DXB |
| Frankfurt/Main | Deutschland | 1 887 718 | FRA |
| Tokio-Narita | Japan | 1 851 972 | NRT |
| Paris | Frankreich | 1 818 503 | CDG |

---

[1] Quelle: Arbeitsgemeinschaft Deutscher Verkehrsflughäfen, www.adv-net.org
[2] Quelle: airport council international, www.airports.org

## 5.3 Welche Flugzeuge werden in der Luftfracht eingesetzt?

Luftfracht wird entweder in speziellen Frachtflugzeugen oder in Passagierflugzeugen mit extra Frachtraum transportiert.

**FLUGZEUGTYPEN**

Das momentan größte Frachtflugzeug, das im Linienverkehr eingesetzt wird, ist die Boeing 747 F. Sie kann etwa 100 Tonnen Fracht laden. Durch die **Nose Door** kann sie auch von vorne beladen werden.

**NOSE DOOR**

**BOING 747 F**

*Boeing 747 F mit geöffnetem Nose-Door[1]*
*Quelle: dpa*

**Boing 747-200 F[2]**

| Länge | 70,60 m |
|---|---|
| Höhe | 19,30 m |
| Spannweite | 59,64 m |
| Reichweite | 13 700 m |
| Maximales Ladegewicht | 100 Tonnen |

**Ladehöhen:**

| Side Door max. | 300 cm |
|---|---|
| Nose Door max. | 244 cm |

---

[1] siehe www.lhcargo.de
[2] siehe www.lhcargo.de

Die Lufthansa setzt als Frachtflugzeug vor allem die MD 11 ein. Sie ist etwas kleiner und kann ca. 94 Tonnen Fracht laden.

MD 11 F

BOEING MD-11 F

**Boeing MD-11 F[1]**

| Länge | 61,20 m |
|---|---|
| Höhe | 17,60 m |
| Spannweite | 51,80 m |
| Reichweite | 13 200 m |
| Maximales Ladegewicht | 93 230 kg |

Passagierflugzeuge können deutlich weniger Fracht aufnehmen. So verfügt z. B. die Boeing 747-400 als Passagierjumbo nur über zwei Laderäume und kann ca. 14 Tonnen Fracht laden.

**Boing 747-400[1]**

| Länge | 70,60 m |
|---|---|
| Höhe | 19,40 m |
| Spannweite | 64,40 m |
| Reichweite | 13 700 m |
| Maximales Ladegewicht | 14 Tonnen |

---

[1] siehe auch unter www.lhcargo.de

Weitere Beispiele für Frachtflugzeuge bzw. Passagierflugzeuge, die Fracht zuladen:

**Boeing 767-300 F**

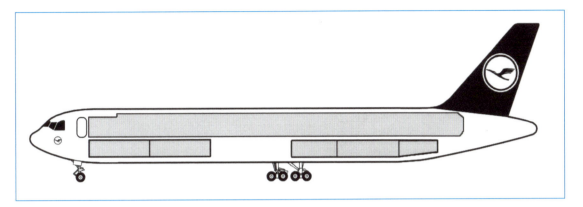

**Maximales Ladegewicht 54 t**

**Airbus 300 F**

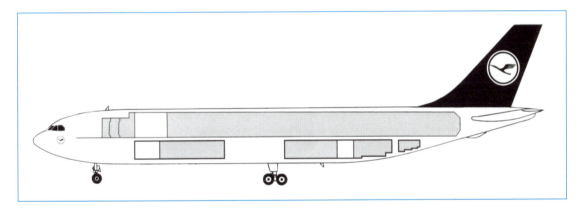

**Maximales Ladegewicht 35 t**

**Airbus 340-300**[1]

| | |
|---|---|
| Länge | 59,39 m |
| Höhe | 16,70 m |
| Spannweite | 60,30 m |
| Reichweite | 12 500 m |
| Maximales Ladegewicht | 23 Tonnen |

---

[1] siehe auch unter www.lhcargo.de

Im Charterverkehr gibt es Frachtflugzeuge, die noch mehr Tonnen laden können, z.B. die russische Antonow, die bis zu 250 Tonnen Fracht zuladen kann.

Neue Maßstäbe sollte der **Airbus 380 F** setzen, der 150 Tonnen Ladung befördern sollte. Aus Kostengründen wurde diese Frachtversion des Airbus 380 gestrichen. Das Passagierflugzeug kann zwar bis zu 880 Personen befördern, hat aber nur Platz für ca. 8,4 Tonnen Fracht.

A 380-800

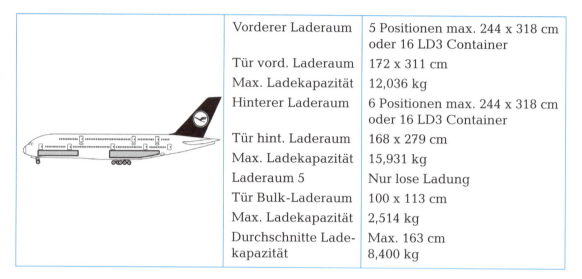

| | |
|---|---|
| Vorderer Laderaum | 5 Positionen max. 244 x 318 cm oder 16 LD3 Container |
| Tür vord. Laderaum | 172 x 311 cm |
| Max. Ladekapazität | 12,036 kg |
| Hinterer Laderaum | 6 Positionen max. 244 x 318 cm oder 16 LD3 Container |
| Tür hint. Laderaum | 168 x 279 cm |
| Max. Ladekapazität | 15,931 kg |
| Laderaum 5 | Nur lose Ladung |
| Tür Bulk-Laderaum | 100 x 113 cm |
| Max. Ladekapazität | 2,514 kg |
| Durchschnitte Ladekapazität | Max. 163 cm 8,400 kg |

Das zurzeit größte sich im aktiven Dienst befindliche Flugzeug der Welt ist die ukrainische Antonov An-225 Mirja.

*An-225 Mirja: größtes Flugzeug der Welt*

**An-225 Mirja**

| | |
|---|---|
| Länge | 84,0 m |
| Spannweite | 88,4 m |
| Höhe | 18,1 m |
| Abmessungen Frachtraum | Länge: 43,3 m; Breite: 6,4 m; Höhe: 4,4 m |
| Maximale Zuladung | 250 t |

## 5.4 Welche typischen Lademittel werden in der Luftfracht verwendet?

Auch im Luftfrachtverkehr werden Paletten und Container verwendet. Mithilfe dieser Ladehilfsmittel sollen eine Beschleunigung und Rationalisierung des Transports erreicht werden. Außerdem werden dadurch Verpackungsmaterial und Verpackungskosten gespart. Allerdings verwendet man ganz spezielle Container, die der Form des Flugzeuges angepasst sind.[1]

**LADEMITTEL**

| **Container AMP** | | |
|---|---|---|
| Typ: | Container AMP | 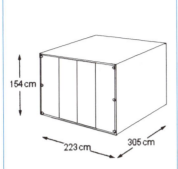  |
| Code: | AMP | |
| Abmessungen außen: | 318 x 244 cm | |
| Höhe außen: | 161 cm | |
| Nutzbares Volumen: | 10,5 m³ | |
| Abmessungen innen: | 305 x 223 x 154 cm | |
| Verladbarkeit: | A 300, A 310, A 330, A 340, B 747-200 F, B 747-400, MD 11 F | |

| **10-ft-Container (AMH, AMJ)** | | |
|---|---|---|
| Typ: | 10-ft-Container | |
| Code: | AMH, AMJ | |
| Abmessungen außen: | 318 x 244 cm | |
| Höhe außen: | 244 cm | |
| Nutzbares Volumen: | 15 m³ | |
| Abmessungen innen: | 306 x 230 x 240 cm | |
| Verladbarkeit: | B 747-200 F , MD 11 F | |

| **LD3-Container AKE/AVE** | | |
|---|---|---|
| Typ: | LD3-Container | 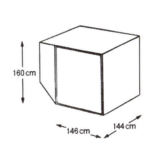  |
| Code: | AKE, AVE | |
| Abmessungen außen: | 156 x 153 cm | |
| Höhe außen: | 163 cm | |
| Nutzbares Volumen: | 3,8 m³ | |
| Abmessungen innen: | 146 x 144 x 160 cm | |
| Verladbarkeit: | A 300, A 310, A 330, A 340, B 747-200 F, B 747-400, B 767(DE), MD 11 F | |

| **Wertfracht-Container AKW** | | |
|---|---|---|
| Typ: | Wertfracht-Container | 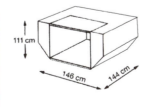  |
| Code: | AKW | |
| Abmessungen außen: | 156 x 153 cm | |
| Höhe außen: | 114 cm | |
| Nutzbares Volumen: | 3,5 m³ | |
| Abmessungen innen: | 146 x 144 x 111 cm | |
| Verladbarkeit: | A 300, A 320, A 321, A 330, A 340, B 747-200 B 747-400, MD 11 F | |

---

[1] vgl. www.lhcargo.de

| | | |
|---|---|---|
| **Dreier-Pferdecontainer**<br><br>Typ: Dreier-Pferde-container*<br>Code: HMJ, HMA**<br>Abmessungen außen: 318 x 244 cm<br>Höhe außen: 235 cm<br>Abmessungen innen: 234 x 188 x 232 cm<br>Verladbarkeit: B 747-200 F, MD 11 F<br><br>* geschlossen, mit Platz für Begleitung<br>** verladbar nur auf B 747-200 F | 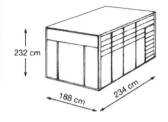 |  |
| **Standard-Palette**<br><br>Typ: Standard-Palette<br>Code: PAG, PAJ<br>Abmessungen: 318 x 224 cm<br>Nutzbare Ladefläche: 304 x 210 cm<br>Verladbarkeit: A 300, A 310, A 330, A 340, B 747-200 F, B 747-400, MD 11 F<br><br>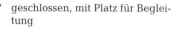 | **10-ft-Palette**<br><br>Typ: 10-ft-Palette<br>Code: PQP, PMC<br>Abmessungen: 318 x 244 cm<br>Nutzbare Ladefläche: 304 x 230 cm<br>Verladbarkeit: A 300, A 310, A 330, A 340, B 747-200 F, B 747-400, MD 11 F<br><br>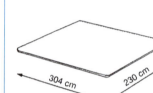 | **20-ft-Palette**<br><br>Typ: 20-ft-Palette<br>Code: PGE<br>Abmessungen: 606 x 244 cm<br>Nutzbare Ladefläche: 592 x 230 cm<br>Verladbarkeit: B 747-200 F, MD 11 F<br><br> |
| **Palette PYB**<br><br>Typ: 96"-Q-Palette<br>Code: PYB<br>Abmessungen: 244 x 140 cm<br>Nutzbare Ladefläche: 230 x 126 cm<br>Verladbarkeit: B 747-200 F<br><br>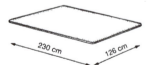 | **Palette mit Seitenerweiterung PAW**<br><br>Typ: 88"-Palette<br>Code: PAW<br>Abmessungen: 318 x 224 cm<br>Nutzbare Ladefläche: 304 x 210 cm (zusätzlich 50 cm jede Erweiterung)<br>Verladbarkeit: A 300, A 310, A 330, A 340, A 330, A 340, B 747-200 F, B 747-400, MD 11 F<br><br>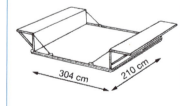 | **Autotransport-Einheit**<br><br>Typ: Autotransport-Einheit<br>Code: PZA (Pal)<br>Abmessungen: 498 x 244 cm<br>Nutzbare Ladefläche: 485 x 230 cm<br>Abmessungen: 230 x 148 x 154 cm<br>Verladbarkeit: B 747-200 F, MD 11 F<br><br>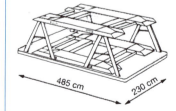 |

Die Lademittel in der Luftfracht sind weltweit einheitlich standardisiert. Dafür zeichnet die sogenannte IATA verantwortlich, ein Zusammenschluss der Fluggesellschaften. Das Lademittelprogramm der IATA läuft unter dem Namen ULD-Programm = Unit Load Device.

ULD-PROGRAMM

## 5.5 Welche Organisationen spielen in der Luftfracht eine Rolle?

### 5.5.1 International Air Transport Association (IATA)

Die **International Air Transport Association** (IATA, *engl.* für Internationale Flug-Transport-Vereinigung), wurde am 28. August 1919 in Den Haag als ein Dachverband der Fluggesellschaften gegründet. Ihr Ziel ist die Förderung des sicheren, planmäßigen und wirtschaftlichen Transports von Menschen und Gütern in der Luft.

INTERNATIONAL AIR TRANSPORT ASSOCIATION, IATA

Nach dem Zweiten Weltkrieg wurde die IATA in Havanna neu gegründet. Ihre Hauptsitze hat sie in Montreal und in Genf. In Deutschland hat die IATA ihren Sitz in Frankfurt am Main.

**Mitglieder der IATA** sind Fluggesellschaften, die internationalen Linienverkehr betreiben. Ihr gehören heute weltweit ungefähr 280 Fluggesellschaften an, die mehr als 95 % aller internationalen Flüge durchführen.

MITGLIEDER DER IATA

Die Beschlüsse der IATA müssen einstimmig gefasst werden. Das Land, in dem die Fluggesellschaft beheimatet ist, muss in die UNO wählbar sein.

Die **allgemeine Aufgabe** der IATA besteht darin, die wirtschaftliche Zusammenarbeit ihrer Mitglieder in der Passagier-, Fracht- und Postbeförderung sowie die Zusammenarbeit mit internationalen Organisationen zu fördern. Die IATA vergibt außerdem Codes zur eindeutigen Abkürzung von Flughäfen, Fluggesellschaften und Flugzeugtypen. Zusätzlich verfolgt die IATA auch noch eine Reihe spezieller Aufgaben:

AUFGABEN DER IATA

| Spezielle Aufgaben der IATA |
|---|
| • Vereinheitlichung der Beförderungsbedingungen |
| • Festlegung von einheitlichen Tarifen |
| • Vereinheitlichung der Dokumente |
| • Zulassung von IATA-Agenten |
| • Standardisierung der Freigepäckgrenzen |

**IATA Clearing House (ICH)**

IATA CLEARING HOUSE (ICH)

**Beispiel**

> Ein Unternehmen exportiert eine Warensendung nach Cochabamba in Bolivien. Bis La Paz wird die Frachtsendung von der deutschen Lufthansa befördert, den anschließenden Inlandsflug übernimmt die Lloyd Aero Boliviano.

So wie in diesem Beispiel ist es durchaus üblich, dass ein Transport von mehreren Fluggesellschaften durchgeführt wird. Üblicherweise erhält aber der erste Luftfrachtführer das gesamte Beförderungsentgelt vom Absender für die gesamte Strecke. Daraus ergeben sich Forderungen der nachfolgenden Frachtführer an die erste ausführende Fluggesellschaft. Aufgabe des IATA Clearing Houses ist es, den Abrechnungsverkehr zwischen den einzelnen IATA-Fluggesellschaften zu erleichtern. Für jedes Mitglied wird ein Konto geführt, auf dem alle Forderungen und Verbindlichkeiten der Fluggesellschaft gegenüber den anderen Mitgliedern erfasst werden. Die Mitgliedschaft im ICH ist freiwillig und auf IATA-Fluggesellschaften beschränkt. Sitz des ICH ist London.

**VERKEHRSKONFE-
RENZEN (TRAFFIC
CONFERENCES)**

## Verkehrskonferenzen (traffic conferences)

Die Verkehrskonferenzen wurden ins Leben gerufen, um regional begrenzt operierenden Fluggesellschaften die Möglichkeit zu geben, ihre Interessen zu vertreten, aber auch, um besser auf die besonderen Gegebenheiten der verschiedenen Weltregionen eingehen zu können.

| Aufgaben der Verkehrskonferenzen |
|---|
| • Festlegung von Tarifen und Raten
• Abstimmung der Flugpläne der einzelnen Fluggesellschaften
• Entscheidungen über Agentenangelegenheiten
• Festlegung der Beförderungsbedingungen
• Regelung von Wettbewerbsfragen usw. |

Alle für den Spediteur wichtigen Entscheidungen werden auf den Verkehrskonferenzen (traffic conferences = TC) getroffen. Zur Arbeitserleichterung wurde die Welt in drei Konferenzgebiete eingeteilt:

**TRAFFIC CONFE-
RENCE AREAS**

| Konferenzgebiete = Traffic Conference Areas | | |
|---|---|---|
| TC 1 | Nord-, Mittel-, Südamerika mit den Inseln Grönland und Hawaii sowie den weiteren USA-Territorien im Pazifik | |
| TC 2 | Europa, Afrika, Mittlerer Osten bis einschließlich Iran | |
| | IATA-Europa | Umfasst das geografische Europa bis zum Ural einschließlich des Kaspischen Meeres, die gesamte Türkei, Kanarische Inseln, Azoren und Madeira, Marokko, Algerien, Tunesien, die Mittelmeerinseln außer Zypern |
| | Mittlerer Osten | Umfasst Syrien, Libanon, Israel, Jordanien, Irak, Iran, Saudi-Arabien, Kuwait, Vereinigte Arabische Emirate, Oman, Jemen, Zypern, Ägypten, Sudan |
| | IATA-Afrika | Umfasst das gesamte Afrika einschließlich Kapverden, Ascension, Madagaskar und Mauritius, aber ohne Marokko, Algerien, Tunesien und Ägypten |
| TC 3 | Asien, Australien, Neuseeland und die Inseln im Pazifik | |

## IATA Traffic Conference Areas

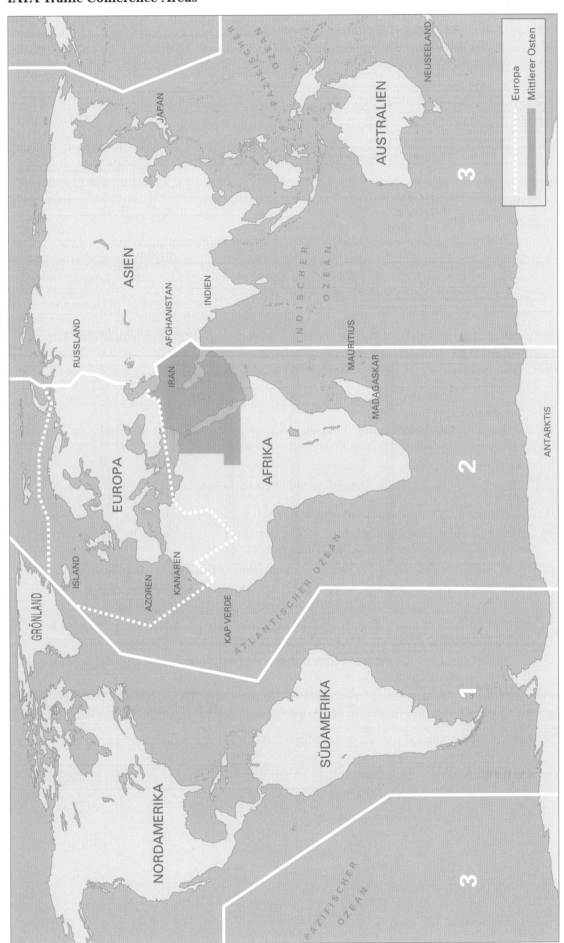

## IATA-Agenten

**IATA-AGENTEN**

Fast alle Spediteure, die regelmäßig Luftfrachtsendungen abwickeln, sind gleichzeitig IATA-Agenten. Sie bieten ihre Dienste den Verladern an und können für alle IATA-Fluggesellschaften tätig werden. Sie schließen mit der IATA einen Agenturvertrag und haben damit das Recht, für IATA-Fluggesellschaften Frachtverträge zu vermitteln.

Jede Spedition kann einen Antrag stellen, um zum IATA-Agenten ernannt zu werden. Allerdings muss sie etliche Voraussetzungen erfüllen, um als IATA-Agent anerkannt zu werden.

**VORAUSSETZUNGEN FÜR DIE ZULASSUNG ZUM IATA-AGENTEN**

### Voraussetzungen für die Zulassung zum IATA-Agenten

- Geeignete Räumlichkeiten, das heißt ein Büro und ausreichend Raum für den Umschlag von Sendungen
- Makelloser Ruf
- Kreditwürdigkeit bzw. Liquidität (inzwischen jährlich überprüft)
- Mindestens 6 Monate lang Abwicklung von Luftfrachtgeschäften (mit möglichst vielen Fluggesellschaften und möglichst nicht nur mit einem Flughafen in der BRD)
- Nennenswerter Umsatz und positive Umsatzprognose
- Personal, das in der Abfertigung von Luftfrachtsendungen erfahren ist
- Mindestens 2 Mitarbeiter, die für die Behandlung von Gefahrgut gemäß den Dangerous Goods Regulations der IATA geschult sind
- Leistung muss der gesamten Verladerschaft, also nicht nur einem Unternehmen, angeboten werden

Nach seiner Zulassung erhält der IATA-Agent eine Code-Nummer zugeteilt, die er auf allen von ihm ausgestellten Frachtbriefen angeben muss.

**AUFGABEN DES IATA-AGENTEN**

**READY FOR CARRIAGE**

### Aufgaben des IATA-Agenten

- Er stellt den Luftfrachtbrief (Airwaybill = AWB) nach den Richtlinien der IATA aus.
- Er hat die Luftfrachtsendungen für den Lufttransport versandfertig **(ready for carriage)** der Fluggesellschaft zu übergeben. Dazu gehört, dass
  → der AWB einschließlich der Begleitpapiere, vorschriftsmäßig ausgefüllt ist,
  → die Sendung entsprechend verpackt ist; Gefahrgut entsprechend der Verpackungsvorschriften der DGR (Dangerous Goods Regulations),
  → jedes Packstück einen Klebezettel (Label) der Fluggesellschaft mit AWB-Nummer Abkürzung des Zielflughafens und der gesamten Kollianzahl trägt.
- Der IATA-Agent hat die Abrechnung mit den Auftraggebern und den Fluggesellschaften durchzuführen.
- Er ist – laut Agenturvertrag – verpflichtet, die von der IATA veröffentlichten Frachtraten zu berechnen und nach den IATA-Bestimmungen zu arbeiten. Er hat Anspruch auf Gebühren für weitere Leistungen.

Für die Vermittlung von Luftfrachtaufträgen an eine IATA-Fluggesellschaft erhält der Spediteur eine Provision in Höhe von 5 – 7 % der Fracht.

## 5.5.2 International Civil Aviation Organization (ICAO)[1]

Die **International Civil Aviation Organization (ICAO)** ist eine Sonderorganisation der Vereinten Nationen, die die Planung des zivilen Luftverkehrs durchführt. Sie wurde 1944 mit dem Chicagoer Abkommen gegründet und hat ihren Sitz in Montréal (Kanada). Ihr gehören über 188 Vertragsstaaten an. Vertreten werden sie durch die Abgesandten ihrer jeweiligen Regierungen. Deutschland wird durch eine ständige Delegation des Bundesministeriums für Verkehr, Bau und Stadtentwicklung vertreten.

Die ICAO ist bemüht international einheitliche Regelungen und Ordnungen in den Bereichen Technik, Wirtschaft und Recht zu schaffen, z. B. im Hinblick auf Flugsicherheit, Luftverkehrsregeln, Gebühren, Luft- und Vertragsrecht.

Zu den **Aufgaben** der ICAO gehören unter anderem die Standardisierung und Sicherheit des Flugverkehrs, die Entwicklung von Infrastrukturen sowie die Erarbeitung von Empfehlungen und Richtlinien. Von der ICAO wurde z. B. auch ein Standard für maschinenlesbare Reisedokumente spezifiziert. Eine der wichtigsten Aufgaben der ICAO ist jedoch die Regelung der internationalen **Verkehrsrechte**, den sog. **Freiheiten der Luft.**

| Verkehrsrechte = Freiheiten der Luft ||
|---|---|
| 1. Freiheit | Das Recht, Hoheitsgebiete anderer Vertragsstaaten zu überfliegen |
| 2. Freiheit | Das Recht zu technischen Landungen (z. B. zum Auftanken, Durchführen von Reparaturen usw., ohne dass Fluggäste abgesetzt oder aufgenommen werden) |
| 3. Freiheit | Das Recht, aus dem Heimatstaat des Flugzeuges kommende Passagiere, Post und Fracht auf dem Territorium anderer Vertragsstaaten abzusetzen |
| 4. Freiheit | Das Recht, nach dem Heimatstaat des Flugzeuges fliegende Passagiere, Post und Fracht auf dem Territorium eines Vertragsstaates aufzunehmen |
| 5. Freiheit | Das Recht, Fluggäste, Post und Fracht von und nach dritten Vertragsstaaten zu befördern, wenn die Fluglinie im Heimatland des Flugzeuges beginnt oder endet |
| Kabotagerecht | Das Recht, Passagiere, Post und Fracht zwischen verschiedenen Flughäfen innerhalb eines fremden Staates zu befördern |

**Beispiel:**

Die Lufthansa unterhält eine Strecke nach Santiago de Chile. Die Streckenführung geht von Frankfurt über Rio de Janeiro, São Paulo, Buenos Aires nach Santiago de Chile.

Für diesen Flug müssen folgende Verkehrsrechte vergeben werden:
- Deutschland muss Brasilien, Argentinien und Chile sowohl die 3. als auch die 4. Freiheit gewähren.
- Brasilien muss an Argentinien und Chile die 5. Freiheit vergeben.
- Argentinien muss Chile ebenfalls die 5. Freiheit gewähren.
- Außerdem ist für das Überfliegen der Hoheitsgebiete, die auf der Strecke liegen, die Gewährung der 1. Freiheit (evtl. auch der 2. Freiheit) von jedem der überflogenen Länder erforderlich.

---
[1] www.icao.int

## 5.6 Wer sind die Beteiligten am Luftfrachtvertrag?

**Beispiel:**

> Die Firma Frankenelektronik AG, Nürnberg, hat 550 kg hochwertige Elektronikteile (Auto-Navigationssysteme) an die Firma T-Tech Technology Co. Ltd. in Hongkong verkauft. Da der Warenwert 145.000,00 Euro beträgt und die Ware sehr empfindlich ist, entscheidet sich die Frankenelektronik AG für den Transport per Luftfracht. Sie beauftragt die Spedition EUROCARGO mit der Abwicklung des Transports. Die Spedition EUROCARGO ist IATA-Agent.

SPEDITIONSVERTRAG
VERSENDER

Die Firma Frankenelektronik schließt zunächst einen Vertrag mit der Spedition EUROCARGO, den sogenannten **Speditionsvertrag**. Der Auftraggeber eines Spediteurs wird in diesem Vertrag **Versender** genannt. Nach § 453 HGB wird der Spediteur durch den Speditionsvertrag verpflichtet die Versendung des Gutes zu besorgen. Grundlage für diesen Vertrag sind neben dem HGB die Allgemeinen Deutschen Spediteurbedingungen (ADSp) (siehe Heft 1, Kapitel 7).

FRACHTFÜHRER
CARRIER
FRACHTVERTRAG
ABSENDER
SHIPPER

Die Spedition EUROCARGO bucht bei einer Fluggesellschaft, z. B. bei der Deutschen Lufthansa, einen Platz auf einem passenden Flugzeug nach Hongkong. Die Lufthansa tritt damit als **Frachtführer**, als **Carrier** auf. Als Frachtführer wird nach HGB das Unternehmen bezeichnet, das tatsächlich den Transport durchführt.[1] Wer einen Frachtführer beauftragt, schließt mit ihm einen **Frachtvertrag**. Der Vertragspartner eines Frachtführers wird **Absender** oder international **Shipper** genannt.

Eine Besonderheit ergibt sich hier allerdings, weil die Spedition EUROCARGO als IATA-Agent zugelassen ist, wie beinahe alle Spediteure, die im Luftfrachtgeschäft tätig sind. Als Agent hat die Spedition EUROCARGO die Aufgabe, für IATA-Fluggesellschaften Frachtverträge zu **vermitteln**. Damit kommt der Luftfrachtvertrag letztlich zwischen dem Auftraggeber, also der Frankenelektronik AG, und der Lufthansa durch zwei übereinstimmende Willenserklärungen zustande.

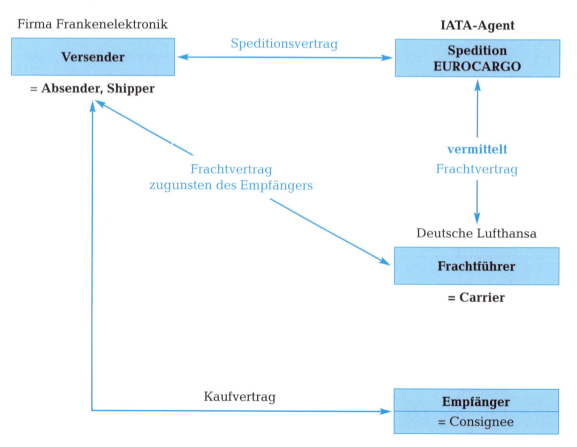

---
[1] § 407 HGB

Zweck des Frachtvertrages ist es, eine erfolgreiche Transportdurchführung zugunsten des Empfängers zu erreichen. Deshalb wird der Luftfrachtvertrag auch als ein „Vertrag zugunsten Dritter" (des Empfängers) bezeichnet. Der Empfänger hat – obwohl er kein Vertragspartner im Frachtvertrag ist – dem Luftfrachtführer gegenüber einen Anspruch auf Herausgabe der Sendung und des Luftfrachtbriefes.

## 5.7 Welche Rechtsgrundlagen gelten beim Luftfrachtvertrag?

### 5.7.1 Gesetzliche Grundlagen

Grundsätzlich gibt es mehrere internationale Regelungen, die dem Luftfrachtvertrag zugrunde gelegt werden können. Die älteste gesetzliche Grundlage für die Beförderung von Fracht (und Passagieren) im grenzüberschreitenden Luftverkehr ist das „Abkommen zur Vereinheitlichung von Regeln im internationalen Luftverkehr" vom 12. Oktober 1929, kurz **Warschauer Abkommen (alte Fassung)**, abgekürzt **WA**. Das Warschauer Abkommen wurde am 25. September 1955 neu gefasst. Diese neue Fassung des Warschauer Abkommens wird auch als **Haager Protokoll (HP)** bezeichnet. Beide Vorschriften enthalten eine zwingende, aber nicht abschließende Regelung des Luftfrachtvertrages.

WARSCHAUER ABKOMMEN

HAAGER PROTOKOLL

Eine grundsätzliche Neuerung in den frachtrechtlichen Bestimmungen brachte das **Montrealer Übereinkommen (MÜ)**. Es wurde am 28. Mai 1999 verabschiedet und von Deutschland 2004 unterschrieben. Insgesamt wurde das Montrealer Übereinkommen inzwischen von fast 60 Staaten unterzeichnet, darunter die anderen europäischen Staaten, die USA und die meisten Handelspartnerländer Deutschlands.

MONTREALER ÜBEREINKOMMEN (MÜ)

Bei einem innerdeutschen Lufttransport (der sicherlich selten vorkommt), gilt das HGB.

| Gesetzliche Grundlagen für den Luftfrachtvertrag | |
|---|---|
| **Internationaler Luftfrachtvertrag** | • Warschauer Abkommen (alte Fassung) = WA von 1929<br>• Warschauer Abkommen (neue Fassung) = Haager Protokoll = HP von 1955<br>• Montrealer Übereinkommen = MÜ von 1999 |
| **Nationaler Luftfrachtvertrag** | • HGB (innerhalb Deutschlands) |

Welches Gesetz letztlich bei einer Beförderung Anwendung findet, hängt davon ab, welche Regelung von den beteiligten Ländern unterzeichnet worden ist.

Folgendes Recht kommt bei einem Luftfrachtvertrag zur Anwendung:

1. Das Recht, das sowohl das Abgangs- als auch das Zielland ratifiziert haben
2. Sind zwei oder alle drei Abkommen anwendbar, gilt die Reihenfolg: MÜ vor HP, HP vor WA.
3. Ist einer von zwei Staaten oder sind beide Staaten weder dem WA noch dem HP noch dem MÜ beigetreten, kommt im Einzelfall das nationale Recht zur Anwendung oder evtl. vertragliche Grundlagen (siehe 5.7.2).

Deutschland hat alle drei gesetzlichen Regelungen unterschrieben. Da aber auch die meisten Zielländer eines Luftfrachttransports ebenfalls das Montrealer Übereinkommen unterschrieben haben, wird in den folgenden Ausführungen nur noch Bezug auf dieses Abkommen genommen.

### 5.7.2 Vertragliche Grundlagen

**CONDITIONS OF CARRIAGE**

Soweit keine zwingende gesetzliche Regelung greift, kommen die Beförderungsbedingungen (**Conditions of Carriage**) der IATA zur Anwendung. Diese haben lediglich empfehlenden Charakter, dienen aber als Richtlinie für die Beförderungsbedingungen der meisten IATA-Gesellschaften.

**CONDITIONS OF CONTRACT**

Zusätzlich können noch die Bedingungen der einzelnen Fluggesellschaften (**Conditions of Contract**), die zum Teil wörtlich aus den IATA-Beförderungsbedingungen entnommen sind zur Vertragsregelung herangezogen werden. Die Conditons of Contract werden mit dem Luftfrachtvertrag vom Absender anerkannt. Sie sind auf der Rückseite des Luftfrachtbriefes abgedruckt.

Die Tätigkeit der Luftfrachtspediteure (IATA-Agenten) erfolgt in Deutschland auf Grundlage des HGBs und der „Allgemeinen Deutschen Spediteurbedingungen (ADSp).[1]

## 5.8 Welche Besonderheiten gelten bei der Ausstellung eines Luftfrachtbriefes = Air Waybill?

**AIRWAY BILL**

**AWB**

Der Luftfrachtbrief wird international als **Air Waybill** oder abgekürzt als **AWB** bezeichnet. Im Unterschied zum Warschauer Abkommen bestimmt das Montrealer Übereinkommen in Art. 4 Abs. 2, dass anstelle eines Luftfrachtbriefes (…) jede andere Aufzeichnung verwendet werden kann, welche die Angaben über die auszuführende Beförderung enthält. Damit eröffnet das Montrealer Übereinkommen bei der Beförderung von Luftfracht die Möglichkeit, den papiermäßigen Luftfrachtbrief durch einen elektronischen Datenaustausch zu ersetzen. Dies fördert eine zügigere Transportabwicklung.

Dennoch wird in der Praxis fast immer ein AWB erstellt. Er besteht aus drei Originalen und mehreren Kopien.

**ORIGINALE DES AWB**

| Originale des AWB | |
|---|---|
| **Erstes Original (grün)** | Für den Luftfrachtführer, es wird vom Absender unterzeichnet. |
| **Zweites Original (rot)** | Für den Empfänger, es begleitet die Fracht und wird vom Absender und vom Luftfrachtführer unterzeichnet. |
| **Drittes Original (blau)** | Für den Absender, es wird vom Luftfrachtführer unterzeichnet und nach Annahme der Güter dem Absender ausgehändigt. |

In der Praxis unterschreibt der Spediteur den AWB sowohl im Auftrag des Absenders als auch als Agent der Fluggesellschaft. Der AWB trägt also zweimal die Unterschrift des Spediteurs.

Die weiteren Kopien werden z. B. vom Spediteur oder vom Zoll benötigt.

Nach dem Montrealer Übereinkommen hat der Absender den Luftfrachtbrief zu erstellen, in der Praxis lässt der Absender den AWB vom Spediteur erstellen. Jeder Luftfrachtbrief ist mit einer Seriennummer und mit dem dreistelligen Code der Luftfrachtgesellschaft gekennzeichnet (die Deutsche Lufthansa hat die Codenummer 020), die ihn ausgegeben hat. Während früher der AWB von den Fluggesellschaften an die IATA-Agenten übergeben wurde, werden heute bei Einsatz der EDV an die IATA-Agenten Nummernkreise vergeben, mit denen der Frachtbrief markiert wird.

Der Absender haftet für die Richtigkeit der Angaben und Erklärungen über die Güter, die von ihm oder in seinem Namen in den Luftfrachtbrief eingetragen werden. Der Absender hat dem Luftfrachtführer den Schaden zu ersetzen, den dieser oder ein Dritter, dem der Luftfrachtführer haftet, dadurch erleidet, dass die vom Absender oder in seinem Namen gemachten Angaben und Erklärungen unrichtig, ungenau oder unvollständig sind.[2]

Die folgende Seite zeigt den AWB, den die Spedition EUROCARGO im Auftrag der Frankenelektronik AG für den Luftfrachtversand von 550 kg Elektronikteile nach Hongkong erstellt.

---

[1] vgl. Heft 1, Kapitel 7
[2] Artikel 10, Montrealer Übereinkommen

## MUSTER AWB

| 20 | FRA | 1233 – 1122 | | | 1233 – 1122 |

**Shipper's Name and Address**
Frankenelektronik AG
Lange Zeile 32
90419 Nürnberg
Germany

**Shipper's account Number**

Not negotiable
**Air Waybill**
Issued by

 **Lufthansa**

Copies 1, 2 and 3 of this Air Waybill are originals and have the same validity.

**Consignee's Name and Address**
T-Tech Technology Co., Ltd.
89 Queensway
Cheung Sha Wan, Hong Kong

**Consignee's account Number**

It is agreed that the goods described herein are accepted in apparent good order and condition (except as noted) for carriage SUBJECT TO THE CONDITIONS OF CONTRACT ON THE REVERSE HEREOF. ALL GOODS MAY BE CARRIED BY ANY OTHER MEANS INCLUDING ROAD OR ANY OTHER CARRIER UNLESS SPECIFIC CONTRARY INSTRUCTIONS ARE GIVEN HEREON BY THE SHIPPER, AND SHIPPER AGREES THAT THE SHIPMENT MAY BE CARRIED VIA INTERMIDIATE STOPPING PLACES WHICH THE CARRIER DEEMS APPROPRIATE. THE SHIPPER'S ATTENTION IS DRAWN TO THE NOTICE CONCERNING CARRIER'S LIMITATION OF LIABILITY. Shipper may increase such limitation of liability by declaring a higher value for carriage and paying a supplemental charge if required.

**Issuing Carrier's Agent Name and City**
Spedition EUROCARGO
Nürnberg

**Accounting Information**

**Agent's IATA Code**  23-4-7057   **Account No.**

**Airport of Departure (Addr. of first Carrier) and requested Routing**: Frankfurt

| to | By first Carrier | Routing and Destination | to | by | to | by | Currency | CHGS Code | WT/VAL PPD COLL | Other PPD COLL | Declared Value for Carriage | Declared Value for Customs |
|----|------|------|---|---|---|---|-----|---|------|------|-----|-----|
| HKG | Lufthansa | | | | | | EUR | | X | X | NVD | NCV |

| Airport Destination | Flight/Date | For Carrier Use Only | Flight/Date | Amount of Insurance | INSURANCE — If Carrier offers insurance and such insurance is requested in accordance with the conditions thereof, indicate amount to be insured in figures in box marked amount of insurance. |
|---|---|---|---|---|---|
| Hong Kong | LH270/10. | | | NIL | |

**Handling Information**
marks: T-Tech
         Hong Kong
         1-5, 5 cases

attached: commercial invoice triple
export documents

| No. of Pieces RCP | Gross Weight | kg/lb | Rate Class / Commodity Item No. | Chargeable Weight | Rate / Charge | Total | Nature and Quantity of Goods (inc. Dimensions or Volume) |
|---|---|---|---|---|---|---|---|
| 5 | 550 | K | Q — | 550 | 2,60 | 1.430,00 | portable GPS car navigation systems dims: 60 x 80 x 120 cm each |
| 5 | 550 | | | | | 1.430,00 | |

| Prepaid | Weight Charge | Collect | Other Charges |
|---|---|---|---|
| 1.430,00 | | | fuel surcharge   0,55 / kg |
| | Valuation Charge | | security fee      0,15 / kg |
| | Tax | | |
| | Total Other Charges Due Agent | | Shipper certifies that the particulars on the face hereof are correct and that insofar as any part of the consignment contains dangerous goods, such part is properly described by name and is in proper condition for carriage by air according to the applicable Dangerous Goods Regulations. |
| | Total Other Charges Due Carrier | | |
| 385,00 | | | Spedition EUROCARGO    i. A. Müller |
| | | | Signature of Shipper or his Agent |
| Total prepaid | Total collect | | |
| 1.815,00 | | | 10.04.20.. Nürnberg           Spedition EUROCARGO |
| Currency Conversion Rates | cc Charges in Dest. Currency | | Executed on (Date) at (Place)    Signature of Carrier or its Agent |
| For Carrier's Use only at Destination | Charges at Destination | Total collect Charges | i. A. Müller |

# 5 Frachtaufträge in der Luftfracht bearbeiten

| 1 | | | |
|---|---|---|---|
| Shipper's Name and Address<br>2 | Shipper's account Number<br>3 | Not negotiable **Air Waybill** Issued by | **Lufthansa** |
| Consignee's Name and Address<br>4 | Consignee's account Number<br>5 | | |
| Issuing Carrier's Agent Name and City<br>6 | | Accounting Information<br>10 | |
| Agent's IATA Code<br>7 | Account No.<br>8 | | |
| Airport of Departure (Addr. of first Carrier) and requested Routing<br>9 | | | |

| to 11 | By first Carrier 11 | Routing and Destination | to | by | to | by | Currency 12 | CHGS Code | WT/VAL PPD COLL 13 | Other PPD COLL 14 | Declared Value for Carriage 15 | Declared Value for Customs 16 |

| Airport Destination 17 | Flight/Date 18 | For Carrier Use Only Flight/Date | Amount of Insurance 19 | INSURANCE – ... |

Handling Information
20

| No. of Pieces RCP | Gross Weight | kg lb | Rate Class Commodity Item No. | Chargeable Weight | Rate / Charge | Total | Nature and Quantity of Goods (inc. Dimensions or Volume) |
|---|---|---|---|---|---|---|---|
| 21 | 22 | | 25 | 26 | 27 | 28 | 29 |
| | 23 | | 24 | | | | |
| 30 | 30 | | | | | 30 | |

| Prepaid | Weight Charge | Collect | Other Charges |
|---|---|---|---|
| 31 | | 31 | 37 |
| Valuation Charge | | | |
| 32 | | 32 | |
| Tax | | | |
| 33 | | 33 | |
| Total Other Charges Due Agent | | | Shipper certifies that the particulars on the face hereof are correct ... |
| 34 | | 34 | |
| Total Other Charges Due Carrier | | | |
| 35 | | 35 | 42<br>Signature of Shipper or his Agent |
| Total prepaid | | Total collect | |
| 36 | | 36 | 43 |
| Currency Conversion Rates | | cc Charges in Dest. Currency | |
| 38 | | 39 | Executed on (Date) at (Place) Signature of Carrier or its Agent |
| For Carrier's Use only at Destination | | Charges at Destination 40 | Total collect Charges 41 |

**Erklärung der Eintragungen im AWB:**

| | |
|---|---|
| 1 | 3-Letter-Code des Abgangsflughafens |
| 2 | Name und Adresse des Absenders |
| 3 | Kontonummer des Absenders bei der Fluggesellschaft bei elektronischer Abrechnung |
| 4 | Name und Adresse des Empfängers |
| 5 | Kontonummer des Empfängers bei der Fluggesellschaft bei evtl. elektronischer Nachnahmeabrechnung |
| 6 | Name und Niederlassungsort des ausstellenden IATA-Agenten |
| 7 | Zulassungsnummer des IATA-Agenten |
| 8 | Kontonummer des IATA-Agenten bei der Fluggesellschaft bei elektronischer Abrechnung |
| 9 | Abgangsflughafen |
| 10 | Abrechnungsinformationen, z. B. Barzahlung, Zahlung mit Scheck (evtl. auch notify) |
| 11 | Streckenführung und Bestimmungsflughafen, zuerst Bestimmungs-, dann Transferflughafen, Name des ersten Luftfrachtführers |
| 12 | Währung (z. B. EUR, USD nach IATA-Code) des Abgangslandes |
| 13 | Kosten-Code (nur bei elektronischem Datenaustausch), bleibt i. d. R. frei |
| 14 | Frachtkosten, Wertzuschlagsgebühren und alle übrigen Kosten sind entweder vom Exporteur vorausbezahlt (prepaid) oder vom Empfänger nachzunehmen (collect) |
| 15 | Erklärter Transportwert oder NVD = no value declared |
| 16 | Erklärter Zollwert oder NCV = no commercial value |
| 17 | Bestimmungsflughafen |
| 18 | Flugdaten (Flugnummer, Abflugtag) |
| 19 | Versicherungsbetrag bzw. NIL, wenn über die Fluggesellschaft keine Versicherung abgeschlossen wurde |
| 20 | Informationen über die Sendung und Anweisungen, z. B. Markierung der Sendung, Verpackung, Begleitpapiere, Notify Adress usw.) |
| 21 | Zahl der Packstücke (RCP = rate construction point) |
| 22 | Bruttogewicht |
| 23 | Kilogramm = K |
| 24 | Angewandte Ratenart (M = Mindestfrachtbetrag, N = Normalrate, Q = Quantity Rate, Mengenrabattrate, R = Warenklassenrate mit Abschlag, S = Mengenrabattrate mit Zuschlag, X = Verwendung eines Containers) |
| 25 | 4-stellige Kennzahl bei Anwendung einer Spezialfrachtrate |
| 26 | Frachtpflichtiges Gewicht (tatsächliches oder Volumengewicht, ggf. Mindestgewicht für eine Rate, keine Angabe bei Minimumfrachtbetrag) |
| 27 | Angewandte Frachtrate |
| 28 | Gesamtbetrag |
| 29 | Genaue Warenbezeichnung der Güter einschließlich Maße oder Volumen, ggf. „dangerous goods as per attached shipper's declaration", wenn vorgeschrieben auch „cargo aircraft". |
| 30 | Summe der Felder 21, 22 und 28 |
| 31 | Frachtkosten gemäß Spalte „total" als insgesamt „prepaid" oder insgesamt „collect" |
| 32 | Wertzuschlag (valuation charge), falls eine Wertdeklaration in Feld 15 eingetragen wurde |
| 33 | Steuern |
| 34 | Summe der anderen Kosten zugunsten des Agenten, genauer spezifiziert in Feld 37 |
| 35 | Summe der anderen Kosten zugunsten des Luftfrachtführers, genauer spezifiziert in Feld 37 |
| 36 | Summe sämtlicher Prepaid- und Collect-Kosten |
| 37 | Andere Kosten, z. B. AWB-Ausstellungsgebühr, Fuel Surcharge, Security Fee, DGR-Gebühr, Rollgeld, Lagergeld, Nachnahmegebühren |

| | 38 – 41 dienen der Fluggesellschaft am Bestimmungsflughafen. |
|---|---|
| 38 | Währungsumrechnungskurs zur Ermittlung der Collect-Kosten in der Währung des Bestimmungslandes |
| 39 | Nachnahmekosten |
| 40 | Kosten, die der ausliefernden Fluggesellschaft am Bestimmungsort entstehen |
| 41 | Gesamtsumme der nachzunehmenden Kosten |
| 42 | Unterschrift des Absenders oder seines Agenten (= Spediteur) |
| 43 | Datum und Ort der Ausstellung, Unterschrift der ausstellenden Fluggesellschaft; i. d. R. unterschreibt stellvertretend der Agent (= Spediteur). |

FUNKTIONEN DES AWB

| Funktionen des AWB |
|---|
| • Beweisurkunde für den Abschluss und Inhalt des Luftfrachtvertrages |
| • Empfangsbescheinigung des Carriers für die übernommenen Güter |
| • Einverständnis des Absenders mit den Beförderungsbedingungen |
| • Versicherungszertifikat bei Versicherungsabschluss im AWB |
| • Nachweis für die Ausübung des Verfügungsrechts des Absenders (Sperrpapier) |
| • Dokument für die Haftung des Carriers |
| • Unterlage für die Zollberechnung |
| • Warenbegleitpapier |
| **Aber:** Der AWB ist kein begebbares Wertpapier. Er entspricht deshalb nicht dem Konnossement in der Seefracht.[1] Er kann nicht „an order" ausgestellt werden und ist nicht handelbar. Jede Originalausfertigung des AWB trägt den Aufdruck „not negotiable". |

Der Luftfrachtbrief ist mit dem Lkw- oder Bahnfrachtbrief vergleichbar.[2] So wie diese Dokumente dient er als Sperrpapier. Das bedeutet, der Absender kann nur nachträgliche Verfügungen anweisen, wenn er im Besitz seines Originals ist, ansonsten hat er sich „abgesperrt" von der Sendung.

SPERRPAPIER

> Das dritte Original des Luftfrachtbriefes, über das der Absender verfügt, gilt als **Sperrpapier!**

## 5.9 Was muss bei der Haftung in der Luftfracht beachtet werden?

### 5.9.1 Haftungsprinzip

Für Güterschäden wurde im Montrealer Übereinkommen im Unterschied zum Warschauer Abkommen das Prinzip der **Gefährdungshaftung** (Obhutshaftung) eingeführt. Der Luftfrachtführer haftet nach Artikel 18 MÜ grundsätzlich für jedes Ereignis, das während der Luftbeförderung eingetreten ist.

GEFÄHRDUNGSHAFTUNG

GÜTERSCHÄDEN

| Haftungsprinzip für Güterschäden in der Luftfracht | Gefährdungshaftung des Luftfrachtführers |
|---|---|

Der Luftfrachtführer haftet jedoch nicht, wenn und soweit er nachweist, dass die Zerstörung, der Verlust oder die Beschädigung der Güter durch einen oder mehrere der folgenden Umstände verursacht wurde:[3]

---

[1] vgl. Kapitel 3
[2] vgl. Heft 1, Kapitel 3.4.5 und 5.5.3
[3] vgl. Artikel 18 Absatz 2 MÜ

| Haftungsausschlüsse |
|---|
| • Die Eigenart der Güter oder ein ihnen innewohnender Mangel<br>• Mangelhafte Verpackung der Güter durch eine andere Person als den Luftfrachtführer oder seine Leute<br>• Eine Kriegshandlung oder ein bewaffneter Konflikt<br>• Hoheitliches Handeln in Verbindung mit der Einfuhr, Ausfuhr oder Durchfuhr der Güter. |

HAFTUNGSAUS-SCHLÜSSE

Güterfolgeschäden sind vom Luftfrachtführer nicht zu ersetzen.[1]

Nach Artikel 19 MÜ hat der Luftfrachtführer den Schaden zu ersetzen, der durch **Verspätung** bei der Luftbeförderung von Gütern entsteht. Er haftet jedoch nicht für den Verspätungsschaden, wenn er nachweist, dass er und seine Leute alle zumutbaren Maßnahmen zur Vermeidung des Schadens getroffen haben oder dass es ihm oder ihnen nicht möglich war, solche Maßnahmen zu ergreifen. Damit gilt bei Verspätungsschäden das **Verschuldensprinzip**.

VERSCHULDENS-PRINZIP

| Haftungsprinzip für Verspätungsschäden in der Luftfracht | Verschuldenshaftung des Luftfrachtführers |
|---|---|

VERSPÄTUNGEN

### 5.9.2 Haftungszeitraum

Nach dem Montrealer Übereinkommen umfasst der Haftungszeitraum den Zeitraum, während dessen sich die Güter in der Obhut des Luftfrachtführers befinden. Der Zeitraum der Luftbeförderung umfasst nicht die Beförderung zu Land, zur See oder auf Binnengewässern außerhalb eines Flughafens. Erfolgt jedoch eine solche Beförderung bei Ausführung des Luftbeförderungsvertrags zum Zweck der Verladung, der Ablieferung oder der Umladung, so wird bis zum Beweis des Gegenteils vermutet, dass der Schaden durch ein während der Luftbeförderung eingetretenes Ereignis verursacht worden ist.[2] Das bedeutet, dass der Luftfrachtführer nach Artikel 18 MÜ haftet, auch wenn das Gut auf der Umschlaganlage des Luftfrachtführers beschädigt wird oder während des Transports von der Umschlaganlage zum Flugzeug.

| Haftungszeitraum | Die Haftung des Luftfrachtführers beginnt mit der Übernahme des Gutes auf seine Umschlaganlage. Ebenso unterliegt der unmittelbare Transport von der Umschlaganlage zum Flugzeug dem Montrealer Übereinkommen.<br><br>Das Montrealer Übereinkommen gilt von „Umschlaganlage zu Umschlaganlage".[3] |
|---|---|

HAFTUNGSZEITRAUM

### 5.9.3. Luftfrachtersatzverkehr

In der Praxis kommt es häufig vor, dass Fluggesellschaften ihre Luftfracht an zentralen Flughäfen sammeln, um so ein ausreichend großes Frachtaufkommen zu erhalten, damit Frachtmaschinen und Laderäume wirtschaftlich genutzt werden können. Eine Luftfrachtsendung, die z. B. am Nürnberger Flughafen dem Luftfrachtführer, z. B. der Lufthansa, übergeben wird, wird von der Lufthansa zunächst mit dem Lkw nach Frankfurt transportiert und erst dort in eine Frachtmaschine verladen und zum Bestimmungsflughafen (z. B. Hongkong) befördert. Hier handelt es sich um einen sogenannten **Zubringerdienst**, der dem Lufttransport unmittelbar vor-, zwischen- oder nachgeschaltet ist. Nach MÜ gilt für einen Schaden, der sich während des Zubringerdienstes ereignet, bis zum Beweis des Gegenteils, dass er während der Luftbeförderung eingetreten ist.

ZUBRINGERDIENST

---

[1] § 2 Montrealer Übereinkommen, Durchführungsgesetz
[2] Artikel 18 Abs. 3 und 4 Montrealer Übereinkommen
[3] Diese Auffassung entspricht der gängigen Rechtsmeinung. Rechtsklarheit wird sich hier letztlich erst im Rahmen der Rechtsprechung entwickeln.

**LUFTFRACHTERSATZVERKEHR**

Auf kurzen Strecken kommt es manchmal sogar vor, dass der Lufttransport komplett durch eine Beförderung zu Land, zur See oder auf Binnengewässern ersetzt wird; man spricht hier vom sogenannten **Luftfrachtersatzverkehr**. Das Montrealer Übereinkommen ist hier nicht anwendbar, da keine Luftbeförderung vorliegt. Das gilt aber nur dann, wenn der Luftfrachtführer den Lufttransport mit Kenntnis des Absenders ersetzt hat und eine vertragliche Vereinbarung mit dem Absender über den Luftfrachtersatz vorliegt. Dies wäre z. B. der Fall, wenn ein entsprechender Eintrag im AWB vorhanden ist oder in den Allgemeinen Geschäftsbedingungen des Luftfrachtführers das Recht vorbehalten ist, anstelle des Flugzeuges ein anderes Verkehrsmittel einzusetzen. Die Haftung würde sich dann nach der Rechtsvorschrift für das auf der Strecke eingesetzte Verkehrsmittel richten (also z. B. bei internationalen Lkw-Transporten CMR, bei nationalen Transporten HGB).

Ersetzt der Luftfrachtführer aber ohne Zustimmung des Absenders den Lufttransport durch ein anderes Verkehrsmittel, so gilt diese Beförderung als innerhalb des Zeitraums der Luftbeförderung ausgeführt und damit gilt das Montrealer Übereinkommen.[1]

| Art der Beförderung | | Es gilt |
|---|---|---|
| **Zubringerdienst** | Einem Lufttransport unmittelbar vor-, zwischen- oder nachgeschaltet | Montrealer Übereinkommen |
| **Luftfrachtersatzverkehr** | Ohne Zustimmung des Absenders | Montrealer Übereinkommen |
| **Luftfrachtersatzverkehr** | Mit Zustimmung des Absenders | Rechtsvorschrift des eingesetzten Verkehrsmittels |

### 5.9.4 Haftungshöchstgrenzen

Die Haftungshöchstgrenze für Güterschäden und Verspätungsschäden beträgt nach dem Montrealer Übereinkommen 19 Sonderziehungsrechte (SZR) pro kg bei einem internationalen Luftfrachttransport. Ein Sonderziehungsrecht ist eine Größe des Internationalen Währungsfonds und muss jeweils in die Landeswährung umgerechnet werden. Zurzeit beträgt der Umrechnungskurs für 1 SZR ungefähr 1,20 EUR.[2] Pro Kilogramm haftet also der Luftfrachtführer maximal mit ungefähr 20,00 EUR.

Nach Warschauer Abkommen bzw. Haager Protokoll haftet der Luftfrachtführer mit 27,35 EUR pro kg bzw. mit 20 USD pro kg.

Bei einem nationalen Luftfrachttransport (den es in der Praxis vermutlich nur selten gibt) würde das HGB zugrunde gelegt werden wie bei allen innerdeutschen Transporten. Nach HGB beträgt der Schadensersatz pro kg brutto 8,33 Sonderziehungsrechte, also circa 10,00 EUR.

**HAFTUNGSHÖCHSTGRENZEN**

| Haftungshöchstgrenzen | |
|---|---|
| **Bei innerdeutschen Luftfrachttransporten** | 8,33 SZR/kg nach HGB<br>Bei Güterschäden |
| **Bei internationalen Luftfrachttransporten** | 19[3] SZR/kg nach Montrealer Übereinkommen<br>Sowohl bei Güter- als auch bei Verspätungsschäden |

---

[1] Artikel 18 Ziffer 4 Satz 3 Montrealer Übereinkommen
[2] Ein Sonderziehungsrecht setzt sich zusammen aus den Währungen Euro, US-Dollar, Japanischer Yen und Englisches Pfund. Der aktuelle Umrechnungskurs wird z. B. im Handelsblatt veröffentlicht oder kann unter www.imf.org nachgesehen werden.
Am 02.08.2010 betrug der aktuelle Umrechnungskurs für 1 SZR = 1,16432 EUR.
[3] Gültig seit 01.01.2010

In unserem Beispiel lässt die Firma Frankenelektronik 550 kg Elektronikteile mit einem Warenwert von 145 000,00 EUR per Luftfracht nach Hongkong transportieren. Luftfrachtführer ist die Lufthansa.

Wird die Ware während des Fluges komplett beschädigt, berechnet sich der Schadensersatz, den die Lufthansa bezahlen muss, wie folgt (wenn das Sonderziehungsrecht mit 1,20 EUR umgerechnet wird):

$$550 \text{ kg} \cdot 19 \text{ SZR} \cdot 1,20 \text{ EUR} = 12\,540,00 \text{ EUR}$$

Da gerade mit dem Flugzeug häufig wertvolle Güter transportiert werden, deckt die Haftung des Frachtführers in vielen Fällen nicht den gesamten Schaden bzw. Warenwert. So auch bei der Ware der Firma Frankenelektronik, die 145 000,00 EUR wert ist.

Dem Absender, der eine Ware transportieren lässt, die einen höheren Warenwert als die genannten Haftungshöchstgrenzen hat, bieten sich mehrere Möglichkeiten, wie er seine Ware im Schadensfall absichern kann.

Die wohl am häufigsten genutzte Möglichkeit ist der Abschluss einer **Transportversicherung**. Der Vorteil einer Transportversicherung liegt darin, dass auch der Vor- und Nachlauf mit abgesichert werden, also üblicherweise eine komplette Haus-Haus-Versicherung abgeschlossen wird. Außerdem deckt die Transportversicherung beinahe jeden Güterschaden in voller Höhe.[1] Die Prämie liegt je nach Versicherungsanbieter meist zwischen 0,8 ‰ und 3 % vom Warenwert und variiert bei den meisten Versicherungsunternehmen nach Risiko und Güterart. Folge- und Vermögensschäden können bei manchen Versicherungsanbietern mitversichert werden. Der Abschluss kann über einen Spediteur erfolgen oder der Exporteur kann selbst bei einem Versicherungsunternehmen eine solche Versicherung abschließen. Auch die meisten Fluggesellschaften bieten den Abschluss einer Transportversicherung an. Die Deutsche Lufthansa hat z. B. ein eigenes Tochterunternehmen, die **Delvag Luftfahrtversicherungs-AG**[2], die die Versicherung der Güter übernimmt, auf Wunsch auch im Haus-Haus-Verkehr.

TRANSPORTVERSICHERUNG

DELVAG LUFTFAHRTVERSICHERUNGS-AG

Eine weitere Möglichkeit, im Schadensfall den vollen Warenwert ersetzt zu bekommen, ist die Eintragung einer Wertdeklaration im AWB.

### 5.9.5 Wertdeklaration

Meist wird in der Praxis im AWB im Feld „Declared Value for Carriage" (**Wertdeklaration**) die Abkürzung „**NVD**" eingetragen, die für „no value declared" steht.

WERTDEKLARATION
NVD

| Shipper's Name and Address | Shipper's account Number | Not negotiable Air Waybill Lufthansa |
|---|---|---|
| Consignee's Name and Address | Consignee's account Number | It is agreed that the goods described herein are condition (except as noted) for carriage subject to the Conditions of Contract on the reverse hereof. The shipper s attention is drawn of the notice concerning carrier saccepted in apparent good order and limitation of liability. Shipper may increase such limitation of liability by declaring a higher value for carriage and paying a supplement charge if required |
| Issuing Carrier's Agent Name and City | | Accounting Information |
| Agent's IATA Code | Account No. | |
| Airport of Departure (Address of first Carrier) and requested Routing | | |

| to | By first Carrier/Routing and Destination | to | by | to | by | Currency | CHG S Code | WT/VAL PPD | Coll | Other PPD | COLL | Declared Value for Carriage NVD | Declared Value for Customs |
|---|---|---|---|---|---|---|---|---|---|---|---|---|---|

---
[1] vgl. Heft 1, Kapitel 8
[2] www.delvag.de

Das bedeutet, dass kein Wert erklärt wurde mit der rechtlichen Konsequenz, dass der Luftfrachtführer im Schadensfall maximal nur die gesetzliche Höchsthaftung zahlen muss, also nach Montrealer Übereinkommen maximal 19 SZR je kg. Für die Frankenelektronik AG würde dies im Schadensfall einen Schadensersatz durch den Luftfrachtführer in Höhe von 550 kg x 19 SZR x 1,20 EUR = 12 540,00 Euro bedeuten. Der Warenwert beträgt aber 145 000,00 EUR.

Die Frankenelektronik AG könnte die Haftung des Luftfrachtführers erhöhen, indem sie in das Feld „Declared Value für Carriage" den Warenwert einträgt.

| Shipper's Name and Address | Shipper's account Number | Not negotiable Air Waybill Lufthansa | | | | | | | |
|---|---|---|---|---|---|---|---|---|---|
| Consignee's Name and Address | Consignee's account Number | condition (except as noted) for carriage subject to the Conditions of Contract on the reverse hereof. The shipper s attention is drawn of the notice concerning carrier slimitation of liability. Shipper may increase such limitation of liability by declaring a higher value for carriage and paying a supplement charge if required | | | | | | | |
| Issuing Carrier's Agent Name and City | | Accounting Information | | | | | | | |
| Agent's IATA Code | Account No. | | | | | | | | |
| Airport of Departure (Address of first Carrier) and requested Routing | | | | | | | | | |
| to By first Carrier/Routing and Destination | to by to by | Currency | CHG S Code | WT/VAL PPD Coll | Other PPD COLL | Declared Value for Carriage **145 000,00** | Declared Value for Customs | | |

Im Schadensfall würde die Frankenelektronik AG dann den vollen Warenwert erhalten, falls die Sendung während des Lufttransports komplett beschädigt würde. Die Haftung des Luftfrachtführers kann also erweitert werden. Allerdings muss die Frankenelektronik dafür eine Gebühr, die sogenannte „**Valuation Charge**", bezahlen. Sie beträgt 0,75 % von der Differenz zwischen eingetragenem Warenwert und gesetzlicher Höchsthaftung.

**VALUATION CHARGE**

In unserem Beispiel würde der Warenwert der Sendung der Firma Frankenelektronik AG 145 000,00 EUR betragen und die gesetzliche Höchsthaftung nach Montrealer Übereinkommen 12 540,00 EUR.

**Berechnung der Valuation Charge:**

> 145 000,00 EUR (angegebener Warenwert) − 12 540,00 EUR (gesetzliche Höchsthaftung) = 132 460,00 EUR.
> 
> Von diesem Betrag werden 0,75 % valuation charge berechnet:
> 
> 0,75 % von 132 460,00 EUR = **993,45 EUR.**
> 
> Diese Gebühr muss von der Frankenelektronik zusätzlich bezahlt werden und wird im AWB in das Feld „Valuation Charge" eingetragen.

| Valuation Charge | Angegebener Warenwert minus gesetzliche Höchsthaftung Von dieser Differenz sind 0,75 % zu berechnen. |
|---|---|

Die Wertdeklaration darf aber nicht mit einer Versicherung verwechselt werden. Sie hat eine Haftungserweiterung des Luftfrachtführers zur Folge. Der Schadensersatz wird deshalb auch nur in den Fällen gezahlt, in denen die Haftung des Frachtführers greift. Der Schaden muss sich also in der Obhut des Luftfrachtführers ereignet haben und es darf keiner der Haftungsausschlüsse nach Montrealer Übereinkommen zutreffen. Für viele Versender ist deshalb der Abschluss einer Transportversicherung vorteilhafter.

### 5.9.6 Schadensanzeige

Im Falle einer Beschädigung muss der Empfänger unverzüglich nach Entdeckung des Schadens, spätestens jedoch 14 Tage nach der Annahme der Güter, dem Luftfrachtführer die Beschädigung melden. Im Falle einer Verspätung muss die Anzeige binnen 21 Tagen, nachdem die Güter dem Empfänger zur Verfügung gestellt worden sind, erfolgen. Die Schadensanzeige hat **schriftlich** zu erfolgen.[1]

| | Fristen für die Schadensanzeige |
|---|---|
| **Bei Güterschäden** | Unverzüglich nach Entdeckung, jedoch spätestens innerhalb von 14 Tagen nach Annahme der Güter |
| **Bei Verspätungsschäden** | Binnen 21 Tagen, nachdem die Güter dem Empfänger zur Verfügung gestellt worden sind |

FRISTEN FÜR DIE SCHADENSANZEIGE

## 5.10 Welche Besonderheiten gibt es bei der Abwicklung von Sammelgutsendungen in der Luftfracht?

Bei der Luftfracht-Sammelladung, der sogenannten **Consolidation**, fasst der Spediteur mehrere kleinere Sendungen verschiedener Absender zu einer Sendung zusammen und ermöglicht so aufgrund des höheren Gewichts günstigere Frachtraten.[2] Internationale Speditionen bieten Luftfracht-Sammelgutverkehre mit festem Abflugplan nach fast allen wichtigen Bestimmungshäfen der Welt an. Die Höhe des Frachtaufkommens zu den jeweiligen Zielplätzen bestimmt die Abflughäufigkeit (von einmal wöchentlich bis täglich) im Luftfracht-Sammelgutverkehr.

CONSOLIDATION

Beim Luftfracht-Sammelgutverkehr erstellt der Spediteur mehrere Frachtbriefe. Der sogenannte **Master-AWB** (MAWB) wird für die Gesamtsendung ausgestellt. Es ist der AWB, mit dem die Sendung an den Frachtführer übergeben wird. Die Einzelsendungen werden in einer Ladeliste, dem **Cargo Manifest**, aufgeführt. Als Shipper wird im Master-AWB in der Regel der Versandspediteur eingetragen und als Consignee der Empfangsspediteur am Zielort.

MASTER-AWB

CARGO MANIFEST

Zusätzlich erstellt der Spediteur für jede Einzelsendung, die zu der Sammelgutsendung gehört, einen hauseigenen AWB, den sogenannten **House-AWB** (HAWB). Beim House-AWB wird der Spediteur zum „**Contracting Carrier**" und ist deshalb auch oben rechts im AWB als Frachtführer eingetragen. Der Spediteur haftet dadurch gegenüber dem Auftraggeber wie der Luftfrachtführer, also z. B. nach Montrealer Übereinkommen. Als Shipper und Consignee werden im House-AWB die tatsächlichen Absender und Empfänger der Einzelsendung eingetragen.

HOUSE-AWB

CONTRACTING CARRIER

---
[1] Artikel 31, Absatz 2 und 3 MÜ
[2] vgl. Kapitel 5.13

| Frachtbriefe bei einer Luftfracht-Sammelladung (consolidation) ||
|---|---|
| Master-AWB | • Für die komplette Sammelladung<br>• Shipper ist der Spediteur, der die Sammelladung zusammen stellt<br>• Consignee ist der Empfangsspediteur<br>• Carrier ist die Fluggesellschaft |
| House-AWB | • Für jede Einzelsendung der Sammelladung<br>• Shipper bzw. Consignee ist der tatsächliche Absender bzw. Empfänger der Ware<br>• Als „Contracting Carrier" ist oben rechts der Spediteur eingetragen. |

CARGO MANIFEST

# CARGO MANIFEST

**Owner/Operator:** Spedition EUROCARGO

**Flight No:** 1506     **Datum:** 18.02.20..

**Point of loading:** Nürnberg     **Point of unloading:** Istanbul

**MAWB-No.:** 020-12661122

| Air Waybill Number shipper | No of pieces | Consignee | Nature of goods | ORG | DES | Gross WT (KG) |
|---|---|---|---|---|---|---|
| 980317-2 Böhne Bürotechnik 95026 Hof, Germany | 5 | Rheberi 34437 Gumussyu-Istanbul | Spare parts | NUE | IST | 50 |
| 980317-3 Absender 2 | 3 | Empfänger 2 | Spare parts | NUE | IST | 30 |
| 908317-4 Absender 3 | 2 | Empfänger 3 | Textiles | NUE | IST | 20 |

**Manifest total: 10 pieces**     **100 kg**

## 5 Frachtaufträge in der Luftfracht bearbeiten

**MASTER AWB**

| 235 | NUE | 15992211 | | 235 – 15992211 |
|---|---|---|---|---|

**Shipper's Name and Address**
Spedition
EUROCARGO
Hafenstraße 1
D-90317 Nürnberg

**Not negotiable Air Waybill Issued by**
TURKISH AIRLINES
ATATÜRK HAVALIMANI
YESILKÖY/ISTANBUL

Copies 1,2 and 3 of this Air Waybill are originals and have the same validity.

**Consignee's Name and Address**
EUROCARGO
INT. NAKLIYAT VE TICARET
80280 ESENTEPE/Istanbul

It is agreed that the goods described herein are accepted in apparent good order and condition (except as noted) for carriage SUBJECT TO THE CONDITIONS OF CONTRACT ON THE REVERSE HEREOF. ALL GOODS MAY BE CARRIED BY ANY OTHER MEANS INCLUDING ROAD OR ANY OTHER CARRIER UNLESS SPECIFIC CONTRARY INSTRUCTIONS ARE GIVEN HEREON BY THE SHIPPER, AND SHIPPER AGREES THAT THE SHIPMENT MAY BE CARRIED VIA INTERMIDIATE STOPPING PLACES WHICH THE CARRIER DEEMS APPROPRIATE. THE SHIPPER'S ATTENTION IS DRAWN TO THE NOTICE CONCERNING CARRIER'S LIMITATION OF LIABILITY. Shipper may increase such limitation of liability by declaring a higher value for carriage and paying a supplemental charge if required.

**Issuing Carrier's Agent Name and City**
Spedition EUROCARGO
Nürnberg

**Accounting Information**
HAWB: 980317-2
980317-3
980317-4

**Agent's IATA Code** 23-4-7057

**Airport of Departure (Addr. of first Carrier) and requested Routing:** Nürnberg

| to | By first Carrier | to | by | to | by | Currency | CHGS Code | WT/VAL PPD COLL | Other PPD COLL | Declared Value for Carriage | Declared Value for Customs |
|---|---|---|---|---|---|---|---|---|---|---|---|
| IST | TK | | | | | EUR | | X | X | NVD | NCV |

**Airport Destination:** Istanbul
**Flight/Date:** TK 1506/18
**Amount of Insurance:** NIL

**Handling Information:** Documents attached to AWB

| No. of Pieces RCP | Gross Weight | kg/lb | Rate Class / Commodity Item No. | Chargeable Weight | Rate / Charge | Total | Nature and Quantity of Goods (inc. Dimensions or Volume) |
|---|---|---|---|---|---|---|---|
| 10 | 100 | K | Q | 100 | 4,91 | 491,00 | consolidated cargo as per attached manifest |
| 10 | 100 | | | | | 491,00 | |

**Prepaid Weight Charge:** 491,00
**Valuation Charge:**
**Tax:**
**Total Other Charges Due Agent:**
**Total Other Charges Due Carrier:**

Shipper certifies that the particulars on the face hereof are correct and that insofar as any part of the consignment contains dangerous goods, such part is properly described by name and is in proper condition for carriage by air according to the applicable Dangerous Goods Regulations.

Spedition EUROCARGO     *i. A. Müller*
Signature of Shipper or his Agent

**Total prepaid:** 491,00
**Total collect:**

18.02.20.. Nürnberg          Spedition EUROCARGO
Executed on (Date) at (Place)     Signature of Carrier or its Agent

*i. A. Müller*

## House AWB

| NUE | 980317-2 | | | | HAWB 980317 - 2 |
|---|---|---|---|---|---|

**Shipper's Name and Address**
Böhne Bürotechnik
Wörthstraße 24
D-95028 Hof

**Not negotiable Air Waybill Issued by**
Spedition EUROCARGO
Hafenstraße 1
D-90317 Nürnberg

Copies 1,2 and 3 of this Air Waybill are originals and have the same validity.

**Consignee's Name and Address**
Rheberi
Inonu Cad. 16 - 18
34437 Gumussuyu-Istanbul

It is agreed that the goods described herein are accepted in apparent good order and condition (except as noted) for carriage SUBJECT TO THE CONDITIONS OF CONTRACT ON THE REVERSE HEREOF. ALL GOODS MAY BE CARRIED BY ANY OTHER MEANS INCLUDING ROAD OR ANY OTHER CARRIER UNLESS SPECIFIC CONTRARY INSTRUCTIONS ARE GIVEN HEREON BY THE SHIPPER, AND SHIPPER AGREES THAT THE SHIPMENT MAY BE CARRIED VIA INTERMIDIATE STOPPING PLACES WHICH THE CARRIER DEEMS APPROPRIATE. THE SHIPPER'S ATTENTION IS DRAWN TO THE NOTICE CONCERNING CARRIER'S LIMITATION OF LIABILITY. Shipper may increase such limitation of liability by declaring a higher value for carriage and paying a supplemental charge if required.

**Issuing Carrier's Agent Name and City**

**Accounting Information**
MAWB: 235-15992211

**Agent's IATA Code** | **Account No.**

**Airport of Departure (Addr. of first Carrier) and requested Routing**
Nürnberg

| to | By first Carrier | Routing and Destination | to | by | to | by | Currency | CHGS Code | WT/VAL PPD COLL | Other PPD COLL | Declared Value for Carriage | Declared Value for Customs |
|---|---|---|---|---|---|---|---|---|---|---|---|---|
| IST | TK | | | | | | EUR | | X | X | NVD | NCV |

| Airport Destination | Flight/Date | For Carrier Use Only Flight/Date | Amount of Insurance | INSURANCE |
|---|---|---|---|---|
| Istanbul | TK 1506/18 | | NIL | |

**Handling Information**

SCI

| No. of Pieces RCP | Gross Weight | kg/lb | Rate Class / Commodity Item No. | Chargeable Weight | Rate / Charge | Total | Nature and Quantity of Goods (inc. Dimensions or Volume) |
|---|---|---|---|---|---|---|---|
| 5 | 50 | K | | 50 | 5,00 | 250,00 | spare parts |
| 5 | 50 | | | | | 250,00 | |

| Prepaid | Weight Charge | Collect | Other Charges |
|---|---|---|---|
| 250,00 | | | |
| | Valuation Charge | | |
| | Tax | | |
| | Total Other Charges Due Agent | | Shipper certifies that the particulars on the face hereof are correct and that insofar as any part of the consignment contains dangerous goods, such part is properly described by name and is in proper condition for carriage by air according to the applicable Dangerous Goods Regulations. |
| | Total Other Charges Due Carrier | | |
| | | | Spedition EUROCARGO   i. A. Müller |
| | | | Signature of Shipper or his Agent |
| Total prepaid | Total collect | | Spedition EUROCARGO |
| 250,00 | | 18.02.20.. Nürnberg | i. A. Müller |
| Currency Conversion Rates | cc Charges in Dest. Currency | Executed on (Date) at (Place) | Signature of Carrier or its Agent |
| For Carrier's Use only at Destination | Charges at Destination | Total collect Charges | |

## 5.11 Welche Sicherheitsbestimmungen müssen in der Luftfracht eingehalten werden?

Luftfrachtsendungen sollen in besonderer Weise gegen unbefugte Zugriffe Dritter geschützt werden. Nur eine als sicher eingestufte Luftfracht darf an Fluggesellschaften übergeben werden.

Im Februar 2006 hat das Luftfahrt-Bundesamt dass neue **Luftsicherheitsgesetz** (LuftSiG) vorgestellt, dass die EU-Verordnung 2320/2002 über die Sicherheit in der Zivilluftfahrt umsetzt. Das Gesetz sieht die Zulassung von sogenannten „**Reglementierten Beauftragten**" vor. Als Reglementierte Beauftragte kommen folgende Unternehmen infrage:

LUFTSICHERHEITSGESETZ

REGLEMENTIERTE BEAUFTRAGTE

| Reglementierte Beauftragte |
|---|
| • Speditions-, Kurier-, Expressunternehmen, die Luftfracht befördern<br>• Luftfrachthandlingunternehmen<br>• Luftfahrtunternehmen, die die Luftfrachtabfertigung oder Luftfrachtbeförderung als Dienstleistung gegenüber Dritten anbieten |

Also auch Luftfrachtspediteure müssen die Zulassung zum Reglementierten Beauftragten beantragen. Ein Reglementierter Beauftragter übernimmt eine ganze Reihe von Verpflichtungen. Dazu zählen unter anderem die Ernennung von Sicherheitsbeauftragten, die Erstellung eines Luftfracht-Sicherheitsplans und der Schutz der Fracht vor unbefugtem Zugriff, soweit diese sich in Gewahrsam des Spediteurs befindet. Das bedeutet, dass der gesamte Ablauf sicherheitsrelevanten Anforderungen genügen muss. Für den Spediteur bedeutet dies einen zusätzlichen Aufwand für die Überwachung der Prozesskette, für Stichprobenkontrollen, Mitarbeiterschulungen usw.

Um eine reibungslose Abfertigung der Luftfrachtsendungen zu gewährleisten, muss der Auftraggeber des Spediteurs als „**Bekannter Versender**" registriert bzw. anerkannt werden. Bis zum April 2010 musste der Kunde des Spediteurs dazu eine vom Luftfahrt-Bundesamt vorgegebene „Sicherheitserklärung des Bekannten Versenders" abgeben. In dieser Sicherheitserklärung verpflichtete sich der Auftraggeber zur Einhaltung folgender Sicherheitsstandards:

BEKANNTE VERSENDER

| Verpflichtungen des Bekannten Versenders |
|---|
| • Sendungen während der Vorbereitung, Lagerung und eigenen Beförderung vor unbefugtem Zugriff schützen<br>• Zuverlässiges und in die Tätigkeit eingewiesenes Personal einsetzen<br>• Die Sendungen in sicheren Betriebsräumen vorbereiten<br>• Auf dem Versanddokument schriftlich erklären, dass es sich um keine verbotenen Gegenstände handelt<br>• Die Untersuchung von Verpackung und Inhalt der Sendung (z. B. durch Stichprobenkontrollen) zulassen<br>• Bei Beauftragung von Unterauftragnehmern (Transport, Verpackung, Lagerung) für die Einhaltung der Sicherheitsmaßnahmen sorgen<br>• Den zuständigen Luftsicherheitsbehörden oder den Reglementierten Beauftragten Zutritt zu den Räumlichkeiten gewähren |

Lag diese Erklärung vor, konnte der Spediteur als Reglementierter Beauftragter davon ausgehen, dass die darin erklärten Sachverhalte gegeben sind und konnte die Sendung als „**bekannte Fracht**" behandeln. Dies erfordert – von Stichprobenkontrollen abgesehen – im Regelfall keine zusätzlichen technischen Kontrollmaßnahmen.

BEKANNTE FRACHT

Sendungen von sog. „**Unbekannten Versendern**" (also Kunden, von denen keine Versendererklärung vorlag) müssen allerdings nach den Vorschriften des Luftfahrt-Bundesamtes zwingenden Sicherheitskontrollen unterzogen werden.

UNBEKANNTE VERSENDER

Dadurch entstehen natürlich ganz erhebliche Zeitverzögerungen und Mehrkosten, die an die Versender weiterbelastet werden müssen.

| Sicherheitskontrollen bei unbekannten Versendern |
|---|
| • Von Hand oder physische Kontrolle der Ware oder<br>• Durchleuchtung mit Röntgenapparat oder<br>• Überprüfung in Druckkammern oder<br>• Kontrollen mit anderen technischen oder biosensorischen Mitteln (z. B. Spürhunde usw.) oder<br>• Sicherheitslagerung usw. |

**BEHÖRDLICHE ZULASSUNG**

Am 29. April 2010 wurde eine neue EU-Verordnung gültig, die darauf abzielt, die Lieferkette noch sicherer zu machen. Es wird nur noch derjenige als Bekannter Versender anerkannt, der eine **behördliche Zulassung** vorweisen kann. Die inhaltlichen Anforderungen an diese Zulassung sind noch nicht im Einzelnen bekannt. Es handelt sich aber um eine Zertifizierung, die erfahrungsgemäß aufwendig ist. Die Zulassung erhält der Versender nach einem entsprechendem Audit, bei dem er unter anderem einen Luftsicherheitsbeauftragten und Schulungen fürs gesamte Personal vorweisen und darlegen muss, wie die Betriebsstätte geschützt ist. Anschließend wird der so überprüfte Versender in einer EU-weiten Datenbank gelistet.

**ÜBERGANGSFRIST**

Das Luftfahrt-Bundesamt hat aber eine **Übergangsfrist** geschaffen. Alle Versender, die am Stichtag 28. April 2010 eine Sicherheitserklärung nach dem alten Verfahren bei einem Reglementierten Beauftragten (z. B. Spediteur) abgegeben haben, werden vom Luftfahrt-Bundesamt in einer Liste erfasst und gelten bis zum 25. März 2013 weiter als Bekannte Versender ohne irgendwelche zusätzlichen Maßnahmen ergreifen zu müssen.

Nach dem 25.März 2013 benötigen alle Versender eine behördliche Zulassung, um den Status „Bekannter Versender" zu erhalten und müssen das Zertifizierungsverfahren durchlaufen. Das gilt auch für Unternehmen, die am 28. April 2010 keine Sicherheitserklärung bei einem Reglementierten Beauftragen abgegeben haben. Diese Untenehmen müssen bereits jetzt einen Antrag auf behördliche Zulassung stellen.

Bekannter Versender kann zudem nur die Betriebsstätte werden, aus der die Sendung ursprünglich kommt. Das umfasst nicht nur Produktion, sondern auch die Konfektionierung und Verpackung.

Experten bezweifeln, dass sich alle derzeit existierenden Bekannten Versender – die Rede ist von 50 000 bis 60 000 – behördlich zertifizieren lassen werden. Für kleinere Unternehmen mit wenigen Luftfrachttransporten wird sich dies kaum lohnen. Die Lufthansa Cargo geht davon aus, dass mindestens 20, wenn nicht 25 Prozent der heutigen Bekannten Versender den behördlich erteilten Status nicht anstreben werden.

| Übergangsfrist bis zum 25.03.2013 |
|---|
| • Versender muss bis zum 28.04.2010 eine gültige Sicherheitserklärung bei einem Reglementierten Beauftragten abgegeben haben und gilt dann bis zum 25.03.2013 als Bekannter Versender<br>• Versender, die keine Sicherheitserklärung abgegeben haben müssen bereits jetzt die behördliche Zulassung beantragen<br>• Versender, die keine Sicherheitserklärung abgegeben haben und auch keine behördliche Zulassung haben gelten als Unbekannte Versender. Ihre Waren werden einer Sicherheitskontrolle unterzogen. |
| **Ab dem 25.03.2013** |
| • Jeder Versender benötigt eine behördliche Zulassung vom Luftfahrt-Bundesamt um den Status Bekannter Versender zu erreichen. Er muss sich dazu zertifizieren lassen.<br>• Wer keine behördliche Zulassung beantragt gilt als Unbekannter Versender, dessen Waren einer Sicherheitskontrolle unterzogen werden. |

**TRANSPORTEURS-ERKLÄRUNG**

Neu ist seit dem 29.April 2010 auch eine sog. **Transporteurserklärung** für z. B. Speditionen/Frachtführer, die im Auftrag des Bekannten Versenders Luftfracht an den Reglementierten Beauftragten übergeben.

### Wie müssen die Sicherungsmaßnahmen auf dem AWB ausgewiesen sein?[1]

Im AWB-Feld „Handling Information" wird in der Regel die Zulassungsnummer des Reglementierten Beauftragten und der Status der Fracht vermerkt. Ist die betreffende Frachtsendung definitiv als „sicher" einzustufen, wird der Begriff „**SPX** – secure for passenger – and all cargo aircraft" in das Feld eingetragen. Mit dem Eintrag „**not secured**" wird unmissverständlich signalisiert, dass die Frachtsendung noch nicht als sicher angesehen werden darf und im weiteren Abfertigungsverlauf einer Sicherheitskontrolle zu unterziehen ist. Dasselbe ist erforderlich, wenn in dem entsprechenden Informationsfeld überhaupt kein Eintrag vorhanden ist. Die Art und Anwendung einer Sicherheitskontrolle (z. B. Röntgen) ist als Nachweis ihrer Durchführung immer zu vermerken, unabhängig davon, zu welchem Zeitpunkt des Sendungslaufes und unter wessen Veranlassung dies geschah. Dieser schriftliche Nachweis (zum Beispiel SPX – secure for passenger – and all cargo aircraft by X-Ray) ist entweder auf der AWB-Durchschrift, die vor Ort bei der Verladung der Sendung in das Luftfahrzeug verfügbar ist oder mittels geeigneter anderer schriftlicher Begleitdokumentation zu führen und muss in jedem Fall die Angabe enthalten, wann und durch wen die Sicherheitskontrolle durchgeführt wurde (Datum, DE.RAC.Nr. und Unterschrift des Reglementierten Beauftragten).

SPX

NOT SECURED

Frachtsendungen, die in der oben genannten Form auf dem AWB als „SPX secure for passenger and all cargo aircraft" gekennzeichnet wurden, weil die notwendigen Verfahren nachweislich eingehalten worden sind (zum Beispiel die Versendererklärung liegt vor, Kontrollmaßnahmen durchgeführt), können sowohl auf Nurfrachtflugzeugen als auch auf Passagierflugzeugen befördert werden. Die sichere Lieferkette muss anhand der Begleitdokumente nachvollziehbar sein.

Bei Sendungen, die nach den Verfahren für die mit Nurfrachtflugzeugen abgefertigt wurden, ist im AWB (oder Begleitdokument) der Begriff „SCO – secure for all cargo aircraft only" zu vermerken. Diese Sendungen sind als sicher für die Beförderung auf Nurfrachtflugzeugen anzusehen, sind aber vor einer eventuellen Beförderung auf Passagierflugzeugen einer Kontrollmaßnahme (zum Beispiel Röntgen) zu unterziehen, statt des Sicherheitsstatus „SCO" ist dann der Status SPX zu vermerken.

Folgende Sendungen sind in jedem Fall einer Sicherheitskontrollmaßnahme zu unterziehen und der Nachweis muss auf dem AWB – Air Waybill oder den Begleitpapieren – wie oben beschrieben – dokumentiert sein:

- Sendungen von privaten Personen (personal effects)
- unbegleitetes Gepäck, das als Fracht zu befördern ist
- Sendungen von nicht Reglementierten Beauftragten
- Sendungen von unbekannten Versendern
- Sendungen, die von einer anderen Person/Unternehmen als dem bekannten Versender oder dem Reglementierten Beauftragten oder deren Beauftragte (Unterauftragnehmer) angeliefert werden
- Sendungen, deren Inhalt nicht der abgegebenen Erklärung entspricht
- Sendungen, bei denen aufgrund des augenscheinlichen Zustands vermutet werden muss, dass sie manipuliert wurden oder bei denen die sichere Transportkette durch offene unverschlossene oder unbeaufsichtigte Frachtfahrzeuge unterbrochen wurde.

---

[1] Quelle: Luftfahrt Bundesamt www.lba.de

## 5.12 Wie müssen gefährliche Güter in der Luftfracht behandelt werden?

Güter, von denen wegen ihrer Beschaffenheit eine Gefahr für das Fluggerät, die Passagiere oder andere Güter ausgeht, sind vom Lufttransport entweder komplett ausgeschlossen oder sie dürfen nur mit bestimmten Einschränkungen geflogen werden. Solche bedingt zugelassenen Güter werden zum Transport nur akzeptiert, wenn besondere Erfordernisse im Hinblick auf Verpackung, Kennzeichnung und Gewicht beachtet werden. So dürfen bestimmte gefährliche Güter nur in Frachtflugzeugen befördert werden, andere sind für den Transport sowohl in Passagier- als auch in Frachtflugzeugen erlaubt.

DANGEROUS GOODS REGULATIONS (DGR)

Die IATA hat die Bestimmungen für die Luftbeförderung gefährlicher Güter zusammengefasst in den „**IATA Dangerous Goods Regulations** (DGR)". Sie gelten für die Güterbeförderung in Flugzeugen aller IATA-Mitglieder sowie für etliche andere Fluggesellschaften. In die DGR einbezogen sind die „ICAO Technical Instructions for the Safe Transport of Dangerous Goods by Air".

Die DGR sind fast für den gesamten Weltflugverkehr verbindlich. In einigen Ländern gibt es noch Sonderbestimmungen. Jeder, der Güter als Luftfracht befördern lässt, muss all diese Bestimmungen unbedingt beachten. In Deutschland gelten die DGR-Bestimmungen kraft gesetzlicher Vorschriften. Das Luftverkehrsgesetz und die Luftverkehrs-Zulassungs-Ordnung regeln in Deutschland den Lufttransport gefährlicher Güter.

| Rechtliche Grundlagen für den Transport gefährlicher Güter mit dem Flugzeug |
|---|
| • Dangerous Goods Regulations der IATA |
| • Technical Instructions der ICAO |
| • Luftverkehrsgesetz der Bundesrepublik Deutschland |
| • Luftverkehrs-Zulassungs-Ordnung des Bundesrepublik Deutschland |

Die DGR enthalten eine Liste, aus der ersichtlich ist, welche Güter
- generell im Lufttransport verboten sind,
- für „cargo aircraft only" zugelassen sind,
- auch für Passagierflugzeuge zugelassen sind,
- „not restricted" sind.

GEFAHRGUTKLASSEN

Zu den gefährlichen Gütern zählen z. B. explosive Stoffe, komprimierte Gase, entzündliche Flüssigkeiten und Feststoffe, oxidierende Stoffe, Giftstoffe, infektiöse Stoffe, radioaktive Stoffe, ätzende Stoffe. Diese Stoffe werden international in 9 **Gefahrgutklassen** eingeteilt:

| Klasse 1 | Explosive Stoffe und Gegenstände mit Explosivstoff |
|---|---|
| Klasse 2 | Gase |
| Klasse 3 | Entzündbare flüssige Stoffe |
| Klasse 4.1 | Entzündbare feste Stoffe |
| Klasse 4.2 | Selbstentzündliche Stoffe |
| Klasse 4.3 | Stoffe, die in Berührung mit Wasser entzündbare Gase entwickeln |
| Klasse 5.1 | Entzündend (oxidierend) wirkende Stoffe |
| Klasse 5.2 | Organische Peroxide |
| Klasse 6.1 | Giftige Stoffe |
| Klasse 6.2 | Ansteckungsgefährliche Stoffe |
| Klasse 7 | Radioaktive Stoffe |
| Klasse 8 | Ätzende Stoffe |
| Klasse 9 | Verschiedene gefährliche Stoffe und Gegenstände |

Für die nur bedingt zur Frachtbeförderung zugelassenen Güter müssen besondere Vorschriften beachtet werden.

| Zu den bedingt zugelassenen Gütern zählen: |
|---|
| • Feste, flüssige oder gasförmige Stoffe, die explosiv, leicht entzündbar, oxidierend, ätzend, giftig, radioaktiv, magnetisch sind oder sonstige belästigende Eigenschaften haben |
| • Alle Gegenstände, die Säurefüllungen, Quecksilberfüllungen, Kraftstofffüllungen enthalten, Munition und Spraydosen |
| • Medikamente, Drogen, Kosmetika, Klebstoffe, Farben, Lacke, Pflanzenschutzmittel und Schädlingsbekämpfungsmittel, die gefährliche Stoffe enthalten |

BEDINGT ZUGELASSENE GÜTER

| Für diese bedingt zugelassenen Güter gelten u. a. folgende IATA-Bestimmungen: |
|---|
| • Festgelegte Nettomengen pro Versandstück dürfen nicht überschritten werden. |
| • Die Verpackung muss je nach Art des Gutes festgelegten Richtlinien entsprechen. |
| • Die Gütern sind in den Frachtbriefen und sonstigen Dokumenten entsprechend zu deklarieren. |
| • Die Versandstücke sind mit Gefahrgutaufklebern und Markierungen (UN-Nummer) zu kennzeichnen. |
| • Der Versender muss eine Absendererklärung (Shippers's Declaration for Dangerous Goods, ausstellen und unterschreiben. |

SHIPPERS'S DECLARATION FOR DANGEROUS GOODS

Die Verantwortung für die richtige Verpackung, Markierung, Einhaltung der Höchstmengen und Deklaration liegt beim Absender. Er haftet für alle Schäden.

Die Gefahrgutaufkleber sind deutlich sichtbar auf allen Seiten des Gutes anzubringen, damit bei der Beförderung auch bei unterschiedlichen Stellungen des Gutes der Aufkleber immer zu erkennen ist. Darf die Sendung nur in einer Frachtmaschine geflogen werden, muss zusätzlich der Aufkleber „CAO" „cargo aircraft only" angebracht werden. Daneben sind noch andere Abkürzungen üblich, vor allem auch zur Information der Flugbesatzung. Sie sind in den sogenannten IMP-Codes zusammengefasst (IMP = Interline Message Procedure).

| IATA Cargo IMP-Codes | | | |
|---|---|---|---|
| CAO | cargo aircraft only | RIS | infectious substance |
| ICE | dry ice | RMD | miscellaneous dangerous goods |
| IMP | interline message procedure | RNG | non-flammable compressed gas |
| MAG | magnetized material | ROP | organic peroxide |
| RCL | cryogenic liquids | ROX | oxidizer |
| RCM | corrosive | RFB | poison |
| RCX | explosives 1.3 C | RPG | poisonous gas |
| RFG | flammable compressed gas | RRW | radioaktive material category I-white |
| RFL | flammable liquid | RRY | radioaktive material categories II-yellow and III-yellow |
| RFS | flammable solid | RSB | polystyrene beads |
| RFW | dangerous when wet | RSC | spontaneously combustible |
| RHF | harmful – stow away from foodstuff | RXB | explosives 1.4 B |

IATA CARGO IMP-CODES

Die Fluggesellschaften erheben beim Transport gefährlicher Güter eine zusätzliche Gebühr.

# 5 Frachtaufträge in der Luftfracht bearbeiten

IATA/ICAO
GEFAHREN- UND
ABFERTIGUNGS-
KENNZEICHEN

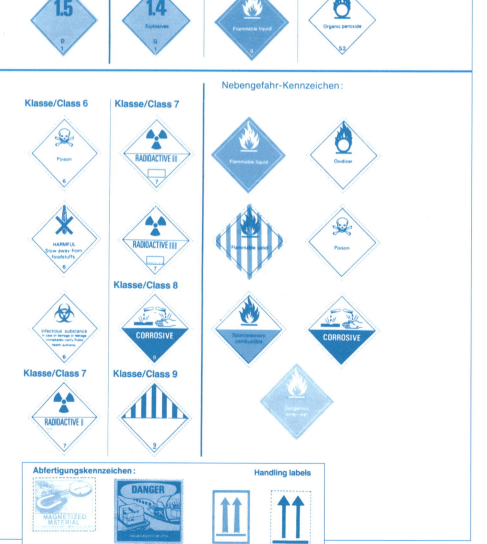

## AWB mit Gefahrgut und dazugehörige Shippers Declaration for Dangerous Goods

## 5.13 Wie wird der Transportpreis in der Luftfracht ermittelt?

### 5.13.1 Der TACT

**TACT**

Die Grundlage für die Abrechnung von Luftfrachttransporten bildet der sogenannte **TACT = The Air Cargo Tariff,** der regelmäßig von der IATA herausgegeben wird. War er früher für die IATA-Mitglieder absolut bindend, so gilt er heute als Höchstpreisvorgabe, da viele Fluggesellschaften sich inzwischen an den TACT nicht mehr halten und den Spediteuren eigene Preisangebote machen. Aber auch die eigenen Preislisten der Fluggesellschaften sind aufgebaut wie die TACT-Vorgaben.

Der TACT wird in drei Bänden veröffentlicht:

| Band 1 (orange) TACT Rules | Enthält u. a. die IATA-Städte-Codes, die IATA-Währungsbestimmungen, Vorschriften für die Anwendung und Berechnung der IATA-Raten, Länderbestimmungen für den Luftfrachtimport und -export sowie Sonderbestimmungen für Fluggesellschaften |
|---|---|
| Band 2 TACT Rates North America | Raten von, nach und innerhalb der TC 1 |
| Band 3 TACT Rules worldwide (except North America) | Raten für alle anderen Verkehrsgebiete |

Die Flugpläne werden in folgenden Kursbüchern veröffentlicht:

**OAG**

| OAG World Airways Guide Blue Book | Passagierflüge der Flughäfen von A–M |
|---|---|
| OAG World Airways Guide Red Book | Passagierflüge der Flughäfen von N–Z |
| OAG Air Cargo Guide | Frachtflüge |

**DIREKTRATEN**

**LOCAL CURRENCY**

Die angegebenen Luftfrachtraten gelten nur von Flughafen zu Flughafen **(Direktraten).** Alle Nebenkosten werden gesondert berechnet. Die Raten werden immer in der Währung des Abgangslandes angegeben **(local currency).** Für alle Flüge von einem deutschen Flughafen ins Ausland sind die Ratenangaben also immer in Euro. Sogenannte Kontraktraten werden mit bestimmten Verladern ausgehandelt, wenn diese ein bestimmtes Sendungsaufkommen in einem festgelegten Zeitraum anliefern.

## 5.13.2 Erklärung der Ratenangaben

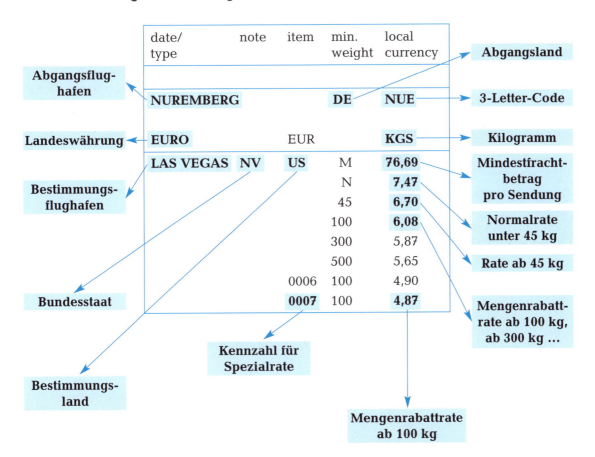

| | Allgemeine Frachtraten (General Cargo Rates) | |
|---|---|---|
| **Normalrate =** **Normal Rate = N-Rate** | Für Sendungen bis 45 kg<br>Im obigen Beispiel: 7,47 EUR je kg | **Normalrate =** **Normal Rate =** **N-Rate** |
| **Mengenrabattraten =** **Quantity Rates =** **Q-Rate** | • Für Sendungen ab 45 kg frachtpflichtigem Gewicht<br>Im obigen Beispiel:<br>6,70 EUR je kg ab insgesamt 45 kg Sendungsgewicht<br>6,08 EUR je kg ab einem Sendungsgewicht von 100 kg<br>• Das angegebene Mindestgewicht bei jeder Rate darf nicht unterschritten werden.<br>• Liegt das frachtpflichtige Gewicht zwischen 2 Ratenstufen, darf bereits alternativ mit der niedrigeren Frachtrate gerechnet werden, wenn sich dadurch ein niedrigerer Frachtbetrag ergibt.<br>Beispiel: Frachtpflichtigeres Gewicht = 92 kg<br>Alternative 1:  (45er-Rate)    92 kg x 6,70 € = 616,40 €<br>Alternative 2: (100er-Rate) 100 kg x 6,08 € = 608,00 €<br>Als Frachtbetrag ist der niedrigere Betrag 608,00 € auszuwählen<br>• Auch zwischen der N-Rate und der 45er-Rate darf bereits alternativ gerechnet werden, wenn sich dadurch ein niedrigerer Frachtbetrag ergibt. Auch hier muss bei Verwendung der 45er-Rate das Mindestgewicht von 45 kg angerechnet werden | **Mengenrabatt-** **raten =** **Quantity Rates =** **Q-Rate** |
| **Mindestfrachtbetrag =** **Minimum Rate =** **M-Rate** | Mindestbetrag, der nicht unterschritten werden darf, unabhängig davon, wie viel die Sendung wiegt<br>Im obigen Beispiel: 76,69 EUR | **Mindestfracht** **betrag =** **Minimum Rate =** **M-Rate** |

### 5.13.3 Beispiele zur Frachtberechnung

**Berechnung des frachtpflichtigen Gewichts:**

Abgerechnet wird nach dem Bruttogewicht oder dem Volumengewicht der Sendung. Das Gewicht wird auf volle 500 g = 0,5 kg aufgerundet. Sperrige Sendungen werden nach dem Volumengewicht abgerechnet. Sperrig ist eine Sendung dann, wenn der Rauminhalt 6 dm³ je kg übersteigt. Man könnte auch sagen, das Verhältnis von dm³ zu kg ist größer 6. Da das Verhältnis von Volumen zu Gewicht auch als messend bezeichnet wird, bedeutet dies, eine Sendung ist sperrig, wenn sie **mehr als 6-mal messend** ist. 6 dm³ werden dann mit einem kg abgerechnet oder 6 000 cm³ mit einem kg. Diese nennt man dann **Volumenkg**.

| Frachtberechnungsvorschriften in der Luftfracht | |
|---|---|
| Abgerechnet wird nach Bruttogewicht oder bei sperrigen Sendungen nach dem Volumengewicht | Auf 0,5 kg aufrunden! |
| Berechnung der Sperrigkeit einer Luftfrachtsendung (Berechnung des Volumengewichts) | Eine Sendung ist sperrig, wenn $\frac{dm^3}{kg}$ > 6-mal messend ist.<br>Je 6 dm³ (bzw. 6 000 cm³) werden dann mit 1 kg abgerechnet. |

**Beispiel zur Sperrigkeitsberechnung:**

Eine Luftfrachtsendung wiegt 19 kg und hat die Abmessungen: 5,8 dm x 6,2 dm x 4,8 dm.
Das Volumen der Sendung beträgt 172,608 dm³.
Da 6 dm³ mit einem kg abgerechnet werden, teilt man das Volumen durch 6.
172,608 dm³ : 6 = 28,77 Volumenkg.
Das Ergebnis ist größer als das tatsächliche Gewicht von 19 kg, also ist die Sendung sperrig. Das Ergebnis muss aber noch auf 0,5 kg aufgerundet werden.
Das frachtpflichtige Gewicht beträgt also bei diesem Beispiel letztlich 29 kg.

**Berechnung des frachtpflichtigen Gewichts bei Sammelladungen (consolidation)**

Werden auf einem AWB mehrere Sendungen zusammengefasst, wird die Sperrigkeit immer für den kompletten AWB überprüft, nicht für die einzelne Sendung.

**Beispiel:**

Auf einem AWB werden 3 Kisten von Frankfurt nach Tokio geflogen.
1. Kiste: Maße 120 x 110 x 80 cm, Gewicht 180 kg
2. Kiste: Maße 110 x 110 x 100 cm, Gewicht 120 kg
3. Kiste: Maße 80 x 80 x 90 cm, Gewicht 110 kg
Die Volumen der 3 Kisten werden zusammengezählt:
Kiste 1:     1 056 000 cm³
Kiste 2: + 1 210 000 cm³
Kiste 3: +     576 000 cm³
           = 2 842 000 cm³ : 6 000 = 473,67 = gerundet **474 Volumenkg**
Das tatsächliche Gewicht der 3 Kisten beträgt insgesamt 410 kg. Da das tatsächliche Gewicht kleiner ist als das Volumengewicht, werden die 474 kg abgerechnet.

**Beispiele zur Frachtberechnung:**

Als Abrechnungsgrundlage wird für die folgenden Beispiele der TACT-Auszug von Seite 252 verwendet.

1. Eine Sendung, Gewicht 24,4 kg, wird von Frankfurt nach Oslo geflogen.

   Frachtpflichtiges Gewicht = 24,5 kg

   Da das Gewicht unter 45 kg liegt, wird nach der Normalrate (N) abgerechnet.

   (N)   24,5 kg · 2,05 EUR = **50,23 EUR**

2. Eine Sendung von 27,6 kg wird von Hamburg nach Köln geflogen.

   Frachtpflichtiges Gewicht = 28 kg

   Abrechnung nach der Normalrate: (N) 28 kg · 1,00 EUR = 28,00 EUR

   Aber: Mindestfrachtbetrag M = **38,35 EUR**. Da die Abrechnung nach der Normalrate einen Betrag unter dem Minimumbetrag ergibt, wird hier der Mindestfrachtbetrag in Rechnung gestellt.

3. Eine Sendung, Gewicht 52,7 kg, wird von Frankfurt nach Recife geflogen.

   Frachtpflichtiges Gewicht: 53 kg

   Das Gewicht liegt zwischen der 45er-Rate und der 100er-Rate. Beide Raten werden alternativ abgerechnet. Allerdings muss bei der 100er-Rate auch das Mindestgewicht 100 kg abgerechnet werden. Das niedrigere Ergebnis ist auszuwählen.

   (45)   53 kg · 11,20 EUR = **593,60 EUR**

   (100) 100 kg · 8,94 EUR = 894,00 EUR

4. Eine Sendung, Gewicht 33,6 kg, wird von München nach Sydney geflogen.

   Neben der Normalrate darf auch die 45er-Rate alternativ abgerechnet werden. Natürlich muss auch hier das Mindestgewicht von 45 kg zugrunde gelegt werden. Das niedrigere Ergebnis ist auszuwählen.

   (N)   34 kg · 15,74 EUR = 535,16 EUR

   (45)  45 kg · 11,36 EUR = **511,20 EUR**

5. Eine Sendung mit einem Gewicht von 42,5 kg wird von Nürnberg nach Tokio geflogen.

   Maße der Sendung: 108 · 86 · 42 cm

   Berechnung des frachtpflichtigen Gewichts: 390 096 cm³ : 6 000 = 65,016 Volumenkg, gerundet 65,5 Volumenkg.

   Da die Volumenkg höher sind als das tatsächliche Gewicht, wird nach Volumenkg abgerechnet.

   65,5 kg liegen zwischen 45 und 100 kg, deshalb werden beide Raten alternativ abgerechnet. Das niedrigere Ergebnis ist auszuwählen.

   (45)   65,5 kg · 10,96 EUR = **717,88 EUR**

   (100) 100 kg · 7,62 EUR   = 762,00 EUR

**AUSZUG AUS DEM TACT**

## Auszug aus dem TACT

| date/type | note | item | min. wght | local curr. | date/type | note | item | min. wght | local curr. | date/type | note | item | min. wght | local curr. | date/type | note | item | min. wght | local curr. |
|---|---|---|---|---|---|---|---|---|---|---|---|---|---|---|---|---|---|---|---|
| FRANKFURT DE EURO EUR | | | | FRA KGS | HAMBURG DE EURO EUR | | | | HAM KGS | MUNICH DE EURO EUR | | | | MUC KGS | NUREMBERG DE EURO EUR | | | | NUE KGS |
| ALICANTE ES | | M | | 56.24 | | | | | | CASABLANCA MA | | M | | 61.63 | MANILA PH | | M | | 76.69 |
| | | N | | 2.10 | BREMEN DE | | M | | 38.35 | | | N | | 4.41 | | | N | | 4.49 |
| | | 45 | | 1.90 | | | N | | 0.31 | | | 45 | | 2.72 | | | 45 | | 3.59 |
| | | 100 | | 1.10 | | | 45 | | 0.23 | | | 100 | | 2.44 | | | 100 | | 3.24 |
| BERLIN DE | | M | | 38.35 | BUEN AIRES AR | | M | | 76.69 | FRANKFURT DE | | M | | 38.35 | | | 300 | | 3.07 |
| | | N | | 1.23 | | | N | | 6.85 | | | N | | 0.88 | | | 500 | | 2.91 |
| | | 45 | | 0.92 | | | 45 | | 5.80 | | | 45 | | 0.66 | RECIFE BR | | M | | 76.69 |
| HONG KONG HK | | M | | 76.69 | | | 100 | | 4.76 | LA PAZ BO | | M | | 76.69 | | | N | | 3.57 |
| | | N | | 4.49 | | | 300 | | 4.29 | | | N | | 6.41 | | | 45 | | 11.20 |
| | | 45 | | 3.47 | | | 500 | | 4.09 | | | 45 | | 5.98 | | | 100 | | 8.94 |
| | | 100 | | 3.24 | CANBERRA AU | | M | | 84.36 | | | 100 | | 5.31 | | | 300 | | 7.01 |
| | | 300 | | 3.07 | | | N | | 16.25 | | | 300 | | 4.82 | | | 500 | | 5.55 |
| | | 500 | | 2.91 | | | 45 | | 11.88 | | | 500 | | 4.49 | R. JANEIRO BR | | M | | 76.69 |
| NEW YORK US | | M | | 76.69 | | | 100 | | 7.83 | NEW YORK US | | M | | 76.69 | | | N | | 14.77 |
| | | N | | 2.86 | | | 300 | | 6.68 | | | N | | 2.86 | | | 45 | | 11.20 |
| | | 45 | | 2.32 | | | 500 | | 6.08 | | | 45 | | 2.32 | | | 100 | | 8.94 |
| | | 100 | | 2.17 | | | 800 | | 5.58 | | | 100 | | 2.17 | | | 300 | | 7.01 |
| | | 300 | | 2.05 | COLOGNE DE | | M | | 38.35 | | | 300 | | 2.05 | | | 500 | | 5.55 |
| | | 500 | | 1.98 | | | N | | 1.00 | OSAKA JP | | M | | 76.69 | SAO PAULO BR | | M | | 76.69 |
| OSLO NO | | M | | 56.24 | | | 45 | | 0.76 | | | N | | 15.18 | | | N | | 15.05 |
| | | N | | 2.05 | ISTANBUL TR | | M | | 61.63 | | | 45 | | 10.96 | | | 45 | | 11.42 |
| | | 45 | | 1.98 | | | N | | 4.72 | | | 100 | | 7.62 | | | 100 | | 9.11 |
| | | 100 | | 1.63 | | | 45 | | 3.57 | | | 300 | | 4.48 | | | 300 | | 7.15 |
| PTO ALEGRE BR | | M | | 76.69 | | | 100 | | 2.65 | | | 500 | | 3.53 | | | 500 | | 5.65 |
| | | N | | 15.93 | JOHANNESBURG ZA | | M | | 76.69 | RECIFE BR | | M | | 76.69 | SHANGHAI CN | | M | | 76.69 |
| | | 45 | | 12.07 | | | N | | 4.47 | | | N | | 3.57 | | | N | | 11.77 |
| | | 100 | | 9.63 | | | 45 | | 4.16 | | | 45 | | 11.20 | | | 45 | | 7.94 |
| | | 300 | | 7.55 | | | 100 | | 3.84 | | | 100 | | 8.94 | | | 100 | | 4.44 |
| | | 500 | | 5.97 | | | 500 | | 3.65 | | | 300 | | 7.01 | | | 300 | | 3.70 |
| | 9702 | 45 | | 5.28 | KARACHI PK | | M | | 76.69 | | | 500 | | 5.55 | | | 500 | | 3.34 |
| | 9712 | 45 | | 5.10 | | | N | | 3.57 | SHANGHAI CN | | M | | 76.69 | SINGAPORE SG | | M | | 76.69 |
| | 9713 | 45 | | 5.16 | | | 45 | | 3.21 | | | N | | 11.77 | | | N | | 4.33 |
| | 9716 | 45 | | 5.42 | | | 100 | | 2.29 | | | 45 | | 7.94 | | | 45 | | 3.53 |
| RECIFE BR | | M | | 76.69 | | | 300 | | 2.05 | | | 100 | | 4.44 | | | 100 | | 3.07 |
| | | N | | 13.57 | | | 500 | | 1.91 | | | 300 | | 3.70 | | | 300 | | 2.91 |
| | | 45 | | 11.20 | LONDON GB | | M | | 56.24 | | | 500 | | 3.34 | | | 500 | | 2.75 |
| | | 100 | | 8.94 | | | N | | 1.64 | SINGAPORE SG | | M | | 76.69 | TOKYO JP | | M | | 76.69 |
| | | 300 | | 7.01 | | | 45 | | 1.39 | | | N | | 4.33 | | | N | | 15.18 |
| | | 500 | | 5.55 | MANILA PH | | M | | 76.69 | | | 45 | | 3.53 | | | 45 | | 10.96 |
| SAO PAULO BR | | M | | 76.69 | | | N | | 4.49 | | | 100 | | 3.07 | | | 100 | | 7.62 |
| | | N | | 15.05 | | | 45 | | 3.59 | | | 300 | | 2.91 | | | 300 | | 4.48 |
| | | 45 | | 11.42 | | | 100 | | 3.24 | | | 500 | | 2.75 | | | 500 | | 3.78 |
| | | 100 | | 9.11 | | | 300 | | 3.07 | SYDNEY AU | | M | | 84.36 | OSAKA JP | | M | | 76.69 |
| | | 300 | | 7.15 | | | 500 | | 2.91 | | | N | | 15.74 | | | N | | 15.18 |
| | | 500 | | 5.65 | | 9710 | 45 | | 3.02 | | | 45 | | 11.36 | | | 45 | | 10.96 |
| TOKYO JP | | M | | 76.69 | MELBOURNE AU | | M | | 84.36 | | | 100 | | 7.32 | | | 100 | | 7.62 |
| | | N | | 15.18 | | | N | | 15.74 | | | 300 | | 6.17 | | | 300 | | 4.48 |
| | | 45 | | 10.96 | | | 45 | | 11.37 | | | 500 | | 5.57 | | | 500 | | 3.53 |
| | | 100 | | 7.62 | | | 100 | | 7.32 | | | 800 | | 5.03 | PTO ALEGRO BR | | M | | 76.69 |
| | | 300 | | 4.48 | | | 300 | | 6.17 | TEHRAN IR | | M | | 76.69 | | | N | | 15.93 |
| | | 500 | | 3.78 | | | 500 | | 5.57 | | | N | | 5.92 | | | 45 | | 12.07 |
| VERONA IT | | M | | 56.24 | | | 800 | | 5.07 | | | 45 | | 4.23 | | | 100 | | 9.63 |
| | | N | | 1.36 | OSAKA JP | | M | | 76.69 | | | 100 | | 3.46 | | | 300 | | 7.55 |
| | | 45 | | 1.24 | | | N | | 15.18 | | | 500 | | 2.91 | | | 500 | | 5.97 |
| WARSAW PL | | M | | 56.24 | | | 45 | | 10.96 | | | | | | | | | | |
| | | N | | 2.96 | | | 100 | | 7.62 | | | | | | | | | | |
| | | 45 | | 1.99 | | | 300 | | 4.48 | | | | | | | | | | |
| | | 100 | | 1.56 | | | 500 | | 3.53 | | | | | | | | | | |
| | | | | | PTO ALEGRO BR | | M | | 76.69 | | | | | | | | | | |
| | | | | | | | N | | 15.93 | | | | | | | | | | |
| | | | | | | | 45 | | 12.07 | | | | | | | | | | |
| | | | | | | | 100 | | 9.63 | | | | | | | | | | |
| | | | | | | | 300 | | 7.55 | | | | | | | | | | |
| | | | | | | | 500 | | 5.97 | | | | | | | | | | |
| | | | | | | 9702 | 45 | | 4.92 | | | | | | | | | | |
| | | | | | | 9712 | 45 | | 5.28 | | | | | | | | | | |
| | | | | | | 9713 | 45 | | 5.10 | | | | | | | | | | |

## 5.13.4 Einteilung der Luftfrachtraten

Neben den allgemeinen Frachtraten kommen vor allem noch Warenklassenraten, Spezialraten und ULD-Raten für komplette Container zum Einsatz.

| Einteilung der Luftfrachtraten | |
|---|---|
| **Allgemeine Frachtraten** (general cargo rates) | • Normalraten N (bis 45 kg)<br>• Mengenrabattraten = Quanitity Rates Q (ab 45 kg)<br>• Mindestfrachtbetrag = Minimum Rate M (darf nicht unterschritten werden) |
| **Warenklassenraten** (class rates)<br>R = Abschlag<br>S = Zuschlag | • Für Zeitschriften, Bücher, Kataloge, unbegleitetes Reisegepäck, lebende Tiere, Leichen, Wertsachen<br>• Diese Güter werden grundsätzlich mit einem prozentualen Zuschlag (S) oder Abschlag (R) zur Normalrate geflogen. |
| **Spezialraten** (spezific commoditiy rates)<br>C-Rate oder Co-Rate | • Besonders stark ermäßigte Raten für bestimmte Warengruppen auf bestimmten Strecken<br>• Meist Mindestgewichte vorgeschrieben |
| **ULD-Raten** | • Für Paletten und Container, die vom Absender/Empfänger be- bzw. entladen werden<br>• Die Anlieferung am Flughafen erfolgt „**ready for carriage**".<br>• Für die Frachtberechnung ist nur das Gewicht, nicht die Art der Ware entscheidend. |

**Allgemeine Frachtraten (general cargo rates)**

**Warenklassenraten (class rates)**

**Spezialraten (spezific commoditiy rates)**

**ULD-Raten**

**ready for carriage**

Grundsätzlich muss bei der Verladung von Luftfrachtgütern die **Ratenpriorität** in folgender Reihenfolge geprüft werden:

**Ratenpriorität**

1. Besteht eine Spezialrate oder
2. eine Warenklassenrate oder
3. ist die Allgemeine Rate anzuwenden?

Danach hat die Spezialrate Vorrang. Die Allgemeine Rate wird grundsätzlich nur dann angewandt, wenn für das zu versendende Gut weder eine Spezialrate noch eine Warenklassenrate besteht. Doch ist folgende **Ausnahme** zu beachten: Wenn die Spezialrate zu einer höheren Fracht führt als eine Warenklassenrate oder die Allgemeine Rate, so wird **die niedrigere Fracht berechnet**.

Der Buchstabe, mit dem die entsprechende Ratenart abgekürzt wird, ist im AWB in der Spalte „Rate Class" einzutragen.

| No. of Pieces RCP | Gross Weight | kg lb | Rate Class | Commodity Item No. | Chargeable Weight | Rate / Charge | Total | Nature and Quantity of Goods (inc. Dimensions or Volume) |
|---|---|---|---|---|---|---|---|---|
| 5 | 550 | K | Q | – | 550 | 2,60 | 1.430,00 | |

## 5.13.5 Berechnung der Spezialraten

**SPEZIALRATEN**

Bei den **Spezialraten** handelt es sich um stark ermäßigte Raten, die für einzeln aufgeführte Güter oder Gütergruppen zwischen bestimmten Flughäfen angewandt werden. Sie setzen allerdings bestimmte zu beachtende Mindestgewichte voraus. Die Spezialrate wird durch eine Kennziffer (Item) angegeben.

> Die Spezialraten sind nach folgenden Warengruppen geordnet:
>
> 0001–0999 Genießbare Tier- und Pflanzenprodukte
>
> 1000–1999 Lebende Tier- und Pflanzenprodukte
>
> 2000–2999 Textilien – Fasern und Fertigwaren
>
> 3000–3999 Metalle und Metallartikel, ausgenommen Maschinen und Elektroausrüstungen
>
> 4000–4999 Maschinen, Fahrzeuge und Elektroausrüstungen
>
> 5000–5999 Nichtmetallische Mineralien und Produkte
>
> 6000–6999 Chemikalien und verwandte Erzeugnisse
>
> 7000–7999 Papier, Rohr, Kautschuk, Holz und Erzeugnisse daraus
>
> 8000–8999 Wissenschaftliche, Berufs- und Präzisionsinstrumente, Apparate und Zubehör
>
> 9000–9999 Verschiedenes

Die Spezialrate ist nur dann anzuwenden, wenn nicht die Berechnung nach einer allgemeinen Frachtrate zu einem niedrigeren Frachtbetrag führt. Deshalb ist es ratsam, alle möglichen Frachtalternativen zu berechnen.

**Beispiele:**

1. 34,2 kg Spielzeug (Item 9712) werden von Frankfurt nach Porto Alegro per Luftfracht befördert

    (N)     34,5 kg · 15,93 EUR

    (45)    45 kg · 12,07 EUR

    (9712) 45 kg · 5,10 EUR   = **229,50 EUR**

2. Berechnen Sie die Luftfracht für eine Sendung (Item 9710) von Hamburg nach Manila. Es handelt sich um nicht sperriges Gut, 18,2 kg.

    (N)     18,5 kg · 4,49 EUR =   **83,07 EUR**

    (9710) 45 kg · 3,02 EUR   = 135,90 EUR

3. Drei Kartons (Item 9702) zu je 20 kg, Maße jeweils 84 · 56 · 40 cm, werden von Hamburg nach Porto Alegro geflogen. Berechnen Sie die Luftfracht.

    Tatsächliches Gewicht: gesamt 60 kg

    Volumengewicht 564 480 cm³: 6 000 = 94,08 = gerundet 94,5 Volumenkg

    Am günstigsten ist hier die Spezialrate (9702) : 94,5 kg · 4,92 EUR = **464,94 EUR**

## 5.13.6 Berechnung der Warenklassenraten

Diese gelten für ganz bestimmte Warengruppen und werden in Prozentsätzen der Normalrate zugeschlagen oder von dieser abgezogen. Auch hier gelten die Mindestfrachtkosten der Normalraten sowie die bisher bekannten Frachtberechnungsvorschriften.

BERECHNUNG DER WARENKLASSENRATEN

> Einige für den Frachtverkehr wichtige Warenklassenraten gibt es für:
>
> **Zeitungen, Zeitschriften, Bücher, Magazine, Kataloge und Blindenschriftausrüstungen**
>
> Sendungen von 5 kg und mehr werden mit einer Ermäßigung von 50 % auf die Allgemeine Rate unter 45 kg berechnet. Innerhalb Europas und zwischen Europa und Nord-/Mittel-/Südamerika werden 33 % Ermäßigung gewährt. Es werden die normalen Mindestfrachtkosten berechnet.
>
> **Unbegleitetes Reisegepäck**
>
> wird innerhalb des Gebietes, das Europa, Afrika, Nah- und Fernost sowie Australien umfasst (jedoch nicht innerhalb Europas), mit einer Ermäßigung von 50 % auf die Allgemeine Rate unter 45 kg berechnet. Mindestgewicht 10 kg oder die Mindestfrachtgebühr; der größere Betrag wird erhoben.
>
> **Sterbliche Überreste**
>
> Im Verkehr zwischen und innerhalb Europa und Afrika/Nahost wird ein Aufschlag von 100 % auf Särge und 200 % auf Urnen erhoben.
>
> Im Verkehr zwischen Europa und Fernost/Australien und im Atlantikverkehr werden Särge zur Unter-45-kg-Rate ohne Aufschlag geflogen; desgleichen Urnen.
>
> **Wertfracht**
>
> a) Artikel, deren Wert 1 000,00 USD oder mehr pro Bruttokilogramm beträgt.
>
> b) Gold als ungemünztes Edelmetall (…) Platin, Platinmetalle und -legierungen (…), gesetzliche Zahlungsmittel (Banknoten), Wertpapiere, Diamanten und andere Edelsteine (…)
>
> Für diese Sendungen wird ein Aufschlag von 100 % auf die Unter-45-kg-Rate erhoben. Mengenrabatt wird nicht gewährt. Es gelten doppelte Mindestfrachtgebühren.

**Beispiele:**

(Es wird der TACT-Auszug S. 234 zu Grunde gelegt)

> 1. Von Hamburg nach London werden 30 kg Zeitschriften geflogen. Wie hoch ist die reine Luftfracht?
>
>    Zeitschriften werden innerhalb Europas mit einer Ermäßigung von 33 % auf die N-Rate geflogen.
>
>    (N) 30 kg · 1,64 EUR = 49,20 EUR
>    – 33% Ermäßigung = 16,24 EUR
>    = 32,96 EUR   Aber Minimum-Rate = **56,24 EUR**
>
> 2. Eine Sendung Wertfracht mit einem Gewicht von 5,350 kg soll von Frankfurt nach New York geflogen werden. Wie hoch ist die reine Luftfracht?
>
>    100 % Zuschlag auf die N-Rate
>    (N) 5,5 kg · 2,86 EUR = 15,73 EUR
>    + 100 % Zuschlag = 15,73 EUR
>    = 31,46 EUR   Aber: doppelte Minimum-Rate = **153,38 EUR**

## 5.13.7 Berechnung der ULD-Raten

**ULD-RATEN**

ULD ist die Abkürzung für Unit Load Devices. Diese Tarife werden aber nur gewährt, wenn der Verlader die Sendung versandfertig (ready for carriage) anliefert und der Empfänger die Ladeeinheit vom Carrier beladen in Empfang nimmt.

**FREIGHT-ALL-KIND**

Die Frachtberechnung erfolgt nur nach dem Gewicht. Deshalb werden diese Raten als FAK-Raten = **Freight-all-Kind**-Raten (Fracht jeder Art) bezeichnet.

Der TACT weist für die Strecke Frankfurt – Johannesburg folgende Raten aus:

| | | |
|---|---|---|
| | N | 9,56 |
| | 45 | 5,91 |
| | 100 | 5,73 |
| | 300 | 4,91 |
| /C | | 1,20 |
| LD-3 | 550 | 770,00 |
| LD-7 | 1 500 | 2.100,00 |

Die Angabe

| | | |
|---|---|---|
| LD-3 | 550 | 770,00 |

**PIVOTGEWICHT**

bedeutet, dass das frachtpflichtige Mindestgewicht **(Pivotgewicht)** für einen LD-3-Container[1] 550 kg beträgt und dafür 770,00 EUR berechnet werden.

Die Angabe

| | | |
|---|---|---|
| LD-7 | 1 500 | 2.100,00 |

bedeutet, dass das frachtpflichtige Mindestgewicht (Pivotgewicht) für einen LD-7-Container 1500 kg beträgt und mit 2.100,00 EUR abgerechnet wird.

Die Angabe

| | | |
|---|---|---|
| /C | | 1,20 |

bedeutet, dass mit dieser Rate jedes kg abgerechnet wird, das über dem frachtpflichtigen Mindestgewicht (Pivotgewicht) liegt.

**Beispiele:**

1. Berechnen Sie die Fracht für einen LD-3-Container von Frankfurt nach Johannesburg, frachtpflichtiges Gewicht 500 kg.

   Das frachtpflichtige Mindestgewicht beträgt 550 kg, sodass hier **770,00 EUR** berechnet werden.

2. Berechnen Sie die Fracht für einen LD-7-Container von Frankfurt nach Johannesburg, frachtpflichtiges Gewicht 1 570 kg.

   Frachtpflichtiges Mindestgewicht: 1 500 kg = 2.100,00 EUR
   
   + 70 kg · 1,20 EUR =    84,00 EUR
   
   = **2.184,00 EUR**

---

[1] vgl. Kapitel 5.4

## 5.13.8 Luftfrachtnebengebühren

Die Fluggesellschaften und Spediteure berechnen in der Regel zusätzlich zur normalen Luftfracht noch Nebenkosten (Luftfrachtnebengebühren). Üblich sind z. B.:

| Nebengebühren, die der Agent (Spediteur) erhält | |
|---|---|
| AWB-Fee | Gebühr für die AWB-Ausstellung |
| Abfertigungsgebühren (handling charges) | Zum Beispiel für Verwiegen, Messen, Etikettieren |
| Pick-up | Kosten für die Abholung |
| Zollabfertigung | |

| Nebengebühren, die die Fluggesellschaft erhält | |
|---|---|
| Fuel Surcharge | Treibstoffzuschlag |
| Security Fee | Sicherheitsgebühr |
| DGR-Check Fee | Gebühr bei Gefahrgutsendungen |
| Charges Collect Fee | Gebühr für das Einkassieren von „Unfrei-Sendungen" |
| Mietgebühren für bestimmte Container (z. B. Pferdecontainer) | |

Die Nebenkosten werden im Feld „other charges" im AWB eingetragen. Die Beträge werden dann noch einmal entweder bei „prepaid" oder „collect" für den Carrier oder Agenten (Spediteur) eingetragen.

## 5.13.9 Besondere Tarifkonzepte

**Haus-Haus-Tarife**

Das sind nach dem Gewicht gestaffelte Endpreise, die außer den reinen Luftfrachtkosten auch die Kosten für Abholung und Zustellung, die Ausstellung der Beförderungsdokumente, die Zollabfertigung und die Transportversicherung einschließen. Angeboten werden solche Tarife von Spediteuren, zum Teil aber auch von Fluggesellschaften, die den Vor- und Nachlauf selbst organisieren.

**Kontraktraten**

Kontraktraten sind zwischen Absender (bzw. Spediteur) und der Fluggesellschaft schriftlich vereinbarte Sonderraten, die auf einer Mindesttonnage für einen festgelegten Zeitraum basieren.

**Expressraten**

Unter Zahlung eines Aufschlags werden besonders eilige Sendungen von den Fluggesellschaften bevorzugt behandelt. Bei der Deutschen Lufthansa führte dies zur Einführung sogenannter **Time Definite Services**.

| t.d.Pro | Sendung steht beim Empfänger am zweiten bis vierten Arbeitstag nach Annahme zur Verfügung, unabhängig von Größe und Gewicht. |
|---|---|
| t.d.X | Sendung steht beim Empfänger am ersten bis dritten Arbeitstag nach Annahme zur Verfügung. |
| td-Flash | Für jede Sendung wird die individuell schnellste Laufzeit ermittelt und garatiert. |

## Fallstudie 1: Flughäfen in Deutschland

### Situation:

Nachfolgende Karte zeigt die wichtigsten internationalen Flughäfen in Deutschland.

**Aufgabe**

Tragen Sie die Städte in die jeweiligen Kästchen ein. Ergänzen Sie den 3-Letter-Code des jeweiligen Flughafens.

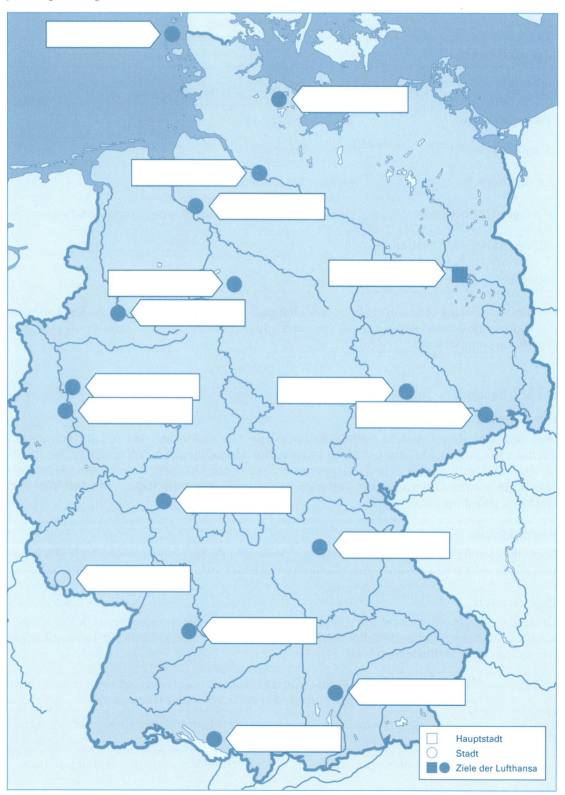

## Fallstudie 2: Erstellen eines AWB

### Situation:

Als Mitarbeiter der Abteilung „Luftfracht-Export" der Spedition EUROCARGO, Nürnberg, erhalten Sie am 15.04.20.. folgenden Auftrag zur Abfertigung:

1. Exporteur ist die Firma Schmidt & Kunz GmbH, Waldweg 3, 90461 Nürnberg
2. Empfänger ist die Firma Al-Bahreen Trading Ltd., POB: 433924, 143 El-Regan Street, Abu Dhabi, Vereinigte Arabische Emirate
3. Abgangsflughafen ist Frankfurt
4. Flugnummer = LH 632 am Donnerstag, den 18.04.20..
5. Empfangsflughafen ist Abu Dhabi AUH
6. Frachtführer ist die Deutsche Lufthansa
7. Der Auftraggeber wünscht keine Wertdeklaration und keine Versicherung über die Fluggesellschaft.
8. Es ist kein Zollwert angegeben.
9. Frankatur frei Haus
10. Sendung: 1 Karton Ersatzteile (spare parts), Markierung AL-B., AUH., No. 38, 62,2 kg brutto, Maße: 70 cm · 40 cm · 40 cm.
11. Rate pro Kilogramm: Q = 4,96
12. Zusätzlich sind an die Fluggesellschaft zu bezahlen: Fuel Surcharge (0,38 EUR pro kg tatsächliches Gewicht) und Security Fee 0,15 EUR je kg tatsächliches Gewicht).
13. Begleitpapiere: Handelsrechnung (commercial invoice) 3fach

### Aufgabe 1

Suchen Sie aus dem abgebildeten Auszug des Flugplans die richtige Flugnummer sowie die Abflugs- und Ankunftszeit, um sie Ihrem Auftraggeber mitteilen zu können.

| Days | Validity | Depart | Arrive | Flight | Equip | Stops Class |
|---|---|---|---|---|---|---|
| FROM | FRANKFURT | | GERMANY +0100 (+0200 from 31. March) | | FRA | |
| **Abu Dhabi AUH** | | | | | | |
| 1[1] - - 4 - - - | Until Nov 20 | 1205 FRA | 2350 AUH | CI 062 | M1F | AC2 |
| 1 - - 4 - - - | From Nov 24 | 1205 FRA | 2350 AUH | CI 062 | 343 | AC3 |
| 1 2 3 4 5 6 7 | – | 1320 FRA | 2245 AUH | LH 632 | 340 | AC1 |
| 1 2 3 4 5 6 7 | – | 1320 FRA | 2245 AUH | AC 9298 | 340 | AC1 |
| 1 2 3 4 5 6 7 | – | 1330 FRA | 2255 AUH | EK 633 | 74F | AC1 |

### Aufgabe 2

Füllen Sie den AWB auf der nächsten Seite entsprechend den Angaben aus!

---
[1] Wochentage: 1 = Montag usw.

# 5 Frachtaufträge in der Luftfracht bearbeiten

| 94307081 | | | |
|---|---|---|---|
| Shipper's Name and Address | Shipper's account Number | Not negotiable **Air Waybill** Issued by | **Lufthansa** |
| | | Copies 1,2 and 3 of this Air Waybill are originals and have the same validity. | |
| Consignee's Name and Address | Consignee's account Number | It is agreed that the goods described herein are accepted in apparent good order and condition (except as noted) for carriage SUBJECT TO THE CONDITIONS OF CONTRACT ON THE REVERSE HEREOF. ALL GOODS MAY BE CARRIED BY ANY OTHER MEANS INCLUDING ROAD OR ANY OTHER CARRIER UNLESS SPECIFIC CONTRARY INSRUCTIONS ARE GIVEN HEREON BY THE SHIPPER, AND SHIPPER AGREES THAT THE SHIPMENT MAY BE CARRIED VIA INTERMIDIATE STOPPING PLACES WHICH THE CARRIER DEEMS APPROPRIATE. THE SHIPPER'S ATTENTION IS DRAWN TO THE NOTICE CONCERNING CARRIER'S LIMITATION OF LIABILITY. Shipper may increase such limitation of liability by declaring a higher value for carriage and paying a supplemental charge if required. | |
| Issuing Carrier's Agent Name and City | | Accounting Information | |
| Agent's IATA Code | Account No. | | |
| Airport of Departure (Addr. of first Carrier) and requested Routing | | | |

| to | By first Carrier | Routing and Destination | to | by | to | by | Currency | CHGS Code | WT/VAL PPD COLL | Other PPD COLL | Declared Value for Carriage | Declared Value for Customs |
|---|---|---|---|---|---|---|---|---|---|---|---|---|

| Airport Destination | Flight/Date | For Carrier Use Only | Flight/Date | Amount of Insurance | INSURANCE – If Carrier offers insurance and such insurance is requested in accordance with the conditions thereof, indicate amount to be insured in figures in box marked amount of insurance. |
|---|---|---|---|---|---|

Handling Information

| No. of Pieces RCP | Gross Weight | kg lb | Rate Class Commodity Item No. | Chargeable Weight | Rate / Charge | Total | Nature and Quantity of Goods (inc. Dimensions or Volume) |
|---|---|---|---|---|---|---|---|

| Prepaid | Weight Charge | Collect | Other Charges |
|---|---|---|---|
| | Valuation Charge | | |
| | Tax | | |
| | Total Other Charges Due Agent | | Shipper certifies that the particulars on the face hereof are correct and that insofar as any part of the consignment contains dangerous goods, such part is properly described by name and is in proper condition for carriage by air according to the applicable Dangerous Goods Regulations. |
| | Total Other Charges Due Carrier | | |
| | | | ....................................................... Signature of Shipper or his Agent |
| Total prepaid | Total collect | | |
| Currency Conversion Rates | cc Charges in Dest. Currency | | ....................................................... Executed on (Date) at (Place) Signature of Carrier or its Agent |
| For Carrier's Use only at Destination | Charges at Destination | Total collect Charges | |

© *Lufthansa Cargo*

## Fallstudie 3: Internationale Flughäfen

**Aufgabe**

Geben Sie bei den nachfolgenden Flughäfen an, in welchem Land sie liegen. Vorsicht! Die Städtenamen sind meist in der Landessprache angegeben.

| Abu Dhabi | | Hongkong | | Nice | |
| --- | --- | --- | --- | --- | --- |
| Alexandria | | Houston | | Neu-Delhi | |
| Amman | | Iráklion | | Osaka | |
| Amsterdam | | Izmir | | Oslo | |
| Anchorage | | Jakarta | | Philadelphia | |
| Ankara | | Jeddah | | Praha | |
| Antalya | | Johannesburg | | Quito | |
| Atlanta | | Karachi | | Reykjavik | |
| Bahrein | | Kathmandu | | Rio de Janeiro | |
| Bangkok | | Khartoum | | Roma | |
| Barcelona | | Kuala Lumpur | | Santiago de Chile | |
| Basel | | Lagos | | Santos | |
| Beijing/Peking | | La Paz | | São Paulo | |
| Bergen | | Larnaca | | Seattle | |
| Billund | | Lima | | Seoul | |
| Birmingham | | Lisboa | | Shanghai | |
| Bogotà | | Ljubljana | | Singapore | |
| Bologna | | Luxor | | Sofia | |
| Boston | | Lyon | | Stockholm | |
| Bucuresti | | Málaga | | Sydney | |
| Budapest | | Malta | | Tanger | |
| Buenos Aires | | Manchester | | Tel Aviv | |
| Cairo | | Manila | | Thessaloniki | |
| Calgary | | Masquat | | Tokyo | |
| Caracas | | Melbourne | | Toronto | |
| Catania | | Memphis | | Tripolis | |
| Chicago | | Miami | | Tunis | |
| Dakar | | Milano | | Vancouver | |
| Dallas | | Monastir | | Venezia | |
| Damascus | | Montevideo | | Washington | |
| Dar es Salaam | | Montréal | | Warszawa | |
| Dubai | | Mumbai (Bombay) | | Wien | |
| Göteborg | | Nairobi | | Zagreb | |
| Helsinki | | Napoli | | Zürich | |

## Fallstudie 4: Abwicklung eines Schadensfalls in der Luftfracht

### Situation:

Ihnen liegt folgender Speditionsauftrag zur Abwicklung vor (s. folgende Seite). Sie schließen im Auftrag Ihres Kunden einen Frachtvertrag mit der Deutschen Lufthansa ab und holen die Ware am 02. Nov. bei der Firma Frankenelektronik ab. Am 06. Nov. wird die Sendung in Frankfurt auf eine Boeing 747 F verladen.

Am 08. Nov. teilt Ihnen die Firma Frankenelektronik mit, dass der Empfänger in Kanada einen Schaden reklamiert hat:

Die Kisten kamen so stark beschädigt an, dass die Ware völlig unbrauchbar ist.

Die Reklamation bei der Lufthansa ergibt, dass die Kisten ordnungsgemäß in Frankfurt verladen wurden und dort kein Schaden festgestellt wurde.

1 SZR = 1,20 EUR

#### Aufgabe 1
Erläutern Sie Kosten- und Gefahrenübergang beim vereinbarten Incoterm.

#### Aufgabe 2
Welche Wirkung hat die von der Firma gewünschte Eintragung einer Wertdeklaration im AWB?

#### Aufgabe 3
In welches Feld des AWB wird die Wertdeklaration eingetragen?

#### Aufgabe 4
Wie hoch ist der Schadenersatz, den die Lufthansa jetzt bezahlen muss?

#### Aufgabe 5
Berechnen Sie die Valuation Charge, die die Frankenelektronik bezahlen muss.

#### Aufgabe 6
Bei einem nachfolgenden Auftrag möchte die Firma Frankenelektronik von Ihnen einen Rat, ob sie wieder eine Wertdeklaration machen oder eine Transportversicherung über Ihre Spedition abschließen soll. Stellen Sie für die Firma Frankenelektronik die Unterschiede zwischen einer Transportversicherung und einer Wertdeklaration übersichtlich dar.

#### Aufgabe 7
Berechnen Sie die Valuation Charge im Vergleich zur Prämie für eine Transportversicherung, wenn es sich bei der nachfolgenden Sendung um 3 Kisten handelt: Gewicht je Kiste 420 kg, Wert je Kiste 12 000,00 EUR. Die Prämie für die Transportversicherung beträgt 0,2 % vom Warenwert.

#### Aufgabe 8
Welche Eintragung muss im AWB gemacht werden, wenn die Firma Frankenelektronik auf eine Wertdeklaration verzichtet?

#### Aufgabe 9
Angenommen auch die nachfolgenden 3 Kisten aus Aufgabe 7 würden während des Fluges komplett beschädigt. Wie hoch ist der Schadensersatz, den die Lufthansa leisten muss, wenn keine Wertdeklaration gemacht wurde?

# Speditionsauftrag

**€URO cargo**
Speditions GmbH · 90317 Nürnberg · Hafenstraße 1

| | |
|---|---|
| **Versender/Lieferant  Kunden Nr.**<br>Frankenelektronik<br>Lange Zeile 32<br>90419 Nürnberg | **Auftrags-Nummer:** 8975/00 |
| **Beladestelle**<br>Siehe Versender<br>Versand über Frankfurt Airport | **Abholdatum:** 02.11.20..  **Relations-Nr.** |
| **Empfänger**<br>Scautel Ltd.<br>39 Brydon Dr. Rexdale<br>Ontario, M9W 4M7<br>Kanada | **Besondere Vermerke des Versenders**<br>Versand per Luftfracht spätestens<br>am 06.11.<br>Wertdeklaration in Höhe des Warenwertes |
| **Anliefer-/Abladestelle**<br>Siehe Empfänger | **Abschluss einer Transportversicherung**<br>wird gewünscht ☐<br>zu versichernder Warenwert _____ Euro<br>wird nicht gewünscht ☒ |

| Zeichen und Nr. | Anzahl | Verpackung | Inhalt | Brutto-gewicht kg |
|---|---|---|---|---|
| Scautel No. 1-2 | 2 | Kisten | Elektrogeräte | 480 |
| **Summe:** | | Rauminhalt m³/Lademeter | | **Summe:** |

| Frankatur | Warenwert | Warenwert für Tranportvers. | Versendernachnahme |
|---|---|---|---|
| FCA Nürnberg Airport | 15.860,00 € | | |

30.10.20..   *i.A. Krieger*
**Datum, Unterschrift des Auftraggebers**

Wir arbeiten ausschließlich auf Grundlage der Allgemeinen Deutschen Spediteurbedingungen (ADSp), jeweils neueste Fassung. Diese beschränken in Ziffer 23 ADSp die gesetzliche Haftung für Güterschäden nach § 431 HGB für Schäden in speditionellem Gewahrsam auf 5 Euro/kg; bei multimodalen Transporten unter Einschluss einer Seebeförderung auf 2 SZR/kg sowie darüber hinaus je Schadensfall bzw. -ereignis auf 1 Mio. Euro bzw. 2 Mio. Euro oder 2 SZR/kg, je nachdem, welcher Betrag höher ist.

## Fallstudie 5: Abrechnung eines Luftfrachtauftrages

### Situation:

Am 09. Juni erhalten Sie von Ihrem Kunden, der Firma Martell AG, Nürnberg, den Auftrag, den Transport von 3 Kisten Kunstgegenständen nach Johannesburg per Luftfracht zu organisieren (s. Speditionsauftrag auf der nächsten Seite).

Für die Frachtberechnung stehen Ihnen noch folgende Angaben zur Verfügung:

- Auszug aus dem TACT:

| date/type | note | item | min. weight | local currency |
|---|---|---|---|---|
| FRANKFURT<br>EURO | | EUR | DE | FRA<br>KGS |
| JOHANNESBURG | | ZA | M | 76,69 |
| | | | N | 9,56 |
| | | | 45 | 5,91 |
| | | | 100 | 5,73 |
| | | | 300 | 4,91 |
| | | | 500 | 1,20 |

- Fuel Surcharge 0,55 EUR per kg tatsächliches Gewicht
- Security Fee 0,15 EUR per kg tatsächliches Gewicht
- Vorlauf Nürnberg – Frankfurt 0,30 EUR per kg frachtpflichtiges Gewicht
- Nachlaufkosten Johannesburg 0,26 EUR per kg frachtpflichtiges Gewicht

**Aufgabe 1**

Berechnen Sie das frachtpflichtige Gewicht.

**Aufgabe 2**

Berechnen Sie die einzelnen Kostenbestandteile.

**Aufgabe 3**

Begründen Sie, wem Sie die einzelnen Kostenbestandteile in Rechnung stellen, und geben Sie an, wer das Transportrisiko zu tragen hat.

**Aufgabe 4**

Berechnen Sie den Ertrag für Ihre Spedition, wenn Sie mit der Fluggesellschaft einen Preis von 0,88 EUR per kg vereinbart haben. Für den Vorlauf stellt Ihnen der eingesetzte Frachtführer 0,25 EUR je kg tatsächliches Gewicht in Rechnung und der Nachlauf in Johannesburg kostet Ihre Spedition 0,20 EUR pro kg tatsächliches Gewicht.

## Speditionsauftrag

**EURO cargo**
Speditions GmbH · 90317 Nürnberg · Hafenstraße 1

| Versender  Kunden Nr. | |
|---|---|
| W. Martell AG  Kirchenweg 85  90420 Nürnberg | **Auftrags-Nummer:** 8991/189 |
| **Beladestelle**  Siehe Versender | **Abholdatum:** 10.06.20.. / **Relations-Nr.** |
| **Empfänger**  Art International  45 Grant Avenue  ZA 1345 Johannesburg/RSA | **Besondere Vermerke des Versenders**  Beförderung: Luftfracht –  stehende Verladung  Zwingende Verladung via Flughafen Frankfurt |
| **Anliefer-/Abladestelle**  Siehe Empfänger | **Abschluss einer Transportversicherung**  wird gewünscht [X]  zu versichernder Warenwert: 55.860,00 Euro  wird nicht gewünscht [ ] |

| Zeichen und Nr. | Anzahl Verpackung | Abmessungen Maße in cm | Inhalt | Brutto- gewicht kg |
|---|---|---|---|---|
| JOH 1-3 | 3 Kisten | 150 x 100 x 160  120 x  80 x 150  110 x  90 x 170 | Kunstgegenstände | 225  180  195 |
| **Summe:** | 3 | Rauminhalt m³/Lademeter | **Summe:** | 600 |

| Frankatur | Warenwert | Warenwert für Tranportvers. | Versendernachnahme |
|---|---|---|---|
| CPT Johannesburg | 55.860,00 € | 55.860,00 € | |

09.06.20..    i.A. Müller
**Datum, Unterschrift des Auftraggebers**

Wir arbeiten ausschließlich auf Grundlage der Allgemeinen Deutschen Spediteurbedingungen (ADSp), jeweils neueste Fassung. Diese beschränken in Ziffer 23 ADSp die gesetzliche Haftung für Güterschäden nach § 431 HGB für Schäden in speditionellem Gewahrsam auf 5 Euro/kg; bei multimodalen Transporten unter Einschluss einer Seebeförderung auf 2 SZR/kg sowie darüber hinaus je Schadensfall bzw. -ereignis auf 1 Mio. Euro bzw. 2 Mio. Euro oder 2 SZR/kg, je nachdem, welcher Betrag höher ist.

## Fallstudie 6: Zeitzonen

### Information:

Die Grundlage für die Zeiteinteilung der Erde sind die Längengrade (Meridiane) und die Drehung der Erde um die Sonne. Die Erde dreht sich in 24 Stunden einmal um sich selbst. Auf 1° Längenunterschied entfallen demnach 4 Minuten (24 Stunden : 360 Längengrade = 4 Minuten). Folglich dreht sich die Erde in einer Stunde um 15°.

Je Stunde wird eine Zeitzone gebildet. Alle Orte einer Zeitzone haben die gleiche Uhrzeit.

GREENWICH MEAN TIME (GMT)

(UTC = WELTSTANDARDZEIT)

Ausgangpunkt für die Zeitberechnung ist der 0. Längengrad, der durch den Ort Greenwich (bei London) verläuft. Die Zeit des 0. Längengrades wird deshalb **Greenwich Mean Time (GMT)** oder Universal Time Coordinate **(UTC = Weltstandardzeit)** genannt. Orte auf demselben Längengrad haben die gleiche Ortszeit, da sie der gleichen Sonneneinstrahlung ausgesetzt sind. Da sich die Erde von West nach Ost dreht, haben die Orte östlich des 3. Längengrades eine frühere Ortszeit, Orte, die westlich liegen, eine spätere Ortszeit gegenüber der Greenwich-Zeit.

MEZ = MITTELEUROPÄISCHE ZEIT (GMT + 1)

Reist man nun vom 0. Längengrad in östlicher Richtung, muss man die Uhr vorstellen, das heißt, die Stunden werden addiert. Reist man in westlicher Richtung, werden Stunden abgezogen, die Uhr wird zurückgestellt. Die Zeitzoneneinteilung erfolgt nicht immer exakt entlang der Längengrade, sondern richtet sich auch nach politischen Grenzen. Die Zeit des 15. Längengrades östlicher Länge wird als **MEZ = mitteleuropäische Zeit** bezeichnet **(GMT + 1)**. In dieser Zeitzone liegt Deutschland. Wenn also die GMT-Zeit 12:00 Uhr beträgt, ist es bei uns nach mitteleuropäischer Zeit 13:00 Uhr. Während der Sommerzeit beträgt der Unterschied zur GMT-Zeit sogar 2 Stunden. Ist es in den Sommermonaten nach GMT-Zeit 12:00 Uhr, so ist es nach unserer mitteleuropäischen Sommerzeit (MESZ) 14:00 Uhr.

DIFFERENZ ZUR WELTSTANDARDZEIT

In Flugplänen wird die **Differenz zur Weltstandardzeit** mit den Vorzeichen + oder – gekennzeichnet. Seattle –0700 bedeutet UTC –7 Stunden. Ist es z. B. nach UTC 12:00 Uhr, so muss man, um die Ortszeit Seattle zu errechnen, 7 Stunden zurückrechnen. Es ist dort also 5:00 Uhr. Abflug- und Ankunftszeiten sind immer als Ortszeiten angegeben.

### Aufgabe 1

In Nürnberg ist es exakt 20:00 Uhr Winterzeit. Wie spät ist es in Bangkok, wenn Sie folgende Angaben berücksichtigen?

| Nürnberg | UTC +0100 |
| --- | --- |
| Bangkok | UTC +0700 |

### Aufgabe 2

In München ist es 15:00 Uhr mitteleuropäische Sommerzeit. Wie spät ist es in Hongkong?

| München | UTC +0200 (Sommerzeit) |
| --- | --- |
| Hongkong | UTC + 0800 |

### Aufgabe 3

Ihr Kunde möchte von Ihnen wissen, an welchem Wochentag und um wie viel Uhr brasilianischer Ortszeit eine Sendung voraussichtlich am Flughafen in Rio den Janeiro eintreffen wird. Welche Auskunft geben Sie Ihrem Kunden, wenn Ihnen folgende Informationen vorliegen?

| Day and time of departure | 3/0900 MEZ |
| --- | --- |
| Flight time | 11 h |
| Abweichung gegenüber UTC | Frankfurt/Main: +0100<br>Rio de Janeiro   –0300 |

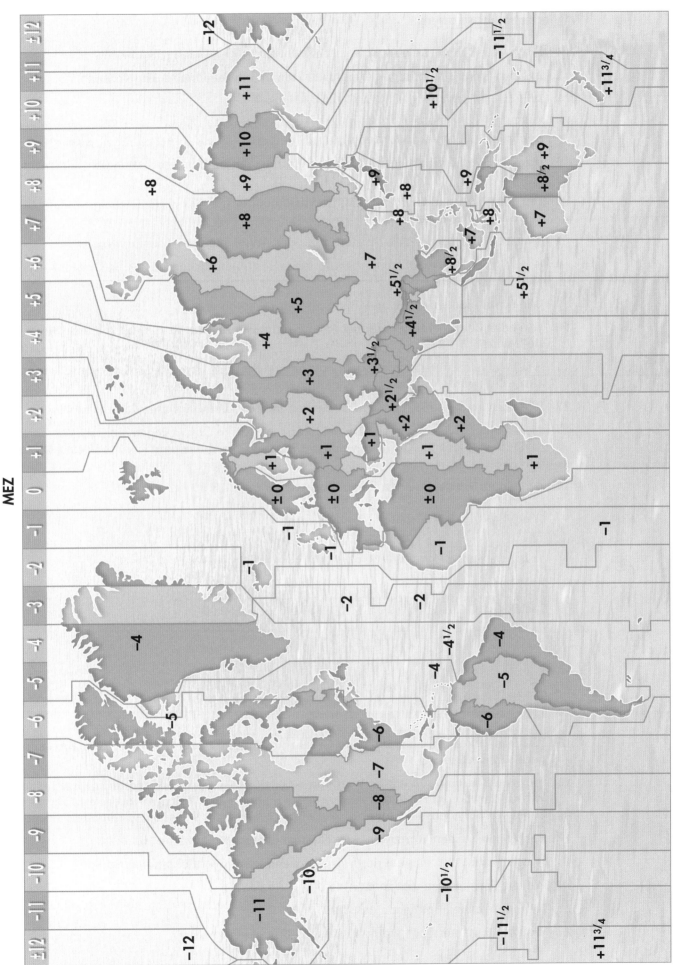

## Wiederholungsfragen

1. Welche Vorteile hat eine Luftfrachtbeförderung gegenüber der Seefracht?
2. Nennen Sie die 2 wichtigen Organisationen im internationalen Flugverkehr.
3. Welche Aufgabe hat das IATA Clearing House?
4. Die IATA hat die Welt in 3 Konferenzgebiete eingeteilt. Zu welchem Konferenzgebiet gehören Tokio, Miami, Johannesburg, Mumbai?
5. Nennen Sie die möglichen rechtlichen Grundlagen für den internationalen Luftfrachtverkehr.
6. Der Luftfrachtspediteur fertigt Luftfrachtsendungen ab. Was ist die Rechtsgrundlage für den Speditionsvertrag?
7. Welche Bedeutung hat die Ausfertigung des AWBs, die der Absender erhält?
8. Warum muss bei Abholung der Sendung am Bestimmungsflughafen kein Original-AWB vorgelegt werden?
9. Wie nennt man eine Sammelladung im Luftfrachtverkehr?
10. Wie heißt der Frachtbrief, der bei einer Sammelladung für die Gesamtsendung ausgestellt wird?
11. Wie heißt der AWB, der vom Spediteur für jede Einzelsendung bei einer Sammelladung ausgestellt wird? Was unterscheidet ihn vom Frachtbrief aus Aufgabe 10?
12. Wie hoch sind die Haftungshöchstgrenzen international bei einem Güterschaden?
13. 145 kg eines Gutes sollen von Düsseldorf nach Mexiko City geflogen werden. Wie hoch ist das frachtpflichtige Gewicht, wenn die Sendung die Abmessung 65 cm x 55 cm x 45 cm hat?
14. Berechnen Sie die Fracht zur Sendung aus Aufgabe 13.

| date/type | note | item | min. weight | local currency |
|---|---|---|---|---|
| DUSSELDORF | | EUR | DE | DUS |
| F.R.G. Mark | | | | KGS |
| MEXICO CITY | | MX | M | 150.00 |
| | | | N | 25.16 |
| | | | 45 | 19.39 |
| | | | 100 | 15.48 |
| | | | 300 | 12.02 |
| | | | 500 | 10.68 |

15. Welches Dokument muss bei einer Gefahrgutsendung in der Luftfracht zusätzlich mitgegeben werden?
16. Für eine Sendung mit einem Wert von 5.000,00 EUR hat der Absender im AWB eine Wertdeklaration in Höhe des Warenwertes eingetragen. Welche Konsequenz hat dies bei einem Schadensfall während des Luftfrachttransportes, wenn das Gut 50 kg wiegt?
17. Berechnen Sie den Wertzuschlag (valuation charge) zu Aufgabe 16.
18. Was muss im AWB eingetragen werden, wenn keine Wertdeklaration erfolgt?
19. Welche Frankaturen gibt es im AWB?
20. Nennen Sie die Funktionen des AWB.
21. Welche Containertypen werden in der Luftfracht verwendet?

# 6 Importaufträge bearbeiten

## 6.1 Wie können Waren in die EU importiert werden?

### 6.1.1 Wareneinfuhrkontrolle

Zu den Aufgaben der Zollbehörden in der EU gehört die Kontrolle der Wareneinfuhr, die im Rahmen der zollamtlichen Überwachung stattfindet. Ziele der zollamtlichen Überwachung sind insbesondere:

| Ziele der zollamtlichen Überwachung | | |
|---|---|---|
| Sicherung der Erhebung der Einfuhr- und Ausfuhrabgaben | Einhalten der zollrechtlichen Vorschriften | Einhaltung der sogenannten Verbote und Beschränkungen (VuB) |
| • Zölle<br>• Einfuhrumsatzsteuer<br>• Besondere Verbrauchssteuern für:<br>– Mineralöl<br>– Branntwein und branntweinhaltige Erzeugnisse<br>– Alcopops<br>– Tabakwaren<br>– Kaffee<br>– Bier<br>– Schaumwein und Zwischenerzeugnisse<br>– Strom | • EU-Zollrecht<br>• Nationales Zollrecht | • Schutz der öffentlichen Ordnung<br>• Schutz der menschlichen Gesundheit<br>• Umweltschutz<br>• Schutz der Tierwelt<br>• Schutz der Pflanzenwelt<br>• Gewerblicher Rechtsschutz<br>• Schutz des ökologischen Landbaus<br>• Überwachung der Ein- und Ausfuhr von Kulturgütern |

VERBOTE UND BESCHRÄNKUNGEN (VuB)

Die Kontrolle der Wareneinfuhr hat also hauptsächlich eine Schutzfunktion. Damit diese gewährleistet werden kann, ist bei jeder Wareneinfuhr die Zollbehörde zu informieren. Außerdem können manche Waren und Produkte die EU-Grenze nur passieren, wenn die erforderlichen Lizenzen oder die spezifischen Einfuhrdokumente vorliegen.

Bevor man Ware über die EU-Grenze einführt, sollte man prüfen, ob die Ware überhaupt importiert werden darf und welche Einfuhrabgaben zu entrichten sind. Ebenfalls von Bedeutung sind die Dokumente, die bei der Einfuhr vorgelegt werden müssen. Regelungen darüber sind bereits im Kaufvertrag mit dem ausländischen Geschäftspartner festzulegen. Zölle und weitere Einfuhrabgaben beeinflussen die Kalkulation der Preise, während die Einfuhrumsatzsteuer (Mehrwertsteuer) als durchlaufender Posten sich nicht auf die Preise auswirkt.

### 6.1.2 Zollrecht

Seit dem 1. Januar 1994 gilt im Zollgebiet der Europäischen Union ein einheitliches Zollrecht, das in folgenden Rechtsgrundlagen festgelegt ist.

| Zollrecht der Europäischen Union | |
|---|---|
| **Zollkodex (ZK)** | Verordnung (EWG) Nr. 2913/92 des Rates zur Festlegung des Zollkodex der Gemeinschaften vom 12. Oktober 1992 VO (EG) Nr. 648/2005 vom 13. April 2005 (Änderung) |
| **Durchführungsvorschrift zum Zollkodex (ZK-DVO)** | Verordnung (EWG) Nr. 25454/93 der Kommission mit Durchführungsvorschriften zu der Verordnung (EWG) Nr. 2913/92 des Rates zur Festlegung des Zollkodex der Gemeinschaften vom 02. Juli 1993 |
| **Zollbefreiungsverordnung (ZollbefreiungsVO)** | Verordnung (EWG) Nr. 918/83 des Rates über das gemeinschaftliche System der Zollbefreiungen vom 28. März 1983 |
| **TARIC** | Integrierter Zolltarif der Europäischen Gemeinschaften |

**Compliance Management**

Um herauszufinden, dass Geschäftspartner auf keiner Boykottliste stehen, betreiben Unternehmen Compliance Management. Softwarelösungen helfen auch Speditionsunternehmen Embargos zu berücksichtigen, Zollregularien einzuhalten sowie sämtliche außenwirtschaftliche Vorschriften zu beachten.

### 6.1.3 Zollrechtliche Bestimmung

Im Bereich der Verzollung verwendet man eine eigene Terminologie, die im folgenden erläutert werden soll. Wird Ware in das Zollgebiet der Gemeinschaft verbracht (eingeführt), so ist eine Entscheidung über die zollrechtliche Bestimmung zu treffen. Das heißt, der Importeur muss gegenüber den Zollbehörden erklären, was er mit der Ware nach Überschreitung der EU-Grenze zu tun beabsichtigt. Der Zollkodex sieht dazu folgende Möglichkeiten vor:

| Zollrechtliche Bestimmung | |
|---|---|
| **Überführung in ein Zollverfahren** | Das ist die am häufigsten gewählte zollrechtliche Bestimmung. vgl. unten |
| **Verbringen in eine Freizone oder ein Freilager** | In der Bundesrepublik gibt es nur Freizonen, die hauptsächlich in den Häfen eingerichtet wurden. Deshalb spricht man auch von „Freihäfen". Diese liegen im Zollgebiet der Gemeinschaft, sind jedoch besonders abgegrenzt. Auch in den in einer Freizone gelegenen Gebäuden und Räumlichkeiten gilt, dass Nichtgemeinschaftswaren, die sich in einer Freizone befinden, zollmäßig behandelt werden, als wären sie nicht im Zollgebiet der EU. Das bedeutet, es werden keine Einfuhrabgaben erhoben, solange sich Nichtgemeinschaftswaren innerhalb des Territoriums einer Freizone befinden. Wenn z. B. ein Importeur Teppiche aus Indien nach Deutschland bringt, aber noch keine Käufer gefunden hat, kann er die Teppiche im Freihafen Hamburg lagern und somit Eingangsabgaben sparen. |
| **Wiederausfuhr aus dem Zollgebiet der Gemeinschaft** | Angenommen der Importeur findet einen Käufer für seine Teppiche in Norwegen, wird er die Teppiche aus dem Freihafen Hamburg nach Norwegen bringen. Gegenüber den Zollbehörden erklärt der Importeur die Wiederausfuhr aus dem Zollgebiet der EU. |

| Zollrechtliche Bestimmung | |
|---|---|
| **Vernichtung oder Zerstörung** | Ein Beispiel dafür ist der Fall, dass ein Tourist von einer Auslandsreise zurückkommt und in seinem Urlaubsland ein Produkt preisgünstig erworben hat. Bei der Zollkontrolle stellt er fest, dass er den fünffachen Betrag an Einfuhrabgaben entrichten müsste, den er für das Produkt selbst ausgegeben hat. Dem Touristen ist dieser Betrag zu hoch und er beantragt beim Zoll die Zerstörung des mitgebrachten Gegenstandes. |
| **Aufgabe zugunsten der Staatskasse** | |

## 6.1.4 Zollverfahren

Nach der Gestellung muss der Importeur den Zollbehörden mitteilen, was er mit den Nichtgemeinschaftswaren in der EU zu tun beabsichtigt. Die Information der Zollbehörden erfolgt über die Zollanmeldung, in der er angibt, welches Zollverfahren er wählt.

| | Zollverfahren | | |
|---|---|---|---|
| 1 | **Überführung in den zollrechtlich freien Verkehr** | Nichtgemeinschaftswaren können nach dem Prozess der Verzollung (Anmeldung, Prüfung, Entrichtung von Eingangsabgaben, Freigabe) wie Gemeinschaftswaren verwendet werden. Es findet ein Wechsel des zollrechtlichen Status statt. | |
| 2 | **Versandverfahren** | Beförderung von Waren „unverzollt" unter Aussetzung der eigentlich zu zahlenden Einfuhrabgaben. Einem Versandverfahren muss immer ein anderes Zollverfahren folgen. | |
| 3 | **Zolllagerverfahren** | Lagerung von Waren „unverzollt" an bestimmten zugelassenen Orten (Lagern)<br>Keine Einfuhrabgaben während der Lagerung<br>Frei von der Anwendung handelspolitischer Maßnahmen (z. B. Vorlage von Einfuhrgenehmigungen) | Zollverfahren mit wirtschaftlicher Bedeutung |
| 4 | **Aktive Veredelung** | Einfuhr von Nichtgemeinschaftswaren zur Durchführung von Veredelungsarbeiten (Be- und Verarbeitung)<br>Wiederausfuhr der höherwertigen (veredelten) Produkte | |
| 5 | **Umwandlungsverfahren** | Be- und Verarbeitung von Waren, die den Wert des Produktes verringern<br>Geringere Abgabenbelastung<br>Anwendung im Recyclingbereich | |
| 6 | **Vorübergehende Verwendung** | Für Nichtgemeinschaftswaren, die nicht in den Wirtschaftskreislauf innerhalb der EU eingehen<br>Frei von Einfuhrabgaben | |
| 7 | **Passive Veredelung** | Vorübergehende Ausfuhr von Gemeinschaftswaren aus dem Zollgebiet der EU zu Veredelungszwecken<br>Wiedereinfuhr nach dem Veredelungsprozess<br>Niedrigere Abgaben, da im neuen Produkt Gemeinschaftswaren enthalten sind | |
| 8 | **Ausfuhrverfahren** | Gemeinschaftswaren werden aus dem Zollgebiet der Gemeinschaft ausgeführt. | |

**ENDGÜLTIGER CHARAKTER**

**VORLÄUFIG**

Während das Ausfuhrverfahren und die Überführung in den zollrechtlich freien Verkehr endgültigen Charakter haben, sind alle übrigen Zollverfahren vorläufig. Es muss sich ein weiteres endgültiges Zollverfahren anschließen. Fünf der vorläufigen Zollverfahren wird eine wirtschaftliche Bedeutung beigemessen. Sie können nur ausgeführt werden, wenn die Zollbehörden vorher zugestimmt haben. Dabei werden Fristen gesetzt, innerhalb derer die Zollverfahren mit wirtschaftlicher Bedeutung abgeschlossen werden müssen.

Beim grenzüberschreitenden Warenverkehr sind jedoch nicht nur die zollrechtlichen Bestimmungen zu beachten, sondern auch eine erhebliche Anzahl anderer Rechtsvorschriften. Es bestehen Ein- und Ausfuhrbeschränkungen im Außenwirtschaftsrecht auf nationaler Ebene, auf EU-Ebene sowie weltweit. Zunehmend stärkere Bedeutung gewinnen der gesundheitliche Verbraucherschutz, Bekämpfung der Markenpiraterie sowie der Umweltschutz. Es geht dabei um die Einhaltung technischer Normen in Verbindung mit der Anbringung bestimmter Warenmarkierungen und der Deklarierung von Inhaltsstoffen.

### 6.1.5 Künftige Entwicklungen im Zollrecht

Der Zollkodex wurde mit der VO (EG) Nr. 648/2005 vom 13. April 2005 geändert. Die entsprechende Anpassung der ZK-DVO sieht folgende Änderungen vor:

- Die Zollanmeldung mittels IT-Verfahren soll zum Regelfall werden.
- Die Abwicklung des Einfuhrverfahrens soll analog zum Ausfuhrverfahren zweistufig ablaufen. Der Datenaustausch zischen den Zollstellen soll über IT-Systeme erfolgen.

**ZUVERLÄSSIGE WIRTSCHAFTSBETEILIGTE**

- Es wurde der Status des „zuverlässigen Wirtschaftsbeteiligten" eingeführt. Er kann ab 01.01.2011 jedem Wirtschaftsbeteiligten bewilligt werden, der die Kriterien dafür erfüllt. Als Kriterien gelten z. B. Zahlungsfähigkeit, angemessene Einhaltung der Zollvorschriften, zufriedenstellende Buchführung, angemessene Sicherheitsstandards.[1] Der Vorteil für den „Zuverlässigen Wirtschaftsbeteiligten" sind Erleichterungen und Vereinfachungen bei der Zollabfertigung.

**SUMMARISCHE ANMELDUNG**

- Eine „summarische Anmeldung" wird vor dem Verbringen in bzw. aus dem Zollgebiet zum Regelfall werden, die ausschließlich auf elektronischem Wege abzugeben ist. Die papiermäßige Anmeldung wird zum Ausnahmefall.

**NEUE STRUKTUREN**

- Im Bereich der Zollverfahren werden neue Strukturen eingeführt. Künftig werden die Zollverfahren „Überführung in den zollrechtlich freien Verkehr" sowie die „Ausfuhr" als Säulen der Zollverfahren neben den „besonderen Verfahren", Versand, Lagerung, Verwendung und Veredelung, bestehen. Die bisherigen Begriffe „Sonstige Zollrechtliche Bestimmung", z. B. für Wiederausfuhr, sowie „Zollverfahren mit wirtschaftlicher Bedeutung" werden abgeschafft.

### 6.1.6 Zollrechtliche Grundbegriffe

Im Zollrecht der EU wird eine Fachsprache verwendet. Zum besseren Verständnis der Abläufe bei der Wareneinfuhr in die EU sind folgende zollrechtlichen Grundbegriffe zu klären.

---

[1] vgl. www.zoll.de

| | | |
|---|---|---|
| **Zollgebiet** | <br>• Abgrenzung des geografischen Raumes, in dem das Zollrecht angewendet wird<br>• entspricht grundsätzlich dem Hoheitsgebiet der Mitgliedsstaaten<br>• Abweichungen: So gehören zum Beispiel für das Territorium der Bundesrepublik Deutschland die Insel Helgoland sowie ein Gebiet bei Büsingen im Grenzgebiet zur Schweiz nicht zum Zollgebiet der Europäischen Union. Zum Staatsgebiet von Dänemark gehört z. B. Grönland. Es zählt jedoch nicht zum Zollgebiet der Europäischen Union.[1] | ZOLLGEBIET |
| **Zollrechtlicher Status** | Gemeinschaftsware:<br>Vollständig im Zollgebiet der Gemeinschaft hergestellt oder gewonnen<br>Aus Drittländern eingeführt und in den zollrechtlich freien Verkehr übergeführt<br>Nichtgemeinschaftsware:<br>Alle Waren, die keine Gemeinschaftswaren sind, d. h. nicht in der EU hergestellt oder noch nicht das Zollverfahren „Überführung in den freien Verkehr" durchlaufen haben<br>Vereinfacht ausgedrückt: alle Waren, die ihren Ursprung in einem Land haben, das nicht zur Europäischen Gemeinschaft gehört | ZOLLRECHTLICHER STATUS<br><br>GEMEINSCHAFTSWARE<br><br>NICHTGEMEINSCHAFTSWARE |
| **Zollnummer** | 7-stellige Nummer, erteilt von der Bundeszollverwaltung, erforderlich für sämtliche schriftliche und digitale Zollanmeldungen, DE voranstellen, z. B. DE2345678 | ZOLLNUMMER |
| **Verbringen** | Es gibt keine Legaldefinition. Als Kriterium gilt das Passieren der Grenze des Zollgebiets der EU, unabhängig vom Beförderungsmittel oder -weg. | VERBRINGEN |
| **Beförderungspflicht** | Unmittelbar im Anschluss an das Verbringen ist die Ware zu einer Zollstelle zu befördern, zollamtlich zu erfassen und einer zulässigen zollrechtlichen Behandlung zuzuführen. | BEFÖRDERUNGSPFLICHT |
| **Gestellung** | Mitteilung (Information) an Zollbehörden, dass sich Waren bei der Zollstelle (oder an einem anderen zugelassenen Ort) befinden | GESTELLUNG |

---

[1] vgl. www.zoll.de

| | | |
|---|---|---|
| EINHEITSPAPIER | **Einheitspapier** | • Amtliches Muster für die schriftliche Zollanmeldung zur Überführung von Waren in ein Zollverfahren, sofern nicht IT-Verfahren vorgeschrieben sind<br>• Vordrucksatz bestehend aus 8 Exemplaren<br>• Verwendung von Teilsätzen für einzelne Zollverfahren möglich |
| ZOLLANMELDUNG | **Zollanmeldung** | „Handlung, mit der eine Person … die Absicht bekundet, eine Ware in ein bestimmtes Zollverfahren zu überführen."[1] Als Anmelder gilt die Person, die eine Zollanmeldung abgibt, die Rechtsfolgen trägt und die erforderlichen Unterlagen beifügen muss. |
| ATLAS | **ATLAS** | • Automatisiertes Tarif- und lokales Zollabwicklungssystem<br>• Internes Informatikverfahren der deutschen Zollverwaltung<br>• Zollanmeldungen werden vom Teilnehmer elektronisch erfasst und an die Zollbehörden übermittelt.<br>• Anmelder erhält Entscheidung der Zollbehörden und Abgabenbescheid auf elektronischem Wege.<br>• Verzicht auf Vorlage von Unterlagen im Zeitpunkt der Abfertigung<br>Vorteile:<br>  – Beschleunigung des Verfahrens<br>  – Papiereinsparung<br>  – Keine Fahrten zu den Zollämtern erforderlich<br>  – Übermittlung der Daten an alle Zollämter (auch Grenzzollämter)<br>• ATLAS ist für folgende Zollverfahren verfügbar (Stand 2010):<br>  – Zollrechtlich freier Verkehr<br>  – Aktive Veredelung<br>  – Umwandlungsverfahren<br>  – Zolllagerverfahren<br>  – Versandverfahren<br>  – Ausfuhrverfahren |

## 6.2 Wie läuft das Zollverfahren „Überführung in den zollrechtlich freien Verkehr" ab?

Zur Entlastung der Zollstellen an den Grenzen, wird die Zollabfertigung für dieses Verfahren in der Regel bei einer Zollstelle im Binnenland gestellt. Dazu ist die Vorschaltung eines weiteren Zollverfahrens – eines Versandverfahrens – erforderlich, um die Waren von einer Grenzzollstelle zum Bestimmungsort im Binnenland zu transportieren. Anschließend erfolgt die Überführung in den freien Verkehr.

**Beispiel:**

Scheibenwischer für Kraftfahrzeuge, Warennummer 85124000, des Automobilzulieferers Cho Byung Tae Corp., 100 Kangnam Goo, Pusan, Südkorea, sollen in einem Container FCL – FCL via Pusan mit dem Seeschiff Hamburg Hanjin über den Seehafen Hamburg zum Autoteile-Großhändler ATS Schmidt GmbH, Nopitschstraße 168, 90441 Nürnberg, FCA Pusan transportiert werden. Der Rechnungspreis FCA Pusan beträgt 24.000,00 USD. Die Beförderungskosten für den Seetransport belaufen sich auf 2.880,00 USD. Die Trans-

---
[1] Zollkodex

portkosten Hamburg – Nürnberg werden mit 600,00 EUR in Rechnung gestellt. Zur Risikoabsicherung wurde eine Transportversicherung in Höhe von 288,00 USD abgeschlossen. Als fiktiver Zollsatz werden 3 % angenommen. Der Regelsatz für die Einfuhrumsatzsteuer beträgt 19 %. ATS Schmidt beauftragt die Spedition EUROCARGO, Nürnberg, mit der Einfuhrabwicklung und Verzollung der Scheibenwischer, die im Gebiet der Europäischen Gemeinschaft verkauft werden sollen. Kurs 1,2000

Bei den Scheibenwischern handelt es sich um Nichtgemeinschaftswaren, die nur über Zollstraßen, Flughäfen und Seehäfen in das Zollgebiet der Gemeinschaft verbracht werden dürfen. Die Scheibenwischer müssen an einer Grenzzollstelle gestellt werden. Das sind nicht nur Grenzzollstellen an Straßen, die an Ländergrenzen in das Gebiet der EU führen, sondern auch Zollstellen in Seehäfen und Flughäfen. Bevor der Container mit den Scheibenwischern nach der Entladung vom Containerschiff Hamburg Hanjin das Hafengebiet verlässt, muss der Container gestellt werden und es ist eine Zollanmeldung abzugeben.

### 6.2.1 Formen der Zollanmeldung

Die Zollanmeldung des Containers mit den Scheibenwischern wäre grundsätzlich in schriftlicher Form unter Verwendung entsprechender Vordrucke (Einheitspapier) abzugeben. Sie kann jedoch auch in IT-gestützter Form über das Verfahren „ATLAS" erledigt werden. Wir gehen davon aus, dass die Spedition EUROCARGO in Nürnberg über das System ATLAS verfügt und von Nürnberg aus das Zollverfahren „Überführung in den zollrechtlich freien Verkehr" beantragt.

Wenn der Zollanmelder, hier die Spedition EUROCARGO, mittels elektronischen Datentransfers beim zuständigen Grenzzollamt in Hamburg die Überführung in den zollrechtlich freien Verkehr beantragt, spricht man vom sogenannten Teilnehmerverfahren.

**TEILNEHMERVERFAHREN**

Es wäre jedoch auch möglich, für die Zollanmeldung den entsprechenden Vordruckssatz des Einheitspapiers auszufüllen und zusammen mit den erforderlichen Begleitdokumenten dem Grenzzollamt Hamburg vorzulegen. Zollbedienstete des Grenzzollamts Hamburg würden anschließend die Daten in das System ATLAS übernehmen. Dieses Verfahren bezeichnet man als Benutzereingabe.

**BENUTZEREINGABE**

Für Unternehmen mit sehr geringer Anzahl von Einfuhrsendungen würden sich die hohen Kosten für die ATLAS-Zertifizierung nicht lohnen. Die Zollverwaltung bietet solchen Unternehmen die Zollanmeldung zur Überführung in den zollrechtlich freien Verkehr kostenfrei und sicher per Internet an[1]. Der Zollanmelder kann über die Adresse www.internetzollanmeldung.de die Anmeldedaten an die Zollbehörde übermitteln und erhält einen Ausdruck der Zollanmeldung, den er unterschreiben und zusammen mit den erforderlichen Dokumenten dem Zollamt vorlegen muss. Das Zollamt übernimmt aus der Internetzollanmeldung die Daten in das System ATLAS zur weiteren Bearbeitung. Es liegt bei der Internetzollanmeldung rechtlich gesehen keine elektronische, sondern eine schriftliche Zollanmeldung vor. Da der Zeitaufwand für die Erfassung durch das Zollamt entfällt, hat der Anmelder den Vorteil, dass die Ware früher freigegeben wird.

**INTERNETZOLLANMELDUNG**

In Ausnahmefällen kann eine Zollanmeldung auch mündlich abgegeben werden, jedoch nicht im oben genannten Beispiel, da der Warenwert über 1.000,00 EUR liegt. Für Reisemitbringsel, die nicht abgabenfrei sind, genügt ebenfalls eine mündliche Zollanmeldung.

**MÜNDLICHE ZOLLANMELDUNG**

### 6.2.2 Summarische Anmeldung (SumA)

Im Anschluss an die Gestellung sind die Nichtgemeinschaftswaren innerhalb bestimmter Fristen einer zollrechtlichen Bestimmung zuzuführen. In den meisten Fällen geschieht dies durch die Zollanmeldung zum freien Verkehr oder zu einem Versandverfahren. Liegt bei Gestellung jedoch noch nicht fest, was mit den Nichtgemeinschaftswaren geschehen soll, ist eine sogenannte summarische Anmeldung erforderlich. Vereinfacht ausgedrückt ist die summarische Anmeldung lediglich eine Liste der gestellten Waren. Die Zollbehörden gewähren in solchen Fällen eine Frist von 20 Tagen, im Seeverkehr von 45 Tagen. Innerhalb

**SUMMARISCHE ANMELDUNG**
**20 TAGEN**
**45 TAGEN**

---

[1] Die Anwendung Internetausfuhranmeldung IAA wird ab 1. September 2011 nicht mehr zur Verfügung stehen. Vgl. www.zoll.de

**VORÜBERGEHENDE VERWAHRUNG**

dieser Zeit muss ein zulässiges Verfahren zur zollrechtlichen Bestimmung eröffnet werden. Während dieser Frist erhalten die Nichtgemeinschaftswaren eine eigene Rechtsstellung. Sie befinden sich in vorübergehender Verwahrung, in der die Waren nach Vorgabe der Zollbehörden gelagert werden müssen und nicht verändert werden dürfen. Die Nichtgemeinschaftswaren befinden sich unter zollamtlicher Überwachung. Als Lagerort legen die Zollbehörden in den meisten Fällen das Betriebsgelände der Person fest, die eine summarische Anmeldung abgegeben hat.

Im Anschluss an ein Versandverfahren, das immer auf elektronischem Wege abgegeben werden muss oder durch die Zollbehörden in das System ATLAS übertragen wird, erzeugt das System ATLAS in jedem Fall eine summarische Anmeldung (SumA).

Bei der Teilnehmereingabe in das System ATLAS erfolgt bei der Mitteilung über die Gestellung die gleichzeitige Abgabe einer summarischen Anmeldung. Wird an der Grenzzollstelle sofort eine Zollanmeldung zum freien Verkehr eingereicht (Einheitspapier), ist die Abgabe einer summarischen Anmeldung nicht erforderlich.

Im Rahmen der Revision der zollrechtlichen Vorschriften durch die neue ZK-DVO ist in jedem Fall ab 01.01.2011 eine summarische Anmeldung vor Eintreffen der Ware an der EU-Grenze erforderlich.

### 6.2.3 Annahme der Zollanmeldung

Die rechtliche Konsequenz der Annahme der Zollanmeldung durch das Grenzzollamt in Hamburg ist das Entstehen der Zoll- und Einfuhrumsatzsteuerschuld.

### 6.2.4 Prüfung

Bei der Prüfung der Zollanmeldung prüft die Zollbehörde, ob der entsprechende Vordruck des Einheitspapiers richtig ausgefüllt ist (bei Teilnehmereingabe im System ATLAS die entsprechenden Daten), die erforderlichen Unterlagen vollständig vorhanden und echt sind (bei Teilnehmereingabe nicht erforderlich), der Zollwert richtig ermittelt wurde und eine Gestellung der Nichtgemeinschaftswaren stattgefunden hat. Eventuell wird eine Zollbeschau durchgeführt.

Für das Zollverfahren „Überführung in den zollrechtlich freien Verkehr" sind folgende Unterlagen einzureichen, falls erforderlich:

| Einzureichende Unterlagen | |
|---|---|
| **Handelsrechnung** | Eine Handelsrechnung sollte folgende Angaben aufweisen:<br>• Adresse und Bankverbindung des Absenders<br>• Adresse des Empfängers<br>• Rechnungsnummer und Rechnungsdatum<br>• Unterschrift des Verkäufers<br>• Warenbeschreibung und Warenmenge<br>• Anzahl und Art der Packstücke, Gewicht und Volumen<br>• Einzelpreis, Gesamtpreis<br>• Lieferbedingungen (Incoterms)<br>• Statistische Warennummer (Zolltarifnummer)<br>• Umsatzsteuer-ID-Nummer des Verkäufers und des Käufers (bei Intrahandel) |
| **Angaben über den Zollwert** | Es ist eine Zollwertanmeldung D.V.1 bei einem Warenwert über 10.000,00 EUR abzugeben. |

**HANDELSRECHNUNG**

**ZOLLWERTANMELDUNG D.V.1**

| Einzureichende Unterlagen | |
|---|---|
| **Präferenznachweise** | Warenverkehrsbescheinigungen EUR1, EUR2, ATR, Ursprungszeugnis Form A<br>Präferenzrechtliche Erklärungen auf der Rechnung |
| **Sonstige Unterlagen** | Zum Beispiel Echtheitszeugnis, Reinheitszeugnis, Einfuhrgenehmigung, Ursprungszeugnis, tierärztliche Bescheinigungen, phytosanitäre Bescheinigungen[1] |
| **Liste der Packstücke (Manifest)** | Bei Waren in mehreren Packstücken |

PRÄFERENZNACH-WEISE

## 6.2.5 Zollbefund

Im Zollbefund dokumentiert das Zollamt die Ergebnisse der Überprüfung der Zollanmeldung. Dieser wird grundsätzlich schriftlich niedergelegt und dient als Grundlage der Berechnung von Eingangsabgaben. Der Anmelder kann in dieser Dokumentation die Entscheidung der Zollbehörde nachvollziehen. Der Zollbefund enthält u. a. folgende Informationen:

- „Gegenstand und Ergebnis der Beschau (z. B. Mehrmengen, Handelsklasse etc.),
- die Entnahme von Mustern und Proben,
- Warenmerkmale und Umstände, die für eine Einfuhrabgabenbegünstigung (z. B. Zollpräferenz, außertarifliche Einfuhrabgabenfreiheit) bestimmend sind, auch dann, wenn sie nicht gewährt wird (z. B. weil ein Präferenznachweis nicht anerkannt wird),
- die Bemessungsgrundlagen für den Zoll und die anderen Einfuhrabgaben (z. B. auch Merkmale, die den Zollwert beeinflussen können, wie Beschädigungen etc.),
- die Berechnung der Abgaben,
- ggf. Angaben über die Behandlung der Waren nach VuB-Vorschriften (z. B. die Beschlagnahme oder Einziehung),
- Art und Umfang der Nämlichkeitssicherung unter Bezeichnung der Nämlichkeitsmittel (z. B. Plombenverschlüsse)."[2]

## 6.2.6 Überlassung

Die Überlassung der Waren nach Abschluss der Zollabfertigung berechtigt den Anmelder über die Waren zu verfügen. Werden bei der Überführung in den freien Verkehr Eingangsabgaben fällig, darf das Zollamt die Ware erst überlassen, wenn die entsprechenden Eingangsabgaben entrichtet wurden oder eine Sicherheit geleistet wurde. Nimmt der Anmelder am Zahlungsaufschubverfahren (Zahlung der Eingangsabgaben nicht sofort, sondern zu einem späteren Zeitpunkt) teil, muss keine erneute Sicherheit beigebracht werden.

Bei den Scheibenwischern vollzieht sich ein Statuswechsel. Aus Nichtgemeinschaftswaren werden Waren, die wie Gemeinschaftsware verwendet werden können. Damit endet die zollamtliche Überwachung.

---

[1] Pflanzengesundheitszeugnis
[2] www.zoll.de/b0_zoll_und_steuern/a0_zoelle/f0_freier_verkehr/a0_abfertigung/d0_ablauf_abfertigungsverf/d0_zollbefund/index.html

| | **Merke:** Die Zollabfertigung läuft in folgenden Stufen ab: | |
|---|---|---|
| ZOLLANMELDUNG | 1. Zollanmeldung | Über ATLAS/Einheitspapier |
| ANNAHME | 2. Annahme | Rechtsfolge: Zoll- und Einfuhrumsatzsteuerschuld |
| PRÜFUNG | 3. Prüfung | – ATLAS/Einheitspapier vollständig ausgefüllt<br>– Vorlage erforderlicher Unterlagen<br>– Gestellung<br>– Eventuell Zollbeschau |
| ZOLLBEFUND | 4. Zollbefund | Dokumentation der Überprüfung sowie der Einfuhrabgaben und Zahlungsfristen |
| ÜBERLASSUNG | 5. Überlassung | Nach Entrichtung der Einfuhrabgaben oder Leistung einer Sicherheit |

## 6.3 Wie kann eine schriftliche Zollanmeldung zur Überführung in den zollrechtlich freien Verkehr erfolgen?

Die Anmeldung der Scheibenwischer zur Überführung in den zollrechtlich freien Verkehr kann schriftlich unter Verwendung des Teilsatzes 0737 Bestimmung des Einheitspapiers erfolgen. Er besteht aus den Exemplaren 6, 7 und 8 des Einheitspapiers. Als Ausfüllhilfe ist das Merkblatt zum Einheitspapier unerlässlich, das jährlich neu verfasst und veröffentlicht wird. Es ist in Buchform käuflich zu erwerben oder steht als PDF-Datei auf der Website des Bundesministeriums der Finanzen unter www.zoll.de zum Download bereit.

Das Merkblatt zum Einheitspapier ist sehr umfangreich. Wesentliche Inhalte sollen nachfolgend in verkürzter Form wiedergegeben werden.

| | | **Einfuhr Bestimmung**[1] |
|---|---|---|
| Feld 1 | | Erstes Unterfeld |
| | EU | Im Warenverkehr zwischen der Gemeinschaft und den EFTA-Ländern |
| | IM | Im Warenverkehr zwischen der Gemeinschaft und anderen Drittländern als den EFTA-Ländern für eine Anmeldung zur Überführung in den zollrechtlich freien Verkehr oder zu einer anderen zollrechtlichen Bestimmung<br><br>Im Warenverkehr zwischen den Mitgliedsstaaten der Gemeinschaft für eine Anmeldung zur Überführung von aus einem Mitgliedsstaat eingegangenen Nichtgemeinschaftswaren in den zollrechtlich freien Verkehr oder zu einer anderen zollrechtlichen Bestimmung |
| | CO | Im Warenverkehr zwischen Mitgliedsstaaten der Gemeinschaft für eine Anmeldung zur Überführung von Gemeinschaftswaren in den steuerrechtlich freien Verkehr oder zur Überführung von Gemeinschaftswaren in ein Zolllagerverfahren |
| | | Zweites Unterfeld |
| | A | Für eine Zollanmeldung |
| | B | Für eine unvollständige Zollanmeldung |
| | C | Für eine vereinfachte Zollanmeldung |
| | X | Für eine ergänzende Anmeldung eines unter B definierten vereinfachten Verfahrens |

[1] vgl. Merkblatt zum Einheitspapier 2011

## 6 Importaufträge bearbeiten

| | | |
|---|---|---|
| | Y | Für eine ergänzende Anmeldung eines unter C definierten vereinfachten Verfahrens |
| | Z | Für eine ergänzende Zollanmeldung im Rahmen eines vereinfachten Verfahrens |
| | | Drittes Unterfeld (nicht auszufüllen) |
| Feld 2 | | Anzugeben sind Name und Vorname bzw. Firma und vollständige Anschrift des Verkäufers der Waren. |
| Feld 3 | | Lfd. Nummer in Verbindung mit der Gesamtzahl der verwendeten Vordrucksätze |
| Feld 5 | | Gesamtzahl der vom Anmelder auf allen verwendeten Vordrucken angemeldeten Warenpositionen |
| Feld 8 | | Empfänger |
| Feld 14 | | Name und Vorname bzw. Firma und vollständige Anschrift des Anmelders; sind Anmelder und Empfänger/Einführer identisch, ist „Empfänger – 00500" anzugeben. |
| Feld 15 a | | Es ist der ISO-alpha-2-Code für Länder (Anhang 1 A) für das Land anzugeben, aus dem die Waren versendet oder ausgeführt worden sind. |
| Feld 17 b | | Zielland (Bundesland in Deutschland, in dem die Sendung verbleiben soll) |
| | 01 Schleswig-Holstein | 09 Bayern |
| | 02 Hamburg | 10 Saarland |
| | 03 Niedersachsen | 11 Berlin |
| | 04 Bremen | 12 Brandenburg |
| | 05 Nordrhein-Westfalen | 13 Mecklenburg-Vorpommern |
| | 06 Hessen | 14 Sachsen |
| | 07 Rheinland-Pfalz | 15 Sachsen-Anhalt |
| | 08 Baden-Württemberg | 16 Thüringen |
| Feld 18 | | Anzugeben ist das Kennzeichen oder der Name des Beförderungsmittels – Lastkraftwagen, Schiff, Waggon –, auf dem die Waren bei ihrer Gestellung bei der Zollstelle, bei der die Förmlichkeiten im Bestimmungsmitgliedstaat erfüllt werden, unmittelbar verladen sind. |
| Feld 19 | 0 | Nicht in Containern beförderte Waren |
| | 1 | In Containern beförderte Waren |
| Feld 20 | | Anzugeben ist die Lieferbedingung entsprechend Anhang 2. Im ersten Unterfeld des Feldes wird der Incoterm-Code eingetragen, im zweiten Unterfeld der darauf bezogene Ort, das dritte Unterfeld bleibt frei. |
| Feld 21 | | Unterfeld<br>Anzugeben ist die Art (Lastkraftwagen, Schiff, Waggon, Flugzeug) des aktiven Beförderungsmittels, das beim Überschreiten der Außengrenze der Gemeinschaft benutzt wird. Das Kennzeichen des aktiven Beförderungsmittels, das beim Überschreiten der Außengrenze der Gemeinschaft benutzt wird, ist nur bei Beförderungen im Seeverkehr (Schiffsname) anzugeben.<br>Unterfeld<br>Einzutragen ist die Staatszugehörigkeit des aktiven Beförderungsmittels, das beim Überschreiten der Außengrenze der Gemeinschaft benutzt wird nach ISO-alpha-2-Code für Länder (Anhang 1 A). Kann die Staatsangehörigkeit nicht ermittelt werden, so ist der Code „QU" einzutragen. |

| | | |
|---|---|---|
| Feld 22 | | Währung (1. Unterfeld), auf die der Geschäftsvertrag lautet (ISO-alpha-3-Code nach Anhang 1 B) und der in Rechnung gestellte Betrag (2. Unterfeld); bei kostenloser Lieferung: Eintrag „unentgeltlich". |
| Feld 23 | | Es ist der geltende Wechselkurs für die Umrechnung der Rechnungswährung in EUR anzugeben. |
| Feld 24 | | In diesem Feld ist die Art des Geschäfts (Angabe, aus der bestimmte Klauseln des Geschäftsvertrags wie z. B. Verkauf oder Kommission ersichtlich werden) mit der Schlüsselnummer entsprechend Anhang 3 anzugeben. |
| Feld 25 | | Code für die Art des Verkehrszweiges entsprechend dem mutmaßlichen aktiven Beförderungsmittel, auf dem die Waren in das Zollgebiet der Gemeinschaft verbracht worden sind (1 – Seeverkehr, 2 – Eisenbahnverkehr, 3 – Straßenverkehr, 4 – Luftverkehr, 5 – Postsendungen, 7 – fest installierte Transporteinrichtungen, 8 – Binnenschifffahrt, 9 – eigener Antrieb) |
| Feld 26 | | Code für die Art des Verkehrszweiges entsprechend dem Beförderungsmittel, auf dem die Waren bei ihrer Gestellung bei der Zollstelle, bei der die Förmlichkeiten im Bestimmungsmitgliedstaat erfüllt werden, unmittelbar verladen sind. Dieses Feld ist nicht auszufüllen, wenn die Einfuhrformalitäten bei der Eingangszollstelle erfüllt werden, und bei der Überführung der Waren in das Zolllagerverfahren. |
| Feld 29 | | Eingangszollstelle nach Schlüsselnummer gemäß Anhang 4<br>Vor die Schlüsselnummer ist der Zusatz „DE00" zu setzen. |
| Feld 31 | | Einzutragen sind Zeichen und Nummern, Anzahl und Art der Packstücke anhand der Verpackungscodes (Anhang 8). Die Warenbezeichnung muss so genau sein, dass die Einreihung der Ware in das „Warenverzeichnis für die Außenhandelsstatistik" möglich ist. Werden Waren in Containern befördert, so sind die Nummern der Container in diesem Feld anzugeben. |
| Feld 32 | | Auszufüllen wenn sich die Anmeldung auf mehr als eine Warenposition bezieht. |
| Feld 33 | | Erstes Unterfeld (kombinierte Nomenklatur)<br>Hier sind die ersten acht Steller der Codenummer einzutragen.<br>Zweites Unterfeld (TARIC)<br>Hier sind die neunte und zehnte Stelle der Codenummer einzutragen.<br>Drittes Unterfeld (1. Zusatzcode)<br>Hier ist ggf. ein vierstelliger Zusatzcode einzutragen, auf den im EZT-Fenster „Einfuhrmaßnahmen" im Feld ZC hingewiesen wird.<br>Viertes Unterfeld (2. Zusatzcode)<br>Hier ist ggf. ein weiterer vierstelliger Zusatzcode einzutragen, auf den im EZT-Fenster „Einfuhrmaßnahmen" im Feld ZC hingewiesen wird.<br>Fünftes Unterfeld (nationale Angaben)<br>Hier ist nur die elfte Stelle der Codenummer einzutragen. Die Eintragung ist linksbündig vorzunehmen. |
| Feld 34 a | | Ursprungsland (Land, in dem die Waren vollständig gewonnen oder hergestellt worden sind) nach dem ISO-alpha-2-Code für Länder (Anhang 1 A) |
| Feld 34 b | | Nicht auszufüllen |
| Feld 35 | | Rohmasse der in Feld 31 beschriebenen Ware in kg; das Containergewicht zählt nicht zur Rohmasse. |

| | | |
|---|---|---|
| Feld 36 | | Code für die zutreffende Abgabenbegünstigung nach einem dreistelligen numerischen Code entsprechend Anhang 5<br>Code „100" eintragen, wenn keine Präferenz beantragt wird. |
| Feld 37 | | Anzugeben ist die zollrechtliche Bestimmung, zu der die Waren bei der Bestimmung (Einfuhr) angemeldet werden, unter Benutzung eines vierstelligen numerischen oder ggf. siebenstelligen alphanumerischen Codes entsprechend Anhang 6. |
| Feld 38 | | Anzugeben ist die Eigenmasse der im Feld 31 beschriebenen Ware, ausgedrückt in kg. |
| Feld 39 | | vierstellige Nummer des Zollkontingents aus dem Anhang ZK (Zollkontingente) des EZT, wenn ein bestimmtes Kontingent beantragt wird (sonst kein Eintrag) |
| Feld 40 | | Codes nach Anhang 9 bei ggf. summarischer Anmeldung, vereinfachter Anmeldung oder Verwendung von Vorpapieren |
| Feld 41 | | Anzugeben ist für jede Position der Zahlenwert für die im Warenverzeichnis für die Außenhandelsstatistik vorgegebene Besondere Maßeinheit, z. B. die Stückzahl. |
| Feld 42 | | auszufüllen bei mehreren Warenpositionen<br>Rechnungspreis der zu dieser Position in Feld Nr. 31 angemeldeten Waren in der Währung, die in Feld 22 genannt wurde |
| Feld 44 | | Für besondere Vermerke ist ein fünfstelliger Code einzutragen (Anhang 10) |
| Feld 46 | | Anzugeben ist der Wert des Gutes bei Überschreiten der deutschen Grenze. |
| Feld 47 | | „Art": Abgabenart nach Code aus Anhang 7<br>„Bemessungsgrundlage": Zollwert<br>Selbstberechnung in den Spalten „Satz" und „Betrag"<br>„ZA" (= Zahlungsart):<br>A – Barzahlung<br>C – Verrechnungsscheck (Banküberweisung)<br>D – Andere<br>E – Zahlungsaufschub<br>F – Lastschriftverfahren |
| Feld 48 | | nur bei Zahlungsaufschub ausfüllen<br>(E) eigene Abgabenschulden des Aufschubnehmers<br>(F) fremde Abgabenschulden des Aufschubnehmers<br>Nummer des Aufschubkontos eintragen |
| Feld 49 | | Lagernummer (Kennnummer) für Zolllager Typ C, D, E, F oder Freilager |
| Feld 54 | | handschriftliche Unterschrift und Name des Anmelders/Vertreters |

Vgl. Anlagen zum „Merkblatt zum Einheitspapier 2011" in Kapitel 2 „Exportaufträge bearbeiten", S. 83 ff.

### Anhang 7 - Zu Feld Nr. 47: Code für die Abgabenarten

|  |  |
|---|---|
| A00 | Zölle (ohne EGKS-Zölle, Ausgleichs-, Antidumping und Zusatzzölle auf Agrarwaren) |
| A10 | Zölle auf Agrarwaren, Zusatzzölle auf Agrarwaren und Agrarteilbeträge |
| A30 | endgültige Antidumpingzölle |
| A35 | vorläufige Antidumpingzölle |
| A40 | endgültige Ausgleichszölle |
| A45 | vorläufige Ausgleichszölle |
| B00 | Einfuhrumsatzsteuer |
| C00 | Ausfuhrabgaben (ohne Ausfuhrabgaben für landwirtschaftliche Erzeugnisse) |
| C10 | Ausfuhrabgaben für landwirtschaftliche Erzeugnisse |
| D10 | Vermische Einnahmen der EU (Ausgleichszinsen) |
| 230 | Pauschalierte Einfuhrabgaben |
| 300 | Tabaksteuer |
| 310 | Kaffeesteuer |
| 350 | Branntweinsteuer |
| 360 | Alkopopsteuer |
| 370 | Schaumweinsteuer |
| 390 | Zwischenerzeugnissteuer |
| 440 | Energiesteuer (aus dem Verbrauch von anderen Heizstoffen als von Erdgas) |
| 450 | Energiesteuer (sonstiges Aufkommen; ohne das in den Titeln 03102 und 03104 erfasste Aufkommen) |
| 460 | Energiesteuer (aus dem Verbrauch von Erdgas) |
| 670 | Biersteuer |

noch Anhang 6

**Abschnitt C Teil II - Die häufigsten Verfahrenscodes bei dem Eingang/der Einfuhr von Waren**

| Code | Angemeldete oder mitgeteilte zollrechtliche Bestimmung / Vorangegangene zollrechtliche Bestimmung |
|---|---|
| **02** | **Überführung von Waren in den zollrechtlich freien Verkehr zur Durchführung einer aktiven Veredelung - Verfahren der Zollrückvergütung -*)** |
| 0200 | ohne vorangegangene zollrechtliche Bestimmung |

*) **Anmerkung: Code 0** (Überführung in den zollrechtlich freien Verkehr) ist nicht zu verwenden, wenn Waren nach einer **vorübergehenden** Ausfuhr wiedereingeführt werden. In diesen Fällen kommt Code 6 in Frage.

Code 0 ist auch zu verwenden für Waren, die nach Anmeldung zur **endgültigen** Ausfuhr in den zollrechtlich freien Verkehr übergeführt werden. In diesen Fällen kommt n i c h t Code 6 zur Anwendung.

| | |
|---|---|
| **40** | **Gleichzeitige Überführung von Waren in den zoll- und steuerrechtlich freien Verkehr ohne steuerbefreiende Lieferung (keine Befreiung von der Einfuhrumsatzsteuer) nach § 5 Abs. 1 Nr. 3 oder Nr. 4 UStG*)** |
| 4000 | ohne vorangegangene zollrechtliche Bestimmung |
| 4010 | nach Anmeldung zur endgültigen Ausfuhr (z. B. Rückwaren) |
| 4051 | nach Überführung in die aktive Veredelung - Nichterhebungsverfahren |
| 4053 | nach Überführung in die vorübergehende Verwendung |
| 4054 | nach Überführung in die aktive Veredelung - Nichterhebungsverfahren - in einem anderen Mitgliedstaat im Rahmen einer „Einzigen Bewilligung" |
| 4071 | nach Überführung in ein Zolllagerverfahren |
| 4078 | nach Eingang/Einfuhr zur Lagerung in einer Freizone des Kontrolltyps II |

*) **Anmerkung: Code 4** (Überführung von Waren in den zoll- und steuerrechtlich freien Verkehr; Überführung von Waren in den steuerrechtlich freien Verkehr) ist nicht zu verwenden, wenn Waren nach einer vorübergehenden Versendung/Ausfuhr wiederverbracht/ wiedereingeführt werden. In diesen Fällen kommt Code 6 in Frage.

Code 4 ist auch zu verwenden für Waren, die nach Anmeldung zur **endgültigen** Versendung/ Ausfuhr in den freien Verkehr übergeführt werden. In diesen Fällen kommt n i c h t Code 6 zur Anwendung.
Siehe auch die Anmerkung zu Code 40 in Anhang 6 Abschnitt A.

| | |
|---|---|
| **41** | **Gleichzeitige Überführung in den zoll- und steuerrechtlich freien Verkehr von Waren im Verfahren der aktiven Veredelung - Verfahren der Zollrückvergütung -*)** |
| 4100 | ohne vorangegangene zollrechtliche Bestimmung |

*) **Anmerkung: Code 4** (Überführung von Waren in den zoll- und steuerrechtlich freien Verkehr; Überführung von Waren in den steuerrechtlich freien Verkehr) ist nicht zu verwenden, wenn Waren nach einer vorübergehenden Versendung/Ausfuhr wiederverbracht/ wiedereingeführt werden. In diesen Fällen kommt Code 6 in Frage.

Code 4 ist auch zu verwenden für Waren, die nach Anmeldung zur **endgültigen** Versendung/ Ausfuhr in den freien Verkehr übergeführt werden. In diesen Fällen kommt n i c h t Code 6 zur Anwendung.
Siehe auch die Anmerkung zu Code 41 in Anhang 6 Abschnitt A.

noch Abschnitt C Teil II – Die häufigsten Verfahrenscodes bei dem Eingang/der Einfuhr von Waren

noch Anhang 6

| Code | Angemeldete oder mitgeteilte zollrechtliche Bestimmung Vorangegangene zollrechtliche Bestimmung |
|---|---|
| 42 | **Überführung von Waren in den zoll- und steuerrechtlich freien Verkehr mit steuerbefreiender Lieferung (Befreiung von der Einfuhrumsatzsteuer) nach § 5 Abs. 1 Nr. 3 UStG\*)** |
| | ohne vorangegangene zollrechtliche Bestimmung |
| 4200 | |
| 4251 | nach Überführung in die aktive Veredelung - Nichterhebungsverfahren |
| 4253 | nach Überführung in die vorübergehende Verwendung |
| 4254 | nach Überführung in die aktive Veredelung — Nichterhebungsverfahren - in einem anderen Mitgliedstaat im Rahmen einer „Einzigen Bewilligung" |
| 4271 | nach Überführung in ein Zolllagerverfahren |
| 4278 | nach Eingang/Einfuhr zur Lagerung in einer Freizone des Kontrolltyps II |

\*) **Anmerkung: Code 4** (Überführung von Waren in den zoll- und steuerrechtlich freien Verkehr; Überführung von Waren in den steuerrechtlich freien Verkehr) ist nicht zu verwenden, wenn Waren nach einer vorübergehenden Versendung/Ausfuhr wiederverbracht/ wiedereingeführt werden. In diesen Fällen kommt Code 6 in Frage.

Code 4 ist auch zu verwenden für Waren, die nach Anmeldung zur **endgültigen** Versendung/ Ausfuhr in den freien Verkehr übergeführt werden. In diesen Fällen kommt n i c h t Code 6 zur Anwendung.
Siehe auch die Anmerkung zu Code 42 in Anhang 6 Abschnitt A.

noch Abschnitt C Teil II – Die häufigsten Verfahrenscodes bei dem Eingang/der Einfuhr von Waren

| Code | Angemeldete oder mitgeteilte zollrechtliche Bestimmung Vorangegangene zollrechtliche Bestimmung |
|---|---|
| 45 | **Überführung von Nichtgemeinschaftswaren in den zoll- und einfuhrumsatzsteuerrechtlich freien Verkehr mit anschließendem Verbringen verbrauchsteuerpflichtiger Waren unter Steueraussetzung in ein deutsches Steuerlager sowie die Abfertigung zu steuerbegünstigten Zwecken in Deutschland oder mit unmittelbar anschließender Einlagerung in einem Umsatzsteuerlager (§ 5 Abs. 1 Nr. 4 UStG)\*)** |
| 4500 | ohne vorangegangene zollrechtliche Bestimmung |

\*) **Anmerkung: Code 4** (Überführung von Waren in den zoll- und steuerrechtlich freien Verkehr; Überführung von Waren in den steuerrechtlich freien Verkehr) ist nicht zu verwenden, wenn Waren nach einer vorübergehenden Versendung/Ausfuhr wiederverbracht/ wiedereingeführt werden. In diesen Fällen kommt Code 6 in Frage.

Code 4 ist auch zu verwenden für Waren, die nach Anmeldung zur **endgültigen** Versendung/ Ausfuhr in den freien Verkehr übergeführt werden. In diesen Fällen kommt n i c h t Code 6 zur Anwendung.
Siehe auch die Anmerkung zu Code 45 in Anhang 6 Abschnitt A.

| Code | Angemeldete oder mitgeteilte zollrechtliche Bestimmung Vorangegangene zollrechtliche Bestimmung |
|---|---|
| 49 | **Überführung von Gemeinschaftswaren in den (einfuhrumsatzsteuerrechtlich) freien Verkehr im Rahmen des Warenverkehrs zwischen Teilen des Zollgebiets der Gemeinschaft, in denen die Vorschriften der Richtlinie 2006/112/EG anwendbar sind, und solchen Teilen dieses Gebiets, in denen diese Vorschriften nicht gelten, sowie auf den Warenverkehr zwischen den Teilen dieses Gebiets, in denen diese Vorschriften nicht anwendbar sind und Überführung von Waren in den steuerrechtlich freien Verkehr im Rahmen des Warenverkehrs zwischen der Gemeinschaft und den Ländern, mit denen sie eine Zollunion gebildet hat\*)** |
| 4900 | ohne vorangegangene zollrechtliche Bestimmung |

\*) **Anmerkung: Code 4** (Überführung von Waren in den zoll- und steuerrechtlich freien Verkehr; Überführung von Waren in den steuerrechtlich freien Verkehr) ist nicht zu verwenden, wenn Waren nach einer vorübergehenden Versendung/Ausfuhr wiederverbracht/ wiedereingeführt werden. In diesen Fällen kommt Code 6 in Frage.

Code 4 ist auch zu verwenden für Waren, die nach Anmeldung zur **endgültigen** Versendung/ Ausfuhr in den freien Verkehr übergeführt werden. In diesen Fällen kommt n i c h t Code 6 zur Anwendung.
Siehe auch die Anmerkung zu Code 49 in Anhang 6 Abschnitt A.

## 6 Importaufträge bearbeiten

**Beispiel für Zollanmeldung Einheitspapier:**

| EUROPÄISCHE GEMEINSCHAFT | | A BESTIMMUNGSSTELLE |
|---|---|---|
| **6** Exemplar für das Bestimmungsland | 2 Versender/Ausführer Nr.<br>Cho Byung Tae Corp<br>100 Kangnam Goo<br>Teagu<br>South Korea | 1 ANMELDUNG<br>IM A XXXXX<br>3 Vordrucke / 4 Ladelisten XXXXX<br>5 Positionen 1 / 6 Packst. insgesamt XXXXXXX / 7 Bezugsnummer |
| | 8 Empfänger Nr.<br>ATS Schmidt GmbH<br>Nopitschstraße 168<br>90441 Nürnberg | 9 Verantwortlicher für den Zahlungsverkehr Nr.<br>XXXXXXXXXXXXXXXXXXXXXXXXXXXX<br>10 Letztes Herkunftsland XXX / 11 Hand./Erz.-Land / 12 Angaben zum Wert XXXXXXXXXXXXX / 13 G.L.P. XXXXX |
| | 14 Anmelder/Vertreter Nr.<br>i.A. u. i. V.<br>Spedition EUROCARGO<br>Hafenstraße 1<br>90137 Nürnberg | 15 Versendungs-/Ausfuhrland KR / 15 Vers./Ausf.L.Code a\| b\|XX / 17 Bestim.L.Code a\| 09<br>16 Ursprungsland / 17 Bestimmungsland XXXXXXXXXXXXX |
| | 18 Kennzeichen und Staatszugehörigkeit des Beförderungsmittels bei der Ankunft<br>N - AL 622 | 19 Ctr. 1 / 20 Lieferbedingung FCA \| Pusan |
| | 21 Kennzeichen und Staatszugehörigkeit des grenzüberschreitenden aktiven Beförderungsmittels<br>Hanjin Hamburg | 22 Währung u. in Rechn. gestellter Gesamtbetr. USD 24.000 / 23 Umrechnungskurs 1,2000 / 24 Art des Geschäfts 1\|1 |
| | 25 Verkehrszweig an der Grenze 1 / 26 Inländischer Verkehrszweig 3 / 27 Entladeort Nürnberg | 28 Finanz- und Bankangaben XXXXXXXXXXXXXXXXXXXXXXXXXXXX |
| **6** | 29 Eingangszollstelle DE004851 | 30 Warenort |
| 31 Packstücke und Warenbezeichnung | Zeichen und Nummern - Container Nr. - Anzahl und Art<br>1 CN SYTXP 45789<br>Scheibenwischer (KFZ-Teile) | 32 Positions- Nr. 1 / 33 Warennummer 85124000 00<br>34 Urspr.land Code a\|KR b\|XX / 35 Rohmasse (kg) 15.000 / 36 Präferenz 100<br>37 VERFAHREN 4000 / 38 Eigenmasse (kg) 12.500 / 39 Kontingent<br>40 Summarische Anmeldung/Vorpapier<br>41 Besondere Maßeinheit / 42 Artikelpreis / 43 B.M. X\|Code |
| 44 Besondere Vermerke/ Vorgelegte Unterlagen/ Bescheinigungen u. Genehmigungen | Hinsichtlich aller angemeldeten Waren zum vollen Vorsteuerabzug berechtigt. | Code B.V. XXX / 45 Berichtigung XXXXXXXXX<br>46 Statistischer Wert |
| 47 Abgabenberechnung | Art / Bemessungsgrundlage / Satz / Betrag / ZA<br>A00 25.000,00 4,5 B<br>B00 26.000,00 19 B | 48 Zahlungsaufschub / 49 Bezeichnung des Lagers<br>B ANGABEN FÜR VERBUCHUNGSZWECKE |
| | Summe: | |
| | 50 Hauptverpflichteter Nr.<br>XXXXXXXXXXXXXXXXXXXXXXXXXXXXXX | Unterschrift: / C ABGANGSSTELLE |
| 51 Vorgesehene Durchgangszollstellen (und Land) | vertreten durch<br>Ort und Datum:<br>XXXXXXXXXX XXXXXXXXXX XXXXXXXXXX XXXXXXXXXX XXXXXXXXXX XXXXXXXXXX | |
| 52 Sicherheit nicht gültig für XXXXXXXXXXXXXXXXXXXXXXXXXXXX | | Code XX / 53 Bestimmungsstelle (und Land) XXXXXXXXXXXXXXXXXXXXXX |
| J PRÜFUNG DURCH DIE BESTIMMUNGSSTELLE | | 54 Ort und Datum:<br>Unterschrift und Name des Anmelders/Vertreters: |

*Formularverlag CW Niemeyer GmbH & Co KG*

## 6.4 Welche Einfuhrabgaben werden erhoben?

Bei der Einfuhr von Waren in das Zollgebiet der EU können folgende Abgaben erhoben werden:

| Einfuhrabgaben | | |
|---|---|---|
| Zölle | Einfuhrumsatzsteuer | Andere Einfuhrabgaben, z. B. Mineralölsteuer, Branntweinsteuer, Schaumweinsteuer |

### 6.4.1 Zölle

**Transaktionswert**

Wird bei der Einfuhr Zoll erhoben, so erfolgt die Zollberechnung in den meisten Fällen vom Wert der eingeführten Waren (Wertzoll). Der Wert der Waren ist nach den Vorschriften des Zollkodex (Artikel 28 bis 36) zu ermitteln. Danach ist von einem Transaktionswert auszugehen, für den folgende Kriterien geprüft werden:

- Verkauf zur Ausfuhr in die Gemeinschaft
- Gezahlter oder zu zahlender Preis
- Korrekturen an diesem Preis
- Keine Einschränkungen bezüglich der Verwendung und des Gebrauchs der Waren
- Keine zusätzlichen Leistungen, deren Wert nicht bestimmt werden kann
- Keine Erlöse aus späteren Weiterverkäufen an den ursprünglichen Verkäufer
- Keine Verbundenheit zwischen Käufer und Verkäufer[1]

Von besonderer Bedeutung sind die Korrekturen an dem in einer Handelsrechnung ausgewiesenen Preis. In der EU gilt das System der CIF-Bewertung, d. h., der Wert der Waren beim Überschreiten der EU-Grenze entspricht dem Zollwert. Man geht von der Vorstellung aus, dass bei einem vereinbarten Incoterm „CIF ... Bestimmungsort" (europäischer Seehafen) der in der Handelsrechnung ausgewiesene Preis dem Zollwert in den meisten Fällen entspricht.

**Ermittlung des Zollwertes**

Der Zollwert lässt sich nach folgendem Schema ermitteln:[2]

| Ausgangswert | **RECHNUNGSPREIS** |
|---|---|
| **Plusfaktoren (+)** | Verkaufsprovisionen und Maklerlöhne |
| | Umschließungskosten |
| | Verpackungskosten |
| | Vom Käufer zur Verfügung gestellte Materialien, Werkzeuge usw. |
| | Entwürfe, soweit sie außerhalb der EU erarbeitet wurden |
| | Lizenzgebühren |
| | Erlöse aus späteren Weiterverkäufen |
| | Beförderungskosten und Versicherungskosten sowie Lade- und Entladekosten bis an den Verbringungsort |

---

[1] vgl. Wagner, Gert R., Zollhandbuch 2009 für Ausbildung und Praxis, Düsseldorf 2009, S. 66
[2] vgl. Wagner, Gert R., Zollhandbuch 2009 für Ausbildung und Praxis, Düsseldorf 2009, S. 67

| Minusfaktoren (-) | Montagekosten |
| --- | --- |
| | Zölle und andere Einfuhrabgaben |
| | Vervielfältigungsrechte |
| | Zahlungen für Vertriebs- oder Wiederverkaufsrechte |
| | Beförderungskosten nach Einfuhr in die EU |
| | ZOLLWERT |

MINUSFAKTOREN

Bei diesem Rechenschema setzt man voraus, dass die Plusfaktoren noch nicht im Rechnungspreis enthalten sind. Minusfaktoren müssen getrennt ausgewiesen oder ausweisbar sein und dürfen noch nicht im Rechnungspreis enthalten sein.

### Die Bedeutung der Transportkosten bei der Zollwertermittlung

Die Transportkosten in Abhängigkeit vom Verkehrsträger spielen bei diesem Schema zur Zollwertberechnung eine besondere Rolle. Als Verbringungsort wird der Ort bezeichnet, an dem die eingeführten Waren über die EU-Grenze gebracht werden.

VERBRINGUNGSORT

EU-GRENZE

| Verkehrsträger | Beförderungskosten |
| --- | --- |
| Lkw | Der Anteil der Transportkosten innerhalb der EU muss gesondert ausgewiesen werden. |
| Bahn | Die Transportkosten sind im CIM-Frachtbrief nach den durchfahrenen Ländern aufgeteilt. |
| Luft | Der Verbringungsort lässt sich nicht genau feststellen. Deshalb wird die Strecke zwischen dem Abgangsflughafen außerhalb der EU und dem Zielflughafen innerhalb Europas aufgeteilt. Die Festlegung der jeweiligen Streckenanteile erfolgt sehr pauschal in Prozentsätzen, die dem Anhang 25 ZK-DVO entnommen werden können. Nach dieser Verordnung entfallen z. B. für einen Flug von Seoul/Korea nach Frankfurt/Main 83 % der Luftfrachtkosten auf den Streckenanteil außerhalb der EU. |
| Seeschiff | Da die Seehäfen in Europa an der EU-Außengrenze liegen, gelten die Kosten für die Seebeförderung als außerhalb des Zollgebiets der EU entstanden. |
| Postverkehr | Die gesamten Postgebühren bis zum Bestimmungsort werden in die Zollwertermittlung einbezogen. Es findet also keine Aufteilung statt. |

### Die Bedeutung der Incoterms 2000 bei der Berechnung des Zollwerts

| Lieferklausel | Lieferort | Zollwertrechtliche Bedeutung |
| --- | --- | --- |
| EXW, FCA, FAS, FOB ... benannter Lieferort | Der **Lieferort liegt außerhalb** des Zollgebiets der Gemeinschaft. | Im Rechnungspreis sind nicht alle Beförderungskosten enthalten. Die entstandenen Kosten vom benannten Lieferort bis zum Ort des Verbringens (OdV) sind dem Rechnungspreis **hinzuzurechnen**. |
| CFR, CIF ... benannter Lieferort | der **Lieferort** oder Entladehafen ist **mit dem Ort des Verbringens identisch** (Beispiel: CIF Rotterdam) | Im Rechnungspreis sind alle Beförderungskosten enthalten. Der Rechnungspreis ist **nicht zu berichtigen**. |

LIEFERORT AUSSERHALB

LIEFERORT MIT DEM ORT DES VERBRINGENS IDENTISCH

| | Lieferklausel | Lieferort | Zollwertrechtliche Bedeutung |
|---|---|---|---|
| **Lieferort nicht mit dem Ort des Verbringens identisch** | **CFR, CIF** benannter Lieferort | Der **Lieferort** oder Entladehafen ist **nicht mit dem Ort des Verbringens identisch**. | Der benannte Lieferort liegt außerhalb des Zollgebiets der Gemeinschaft: Die entstandenen Kosten vom benannten Lieferort bis zum OdV sind dem Rechnungspreis **hinzuzurechnen.** Der benannte Lieferort liegt innerhalb des Zollgebiets der Gemeinschaft: Die im Rechnungspreis enthaltenen anteiligen Beförderungskosten können vom OdV bis zum Lieferort vom Rechnungspreis **abgezogen werden.** |
| **Lieferort liegt innerhalb** | **CPT, CIP, DAT, DAP, DDP** benannter Lieferort im Einfuhrland | Der **Lieferort liegt innerhalb** des Zollgebiets der Gemeinschaft. | Die im Rechnungspreis enthaltenden anteiligen Beförderungskosten vom OdV bis zum Lieferort können vom Rechnungspreis **abgezogen werden.** |

*Quelle: www.zoll.de*

### Fälle, in denen kein Transaktionswert ermittelt werden kann

**bei gebrauchten Waren oder bei Geschenken**

Ist ein Transaktionswert nicht zu ermitteln, z. B. weil keine Handelsrechnung oder ein ähnlicher Beleg vorgelegt werden kann, sind die nachfolgend aufgeführten Methoden zur Zollwertfeststellung anzuwenden. Ein solches Vorgehen kann bei gebrauchten Waren oder bei Geschenken notwendig werden. In der überwiegenden Mehrzahl der Einfuhren wird eine Handelsrechnung vorgelegt. Man bezeichnet diese Fälle als Normalfall. Die Darstellung in diesem Buch beschränkt sich auf diese Normalfälle.

Es ist jeweils zu prüfen, ob die erstgenannte Methode anwendbar ist. Danach ist zur nächsten Stufe vorzugehen.

- Transaktionswert für gleiche Waren oder
- Transaktionswert für gleichartige Waren oder
- ein nach bestimmten Kriterien berichtigter Verkaufspreis im Einfuhrland (sog. Deduktive Methode) oder
- ein aus den Herstellungskosten errechneter Wert oder
- der nach der sogenannten Schlussmethode geschätzte Wert.

### Umrechnungskurs

**Umrechnungskurs**

Der zum Zeitpunkt der Zollwertermittlung geltende Umrechnungskurs ist der Internetseite www.zoll.de zu entnehmen. Für Luftfrachtsendungen erfolgt die Umrechnung nach IATA-Kursen, wenn diese zur Berechnung von Luftfrachtkosten angewendet werden.

### Anmeldung der Angaben über den Zollwert D.V.1

**D.V.1**
**10.000,00 EUR**

Übersteigt der Zollwert der anzumeldenden Waren 10.000,00 EUR, ist der Vordruck „Anmeldung der Angaben über den Zollwert D.V.1" abzugeben.

| EUROPÄISCHE GEMEINSCHAFT | ANMELDUNG DER ANGABEN ÜBER DEN ZOLLWERT D. V. 1 |
|---|---|
| **1 Verkäufer** (Name oder Firma, Anschrift)<br><br>Cho Byung Tae Corp<br>100 Kangnam Goo<br>Pusan<br>South Korea | FÜR AMTLICHE ZWECKE |
| **2 (a) Käufer** (Name oder Firma, Anschrift)<br><br>ATS Schmidt GmbH<br>Nopitschstraße 168<br>90441 Nürnberg | |
| **2 (b) Zollwertanmelder** (Name oder Firma, Anschrift)<br><br>i.A. u. i.V.<br>Spedition EUROCARGO<br>Hafenstraße 1<br>90137 Nürnberg | **3 Lieferungsbedingung** (z. B. FOB New York)<br><br>FCA Pusan Incoterms 2010 |
| **WICHTIGER HINWEIS**<br>Mit Unterzeichnung und Vorlage dieser Anmeldung übernimmt der Zollwertanmelder die Verantwortung bezüglich der Richtigkeit und Vollständigkeit der auf diesem Vordruck und sämtlichen mit ihm zusammen vorgelegten Ergänzungsblättern gemachten Angaben und bezüglich der Echtheit aller als Nachweis vorgelegten Unterlagen. Der Zollwertanmelder verpflichtet sich auch zur Erteilung aller zusätzlichen Informationen und zur Vorlage aller weiteren Unterlagen, die für die Ermittlung des Zollwerts der Waren erforderlich sind. | **4 Nummer und Datum der Rechnung**<br>499, 20...07.27<br>**5 Nummer und Datum des Vertrags**<br>C 1003, 20...05.10 |

**6** Nummer und Datum der früheren Zollentscheidungen zu den Feldern 7 bis 9

| | Zutreffendes ankreuzen [X] | |
|---|---|---|
| **7 (a)** Sind Käufer und Verkäufer VERBUNDEN im Sinne von Artikel 143 der Verordnung (EWG) Nr. 2454/93 ?*) - Falls NEIN, weiter zu Feld 8 | ☐ JA | ☒ NEIN |
| (b) Hat die Verbundenheit den Preis der eingeführten Waren BEEINFLUSST? | ☐ JA | ☐ NEIN |
| (c) (Antwort freigestellt) Kommt der Transaktionswert der eingeführten Waren einem der Werte in Artikel 29 Abs. 2b der Verordnung (EWG) 2913/92 SEHR NAHE?<br>Falls JA, Einzelheiten angeben | ☐ JA | ☐ NEIN |
| **8 (a)** Bestehen EINSCHRÄNKUNGEN bezüglich der Verwendung und des Gebrauchs der Waren durch den Käufer, ausgenommen solche, die<br>- durch das Gesetz oder von den Behörden in der Gemeinschaft auferlegt oder gefordert werden,<br>- das Gebiet abgrenzen, innerhalb dessen die Waren weiterverkauft werden können,<br>- sich auf den Wert der Waren nicht wesentlich auswirken? | ☐ JA | ☒ NEIN |
| (b) Liegen hinsichtlich des Kaufgeschäfts oder des Preises BEDINGUNGEN vor oder sind LEISTUNGEN zu erbringen, deren Wert im Hinblick auf die zu bewertenden Waren nicht bestimmt werden kann?<br>Art der Einschränkungen, Bedingungen oder Leistungen angeben.<br>Falls der Wert im Hinblick auf die zu bewertenden Waren bestimmt werden kann, Betrag im Feld 11b angeben. | ☐ JA | ☒ NEIN |
| **9 (a)** Hat der Käufer unmittelbar oder mittelbar LIZENZGEBÜHREN für die eingeführten Waren nach den Bedingungen des Kaufgeschäfts zu zahlen? | ☐ JA | ☒ NEIN |
| (b) Ist das Kaufgeschäft mit einer Vereinbarung verbunden, nach der ein Teil der Erlöse aus späteren WEITERVERKÄUFEN, sonstigen ÜBERLASSUNGEN oder VERWENDUNGEN unmittelbar oder mittelbar dem Verkäufer zugute kommt?<br>Falls JA zu (a) oder auch (b): Die Umstände angeben und, wenn möglich, die Beträge in den Feldern 15 und 16 angeben. | ☐ JA | ☒ NEIN |

*) PERSONEN GELTEN NUR DANN ALS VERBUNDEN, WENN
(a)  sie der Leitung des Geschäftsbetriebs der jeweils anderen Person angehören;
(b)  sie Teilhaber oder Gesellschafter von Personengesellschaften sind;
(c) sie sich in einem Arbeitgeber-/Arbeitnehmerverhältnis zueinander befinden;
(d)  eine beliebige Person unmittelbar oder mittelbar 5 % oder mehr der im Umlauf befindlichen stimmberechtigten Anteile oder Aktien beider Personen besitzt oder kontrolliert;
(e)  eine von ihnen unmittelbar oder mittelbar die andere kontrolliert;
(f)  beide von ihnen unmittelbar oder mittelbar von einer dritten Person kontrolliert werden;
(g)  sie zusammen unmittelbar oder mittelbar eine dritte Person kontrollieren oder
(h)  sie Mitglieder derselben Familie sind.
Die Tatsache, dass ein Käufer und ein Verkäufer miteinander verbunden sind, schließt die Anwendung des Transaktionswerts nicht unbedingt aus (siehe Artikel 29 Abs. 2 der Verordnung (EWG) Nr. 2913/92 und Anhang 23 zu der VO (EWG) Nr. 2454/93).
Auf das Merkblatt "Zollwert" (Vordruck 0466) wird hingewiesen.
**Hinweis nach § 4 Abs. 3 Bundesdatenschutzgesetz**
Zu den Angaben in diesem Vordruck sind Sie nach Artikel 178 der Verordnung (EWG) Nr. 2454/93 und nach § 11 Abs. 1 Umsatzsteuergesetz verpflichtet.

**10 (a)** Anzahl der beigefügten Ergänzungsblätter D. V. 1 BIS

**10 (b)** Ort, Datum, Unterschrift

Nürnberg, 22.08.20..

# 6 Importaufträge bearbeiten

|  |  | Ware (Pos.) 1 | Ware (Pos.) | Vermerke der Zollstelle |
|---|---|---:|---:|---|
| A. Grundlage der Berechnung | 11 (a) Nettopreis in der RECHNUNGSWÄHRUNG (Tatsächlich gezahlter Preis oder Preis im maßgebenden Bewertungszeitpunkt) | 24.000,00 | | |
| | Nettopreis in NATIONALER WÄHRUNG (Umrechnungskurs 1,200 ) | 20.000,00 | 0,00 | |
| | (b) Mittelbare Zahlungen (siehe Feld 8b) (Umrechnungskurs ) | | | |
| | 12 Summe A in NATIONALER WÄHRUNG | 20.000,00 | 0,00 | |
| B. HINZU-RECHNUNGEN: Kosten in NATIONALER WÄHRUNG, die NICHT in A enthalten sind *) Gegebenenfalls NACHSTEHEND frühere Zollentscheidungen hierzu angeben | 13 Kosten, die für den Käufer entstanden sind (a) Provisionen (ausgenommen Einkaufsprovisionen) | | | |
| | (b) Maklerlöhne | | | |
| | (c) Umschließungen und Verpackungen | | | |
| | 14 Gegenstände und Leistungen, die vom Käufer unentgeltlich oder zu ermäßigten Preisen für die Verwendung im Zusammenhang mit der Herstellung und dem Verkauf zur Ausfuhr der eingeführten Waren geliefert werden Die aufgeführten Werte sind ggf. entsprechend aufgeteilt (a) In den eingeführten Waren enthaltene Materialien, Bestandteile und dergleichen | | | |
| | (b) Bei der Herstellung der eingeführten Waren verwendete Werkzeuge, Gußformen und dergleichen | | | |
| | (c) Bei der Herstellung der eingeführten Waren verbrauchte Materialien | | | |
| | (d) Für die Herstellung der eingeführten Waren notwendige Techniken, Entwicklungen, Entwürfe, Pläne und Skizzen, die außerhalb der Gemeinschaft erarbeitet wurden | | | |
| | 15 Lizenzgebühren (siehe Feld 9a) | | | |
| | 16 Erlöse aus Weiterverkäufen, sonstigen Überlassungen oder Verwendungen, die dem Verkäufer zugute kommen (siehe Feld 9b) | | | |
| | 17 Lieferungskosten bis (Ort des Verbringens) | | | |
| | (a) Beförderung | 2.400,00 | | |
| | (b) Ladekosten und Behandlungskosten | | | |
| | (c) Versicherung | 200,00 | | |
| | 18 Summe B | 2.600,00 | 0,00 | |
| C. ABZÜGE: Kosten in NATIONALER WÄHRUNG, die in A ENTHALTEN sind *) | 19 Beförderungskosten nach Ankunft am Ort des Verbringens | | | |
| | 20 Zahlungen für den Bau, die Errichtung, Montage, Instandhaltung oder technische Unterstützung nach der Einfuhr | | | |
| | 21 Andere Zahlungen (Art) | | | |
| | 22 Zölle und Steuern, die in der Gemeinschaft wegen der Einfuhr oder des Verkaufs der Waren zu zahlen sind | | | |
| | 23 Summe C | 0,00 | 0,00 | |
| | 24 ANGEMELDETER WERT (A + B - C) | 22.600,00 | 0,00 | |

*) Wenn Beträge in AUSLÄNDISCHER WÄHRUNG zu zahlen sind, hier den Betrag in ausländischer Währung und den Umrechnungskurs unter Bezug auf jede Ware und Zeile angeben.

| Bezug | Betrag | Umrechnungskurs |
|---|---|---|
| 1 | 2.880,00 | 1,200 |

Zusätzliche Angaben

0464/2 Anmeldung der Angaben über den Zollwert + - III 3 2 - (2005)

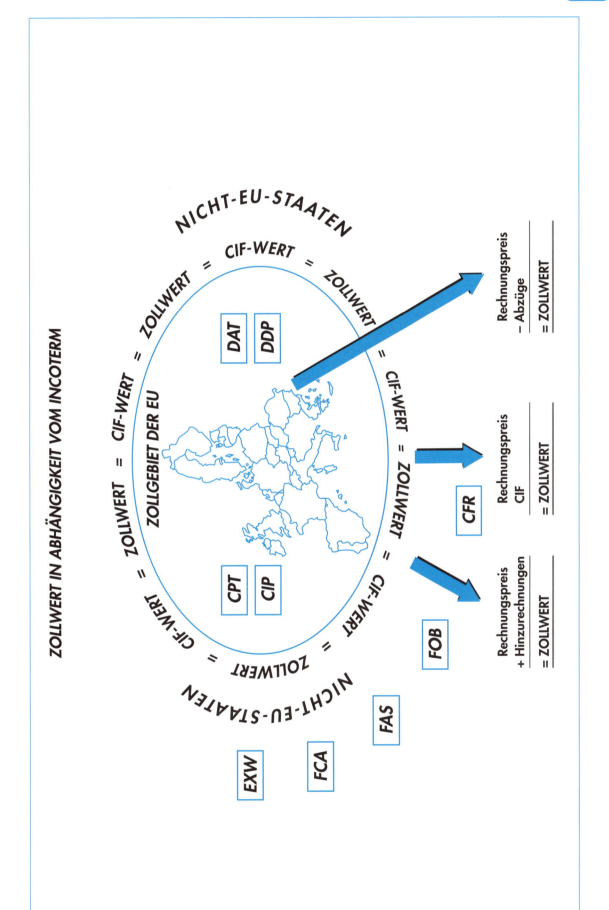

## Aufteilung der Luftfrachtkosten bei der Ermittlung des Zollwerts

Die Luftfrachtkosten sind nach den im Amtsblatt der Europäischen Union vom 29.05.2003 veröffentlichten Vorschriften aufzuteilen. Danach sind die in den Zollwert einzubeziehenden Luftfrachtkosten abhängig von Zonen, denen bestimmte Flughäfen zugeordnet sind.

| Abflugzone (Drittland) | Prozentsätze der in den Zollwert einzubeziehenden Luftfrachtkosten für die Ankunftszone EG |
|---|---|
| **Amerika** | |
| Zone A | 70 |
| **Kanada:** Gander, Halifax, Mocton, Montreal, Ottawa, Quebec, Toronto (für andere Flughäfen siehe Zone B) **Vereinigte Staaten von Amerika:** Akron, Albany, Atlanta, Baltimore, Boston, Buffalo, Charleston, Chicago, Cincinnati, Lousville, Memphis, Millwaukee, Minneapolis, Nashville, New Orleans, New York, Philadelphia, Pittsburgh, St. Louis, Washington DC (für andere Flughäfen siehe Zonen B und C) | |
| Zone B | 78 |
| **Kanada:** Edmonton, Vancouver, Winnipeg (für andere Flughäfen siehe Zone A) **Vereinigte Staaten von Amerika:** Albuquerque, Austin, Billings, Dallas, Denver, Houston, Las Vegas, Los Angeles, Miami, Oklahoma, Phoenix, Portland, Puerto Rico, Salt Lake City, San Francisco, Seattle (für andere Flughäfen siehe Zonen A und C) **Mittelamerika** (alle Länder) **Südamerika** (alle Länder) | |
| Zone C | 89 |
| **Vereinigte Staaten von Amerika:** Anchorage, Fairbanks, Honolulu, Juneau (für andere Flughäfen siehe Zonen A und B) | |
| **Afrika** | |
| Zone D | 33 |
| Algerien, Ägypten, Lybien, Marokko, Tunesien | |
| Zone E | 50 |
| Äthopien, Benin Burkina Faso, Cote d'Ivoire, Dschibuti, Gambia, Ghana, Guinea, Guinea-Bissau, Kamerun, Kap Verde, Liberia, Mali, Mauretanien, Niger, Nigeria, Senegal, Sierra Leone, Sudan, Togo, Tschad, Zentralafrikanische Republik | |
| Zone F | 61 |
| Äquatorialguinea, Burundi, Gabun, Kenia, Demokratische Republik Kongo, Kongo (Brazzaville), Ruanda, Sao Tomé und Principe, Seychellen, Somalia, St. Helena, Tansania, Uganda | |
| Zone G | 74 |
| Angola, Botswana, Komoren, Lesotho, Madagaskar, Malawi, | |

| Abflugzone (Drittland) | Prozentsätze der in den Zollwert einzubeziehenden Luftfrachtkosten für die Ankunftszone EG |
|---|---|
| Mauritius, Mosambik, Namibia, Sambia, Simbabwe, Republik Südafrika, Swasiland | |
| **Asien** | |
| Zone H | 27 |
| Armenien, Aserbaidschan, Georgien, Iran, Irak, Israel, Jordanien, Kuwait, Libanon, Syrien | |
| Zone I | 43 |
| Bahrain, Muscat und Oman, Katar, Saudi-Arabien, Vereinigte Arabische Emirate, Jemen (Arabische Republik) | |
| Zone J | 46 |
| Afghanistan, Bangladesch, Bhutan, Indien, Nepal, Pakistan | |
| Zone K | 57 |
| Kasachstan, Kirgistan, Tadschikistan, Turkmenistan, Usbekistan<br>Russland: Nowosibirsk, Omsk, Perm, Sverdlovsk (für andere Flughäfen siehe Zonen L, M und O) | |
| Zone L | 70 |
| Brunei, China, Indonesien, Kambodscha, Laos, Macauo, Malaysia, Malediven, Mongolei, Myanmar, Philippinen, Singapur, Sri Lanka, Taiwan, Thailand, Vietnam<br>Russland: Irkutsk, Kirensk, Krasnoiarsk (für andere Flughäfen siehe Zonen K, M, und O) | |
| Zone M | 83 |
| Japan, Nordkorea, Südkorea<br>Russland: Khabarovsk, Wladiwostok (für andere Flughäfen siehe Zonen K, L und O) | |
| **Australien und Ozeanien** | |
| Zone N | 79 |
| Australien und Ozeanien | |
| **Europa** | |
| Zone O | 30 |
| Island<br>Russland: Gorky, Kuibychev, Moskau, Orel, Rostov, Wolgograd, Woronei (für andere Flughäfen sie Zonen K, L und M)<br>Ukraine | |
| Zone P | 15 |
| Albanien, Belarus, Bosnien-Herzegowina, Bulgarien, Färöer, frühere jugoslawische Republik von Mazedonien, Moldawien, Norwegen, Rumänien, Serbien, Montenegro, Türkei | |
| Zone Q | 5 |
| Kroatien, Schweiz | |

### 6.4.2 Einfuhrumsatzsteuer

Neben Zöllen und Verbrauchssteuern ist die Einfuhrumsatzsteuer eine weitere Einfuhrabgabe. Der Regelsatz entspricht der Umsatzsteuer und beträgt in Deutschland 19 % des Einfuhrumsatzsteuerwertes (EUSt-Wert). Für bestimmte Güter, z. B. Lebensmittel, Bücher, Zeitschriften, Kunstgegenstände, wird der ermäßigte Steuersatz von 7 % erhoben. Steuerpflichtig ist die Einfuhr von Gegenständen aus einem Nicht-EU-Land in das Zollgebiet der EU. Die Einfuhrumsatzsteuer kann – sofern die Voraussetzungen vorliegen – als Vorsteuer abgezogen werden und stellt damit keinen Kostenfaktor für Unternehmen dar.

**EUSt-Wert**

**Vorsteuer**

Bei der Berechnung des EUSt-Wertes geht man grundsätzlich vom Zollwert aus. Hinzugerechnet werden folgende Werte, sofern sie nicht bereits im Zollwert enthalten sind:

|   | **ZOLLWERT** |
|---|---|
| + | Im Ausland geschuldete Beträge an Einfuhrabgaben, Steuern und sonstige Abgaben (z. B. gezahlte, drittländische Ausfuhrzölle), |
| + | Beträge an Zöllen und andere EG-Einfuhrabgaben sowie besondere Verbrauchssteuern, z. B. auf Mineralöle oder Tabakwaren, die auf die eingeführten Gegenstände anfallen, |
| + | Beförderungskosten von der EG-Grenze bis zum ersten Bestimmungsort im Gemeinschaftsgebiet, also dem Ort, an dem die grenzüberschreitende Beförderung endet. |
| = | **EUST-WERT** |

*Quelle: www.zoll.de*

**Beispiel:**

| | Greifen wir das Beispiel der Einfuhr von Scheibenwischern aus Südkorea wieder auf. | | |
|---|---|---|---|
| **Ermittlung des Zollwertes** | FCA-Rechnungspreis | 24.000,00 USD | 20.000,00 EUR |
| | + Seefracht bis Hamburg | 2.880,00 USD | 2.400,00 EUR |
| | + Transportversicherung | 240,00 USD | 200,00 EUR |
| | = Zollwert | | 22.600,00 EUR |
| **Berechnung des Zollbetrages** | Zollwert · Zollsatz = Zollbetrag<br>22.600 · 0,03 = 678,00 EUR | | 678,00 EUR |
| **Ermittlung des EUSt-Wertes** | Zollwert<br>+ Zoll<br>+ Beförderungskosten innerhalb der EU | | 22.600,00 EUR<br>678,00 EUR<br>600,00 EUR |
| | Bemessungsgrundlage für die Einfuhrumsatzsteuer<br>= EUSt-Wert | | 23.878,00 EUR |
| **Berechnung des EUSt-Betrages** | EUSt-Wert · EUSt-Satz =<br>EUSt-Betrag<br>23.878,00 · 0,19 = 4536,82 EUR | | 4.536,82 EUR |
| **Zoll** | | | 678,00 EUR |
| **+ Einfuhrumsatzsteuer (EUSt)** | | | 4.536,82 EUR |
| **Summe Eingangsabgaben** | | | 5.214,82 EUR |

## 6 Importaufträge bearbeiten

**Zahlung der Eingangsabgaben**

Eine Zollschuld entsteht in den häufigsten Fällen, wenn der Anmelder das Zollverfahren „Überführung in den freien Verkehr" beantragt und das Zollamt die Zollanmeldung angenommen hat. Wenn ein Spediteur im Auftrag eines Kunden, jedoch in eigenem Namen, eine Zollanmeldung abgibt, wird er ebenfalls zum Zollschuldner.

*ZOLLSCHULD*

Das Zollamt teilt dem Zollschuldner im Rahmen eines Bescheids die geschuldeten Abgabenbeträge sowie eine Zahlungsfrist mit. Der Zollschuldner kann bar, unbar oder durch Verrechnung bezahlen. Gewerblichen Zollschuldnern wird grundsätzlich eine Frist von 10 Tagen ab Mitteilung des Abgabenbetrags eingeräumt.

*ZAHLUNGSFRIST*

Bei der Überführung in den zollrechtlich freien Verkehr können die Zollämter Erleichterungen durch einen Zahlungsaufschub gewähren. Eine erhebliche Erleichterung stellt der laufende Zahlungsaufschub dar, den der Zollschuldner beantragen muss. Die Zahlung erfolgt erst zu einem späteren Zeitpunkt. Dabei werden alle Einfuhren zusammengefasst, die innerhalb eines bestimmten Zeitraums durchgeführt wurden. Ein solcher laufender Zahlungsaufschub ist beim Hauptzollamt zu beantragen. Dieses bewilligt den laufenden Zahlungsaufschub, falls die Voraussetzungen vorliegen. Der Aufschubnehmer muss eine Sicherheit hinterlegen, die z. B. im Rahmen einer Bankbürgschaft beigebracht werden kann. Die Höhe der Sicherheit hängt von der Höhe der gestundeten Eingangsabgaben ab, wobei der Aufschubnehmer selbst dafür sorgen muss, dass eine ausreichende Sicherheit vorhanden ist. Mit der Bewilligung erhält der Aufschubnehmer einen Aufschubnehmerausweis, den er bei der Zollabfertigung vorlegen muss. Mit der Abwicklung der Einfuhrverzollung über das System ATLAS hat der Aufschubnehmerausweis an Bedeutung verloren. Die Zollverwaltung prüft über das EDV-System ATLAS, ob ausreichende Sicherheiten für den Zahlungsaufschub gegeben sind. Die Zollbehörden erfassen und stunden die in einem Kalendermonat aufgelaufenen Beträge. Spätestens bis zum 16. des Folgemonats muss der Aufschubnehmer die gestundeten Beträge bezahlen.

*ZAHLUNGSAUFSCHUB*

*BEANTRAGEN SICHERHEIT BANKBÜRGSCHAFT*

*AUFSCHUBNEHMERAUSWEIS*

*KALENDERMONAT 16. DES FOLGEMONATS*

## 6.5 Was ist der elektronische Zolltarif (EZT)?

Im Zusammenhang mit der Einfuhr von Waren in die EU, ist zu prüfen, ob Einfuhrabgaben zu erheben sind. Damit die Wareneinfuhr reibungslos und einheitlich durchgeführt werden kann, schuf man ein System, mit dem die Vielzahl und Komplexität der verschiedensten Waren und Güter erfasst werden. Man nennt dieses systematisch aufgebaute Warenverzeichnis Nomenklatur, in der die Warenbeschreibungen in einer 11-stelligen Codenummer verschlüsselt sind. Daraus kann man neben den Sätzen für Einfuhrabgaben weitere Informationen gewinnen, die bei der Grenzüberschreitung von Waren von Bedeutung sind. Dazu gehören z. B.

*NOMENKLATUR*

- Verbote und Beschränkungen
- Ein- und Ausfuhrgenehmigungen oder Lizenzen
- Gesonderte außenhandelsstatistische Angaben
- Zusätzliche Unterlagen
- Meldepflichtige Maßnahmen

Die deutschen Zollbehörden verwenden hierfür den sog. elektronischen Zolltarif (EZT), den die Zollbeteiligten in Form einer CD erwerben können, die ständig in aktualisierter Version veröffentlicht wird. Seit Januar 2006 steht eine kostenlose Onlineversion zur Verfügung.

*ELEKTRONISCHER ZOLLTARIF (EZT)*

Der EZT ist wie folgt aufgebaut:

| Nomenklatur | Maßnahmenteil |
|---|---|
| • Codenummer<br>• Warenbeschreibung | • Verbote und Beschränkungen<br>• Sätze der Abgaben |

Die Nomenklatur ist wie folgt gegliedert:

„**Abschnitte**
(z. B. Waren pflanzlichen Ursprungs – Abschnitt II)

    **Kapitel**, ggf. auch noch Teilkapitel
    (z. B. Gemüse, Pflanzen, Wurzeln und Knollen, die zu Ernährungszwecken verwendet werden – Kap. 07)

        **Positionen**
        (z. B. Gemüse, getrocknet, auch in Stücke oder Scheiben geschnitten, als Pulver oder sonst zerkleinert, jedoch nicht weiter zubereitet – Pos. 0712)

            **Unterpositionen**
            (z. B. Judasohrpilze Upos. 071232)"[1]

**HARMONISIERTES SYSTEM (HS)**

Die ersten 6 Stellen des 11-stelligen Codes basieren auf dem Harmonisierten System (HS) der Weltzollorganisation (WCO). Mit dem HS kommt man zu einer einheitlichen Bezeichnung und Codierung der Waren. Es wird von 179 Staaten angewendet. Die Stellen 7 und 8 stellen die Kombinierte Nomenklatur (KN) der Europäischen Gemeinschaft dar. Die 8-stellige Codenummer zeigt Zollsätze, Verbote und Beschränkungen oder Einfuhrgenehmigungstatbestände an. Die Erweiterung der Codenummer auf die neunte und zehnte Stelle zeigt verschlüsselt gemeinschaftliche Maßnahmen an wie z. B. Antidumpingregelungen, Zollaussetzungen oder Zollkontingente[1]. Die elfte Stelle ist für nationale Zwecke reserviert. Sie verschlüsselt Umsatzsteuersätze oder nationale Verbote und Beschränkungen.

Anzumerken ist, dass in einer Einfuhranmeldung immer die 11-stellige Warennummer anzugeben ist, während in einer Ausfuhranmeldung die 8-stellige Warennummer genügt.

| Erläuterung der 11-stelligen Code-Nummer | |
|---|---|
| Beispiel: | Chinesische Mu-Err-Pilze (Judasohrpilze) |
| Codenummer | 0712 3100 000 |
| 07 | Kapital – Harmonisiertes System |
| 0712 | Position Harmonisiertes System |
| 0712 31 | Unterposition – Harmonisiertes System |
| 0712 3100 | Unterposition – Kombinierte Nomenklatur |
| 0712 3100 00 | Unterposition TARIC |
| 0712 3100 000 | Codenummer – Elektronischer Zolltarif |

---

[1] vgl. www.zoll.de

| TARIC-Code | 0712310000 |
|---|---|
| Ursprungs-/Bestimmungsland | China - CN (720) |

Verarbeitungserzeugnisse aus Obst und Gemüse

0712      Gemüse, getrocknet, auch in Stücke oder Scheiben geschnitten, als Pulver oder sonst zerkleinert, jedoch nicht weiter zubereitet

- 0712 31    Pilze, Judasohrpilze (Auricularia spp.), Zitterpilze (Tremella spp.) und Trüffeln

- - **0712 31 Pilze der Gattung Agaricus**

- - 0712 32 Judasohrpilze (Auricularia spp.)

- - 0712 33 Zitterpilze (Tremella spp.)

- - 0712 39 andere

**Nomenklaturgruppe(n)** Als Anreiz konzipierte Sonderregelung – Arbeitnehmerrechte (APS)

**Keine Handelsbeschränkung**

**Einfuhr**

Drittlandszollsatz : 12.80 %     Verordnung/Beschluss [ R2031/01 ]

Zollpräferenz (SPGL): 9.30 %     Verordnung/Beschluss [ R0980/05 ]

## 6.6 Welche Bedeutung haben Warenursprung und Präferenzen?

Zur Förderung des gegenseitigen Warenaustauschs hat die EU mit vielen Ländern Abkommen geschlossen. Darüber hinaus gewährt die EU aus politischen Gründen mehr als 170 Ländern einseitig Vorteile bei der Einfuhr von Waren in die EU.

Präferenz bedeutet eine bevorzugte Behandlung. Im Zollrecht äußert sich diese Vorzugsbehandlung in der Anwendung sogenannter Präferenzzollsätze bei der Einfuhr von Waren in die EU. Entweder wird ein ermäßigter Zollsatz gewährt oder die Einfuhr ist zollfrei.

**PRÄFERENZZOLL-SÄTZE**

Im Rahmen einer Zollpräferenz werden nicht alle Waren erfasst. Deshalb muss für jede Ware über den Zolltarif der Europäischen Gemeinschaft ermittelt werden, ob ein ermäßigter Zollsatz oder eine Zollfreiheit in Betracht kommt.

Da die Mehrzahl der Präferenzabkommen auf Gegenseitigkeit beruht, ist es möglich, für Waren aus der EU Präferenzen bei der Einfuhr in die Partnerländer zu erhalten.

**PRÄFERENZAB-KOMMEN**

Sowohl bei der Einfuhr als auch bei der Ausfuhr ist die Zollverwaltung in die Abwicklung von Zollpräferenzen eingebunden. Bei der Einfuhr prüft die Zollverwaltung, ob die Voraussetzungen für die Inanspruchnahme einer Zollpräferenz vorliegen. Bei der Ausfuhr stellt sie für den Exporteur die erforderlichen Dokumente aus, mit denen die Ware im Bestimmungsland zollbegünstigt eingeführt werden kann.

---

[1] Zum Beispiel für bestimmte Lebensmittel; eine gewisse Menge kann zollfrei oder zollbegünstigt eingeführt werden. Ist das Kontingent erschöpft, gibt es keine Zollbegünstigung mehr.

Man unterscheidet:

| | Nicht präferenzieller Ursprung | Zollpräferenzen |
|---|---|---|
| **Nicht präferenzieller Ursprung** / **Zollpräferenzen** | Der Warenursprung, d. h. das Herstellungsland der Ware, ist von Bedeutung zur Wahrung wirtschaftspolitischer Interessen der EU. | Der Ursprung der Waren führt zu einer bevorzugten Behandlung der Waren bei der Einfuhr. |
| | Merkmale für EU-Ursprung:<br>• Waren, die in der EU vollständig erzeugt wurden<br>• Waren, die in der EU wesentlich be- und verarbeitet wurden<br>• Entscheidend für den Nachweis einer wesentlichen Be- und Verarbeitung innerhalb der EU ist der sogenannte Tarifsprung im Zolltarif. Die bearbeitete Ware wird im Zolltarif einer anderen Tarifstelle (erste vier Ziffern) zugeordnet als die importierte oder unbearbeitete Ware. | Die Ursprungsregeln sind in den jeweiligen Abkommen der Präferenzregelung festgelegt. Sie stimmen nicht mit der Definition des nicht präferenziellen Ursprungs überein. Der präferenzielle Ursprung gilt jeweils nur für eine ganz bestimmte Präferenzregelung und kann nicht auf andere Präferenzregelungen übertragen werden. Nachweispapier: Warenverkehrsbescheinigungen, bescheinigt durch die Zollbehörden |
| **Ursprungszeugnis** / **Warenverkehrsbescheinigungen** | Nachweispapier:<br>Ursprungszeugnis, ausgestellt durch eine IHK | Nachweispapier:<br>Warenverkehrsbescheinigungen, bescheinigt durch die Zollbehörden |

### 6.6.1 Präferenznachweise

Man unterscheidet förmliche und vereinfachte Präferenznachweise.

| | Förmliche Präferenznachweise | Vereinfachte Präferenznachweise |
|---|---|---|
| **Warenverkehrsbescheinigung EUR.1** | Warenverkehrsbescheinigung EUR.1 | Ursprungserklärung auf der Rechnung |
| **Warenverkehrsbescheinigung A.TR** | Warenverkehrsbescheinigung A.TR | Warenverkehrsbescheinigung EUR.2 (im Postverkehr mit Algerien und Syrien) |
| **Ursprungszeugnis Form A** | Ursprungszeugnis Form A | |

Ein Präferenznachweis kann grundsätzlich bei einer Zollstelle (einem Zollamt) mit einem ausgefüllten Formblatt beantragt werden. Der Antrag kann durch den Ausführer gestellt werden, der sich auch vertreten lassen kann. Zusammen mit dem amtlichen Antragsformular sind Nachweise einzureichen, die zur Bestimmung des Warenursprungs von Bedeutung sind, z. B. Einfuhrpapiere, Eingangsrechnungen, Ausgangsrechnungen, Lieferantenerklärungen, Kalkulationsunterlagen, Stücklisten.

**Präferenzregelung**

Die jeweilige Präferenzregelung schreibt vor, welche Warenverkehrsbescheinigung zu verwenden ist. In den meisten Fällen ist die Warenverkehrsbescheinigung EUR.1 vorgesehen. Die Warenverkehrsbescheinigung A.TR wird im Warenverkehr mit der Türkei verwendet. Das Ursprungszeugnis Form A wird im Warenaustausch mit Entwicklungsländern (APS)[1] verlangt.

---
[1] APS = allgemeines Präferenzsystem, Liste der APS-Staaten als Anhang zum Merkblatt zum Ausfüllen des Einheitspapiers

Einen vereinfachten Präferenznachweis füllt der Ausführer in eigener Verantwortung und ohne Mitwirkung des Zollamtes aus. Jeder Ausführer kann bis zu einer in der jeweiligen Präferenzregelung bestimmten Wertgrenze (häufig 6.000,00 EUR) eine Ursprungserklärung auf der Rechnung abgeben, indem der vorgegebene Wortlaut zwingend übernommen wird. Außerdem ist eine Ursprungserklärung auf der Rechnung handschriftlich zu unterschreiben.

**VEREINFACHTER PRÄFERENZNACHWEIS**

**WERTGRENZE 6.000,00 EUR**

**URSPRUNGSERKLÄRUNG AUF DER RECHNUNG**

Wortlaut der Lieferantenerklärung (Fußnoten können weggelassen werden.)[1]

---

**Erklärung**

Der Unterzeichner erklärt, dass die in diesem Dokument aufgeführten ................[1)]

Waren Ursprungserzeugnisse ................[2)] sind und den Ursprungsregeln für den Präferenzverkehr mit ................[3)] entsprechen.

Er verpflichtet sich den Zollbehörden alle von ihnen zusätzlich verlangten Belege zur Verfügung zu stellen.

................................[4)]

................................[5)]

................................[6)]

**Fußnoten:**

1) Sind nur bestimmte der aufgeführten Waren betroffen, so sind sie eindeutig zu kennzeichnen; auf diese Kennzeichnung ist mit folgendem Vermerk hinzuweisen:

> . . . dass die in diesem Dokument aufgeführten und . . . gekennzeichneten Waren . . .

2) Gemeinschaft, Mitgliedstaat oder Partnerstaat

3) Partnerstaat oder Partnerstaaten

4) Ort und Datum

5) Name und Stellung in der Firma

6) Unterschrift

---

Die Warenverkehrsbescheinigung EUR.2 ist nur für den Warenverkehr mit Syrien und Algerien vorgesehen und darf nur im Postverkehr verwendet werden.

**WARENVERKEHRSBESCHEINIGUNG EUR.2**

---

[1] vgl. www.zoll.de

## WARENVERKEHRSBESCHEINIGUNG

**EUR. 1**  NR. **A**  639395

**1. Ausführer/Exporteur** (Name, vollständige Anschrift, Staat)

Vor dem Ausfüllen Anmerkungen auf der Rückseite beachten

**2. Bescheinigung für den Präferenzverkehr zwischen**

..................................................................

und

..................................................................

(Angabe der betreffenden Staaten, Staatengruppen oder Gebiete)

**3. Empfänger** (Name, vollständige Anschrift, Staat) (Ausfüllung freigestellt)

**4. Staat, Staatengruppe oder Gebiet, als dessen bzw. deren Ursprungswaren die Waren gelten**

**5. Bestimmungsstaat, -staatengruppe oder -gebiete**

**6. Angaben über die Beförderung** (Ausfüllung freigestellt)

**7. Bemerkungen**

1) Bei unverpackten Waren ist die Anzahl der Gegenstände oder „lose geschüttet" anzugeben.

**8. Laufende Nr.; Zeichen, Nummern, Anzahl und Art der Packstücke** [1]**; Warenbezeichnung**

**9. Rohgewicht (kg) oder andere Maße (l, m³, usw.)**

**10. Rechnungen** (Ausfüllung freigestellt)

2) in der **Bundesrepublik Deutschland** vom Ausführer auszufüllen.

**11. SICHTVERMERK DER ZOLLBEHÖRDE**

Die Richtigkeit der Erklärung wird bescheinigt

Ausfuhrpapier: [2]

Art/Muster ......................... Nr. .....................

Stempel

vom ..............................................................

Zollbehörde ..................................................

Ausstellender/s Staat/Gebiet ........................

**Bundesrepublik Deutschland**

..................................................................

(Ort und Datum)

..................................................................

(Unterschrift)

**12. ERKLÄRUNG DES AUSFÜHRERS/EXPORTEURS**

Der Unterzeichner erklärt, dass die vorgenannten Waren die Voraussetzungen erfüllen, um diese Bescheinigung zu erlangen.

..................................................................

(Ort und Datum)

..................................................................

(Unterschrift)

## WARENVERKEHRSBESCHEINIGUNG

**1. Ausführer** (Name, vollständige Anschrift, Staat)
Michael Bayer
Spezialmaschinen GmbH & Co. KG
Nürnberger Str. 20
91322 Gräfenberg

**A.TR.** Nr. **L 936015**

**2. Frachtpapier** (Ausfüllung freigestellt)
Nr. _____ vom _____

**3. Empfänger** (Name, vollständige Anschrift, Staat) (Ausfüllung freigestellt)
FU Tekstil San. Ltd. Sti.
Aegean Free Zone
Ege Serbest Bölgesi
TR-35410 Izmir/Gaziemir

Türkei

**4.**
ASSOZIATION
zwischen der
EUROPÄISCHEN WIRTSCHAFTSGEMEINSCHAFT
und der
TÜRKEI

**5. Ausfuhrstaat**
Germany

**6. Bestimmungsstaat**
Turkey

¹) Anzugeben ist der Mitgliedstaat oder „Türkei"

**7. Angaben über die Beförderung** (Ausfüllung freigestellt)
by truck

**8. Bemerkungen**

**9. Laufende Nr.**

**10. Zeichen, Nummern, Anzahl und Art der Packstücke** (bei lose geschütteten Waren je nach Fall Name des Schiffes, Waggon- oder Kraftwagennummer); Warenbezeichnung

Spare Parts for spreading machine and automatic
cutting system according to
invoice no. 22031303 dt. 04.04.02

Packing:
1 cardboard box, 18 x 15 x 14 cm, net 1,0 kg, gross 1,5 kg

**11. Rohgewicht (kg) oder andere Maße (hl, m³ etc.)**

**12. BESCHEINIGUNG DER ZOLLSTELLE**
Die Richtigkeit der Erklärung wird bescheinigt.

²) Nur ausfüllen, wenn im Ausfuhrstaat erforderlich

Ausfuhrpapier: ²)
Art/Muster _____ Nr. _____
vom _____
Zollstelle: _____
Ausstellender Staat: _____

Stempel

(Ort und Datum)
(Unterschrift)

**13. ERKLÄRUNG DES AUSFÜHRERS**
Der Unterzeichner erklärt, daß die vorgenannten Waren die Voraussetzungen erfüllen, um diese Bescheinigung zu erlangen.

Gräfenberg, 28.04.20..
(Ort und Datum)

i.A Muster

| | |
|---|---|
| ORIGINAL | 087347 |

| | |
|---|---|
| 1. Goods consigned from (Exporter's business name, address, country)<br>KOLVIN INDUSTRIES COMPANY<br>NANYUE VILLAGE, LONGGANG TOWN<br>BAOAN, SHENZHEN, GUANGDONG<br>PROVINCE, P. R. CHINA | Reference No. BL482/03/0031<br><br>GENERALIZED SYSTEM OF PREFERENCES<br>CERTIFICATE OF ORIGIN<br>(Combined declaration and certificate)<br>FORM A<br>Issued in THE PEOPLE'S REPUBLIC OF CHINA<br>(country)<br><br>See Notes overleaf |
| 2. Goods consigned to (Consignee's name, address, country)<br>SPERBER GMBH<br>NORDWESTRING 88<br>90419 NÜRNBERG | |
| 3. Means of transport and route (as far as known)<br>FROM SHEN ZHEN TO HONG KONG<br>BY TRUCK<br>ON/AFTER MAR. 23, 2010<br>THENCE TRANSHIPPED TO GERMANY<br>BY SEA | 4. For official use<br><br>THIS IS TO CERTIFY THAT THE GOODS STATED IN THIS CERTIFICATE HAD NOT BEEN SUBJECTED TO ANY PROCESSING DURING THEIR STAY/TRANSHIPMENT IN HONG KONG.<br>SIGNATURE:<br>DATE: 28 Mar. 2010 |

| 5. Item number | 6. Marks and numbers of packages | 7. Number and kind of packages; description of goods | 8. Origin criterion (see Notes overleaf) | 9. Gross weight or other quantity | 10. Number and date of invoices |
|---|---|---|---|---|---|
| | | 167 CTNS INFRARED MASSAGER<br>MG 20<br>VERSION 643.00<br><br>MASSAGEGERÄT<br>MASSAGER<br>6 ST/PC. MG 20<br>634.00<br>EAN NR. 42 11125 64300 3<br><br>TOTAL: ONE HUNDRED AND SIXTY SEVEN (167) CTNS ONLY *** | "W"<br>90.19 | 1,002PCS | KM<br>030140<br><br>MAR<br>23, 2010 |

| 11. Certification | 12. Declaration by the exporter |
|---|---|
| It is hereby certified, on the basis of control carried out, that the declaration by the exporter is correct<br><br>SHEN ZHEN        MAR 23, 2010<br>Place and date, signature and stamp of certifying authority | The undersigned hereby declares that the above details and statements are correct, that all the goods were produced in<br>...<br>and that they comply with the origin requirements specified for those goods in the Generalized System of Preferences for goods exported to<br>(importing country)<br>SHENZHEN MAR 23, 2010<br>Place and date, signature of authorized signatory |

## 6.6.2 Ermächtigter Ausführer

Viele Präferenzregelungen sehen das vereinfachte Verfahren „Ermächtigter Ausführer" vor. Ermächtigte Ausführer haben folgende Vorrechte:

| Vorrechte für „Ermächtigte Ausführer" |
|---|
| • „Ursprungserklärungen auf der Rechnung ohne Wertgrenze ausstellen oder |
| • vorausbehandelte Warenverkehrsbescheinigungen EUR.1 verwenden (gilt nur für den Warenverkehr EG-Tunesien und EG-Marokko) bzw. vorausbehandelte Warenverkehrsbescheinigungen A.TR. verwenden (gilt nur für den Warenverkehr EG-Türkei)."[1] |

## 6.7 Was sind Versandverfahren?

Werden Nichtgemeinschaftswaren in das Zollgebiet der Gemeinschaft eingeführt, ist zwar grundsätzlich eine unmittelbare Verzollung und Zahlung von Einfuhrabgaben bei Grenzübertritt vorgesehen. Die meisten Waren sind jedoch zur wirtschaftlichen Verwendung bei Empfängern im Binnenland bestimmt. Mit den Versandverfahren wurden Möglichkeiten geschaffen, die Verzollung erst am endgültigen Bestimmungsort vorzunehmen.

Kennzeichnend für das Versandverfahren ist, dass die Waren unverzollt befördert werden, mit der Konsequenz, dass eigentlich zu zahlende Einfuhrabgaben ausgesetzt werden. Um das Risiko, dass Abgaben nicht entrichtet werden, einzuschränken, werden die Waren unter zollamtlicher Überwachung befördert. Für Transporte im Rahmen eines Versandverfahrens ist eine Sicherheit zu leisten, außerdem müssen die beförderten Waren fristgerecht und unverändert an der Bestimmungsstelle gestellt werden.

Das Versandverfahren gehört zu den Zollverfahren und es ist eine Zollanmeldung dafür abzugeben. Die Person, die bei den Zollbehörden ein Versandverfahren anmeldet, wird als Hauptverpflichteter bezeichnet und ist für die ordnungsgemäße Erledigung des Verfahrens verantwortlich. Damit treffen sie sämtliche mit dem Versandverfahren verbundenen Pflichten.

Es gibt folgende Arten von Versandverfahren:

| Versandverfahren | | | |
|---|---|---|---|
| Gemeinschaftliches Versandverfahren | Gemeinsames Versandverfahren | Beförderung mit Carnet TIR | Beförderung mit Carnet ATA |

### 6.7.1 Das gemeinschaftliche Versandverfahren

- Beförderung von Nichtgemeinschaftswaren, Beginn und Ende der Beförderung innerhalb des Zollgebiets der EU, externes gemeinschaftliches Versandverfahren T1
- Beförderung von Gemeinschaftswaren, Beginn und Ende der Beförderung innerhalb des Zollgebietes der EU, Gebiet eines EFTA-Staates wird berührt, internes gemeinschaftliches Versandverfahren T2

Kennzeichnend für das gemeinschaftliche Versandverfahren ist:
- Der Transport beginnt und endet in einem EU-Staat.
- Ob das Versandverfahren T 1 (Nichtgemeinschaftsware) oder T 2 (Gemeinschaftsware) angewendet wird, hängt vom Status der transportierten Ware ab.

---

[1] vgl. www.zoll.de

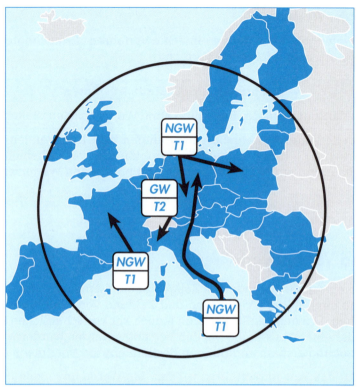

NGW = Nichtgemeinschaftsware
GW = Gemeinschaftsware

### 6.7.2 Das gemeinsame Versandverfahren

GEMEINSAME VER-
SANDVERFAHREN

NICHTGEMEIN-
SCHAFTSWAREN

GEMEINSCHAFTS-
WAREN

KENNZEICHEN

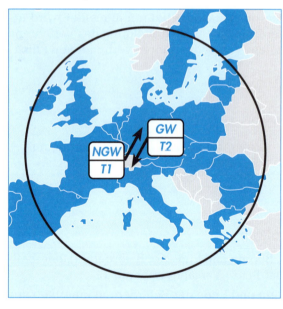

- Beförderung von Nichtgemeinschaftswaren zwischen Staaten der EU und EFTA-Staaten, Versandverfahren T1
- Beförderung von Gemeinschaftswaren zwischen Staaten der EU und EFTA-Staaten, Versandverfahren T2

Kennzeichen für das gemeinsame Versandverfahren:

- Der Transport beginnt in einem EU-Staat und endet in einem EFTA-Staat.
- Der Transport beginnt in einem EFTA-Staat und endet in einem EU-Staat.
- Der Status der transportierten Ware bestimmt, ob das Versandverfahren T1 oder T2 vorliegt.

### 6.7.3 Versandverfahren und Verkehrsart

Die Mehrzahl der Versandverfahren wird im Straßenverkehr abgewickelt. Für die Verkehrsträger Eisenbahnverkehr, Luftverkehr und Schiffsverkehr gelten besondere Regelungen, die hier jedoch nicht dargestellt werden.

NCTS (NEW COM-
PUTERIZED TRAN-
SIT SYSTEM)

Im Straßenverkehr werden seit dem 01. Mai 2004 Versandverfahren nur noch im Rahmen des NCTS (New Computerized Transit System) durchgeführt. Eine Anmeldung mit dem Einheitspapier (T1/T2) ist seitdem nicht mehr möglich.

Die Abgangsstelle nimmt die Anmeldung für das Versandverfahren entgegen (elektronisch), prüft und überlässt nach einer gewissen Wartezeit die Waren.

### 6.7.4 Sicherheit

Ein Versandverfahren wird nur zugelassen, wenn eine entsprechende Sicherheit geleistet wurde. Sie soll das Risiko abdecken, dass mögliche Abgaben nicht entrichtet werden, wenn ein Versandverfahren nicht ordnungsgemäß abgewickelt wird.

SICHERHEIT

| Sicherheitsleistung | | |
|---|---|---|
| **Einzelsicherheit** für ein einzelnes Versandverfahren | | **Gesamtbürgschaft** für mehrere Versandverfahren |
| **Barsicherheit** | Hinterlegung eines Geldbetrages bei der Abgangsstelle | Eine Bank bürgt für den Hauptverpflichteten, z. B. einen Spediteur. Banken halten für die Bürgschaftserklärung Vordrucke bereit. Die Gesamtbürgschaft muss beim zuständigen Hauptzollamt beantragt werden, das eine Bürgschaftsbescheinigung nach dem Vordruck TC 31 ausstellt. Zugelassene Versender benötigen immer eine Gesamtbürgschaft. |
| **Bürgschaftsleistung** | Bürgschaftserklärung für ein Versandverfahren an das Hauptzollamt | |
| **Einzelsicherheit** | Ausstellung von Sicherheitstiteln im Wert von je 7.000,00 EUR je Titel durch Personen, die zur Ausgabe von Sicherheitstiteln berechtigt sind (zuständige Behörde: OFD Nürnberg) | |

BARSICHERHEIT

BÜRGSCHAFTSLEISTUNG

EINZELSICHERHEIT

Hauptverpflichteten, die über Jahre hinweg Einfuhrverzollungen durchführen und mit den Zollbehörden einwandfrei zusammengearbeitet haben sowie keinerlei Verstöße gegen Zoll- und Abgabenvorschriften aufweisen, kann das zuständige Hauptzollamt die Befreiung von der Sicherheitsleistung aussprechen. Diese Freistellung von einer Sicherheitsleistung wird durch den Vordruck TC 33 dokumentiert.

BEFREIUNG VON DER SICHERHEITSLEISTUNG

### TC31 – BÜRGSCHAFTSBESCHEINIGUNG

| 1. Gültig bis einschließlich | Tag | Monat | Jahr | 2. Nummer |
|---|---|---|---|---|

**3. Hauptverpflichteter** (Name und Vorname bzw. Firma, vollständige Anschrift und Land)

**4. Bürge** (Name und Vorname bzw. Firma, vollständige Anschrift und Land)

**5. Stelle der Bürgschaftsleistung** (Bezeichnung, vollständige Anschrift und Land)

**6. Referenzbetrag** Währungscode: | in Ziffern | in Buchstaben

**7.** Die Stelle der Bürgschaftsleistung bescheinigt, dass der oben genannte Hauptverpflichtete eine Gesamtbürgschaft geleistet hat, die für gemeinschaftliche/gemeinsame Versandverfahren in den nachstehenden Zollgebieten gültig ist, deren Namen nicht gestrichen sind:

EUROPÄISCHE GEMEINSCHAFT   UNGARN       ISLAND    NORWEGEN              POLEN
SLOWAKISCHE REPUBLIK        SCHWEIZ      TSCHECHISCHE REPUBLIK          ANDORRA (*)         SAN MARINO (*)

**8. Besondere Vermerke**

**9. Gültigkeit verlängert bis einschließlich**
Tag | Monat | Jahr

(Ort) _____ den _____

(Ort) _____ den _____

(Unterschrift und Stempel der Stelle der Bürgschaftsleistung)    (Unterschrift und Stempel der Stelle der Bürgschaftsleistung)

**0362** Bürgschaftsbescheinigung (Gesamtbürgschaft)

# 6 Importaufträge bearbeiten

Zur Inanspruchnahme einer Gesamtbürgschaft ist folgender Auftrag zu stellen.

VSF Z 35 15 Abschnitt B

| 1. Antragsteller (Name oder Firma, Anschrift, Bearbeiter, Telefon) || Eingangsstempel |
|---|---|---|
| Zollnummer: | Zollnummer beantragt am: | Zutreffendes ankreuzen [X] oder ausfüllen |

**Antrag auf Bewilligung der Vereinfachung**
☐ **Inanspruchnahme einer Gesamtbürgschaft**
☐ **Befreiung von der Sicherheitsleistung**

Vor dem Ausfüllen die Hinweise und Erläuterungen beachten!

☐ nur für Waren ohne erhöhtes Betrugsrisiko
(andere als in Anhang 44c ZK-DVO / Anhang I Anlage I Übereinkommen genannt)

☐ für alle Waren
(Waren mit erhöhtem Betrugsrisiko gemäß Anhang 44c ZK-DVO / Anhang I Anlage I Übereinkommen und andere Waren)

☐ getrennt nach
- Waren ohne erhöhtes Betrugsrisiko und
- Waren mit erhöhtem Betrugsrisiko

2. Rechtsform des Antragstellers

3. Ggf. Steuerlicher Beauftragter (Name, Anschrift)

4. Zuständiges Finanzamt, Steuernummer

   Ggf. Umsatzsteuer-Identifikationsnummer

5. Art der gewerblichen Tätigkeit

6. Ort der Hauptbuchhaltung

7. Ich führe Aufzeichnungen, die die Durchführung von Kontrollen ermöglichen.
   Ort, an dem sich die Unterlagen befinden (genaue Anschrift)

8. Ich nehme das Versandverfahren regelmäßig in Anspruch (Anzahl/Monat):
   Ich kann den Verpflichtungen aus dem Versandverfahren nachkommen.

9. Ich habe keine schweren oder wiederholten Verstöße gegen die Zoll- oder Steuervorschriften begangen.

10. Bereits bewilligte Vereinfachungen oder Vergünstigungen (Art, Zollstelle, Datum, Geschäftszeichen/Bewilligungsnummer)

**0351**/1 - E - Antrag auf Bewilligung der Inanspruchnahme einer Gesamtbürgschaft (GE)
bzw. Befreiung von der Sicherheitsleistung (BE) **(2009)**

## 6 Importaufträge bearbeiten

**11. Angaben zu den beförderten Waren und zu der voraussichtlichen Anzahl der Versandverfahren**

Für die Berechnung des Referenzbetrages mache ich folgende Angaben über die durchschnittlichen Beförderungen während einer Woche:

**Waren ohne erhöhtes Betrugsrisiko** (einschl. Waren mit erhöhtem Betrugsrisiko, wenn die Mindestmengen gemäß Anhang 44c ZK-DVO/Anhang I Anlage I Übereinkommen nicht überschritten werden)

| Warenart (handelsübliche Bezeichnung) | Anzahl der Versandverfahren je Woche | Wert in EUR je Versandverfahren | Mögliche Abgabenbelastung je Woche |
|---|---|---|---|
| | | | |
| | | | |
| | | | |
| | | | |
| | | | |

**Waren mit erhöhtem Betrugsrisiko** (in größeren als in Anhang 44c ZK-DVO/Anhang I Anlage I Übereinkommen angegebenen Mengen)

| Warenart (handelsübliche Bezeichnung) | Anzahl der Versandverfahren je Woche | Bemessungsgrundlagen je Versandverfahren | Mögliche Abgabenbelastung je Woche |
|---|---|---|---|
| | | | |
| | | | |
| | | | |
| | | | |
| | | | |

**12. Voraussetzungen für die Inanspruchnahme der Gesamtbürgschaft, die Reduzierung des Bürgschaftsbetrags oder die Befreiung von der Sicherheitsleistung**

Neben den allgemeinen Bewilligungsvoraussetzungen erfülle ich auch die folgenden zusätzlichen Voraussetzungen:

**Finanzielle Lage**

☐ Meine finanzielle Lage ist gesund. Ich habe keine ungedeckten Zoll- und/oder Steuerschulden und bin nicht insolvenzgefährdet.

**Ausreichende Erfahrung mit dem Versandverfahren**

☐ Ich habe als Hauptverpflichteter das Versandverfahren seit regelmäßig in Anspruch genommen und ordnungsgemäß angewendet.

☐ Ich übermittle die Daten der Versandanmeldungen ohne Verwendung von Ladelisten EDV-gestützt an die Abgangsstelle(n).

**Zusammenarbeit mit den zuständigen Behörden**

☐ Ich mache in den Versandanmeldungen zur besseren Kontrolle zusätzliche Angaben, die nicht obligatorisch sind (z. B.                                                                 )

☐ Ich melde Waren nur bei einer einzigen Abgangsstelle zur Überführung in das Versandverfahren an.
Name der Zollstelle:
☐

0351/2 - E - Antrag auf Bewilligung der Inanspruchnahme einer Gesamtbürgschaft (GE) bzw. Befreiung von der Sicherheitsleistung (BE) **(2009)**

**Kontrolle über die Beförderungen**

Die Beförderungen im Versandverfahren erfolgen unter Einhaltung eines hohen Sicherheitsstandards aufgrund:

☐ ISO-Zertifizierung ☐ Standardrouten
☐ GPS-Ausrüstung ☐
☐

☐ Ich führe die Beförderungen selbst durch.

☐ Die Beförderungen erfolgen durch Warenführer im Rahmen von Langzeitverträgen.

☐ Ich beauftrage Vermittler, die vertraglich an Warenführer gebunden sind.

**Ausreichende finanzielle Leistungsfähigkeit**

☐ Ich verfüge über ausreichende Mittel, um den nicht durch den Bürgschaftsbetrag gesicherten Teil des Referenzbetrages abzudecken.

Beigefügter Nachweis:

13. **Ich beantrage die Reduzierung des Bürgschaftsbetrages**

    - für Waren ohne erhöhtes Betrugsrisiko auf

    ☐ 50%   ☐ 30%   des Referenzbetrages.

    - für Waren mit erhöhtem Betrugsrisiko auf

    ☐ 50%   ☐ 30%   des Referenzbetrages.

    - für alle Waren auf

    ☐ 50%   ☐ 30%   des Referenzbetrages.

14. **Verschiedenes**

    Mir ist bekannt, dass die Voraussetzungen für eine Bewilligung für alle Waren ohne Geltungsbeschränkung nach den strengeren Vorschriften für die Waren mit erhöhtem Betrugsrisiko geprüft werden und eine Befreiung von der Sicherheitsleistung dafür nicht in Betracht kommt.

    Meine Aufzeichnungen bzw. Handels- und Buchhaltungsunterlagen erlauben mir die Überwachung der Einhaltung des Referenzbetrages und die Durchführung wirksamer Kontrollen.

    ☐ Ein Muster habe ich dem Antrag beigefügt.

    Ich bitte um Ausstellung von _____ Ausfertigung(en) der TC31-Bürgschaftsbescheinigung bzw. TC33-Bescheinigung über die Befreiung von der Sicherheitsleistung.
    Nachweis für das Bedürfnis:

15. Ich bestätige die Richtigkeit der gemachten Angaben und die Echtheit der beigefügten Unterlagen.

    Ort, Datum, rechtsverbindliche Unterschrift    **Anlagen**
    1 Durchschrift des Antrags
    ☐ Auszug aus dem Handelsregister
    ☐ weitere Unterlagen

**Hinweise und Erläuterungen:**

1. Der Antrag ist gemäß § 24 Absatz 7 Zollverordnung bei dem Hauptzollamt zu stellen, in dessen Bezirk Ihre Buchführung überwiegend erfolgt (Hauptbuchhaltung).

2. Dem Antrag ist ggf. ein Auszug aus dem Handelsregister beizufügen.

3. Es empfiehlt sich, den Antrag mit dem zuständigen Sachbearbeiter des Hauptzollamts zu besprechen.

4. Steuerlicher Beauftragter (lfd. Nr. 3 des Antrags) ist der/die Angehörige Ihres Betriebs oder Unternehmens, der/die mit der Wahrnehmung der Pflichten im Zusammenhang mit der beantragten Bewilligung beauftragt wird (§ 214 Abgabenordnung).

5. Die Angaben zu den Warenbeförderungen (lfd. Nr. 11 des Antrags) können auch auf gesondertem Blatt gemacht werden.

Hinweis nach § 4 Absatz 3 Bundesdatenschutzgesetz

Diesen Antrag stellen Sie freiwillig.
Die verlangten Angaben sind für eine sachgerechte Entscheidung nach Artikel 372 ff. VO (EWG) Nr. 2454/93 (ZK-DVO) erforderlich.

**0351**/3 - E - Antrag auf Bewilligung der Inanspruchnahme einer Gesamtbürgschaft (GE) bzw. Befreiung von der Sicherheitsleistung (BE) **(2009)**

## 6.7.5 Ablauf eines gemeinschaftlichen/gemeinsamen Versandverfahrens

Im Speditionsalltag einer internationalen Spedition sind gemeinschaftliche/gemeinsame Versandverfahren nichts Außergewöhnliches. Ein solches Versandverfahren läuft nach folgenden Strukturen ab.

| Gemeinschaftliches/gemeinsames Versandverfahren | | |
|---|---|---|
| Stufe 1 | Gestellung | Die Abgangsstelle prüft die Ware (Beschau). |
| Stufe 2 | Beförderungsstrecke | Die Abgangsstelle legt eine verbindliche Route für die Beförderung der Waren fest. |
| Stufe 3 | Frist | In Abhängigkeit von der Beförderungsstrecke wird eine Frist für die Gestellung bei der Bestimmungsstelle bestimmt. |
| Stufe 4 | Nämlichkeitssicherung | Bei Beförderungen im Versandverfahren muss die Nämlichkeit der Waren gesichert sein. Das bedeutet, es werden Vorkehrungen getroffen, die Manipulationen an den zu befördernden Waren unmöglich bzw. erkennbar machen. Die häufigste Form ist der Verschluss. Die eingesetzten Beförderungsmittel bzw. Behälter sollen als verschlusssicher anerkannt sein. In diesem Fall erfolgt ein sogenannter Raumverschluss, das heißt, das Fahrzeug oder der Behälter wird verplombt. Außerdem benötigt das Fahrzeug eine Zollverschlussanerkenntnis. Bei kleineren Gegenständen kann ein Packstückverschluss durchgeführt werden oder man fertigt eine Beschreibung des zu befördernden Gegenstandes an. |
| Stufe 5 | Gestellung bei der Bestimmungsstelle | |

GESTELLUNG

BEFÖRDERUNGSSTRECKE

FRIST

NÄMLICHKEITSSICHERUNG

RAUMVERSCHLUSS

PACKSTÜCKVERSCHLUSS

BESCHREIBUNG DES ZU BEFÖRDERNDEN GEGENSTANDES

GESTELLUNG BEI DER BESTIMMUNGSSTELLE

## 6.7.6 NCTS (New Computerized Transit System)

Das NCTS ist ein Verfahren zur Abwicklung des gemeinschaftlichen/gemeinsamen Versandverfahrens mithilfe der elektronischen Datenverarbeitung. Ziel der Umstellung vom papiergestützten Verfahren mit den Einheitspapieren T1 und T2 auf ein computergestütztes System war, Versandverfahren weniger betrugsanfällig zu machen. Außerdem sollten die Verfahrensabläufe beschleunigt sowie die Leistungsfähigkeit und Effizienz der Abläufe gesteigert werden.

NCTS (NEW COMPUTERIZED TRANSIT SYSTEM)

| Abwicklung von Versandverfahren mit NCTS | |
|---|---|
| Teilnehmereingabe (vereinfachtes Verfahren) | „Idealfall"<br>• Elektronische Übermittlung der Versandanmeldung an die Abgangsstelle<br>• Automatische Entgegennahme und Annahme der Versandanmeldung<br>• Keine Gestellung der Ware erforderlich (zugelassener Versender)<br>• Überlassung der Ware (evtl. nach Fristablauf)<br>• Ausdruck des Versandbegleitdokuments (VBD) im Betrieb des zugelassenen Versenders<br>• Vorabankunftsanzeige an Bestimmungsstelle<br>• Vorabdurchgangsanzeige an Durchgangszollstelle(n)<br>• Vorlage des Versandbegleitdokuments bei Bestimmungsstelle und Gestellung der Waren bei Bestimmungsstelle/zugelassenem Empfänger<br>• Eingangsbestätigung der Bestimmungsstelle an Abgangsstelle |

TEILNEHMEREINGABE (VEREINFACHTES VERFAHREN)

| Abwicklung von Versandverfahren mit NCTS | | |
|---|---|---|
| **TEILNEHMEREIN-GABE (NORMAL-VERFAHREN)** | Teilnehmer-eingabe (Normalverfahren) | • Elektronische Übermittlung der Versandanmeldung an Abgangsstelle<br>• Gestellung der Waren bei der Abgangsstelle (Beteiligter/Teilnehmer kein zugelassener Versender)<br>• Automatische Entgegennahme und Annahme der Versandanmeldung<br>• Überlassung der Waren (evtl. nach Fristablauf)<br>• Ausdruck des Versandbegleitdokuments bei der Abgangsstelle<br>• Vorabankunftsanzeige an Bestimmungsstelle<br>• Vorabdurchgangsanzeige an Durchgangszollstelle(n)<br>• Vorlage des Versandbegleitdokuments bei Bestimmungsstelle und Gestellung der Waren bei Bestimmungsstelle/zugelassenem Empfänger<br>• Eingangsbestätigung der Bestimmungsstelle an Abgangsstelle |
| **BENUTZEREINGABE** | Benutzerein-gabe (Normalverfahren) | • Versandanmeldung in Papierform<br>• Gestellung der Waren bei der Abgangsstelle<br>• Erfassung der Anmeldung im IT-System durch Abgangsstelle<br>• Überlassung der Ware (evtl. nach Fristablauf)<br>• Ausdruck des Versandbegleitdokuments bei der Abgangsstelle<br>• Vorabankunftsanzeige an Bestimmungsstelle<br>• Vorabdurchgangsanzeige an Durchgangszollstelle(n)<br>• Vorlage des Versandbegleitdokuments bei Bestimmungsstelle und Gestellung der Waren bei Bestimmungsstelle/zugelassenem Empfänger<br>• Eingangsbestätigung der Bestimmungsstelle an Abgangsstelle |

### 6.7.7 Vereinfachungsverfahren

**Zugelassener Versender**

**ZUGELASSENER VERSENDER**

Ein zugelassener Versender
- kann Versandverfahren durchführen, ohne die Waren gestellen zu müssen, und
- die Nämlichkeitssicherung selbst vornehmen.

Die Bewilligung des Status „zugelassener Versender" erfolgt durch das Hauptzollamt, das folgende Vorgaben festlegt:

| Vorgaben für die Bewilligung zum zugelassenen Versender |
|---|
| • Abgangsstelle(n) |
| • Gestellungsorte |
| • Anzeigefrist für gemeinschaftliche/gemeinsame Versandverfahren |
| • Maßnahmen zur Nämlichkeitssicherung |
| • Ausgeschlossene Warenarten |
| • Weitere Pflichten, z. B. das Führen bestimmter Aufzeichnungen |

Voraussetzungen:

**SICHERHEITS-LEISTUNG**
- Sicherheitsleistung in Form einer Gesamtbürgschaft (TC 31) oder Befreiung von einer Sicherheitsleistung für gemeinschaftliche/gemeinsame Versandverfahren (TC 33)
- Teilnahmevoraussetzung für die ATLAS-Teilnehmereingabe

# 6 Importaufträge bearbeiten

Der Status „zugelassener Versender" kann erteilt werden, wenn man folgenden Antrag stellt.

---

VSF Z 35 15 Abschnitt F

| 1. Antragsteller (Name oder Firma, Anschrift, Bearbeiter, Telefon) | Eingangsstempel |
|---|---|
| Zollnummer | Zollnummer beantragt am: | Zutreffendes ankreuzen [X] oder ausfüllen |

2. Kontaktperson (Bearbeiter)
Name:
Telefon:
Telefax:
E-Mail:

Vor dem Ausfüllen die Hinweise und Erläuterungen beachten!

**Antrag auf Bewilligung der Vereinfachung "Status eines zugelassenen Versenders" im gemeinschaftlichen/gemeinsamen Versandverfahren**

3. Steuerlicher Beauftragter (Name, Anschrift) - siehe auch 4. der Hinweise und Erläuterungen

4. Zuständiges Finanzamt, Steuernummer

5. Art der gewerblichen Tätigkeit

6. Ort der Hauptbuchhaltung (genaue Anschrift)

7. Ich führe Aufzeichnungen, die die Durchführung von Kontrollen ermöglichen.
Ort, an dem sich die Unterlagen befinden (genaue Anschrift)

8. Ich nehme das Versandverfahren regelmäßig in Anspruch.
Ich kann den Verpflichtungen aus dem Versandverfahren nachkommen.

9. Ich habe keine schweren oder wiederholten Verstöße gegen die Zoll- oder Steuervorschriften begangen.

10. Bereits erteilte Bewilligungen (Art, Zollstelle, Datum, Geschäftszeichen/Bewilligungsnummer)
siehe auch 6. der Hinweise und Erläuterungen

DE/ _____ /GE/ _____ vom _____ oder beantragt am _____

DE/ _____ /BE/ _____ vom _____ oder beantragt am _____

11. Mir ist bekannt, dass Warenbeförderungen von und nach San Marino und Andorra nur im gemeinschaftlichen Versandverfahren ohne Berührung eines EFTA-Landes erfolgen dürfen.

12. Orte, an denen die Waren gestellt und Kontrollen durchgeführt werden können.

| Orte (genaue Bezeichnung und Anschrift) | Zuständige Abgangsstelle(n) |
|---|---|
|  |  |

☐ Aufstellung siehe Anlage

**0356**/1 Antrag auf Bewilligung des Status eines zugelassenen Versenders (ZV) **(2009)**

| | |
|---|---|
| 13. | **Nämlichkeitssicherung** - siehe auch 5. der Hinweise und Erläuterungen<br>Bei Raum- und Packstückverschluss wird die Nämlichkeit der Waren durch besondere, selbstschließende Verschlüsse gesichert. |
| 14. | Ausfallkonzept (Notfallverfahren) |
| 14a. | Verwendung des Einheitspapiers - siehe auch 7. der Hinweise und Erläuterungen<br>Art der Vereinfachung<br>☐ Vorabstempelung des Einheitspapiers durch die zuständige Abgangsstelle<br>☐ Verwendung von Einheitspapieren mit eingedrucktem Sonderstempelabdruck<br>☐ Verwendung eines Metall-Sonderstempels zum Selbstabstempeln der Einheitspapiere<br>Das besondere Bedürfnis für die Verwendung des Metall-Sonderstempels habe ich dargestellt (Anlage beigefügt). Mir ist bekannt, dass ich die Kosten des Sonderstempels oder des Klischees für den Sonderstempeleindruck der zugelassenen Druckerei zu tragen habe. |
| 14b. | ☐ Ich erstelle die Exemplare Nrn. 1, 4 und 5 im Wege der elektronischen oder automatischen Datenverarbeitung und beantrage die Freistellung von der Unterschriftsleistung in Feld 50 der Versandanmeldung. Ich verpflichte mich, bei allen Versandverfahren, die unter Verwendung von Versandanmeldungen mit dem mir bewilligten Sonderstempeleindruck oder -abdruck versehen sind, als Hauptverpflichteter einzutreten. |
| 15. | Ich bestätige die Richtigkeit und Vollständigkeit der Angaben. |
| 16. | Ort, Datum, rechtsverbindliche Unterschrift    **Anlagen**<br>1 Durchschrift des Antrags<br>☐ Auszug aus dem Handelsregister<br>☐ Vordruck 3700 " Bestellung eines Beauftragten/Betriebsleiters"<br>☐ Weitere Unterlagen |

**Hinweise und Erläuterungen:**

1. Der Antrag ist gemäß § 24 Absatz 7 Zollverordnung bei dem Hauptzollamt zu stellen, in dessen Bezirk Ihre Buchführung überwiegend erfolgt (Hauptbuchhaltung).

2. Dem Antrag ist ein Auszug aus dem Handelsregister beizufügen.

3. Es empfiehlt sich, den Antrag mit dem zuständigen Sachbearbeiter des Hauptzollamtes zu besprechen.

4. Steuerlicher Beauftragter ist der Angehörige Ihres Betriebs oder Unternehmens, den Sie mit der Wahrnehmung der Pflichten im Zusammenhang mit der Bewilligung "Zugelassener Versender" beauftragt haben (§ 214 Abgabenordnung).

5. Der zuständige Sachbearbeiter des Hauptzollamts nennt Ihnen auf Anfrage die zugelassenen Typen und Lieferfirmen der Verschlüsse.

6. Voraussetzung zur Erteilung der Bewilligung des Status eines zugelassenen Versenders ist u. a., dass Ihnen Inanspruchnahme einer Gesamtbürgschaft bzw. Befreiung von der Sicherheitsleistung bewilligt wurde.

7. Das Notfallverfahren wird in den Fällen, in denen das NCTS als Regelverfahren nicht zur Anwendung kommen kann, nach den Vorschriften der Verfahrensanweisung ATLAS in der jeweils gültigen Fassung angewendet.

**Hinweis nach § 4 Absatz 3 Bundesdatenschutzgesetz**

Diesen Antrag stellen Sie freiwillig.

Die verlangten Angaben sind für eine sachgerechte Entscheidung nach Artikel 372 ff. VO (EWG) Nr. 2454/93 (Zollkodex-DVO) erforderlich.

0356/2 Antrag auf Bewilligung des Status eines zugelassenen Versenders (ZV) **(2009)**

## Zugelassener Empfänger

Der zugelassene Empfänger kann im gemeinschaftlichen/gemeinsamen Versandverfahren und seit 2005 auch im Carnet-TIR-Verfahren Waren in seinem Betrieb oder an einem anderen festgelegten Ort empfangen.

ZUGELASSENER EMPFÄNGER

| Vorteile „zugelassener Empfänger" |
|---|
| • Eine Gestellung bei der Bestimmungsstelle ist nicht erforderlich. |
| • Der zugelassene Empfänger darf Plomben entfernen. |

GESTELLUNG NICHT ERFORDERLICH

PLOMBEN ENTFERNEN

Er übernimmt damit Aufgaben, die eigentlich den Zollbehörden zugewiesen sind.

Um den Status „zugelassener Empfänger" zu erhalten, sind folgende Informationen über ein offizielles Antragsformular an das Hauptzollamt zu geben:

Er muss jedoch die Zollbehörden über die empfangenen Zollsendungen informieren und die Zustimmung zum Verbleib der Waren von den Zollbehörden einholen, bevor die Waren einer endgültigen Verwendung, z. B. der Überführung in den zoll- und steuerrechtlich freien Verkehr, zugeführt werden. Die Bewilligung des Status „zugelassener Empfänger" wird durch das Hauptzollamt erteilt.

VSF Z 35 15 Abschnitt G

| 1. Antragsteller (Name oder Firma, Anschrift, Bearbeiter, Telefon) | Eingangsstempel |
|---|---|
| Zollnummer / Zollnummer beantragt am: | Zutreffendes ankreuzen [X] oder ausfüllen |

**Antrag auf Bewilligung der Vereinfachung Status eines zugelassenen Empfängers im gemeinschaftlichen/gemeinsamen Versandverfahren**

☐ Es besteht bereits eine Bewilligung vom _____
- DE/_____ /ZE/_____ -

Vor dem Ausfüllen die Hinweise und Erläuterungen beachten!

2. Rechtsform des Antragstellers

3. Steuerlicher Beauftragter (Name, Anschrift)

4. Zuständiges Finanzamt, Steuernummer

5. Art der gewerblichen Tätigkeit

6. Ort der Hauptbuchhaltung

7. Ich führe Aufzeichnungen, die die Durchführung von Kontrollen ermöglichen.
Ort, an dem sich die Unterlagen befinden (genaue Anschrift)

8. Ich erhalte regelmäßig Waren, die dem gemeinschaftlichen/gemeinsamen Versandverfahren unterliegen (Anzahl/Monat):

9. Ich habe keine schweren oder wiederholten Verstöße gegen die Zoll- oder Steuervorschriften begangen.

10. Andere, bereits bewilligte Vereinfachungen oder Vergünstigungen (Art, Zollstelle, Datum, Geschäftszeichen/Bewilligungsnummer)

11. ☐ Ich möchte für den Datenaustausch mit der jeweiligen Bestimmungsstelle Informatikverfahren einsetzen.
☐ Zertifizierte Software der Firma _____ liegt vor.

12. ☐ Ich beabsichtige, für den Datenaustausch mit der jeweiligen Bestimmungsstelle Informatikverfahren einzusetzen, wenn diese für den Austausch der Versanddaten zwischen den Zollbehörden auch Informationstechnologie und Datennetze einsetzt.

13. ☐ Ich setze für den Datenaustausch mit der jeweiligen Bestimmungsstelle kein Informatikverfahren ein. Mir ist bewusst, dass deshalb spätestens nach Ablauf einer Übergangsfrist (voraussichtlich 2004) das Vorliegen der Bewilligungsvoraussetzungen für die Vereinfachung "Status eines zugelassenen Empfängers" erneut geprüft werden wird.

**0358**/1 - E - Antrag auf Bewilligung des Status eines zugelassenen Empfängers (ZE) **(2009)**

## 6 Importaufträge bearbeiten

| 14. | Orte der Übergabe der Waren (genaue Anschrift) | zuständige Bestimmungsstellen (genaue Bezeichnung) |
|---|---|---|
| | ☐ Aufstellung siehe Anlage | |
| 15. | Orte der Verwahrung - soweit abweichend vom Übergabeort - | |
| | ☐ Aufstellung siehe Anlage | |
| 16. | **Sonstiges** | |
| 17. | Ich bestätige die Richtigkeit und Vollständigkeit der Angaben. | |
| 18. | Ort, Datum, rechtsverbindliche Unterschrift | **Anlagen** 1 Durchschrift des Antrags ☐ Auszug aus dem Handelsregister ☐ weitere Unterlagen |

**Hinweise und Erläuterungen:**

1. Der Antrag ist gemäß § 24 Absatz 7 Zollverordnung bei dem Hauptzollamt zu stellen, in dessen Bezirk Ihre Buchführung überwiegend erfolgt (Hauptbuchhaltung).

2. Dem Antrag ist ggf. ein Auszug aus dem Handelsregister beizufügen.

3. Es empfiehlt sich, den Antrag mit dem zuständigen Sachbearbeiter des Hauptzollamts zu besprechen.

4. Steuerlicher Beauftragter (lfd. Nr. 3 des Antrags) ist der/die Angehörige Ihres Betriebs oder Unternehmens, der/die mit der Wahrnehmung der Pflichten im Zusammenhang mit der beantragten Bewilligung beauftragt wird (§ 214 Abgabenordnung).

**Hinweis nach § 4 Absatz 3 Bundesdatenschutzgesetz**
Diesen Antrag stellen Sie freiwillig.
Die verlangten Angaben sind für eine sachgerechte Entscheidung nach Artikel 372 ff. VO (EWG) Nr. 2454/93 (Zollkodex-DVO) erforderlich.

**0358**/2 - E - Antrag auf Bewilligung des Status eines zugelassenen Empfängers (ZE) **(2009)**

### 6.7.8 Versandverfahren mit Carnet TIR

**CARNET TIR (TRANSPORTS INTERNATIONAUX ROUTIERS) IM GRENZÜBERSCHREITENDEN VERKEHR MIT STRASSENFAHRZEUGEN**

Das Versandverfahren mit Carnet TIR (Transports Internationaux Routiers) ist im grenzüberschreitenden Verkehr mit Straßenfahrzeugen und im multimodalen Verkehr mit Containern anwendbar, sofern die Container auf einem Teil der Transportstrecke mit Straßenfahrzeugen befördert werden. Zurzeit nehmen 67 Staaten – einschließlich EU-Mitgliedsstaaten – am „TIR Übereinkommen 1975" teil. Ein Versandverfahren Carnet TIR kann jedoch nicht mit allen Mitgliedsparteien durchgeführt werden, da nur 57 über einen national zugelassenen, bürgenden Verband verfügen. In der unten dargestellten Karte kann man in den mit dunkler Farbe hinterlegten Staaten Carnet-TIR-Transporte tatsächliche durchführen, während die grau unterlegten Staaten lediglich Vertragsparteien des TIR Abkommens sind, z. B. US.

Mit dem Carnet TIR können Waren durch eine beliebige Zahl von Mitgliedsstaaten befördert werden. Es ist jedoch nicht anwendbar für Warentransporte ausschließlich innerhalb des Gebiets der EU. Das Carnet-TIR-Verfahren ist im Rahmen eines Abkommens geregelt, dem die in unten stehender Grafik dargestellten Staaten angehören. Aus deutscher Sicht kann man mit Lastkraftwagen im Carnet-TIR-Verfahren in sämtliche europäische Staaten sowie nach Russland, Kasachstan, Iran, Türkei, Libanon, Israel sowie Tunesien und Marokko gelangen.

**ZOLLVERSCHLUSSANERKENNTNIS**

Für einen Straßentransport im Versandverfahren Carnet TIR können nur Fahrzeuge mit einer Zollverschlussanerkenntnis eingesetzt werden, einer Bescheinigung des Fahrzeugherstellers, die eine zollsichere Beförderung bescheinigt. Es sind nur feste Aufbauten, z. B. Koffer oder Plane und Spriegel, zugelassen. Die Planen dürfen keinen Abstand der Ösen für die Zollschnur von mehr als 30 cm aufweisen. Als weitere Voraussetzung benötigen die eingesetzten Fahrzeuge Schilder mit der Aufschrift TIR, und zwar vorne und hinten. Die Schilder haben ein Format von ca. 40 cm x 30 cm und tragen die Aufschrift TIR in weißen Buchstaben auf blauem Grund. Bei Containertransporten muss ebenfalls die zollsichere Beförderung der Güter gewährleistet sein.

**PERSÖNLICH KEINE SICHERHEIT**

**NATIONALER VERBAND BÜRGT**

Im Gegensatz zum gemeinschaftlichen/gemeinsamen Versandverfahren muss der Transportunternehmer persönlich keine Sicherheit vorweisen, sondern ein nationaler Verband bürgt für Zölle und Abgaben. Allerdings muss der Transportunternehmer sowohl von den Zollbehörden als auch vom ausgebenden nationalen Verband für Transporte im Carnet-TIR-Verfahren zugelassen sein.

**IRU**

Die IRU (International Road Transport Union) in Genf stellt die Carnets TIR aus. Ausgegeben werden sie jedoch von den ihr angeschlossenen nationalen Verbänden. Ausgabestellen für die Bundesrepublik Deutschland sind die Landesorganisationen des Bundesverbandes Güterkraftverkehr, Logistik und Entsorgung (BGL) e.V. in Frankfurt am Main sowie die Arbeitsgemeinschaft zur Förderung und Entwicklung des internationalen Straßenverkehrs (AIST) in Berlin.

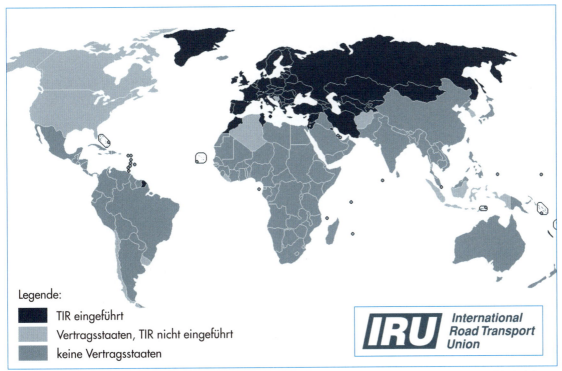

*Mitgliedsstaaten des Carnet-TIR-Verfahrens*
*Quelle: IRU*

Das Carnet-TIR-Verfahren wird an einer Abgangszollstelle eröffnet. Die Waren dürfen nicht umgeladen werden und grenzüberschreitend zu einer Bestimmungszollstelle nur mit zollsicher hergerichteten Straßenfahrzeugen transportiert werden. An der Bestimmungszollstelle wird das Verfahren beendet. An den Durchgangszollstellen an den Grenzen sind die Beförderungsmittel und das dazugehörige Carnet TIR vorzuführen. Eine Zollbeschau findet jedoch nicht statt, was zu einer erheblichen Beschleunigung des Grenzübertritts und damit zu erheblichen Erleichterungen führt.

Die Gültigkeit eines Carnets TIR ist auf eine einzige Beförderung beschränkt, wobei ein solcher Transport bis zu vier Abgangs- und Bestimmungszollstellen umfassen kann.

Es ist möglich, im Carnet-TIR-Verfahren Gemeinschaftswaren und Nichtgemeinschaftswaren zu befördern, jedoch nicht ausschließlich innerhalb der EU.

Ein Carnet TIR ist wie folgt aufgemacht:

| Aufmachung eines Carnet TIR |
|---|
| • 2 Umschlagblätter |
| • 1 gelbes Blatt (nicht für Zollzwecke) |
| • Benötigte Anzahl von Trennabschnitten 1 und 2 (weiß und grün) |
| • 1 Protokoll (gelb) für Umladungen und weitere Ereignisse während des Transports |

Für die Abgangszollstelle, Durchgangszollstellen und Bestimmungszollstelle in jedem Vertragsstaat und für jede weitere Abgangs- oder Bestimmungszollstelle sind jeweils zwei Trennabschnitte erforderlich, deren untere Teile als Stammblätter im Carnet TIR verbleiben müssen.

Die Abgangszollstelle prüft, ob die Voraussetzungen für das Carnet-TIR-Verfahren erfüllt sind, insbesondere wird geprüft, ob die Zollverschlussanerkenntnisse bzw. Zulassungstafeln noch gültig sind. Ebenso werden die Fahrzeuge und Behälter im Hinblick auf technische Vorrichtungen zur Zollsicherheit untersucht. Die Abgangszollstelle kontrolliert die Waren und prüft das Carnet TIR auf Gültigkeit sowie darauf, ob es vollständig ausgefüllt ist. Liegen keine Verstöße vor, legt man die Zollverschlüsse an und trägt die Kennzeichen der Zollplomben in alle im Carnet TIR vorhandenen weißen und grünen Trennabschnitte ein.

Die Durchgangszollstellen prüfen, ob die vorhandenen Zollverschlüsse unversehrt und ob Fahrzeuge und Behälter noch in zollsicherem Zustand sind. Eine Beschau findet nur in Ausnahmefällen bei Verdacht auf Unregelmäßigkeiten statt. Darin liegt der eigentliche Vorteil der Verwendung eines Carnets TIR.

Treffen Fahrzeug und Waren an der Bestimmungszollstelle ein, entfernt diese die Zollverschlüsse und händigt dem Fahrzeugführer das Carnet TIR aus. Das Carnet-TIR-Verfahren ist damit beendet.

Jede beteiligte Zollstelle entnimmt dem Carnet TIR einen Trennabschnitt und sendet einen Teilabschnitt (Nr. 2, grün) als Erledigungsempfangsbescheinigung an die letzte Abgangs- bzw. Eingangszollstelle.

Erhält die deutsche Abgangszollstelle keine Erledigungsbescheinigung, informiert sie den Inhaber des Carnets und den bürgenden Verband. Damit ist ein Such- und Mahnverfahren in Gang gesetzt, in dem die Beteiligten aufgefordert werden die Gestellung der Waren bei einer Bestimmungszollstelle nachzuweisen.

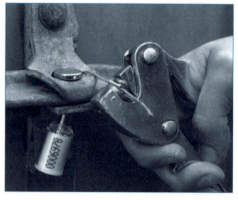

Quelle: dpa

**Unfall**

Grundsätzlich können nur Zollbehörden Zollverschlüsse entfernen. Kommt es während des Transports zu Ereignissen (z. B. Unfall), bei denen Zollverschlüsse verletzt, Fahrzeuge oder Behälter beschädigt werden, ist unverzüglich eine Zollbehörde zu informieren. Diese nimmt das im Carnet TIR vorgesehene Protokoll auf. Falls keine Zollstelle in der Nähe ist, kann eine andere zuständige Behörde (z. B. die Polizei) den Vorfall protokollieren.

**besonderer Ereignisse**

Sollte es aufgrund besonderer Ereignisse notwendig werden, die Waren auf ein anderes Straßenfahrzeug oder in einen anderen Behälter umzuladen, muss die zuständige Behörde eingeschaltet werden. Droht durch das unvorhergesehene Ereignis Gefahr, darf der Fahrzeugführer zunächst in eigener Regie handeln. Jedoch sind die zuständigen Behörden sofort zu unterrichten, sobald die dringendsten Sicherungsmaßnahmen vorgenommen wurden.

### 6.7.9 Carnet ATA

**Waren vorübergehend eingeführt**

Im Zollrecht gilt das Prinzip, dass aus dem Ausland eingeführte Waren zu verzollen sind. Die Einfuhrabgaben hängen von Art und Beschaffenheit der Waren ab und werden von jedem Land individuell festgelegt. Sollen Waren nur vorübergehend eingeführt werden, wird die Verzollung ausgesetzt. Die ausländischen Zollbehörden wollen jedoch eine Sicherheit dafür, dass die Einfuhrabgaben bezahlt werden, falls die Waren nicht wieder ausgeführt werden sollten. Dazu müssten für jeden einzelnen Gegenstand der Zolltarif ermittelt, die Abgaben berechnet und der zu zahlende Betrag in Landeswährung als Kaution bar bei den Zollbehörden hinterlegt werden.

**Carnet-ATA**

Zur Vereinfachung dieser umständlichen und zeitraubenden Vorgehensweise wurde das Carnet-ATA-Verfahren entwickelt.

**Zollpassierscheinheft**

**vorübergehende, abgabenfreie Einfuhr von Waren**

**vorübergehende Verwendung von Waren**

Das Carnet ATA ist ein Zollpassierscheinheft für die vorübergehende, abgabenfreie Einfuhr von Waren im internationalen Handel und in der internationalen kulturellen Tätigkeit, insbesondere für die vorübergehende Verwendung von Waren im Messe- und Ausstellungsbereich sowie für wissenschaftliche und kulturelle Zwecke.

## Anwendungsbereiche

Anwendungsbereiche für die Ausstellung eines Carnet ATA:

- Messe- und Ausstellungsgüter
- Berufsausrüstungsgegenstände
- Warenmuster
- Waren zu wissenschaftlichen/kulturellen Zwecken
- Waren zu sportlichen Veranstaltungen

Ein Carnet ATA kann nur für Gebrauchsgüter, nicht jedoch für Verbrauchsgüter angewendet werden.

## Gültigkeit

Ein Carnet ATA hat eine Gültigkeitsdauer von bis zu einem Jahr. Anerkannt wird es bei allen Vertragsparteien des ATA-Abkommen. Zurzeit kann ein Carnet ATA in 61 Ländern der Erde verwendet werden. Neben den europäischen Staaten sind die Vereinigten Staaten von Amerika und China Vertragsstaaten.

## Sicherheit

Wie bei jedem Versandverfahren ist auch beim Carnet ATA eine Sicherheit erforderlich. Carnet-ATA-Verfahren werden über eine internationale Bürgenkette abgewickelt. In jedem Staat, der an dem Carnet-ATA-Verfahren teilnimmt haftet ein sog. „Bürgender Verband" selbstschuldnerisch gegenüber der Zollverwaltung für eventuell anfallende Einfuhrabgaben. Der „Bürgende Verband" für Deutschland ist der Deutsche Industrie- und Handelskammertag (DIHK).

## Ausstellung eines Carnet ATA

In Deutschland werden Carnets ATA von den Industrie- und Handelskammern ausgestellt, d. h. der Vordruck wird vom Antragsteller ausgefüllt und von der IHK unterschrieben sowie abgestempelt. Dafür werden Vordruckkosten und Carnetgebühren erhoben. Daneben wird ein Versicherungsentgelt fällig, das prozentual vom Gesamtwert des Carnets berechnet wird. Bei der Abfertigung am Zollamt fallen keine Gebühren an, es sei denn die Abfertigung findet außerhalb der Öffnungszeiten oder des Amtsplatzes statt.

Ein grünes Umschlagblatt schützt die Einlageblätter, die zweigeteilt sind. Das Stammblatt (kleinerer Teil) ist fest mit dem Umschlagblatt verbunden, während der größere untere Teil, der Trennabschnitt, herausgetrennt wird, sobald eine Zollabfertigung stattfindet. Die Zollstelle behält das Trennblatt ein und trägt auf dem Stammblatt das Ergebnis der Abfertigung ein. Damit wird der Weg der Waren dokumentiert. Die IHK stellt bei der Ausgabe die Einlageblätter individuell je nach Verwendungszweck zusammen.

| Einlageblätter | Verwendungszweck | Waren |
|---|---|---|
| Gelb | Ausfuhr und Wiedereinfuhr | Gemeinschaftswaren |
| Weiß | Einfuhr und Wiederausfuhr | Nichtgemeinschaftswaren |
| Blau | Versand | Beförderung von Nichtgemeinschaftswaren in der oder durch die EU |

Deckblatt eines Carnet A.T.A., unausgefüllt, Kopie:

## 6.8 Welche Besonderheiten gelten für die Lagerung?

### 6.8.1 Zolllagerverfahren

Steht bei der Verbringung der Waren in das Zollgebiet der EU die endgültige zollrechtliche Bestimmung noch nicht fest oder sollen im Interesse des Zollbeteiligten keine Einfuhrabgaben entrichtet werden, besteht die Möglichkeit, die eingeführten Waren (Nichtgemeinschaftswaren) in das Zolllagerverfahren zu überführen. Es gibt keine Beschränkung der Lagerdauer.

**ZOLLLAGERVERFAHREN**

Nach Beendigung des Zolllagerverfahrens können die Waren
- wieder ausgeführt werden (Transitfunktion),
- in ein anderes Zollverfahren überführt werden (Kreditfunktion).

**TRANSITFUNKTION**

**KREDITFUNKTION**

Wegen der unterschiedlichen wirtschaftlichen Bedürfnisse der Einlagerer sind sechs Lagertypen möglich:

| Öffentliche Zolllager ||
|---|---|
| **Lagertyp A** | Lagerung von Waren für verschiedene Einlagerer an einem Ort, z. B. Kühlhäuser, Güterverkehrszentren, Distributionszentren<br>Lagerhalter: verantwortlich für Einhaltung der Vorschriften<br>Einlagerer: verantwortlich für Überführung in das Verfahren |
| **Lagertyp B** | Regelungen für Lagertyp A gelten entsprechend.<br>Unterschied: Der Einlagerer ist verantwortlich für Einhaltung der Vorschriften und die Überführung in das Verfahren. |
| **Lagertyp F** | Eingerichtet und unterhalten von den Zollbehörden<br>Zollbehörde ist Lagerhalter |

| Private Zolllager ||
|---|---|
| **Lagertyp C** | Der Zugriff auf eingelagerte Ware ist nur unter Mitwirkung der Zollbehörde möglich.<br>Beendigung des Lagerverfahrens durch Zollanmeldung zu einer neuen zulässigen zollrechtlichen Bestimmung<br>Bei Überführung in den zollrechtlich freien Verkehr: Zollwert zum Zeitpunkt der Überführung in den zollrechtlich freien Verkehr, d. h. bei Entnahme aus dem Lager |
| **Lagertyp D** | Überführung in den zollrechtlich freien Verkehr im Anschreibeverfahren<br>Zollwert der Waren berechnet zum Zeitpunkt der Überführung in das Zolllagerverfahren, d. h. bei Einlagerung<br>Entnahme der Waren: keine Mitwirkung einer Zollstelle erforderlich |
| **Lagertyp E** | Lagerung der Waren nicht unbedingt an einem als Zolllager zugelassenen Ort, sondern in Lagereinrichtungen des Bewilligungsinhabers<br>Lagerung an Orten, die entsprechend den wirtschaftlichen Bedürfnissen des Lagerhalters zur Lagerung genutzt werden (auch Transportmittel) |

**LAGERTYP D**

In der Bundesrepublik Deutschland sind vor allem die privaten Zolllager von Bedeutung, wobei insbesondere der Lagertyp D von Speditions- und Logistikdienstleistern am häufigsten genutzt wird.

**VOM ZUSTÄNDIGEN HAUPTZOLLAMT BEWILLIGT**

Ein Zolllager muss vom zuständigen Hauptzollamt bewilligt werden. Es ist ein schriftlicher Antrag zu stellen. Das Hauptzollamt prüft, ob die persönlichen (z. B. ordnungsgemäße kaufmännische Buchführung), sachlichen (z. B. Nämlichkeit der eingelagerten Waren während der Lagerung feststellbar) und wirtschaftlichen Voraussetzungen (z. B. wirtschaftliches Bedürfnis) vorliegen, und erteilt die Bewilligung innerhalb eines Zeitraums von 60 Tagen.

**SICHERHEIT BANKBÜRGSCHAFT**

Beim Zolllager Typ D hat der Lagerhalter eine Sicherheit in Form einer Bankbürgschaft zu leisten. Die Höhe orientiert sich an den Eingangsabgaben, die im Durchschnitt in 1,5 Monaten zu leisten sind.

**Beispiel für ein privates Zolllager Typ D:**

> Die Spedition Sebastian S., Augsburg, hat für den Computerhersteller Fujitsu Siemens die Beschaffungslogistik übernommen. Die für die Fertigung von Computern erforderlichen Komponenten stammen von Zulieferern aus Taiwan, China, Malaysia usw. und werden im Zolllager der Spedition Sebastian S. zunächst gelagert bis sie dann „just in time" für den Fertigungsprozess vom Computerhersteller abgerufen werden. Einfuhrabgaben für die Computerkomponenten werden erst fällig, wenn sie das Zolllager der Spedition Sebastian S. verlassen.

### 6.8.2 Vorübergehende Verwahrung

Sollen Güter nur vorübergehend verwahrt werden, können die Zolllager des Typs A, C oder D dafür eingesetzt werden, ohne die Güter in das Zolllagerverfahren zu überführen. Man spricht in diesem Zusammenhang von einem Verwahrungslager.

**VERWAHRUNGSLAGER**

## 6.9 Was ist bei der Veredelung zu beachten?

### 6.9.1 Aktive Veredelung

**AKTIVEN VEREDELUNG**

Bei der aktiven Veredelung werden Nichtgemeinschaftswaren zur

**BEARBEITUNG**
- Bearbeitung,

**VERARBEITUNG**
- Verarbeitung oder

**AUSBESSERUNG**
- Ausbesserung (Reparatur)

in das Zollgebiet der EU eingeführt, um im Anschluss an diese Aktivitäten wieder ausgeführt zu werden. Einfuhrabgaben fallen nicht an, es sei denn, die eingeführten Güter fließen in den Wirtschaftskreislauf der Gemeinschaft. Diese Zollbegünstigung soll die Wettbewerbsfähigkeit europäischer Unternehmen in Drittländern sowie den Absatz heimischer Produkte in Drittländern fördern. Die Aktive Veredelung ist ein Zollverfahren mit wirtschaftlicher Bedeutung und muss beim Hauptzollamt beantragt und durch dieses genehmigt werden. Man unterscheidet zwei Abwicklungsarten:

| Nichterhebungsverfahren | Verfahren der Zollrückvergütung |
|---|---|
| • Keine Erhebung von Einfuhrabgaben<br>• Keine Anwendung handelspolitischer Maßnahmen | • Bei der Einfuhr der Vorprodukte zunächst Erhebung der Eingangsabgaben und Anwendung handelspolitischer Maßnahmen<br>• Bei der Wiederausfuhr der Veredelungserzeugnisse Erstattung der Einfuhrabgaben |

**Beispiel für eine aktive Veredelung:**

Ein aus Japan stammender Landrover-Jeep wird in einem 20-Fuß-Container von Tokio via Hamburg nach Ulm zu einem bekannten Autotuningunternehmen transportiert. Dort wird das Fahrzeug entsprechend der Vorgaben des Auftraggebers verändert, z. B. tiefergelegt, und anschließend im Container wieder nach Japan zurückbefördert.

## 6.9.2 Passive Veredelung

Bei der passiven Veredelung werden **Gemeinschaftswaren** vorübergehend in ein Drittland **ausgeführt** und nach einem Prozess der Bearbeitung, Verarbeitung oder Ausbesserung (Veredelung) wieder in das Zollgebiet der EU **eingeführt**. Diese in einem Drittland hergestellten Fertigwaren enthalten die aus der EU stammenden Vorprodukte, die nicht mit Einfuhrabgaben belegt werden sollen. Besteuert wird somit die Differenz zwischen den für die veredelten Produkte zu entrichtenden Zölle und dem Zoll für die verwendeten Vorprodukte. Man spricht hier von der Differenzverzollung. Alternativ können die Abgaben aus der Basis der Veredelungskosten berechnet werden (Mehrwertverzollung).

Ebenso wie bei der aktiven Veredelung sind für das Zollverfahren passive Veredelung ein Antrag beim Hauptzollamt sowie ein positiver Bescheid durch dieses notwendig.

PASSIVE VEREDELUNG

BEARBEITUNG, VERARBEITUNG ODER AUSBESSERUNG (VEREDELUNG)

DIFFERENZVERZOLLUNG

MEHRWERTVERZOLLUNG

**Beispiel für eine passive Veredelung:**

Ein namhafter deutscher Herrenausstatter aus dem Raum Stuttgart liefert hochwertige Stoffe (Textilien) in die Türkei. Dort werden diese Stoffe zugeschnitten und zu Herrenanzügen verarbeitet. Anschließend kommen die Qualitätsanzüge zurück nach Deutschland, um an markenbewusste Kunden verkauft zu werden.

## 6.10 Welche Besonderheiten gibt es bei dem Verfahren „vorübergehende Verwendung"?

**Beispiel:**

> Das New York Philharmonic Orchestra befindet sich auf Konzerttournee in Europa. Die erste Station ist München. Das Orchester bringt seine eigenen Instrumente (Nichtgemeinschaftswaren) mit, für die jedoch keine Eingangsabgaben erhoben werden. Eine Zollabfertigung auf dem Flughafen München wird aber stattfinden. Die Spedition EUROCARGO, die mit der Zollabwicklung beauftragt wurde, beantragt das Zollverfahren „vorübergehende Verwendung".

Nichtgemeinschaftswaren, die in das Zollgebiet der Gemeinschaft verbracht werden, sind vollständig oder teilweise von Eingangsabgaben befreit, wenn folgende Voraussetzungen vorliegen:

- Die Nichtgemeinschaftswaren werden zu einem bestimmten Zweck vorübergehend oder befristet im Zollgebiet der EU verwendet.
- Sie werden während ihrer Verwendung in der EU nicht verändert.
- Es besteht von vornherein die Absicht, sie wieder aus dem Zollgebiet der Gemeinschaft auszuführen.

Vollständig von Eingangsabgaben befreit sind z. B.
- Berufsausrüstungen,
- Ausstellungs- bzw. Messewaren oder
- Bestimmte Beförderungsmittel (z. B. Pkw eines Reisenden).

Eine teilweise Befreiung gibt es z. B. für folgende Geräte:
- Hebekran für eine bestimmte Baustelle
- Flaschenabfüllanlage, die nur eine Saison benötigt wird
- Datenverarbeitungsgeräte für ein Projekt zur Entwicklung von Software.[1]

Für das Zollverfahren „vorübergehende Verwendung" muss ein Antrag gestellt werden, der durch die Zollbehörden bewilligt werden muss. Zur Vereinfachung des Verfahrens kann ein Carnet A.T.A. verwendet werden.

---
[1] vgl. www.zoll.de

## Fallstudie 1: Berechnung von Eingangsabgaben

### Situation:

Sie sind Mitarbeiter der Spedition EUROCARGO, Nürnberg. Ihr Kunde, die Meyer GmbH und Co., beauftragt Sie mit der Zollabwicklung einer Sendung aus China und reicht folgende Handelsrechnung ein.

**FOOK TIN TECHNOLOGIES LTD.**
4/F., Eastern Ctr., 1065 King's Rd., Quarry Bay, Hong Kong
Tel. (0086/852) 2960-7288, Fax: (0086/852) 2565-9672

| FOR ACCOUNT AND RISK OF MESSRS. | | INVOICE NO.: BIS0300179 <br> DATE: 2010/4/28 | |
|---|---|---|---|
| MEYER GMBH & CO. <br> NOPITSCHSTRASSE 46, <br> 90441 NUERNBERG, <br> GERMANY <br> ATTN: MS KERSTIN MUELLER | | SAILING ON OR ABOUT: 2004/4/28 <br> SHIPPED PER: CMA CGM BAUDE-LAIRE <br> PORT OF LOADING: HONG KONG <br> FINAL DESTINATION: HAMBURG | |
| | | REMARKS: | |
| MARKS & NOS. | DESCRIPTION & QUANTITY | UNIT PRICE | AMOUNT |
| | | FOB HK BY SEA | |
| 01/MEYER <br> PERSONENWAAGE <br> BATHROOM SCALES <br> 4 ST/PC. PS 06 <br> SILVER <br> 724.01 <br> EAN NR 42 <br> 11125 7240 1 6 <br> 762.200-0303 | SO No.: BSC0300400 <br> MODEL FSM PS 06 03A <br> 2,680 PC <br> ORDER NO. 36075 <br> CTN NO. 1-670 | USD 8.460 | USD 22,672.80 |
| DITTO <br> 4 ST/PC., PS 07 <br> SILVER <br> 726.02 <br> EAN NR: 42 <br> 11125 7260 10 <br> 762.201-0303 | SO No. BSC0300401 <br> MODEL FSM-PS07-03a <br> 2,820 PC <br> PLASTIC BATHROOM SCALES <br> ORDER NO. 36075 <br> CTN NO. 1-705 | USD 8.500 | USD 23,970.00 |
| TOTAL US DOLLARS FORTY-SIX THOUSAND SIX HUNDRED FORTY-TWO AND CENTS EIGHTY ONLY USD 46,642.80 | | | |
| TOTAL ONE (1) X 40' CONTAINER CONTAINING ONE THOUSAND THREE HUNDRED SEVENTY FIVE (1375) CTNS ONLY. | | | |
| PLS PRESENT DOCUMENTS THROUGH: <br> STADTSPARKASSE NUERNBERG <br> LORENZER PLATZ 12 <br> D 90402 NUERNBERG | | For and on behalf of <br> **FOOK TIN TECHNOLOGIES LTD** <br> *Wang* <br> Director | |

Angaben über Transportkosten:

| Seefracht Hongkong – Hamburg inkl. Löschkosten | 2.473,00 EUR |
|---|---|
| Transportversicherung | 132,00 EUR |
| Fracht Hamburg – Nürnberg | 628,00 EUR |
| Umrechnungskurs | 1,18720 |
| Zollsatz | 1,7 % |

**Aufgabe 1**

Füllen Sie den Vordruck D.V.1 zur Ermittlung des Zollwertes aus (S. 327 f.).

**Aufgabe 2**

Füllen Sie die Zollanmeldung für diesen Vorgang aus (S. 329).

**Aufgabe 3**

Ermitteln Sie die Eingangsabgaben.

| EUROPÄISCHE GEMEINSCHAFT | ANMELDUNG DER ANGABEN ÜBER DEN ZOLLWERT D. V. 1 |
|---|---|
| **1** Verkäufer (Name oder Firma, Anschrift) | FÜR AMTLICHE ZWECKE |
| **2 (a)** Käufer (Name oder Firma, Anschrift) | |
| **2 (b)** Zollwertanmelder (Name oder Firma, Anschrift) | |
| | **3** Lieferungsbedingung (z. B. FOB New York) |
| **WICHTIGER HINWEIS** Mit Unterzeichnung und Vorlage dieser Anmeldung übernimmt der Zollwertanmelder die Verantwortung bezüglich der Richtigkeit und Vollständigkeit der auf diesem Vordruck und sämtlichen mit ihm zusammen vorgelegten Ergänzungsblättern gemachten Angaben und bezüglich der Echtheit aller als Nachweis vorgelegten Unterlagen. Der Zollwertanmelder verpflichtet sich auch zur Erteilung aller zusätzlichen Informationen und zur Vorlage aller weiteren Unterlagen, die für die Ermittlung des Zollwerts der Waren erforderlich sind. | **4** Nummer und Datum der Rechnung |
| | **5** Nummer und Datum des Vertrags |

**6** Nummer und Datum der früheren Zollentscheidungen zu den Feldern 7 bis 9

**Zutreffendes ankreuzen** [X]

**7 (a)** Sind Käufer und Verkäufer VERBUNDEN im Sinne von Artikel 143 der Verordnung (EWG) Nr. 2454/93 ?*) - Falls NEIN, weiter zu Feld 8 — JA ☐ NEIN ☐

**(b)** Hat die Verbundenheit den Preis der eingeführten Waren BEEINFLUSST? — JA ☐ NEIN ☐

**(c)** (Antwort freigestellt) Kommt der Transaktionswert der eingeführten Waren einem der Werte in Artikel 29 Abs. 2b der Verordnung (EWG) 2913/92 SEHR NAHE? Falls JA, Einzelheiten angeben — JA ☐ NEIN ☐

**8 (a)** Bestehen EINSCHRÄNKUNGEN bezüglich der Verwendung und des Gebrauchs der Waren durch den Käufer, ausgenommen solche, die
- durch das Gesetz oder von den Behörden in der Gemeinschaft auferlegt oder gefordert werden,
- das Gebiet abgrenzen, innerhalb dessen die Waren weiterverkauft werden können,
- sich auf den Wert der Waren nicht wesentlich auswirken? — JA ☐ NEIN ☐

**(b)** Liegen hinsichtlich des Kaufgeschäfts oder des Preises BEDINGUNGEN vor oder sind LEISTUNGEN zu erbringen, deren Wert im Hinblick auf die zu bewertenden Waren nicht bestimmt werden kann? — JA ☐ NEIN ☐
Art der Einschränkungen, Bedingungen oder Leistungen angeben.
Falls der Wert im Hinblick auf die zu bewertenden Waren bestimmt werden kann, Betrag im Feld 11b angeben.

**9 (a)** Hat der Käufer unmittelbar oder mittelbar LIZENZGEBÜHREN für die eingeführten Waren nach den Bedingungen des Kaufgeschäfts zu zahlen? — JA ☐ NEIN ☐

**(b)** Ist das Kaufgeschäft mit einer Vereinbarung verbunden, nach der ein Teil der Erlöse aus späteren WEITERVERKÄUFEN, sonstigen ÜBERLASSUNGEN oder VERWENDUNGEN unmittelbar oder mittelbar dem Verkäufer zugute kommt? — JA ☐ NEIN ☐

Falls JA zu (a) oder auch (b): Die Umstände angeben und, wenn möglich, die Beträge in den Feldern 15 und 16 angeben.

*) **PERSONEN GELTEN NUR DANN ALS VERBUNDEN, WENN**
(a) sie der Leitung des Geschäftsbetriebs der jeweils anderen Person angehören;
(b) sie Teilhaber oder Gesellschafter von Personengesellschaften sind;
(c) sie sich in einem Arbeitgeber-/Arbeitnehmerverhältnis zueinander befinden;
(d) eine beliebige Person unmittelbar oder mittelbar 5 % oder mehr der im Umlauf befindlichen stimmberechtigten Anteile oder Aktien beider Personen besitzt oder kontrolliert;
(e) eine von ihnen unmittelbar oder mittelbar die andere kontrolliert;
(f) beide von ihnen unmittelbar oder mittelbar von einer dritten Person kontrolliert werden;
(g) sie zusammen unmittelbar oder mittelbar eine dritte Person kontrollieren;
(h) sie Mitglieder derselben Familie sind.
Die Tatsache, dass ein Käufer und ein Verkäufer miteinander verbunden sind, schließt die Anwendung des Transaktionswerts nicht unbedingt aus (siehe Artikel 29 Abs. 2 der Verordnung [EWG] Nr. 2913/92 und Anhang 23 zu der VO [EWG] Nr. 2454/93).
Auf das Merkblatt "Zollwert" (Vordruck 0466) wird hingewiesen.

**Hinweis nach § 4 Abs. 3 Bundesdatenschutzgesetz**
Zu den Angaben in diesem Vordruck sind Sie nach Artikel 178 der Verordnung (EWG) Nr. 2454/93 und nach § 11 Abs. 1 Umsatzsteuergesetz verpflichtet.

**10 (a)** Anzahl der beigefügten Ergänzungsblätter D. V. 1 BIS

**10 (b)** Ort, Datum, Unterschrift

| | | | Ware (Pos.) | Ware (Pos.) | Vermerke der Zollstelle |
|---|---|---|---|---|---|
| A. Grundlage der Berechnung | 11 | (a) Nettopreis in der RECHNUNGSWÄHRUNG (Tatsächlich gezahlter Preis oder Preis im maßgebenden Bewertungszeitpunkt) | | | |
| | | Nettopreis in NATIONALER WÄHRUNG (Umrechnungskurs _____ ) | | | |
| | | (b) Mittelbare Zahlungen (siehe Feld 8b) (Umrechnungskurs _____ ) | | | |
| | 12 | Summe A in NATIONALER WÄHRUNG | | | |
| B. HINZU-RECHNUNGEN: Kosten in NATIONALER WÄHRUNG, die NICHT in A enthalten sind *) Gegebenenfalls NACHSTEHEND frühere Zollentscheidungen hierzu angeben | 13 | Kosten, die für den Käufer entstanden sind (a) Provisionen (ausgenommen Einkaufsprovisionen) | | | |
| | | (b) Maklerlöhne | | | |
| | | (c) Umschließungen und Verpackungen | | | |
| | 14 | Gegenstände und Leistungen, die vom Käufer unentgeltlich oder zu ermäßigten Preisen für die Verwendung im Zusammenhang mit der Herstellung und dem Verkauf zur Ausfuhr der eingeführten Waren geliefert werden. Die aufgeführten Werte sind ggf. entsprechend aufgeteilt. (a) In den eingeführten Waren enthaltene Materialien, Bestandteile und dergleichen | | | |
| | | (b) Bei der Herstellung der eingeführten Waren verwendete Werkzeuge, Gussformen und dergleichen | | | |
| | | (c) Bei der Herstellung der eingeführten Waren verbrauchte Materialien | | | |
| | | (d) Für die Herstellung der eingeführten Waren notwendige Techniken, Entwicklungen, Entwürfe, Pläne und Skizzen, die außerhalb der Gemeinschaft erarbeitet wurden | | | |
| | 15 | Lizenzgebühren (siehe Feld 9a) | | | |
| | 16 | Erlöse aus Weiterverkäufen, sonstigen Überlassungen oder Verwendungen, die dem Verkäufer zugute kommen (siehe Feld 9b) | | | |
| | 17 | Lieferungskosten bis (Ort des Verbringens) | | | |
| | | (a) Beförderung | | | |
| | | (b) Ladekosten und Behandlungskosten | | | |
| | | (c) Versicherung | | | |
| | 18 | Summe B | | | |
| C. ABZÜGE: Kosten in NATIONALER WÄHRUNG, die in A ENTHALTEN sind*) | 19 | Beförderungskosten nach Ankunft am Ort des Verbringens | | | |
| | 20 | Zahlungen für den Bau, die Errichtung, Montage, Instandhaltung oder technische Unterstützung nach der Einfuhr | | | |
| | 21 | Andere Zahlungen (Art) | | | |
| | 22 | Zölle und Steuern, die in der Gemeinschaft wegen der Einfuhr oder des Verkaufs der Waren zu zahlen sind | | | |
| | 23 | Summe C | | | |
| | 24 | ANGEMELDETER WERT (A + B − C) | | | |

*) Wenn Beträge in AUSLÄNDISCHER WÄHRUNG zu zahlen sind, hier den Betrag in ausländischer Währung und den Umrechnungskurs unter Bezug auf jede Ware und Zeile angeben.

Bezug                    Betrag                    Umrechnungskurs

**Zusätzliche Angaben**

# 6 Importaufträge bearbeiten

## Fallstudie 2: Import elektronischer Steuermodule aus Südkorea

### Situation:

Die Firma Eduard Beyer e.Kfm. in 90411 Nürnberg, Kilianstraße 220, hat in Pusan/Südkorea bei der Firma Huang & Liu Ltd. elektronische Steuermodule für medizinische Apparaturen gekauft, um diese in Deutschland in eigene Produkte einzubauen.

Vereinbart ist FOB Pusan lt. Incoterms 2010. Da rechtzeitig disponiert wurde, können die elektronischen Bauteile auf dem Seeweg von Pusan mit dem Seeschiff „Hanjin Keelung" zum italienischen Containerhafen Gioia Tauro transportiert werden. Die weggerechte Verpackung wird von der Firma Huang & Liu garantiert. Die Verladung erfolgt LCL über unseren Korrespondenzspediteur Cho Hanjuk in Pusan.

Wert der Sendung FOB Pusan: 120 000,00 USD

Gewicht einschließlich Verpackung: 1 200 kg

Sie sind Mitarbeiter/-in der Spedition EUROCARGO, Nürnberg, und sollen diesen Auftrag logistisch betreuen. Die Sendung wird in Gioia Tauro durch den italienischen Korrespondenzspediteur Ambrosetti übernommen, der auch den Weitertransport nach Nürnberg organisiert.

Die Seefracht von Pusan nach Gioia Tauro (Italien) beträgt 0,4 % ad valorem vom FOB-Wert; die Bahnfracht von Gioia Tauro nach Nürnberg beläuft sich im Sammelgutverkehr auf 1.050,00 EUR. Die Seetransportversicherung wird mit 0,5 % des FOB-Wertes berechnet, die Transportversicherung von Genua nach Nürnberg lt. DB-Auskunft mit 0,15 % des reinen Warenwertes von 119.000,00 USD.

Die Kosten des Umschlags in Nürnberg und Zufuhr zur Firma Beyer werden mit netto 180,00 EUR in Rechnung gestellt. In Gioia Tauro fallen THC von 265,00 EUR an.

Umrechnungskurse:

1 EUR = 1,2256 USD    1 SZR = 1,1982 EUR

Der Zollsatz beträgt 4,5 %. Die Einfuhrverzollung soll in Nürnberg stattfinden.

### Aufgabe 1

Ermitteln Sie
a) den Zollwert,
b) die Zollschuld,
c) den EUSt-Wert,
d) die EUSt.

### Aufgabe 2

Welches Zollverfahren muss der Korrespondenzspediteur in Gioia Tauro beantragen, damit die Überführung in den steuerrechtlich freien Verkehr in Nürnberg durchgeführt werden kann?

### Aufgabe 3

Sie sollen für die Firma Beyer den Zollantrag auf Überführung in den zollrechtlich freien Verkehr übernehmen. Welche Dokumente müssen Sie dem Zollamt vorlegen und welche Bedeutung kommt diesen Papieren zu?

## Fallstudie 3: Wasserkocher aus Shenzhen

### Situation:

Ein Container mit 2000 Wasserkochern, hergestellt in Shenzhen, China, soll über Hamburg nach Nürnberg gebracht werden. Der Verkäufer in China und der Käufer in Nürnberg haben sich nach den Incoterms 2010 auf FCA Hongkong geeinigt. Der Preis FCA Hongkong beträgt pro Wasserkocher 12,00 USD. Der Verlauf und die Seefracht wurden mit 1.600,00 USD in Rechnung gestellt. Für die Transportversicherung wurden 75,00 USD berechnet. Ihr Kunde, die Asia Import GmbH, Nürnberg, beauftragt Sie, die Importabwicklung durchzuführen. Außerdem möchte er wissen, welche Eingangsabgaben anfallen. Die Zollabfertigung zum zollrechtlich freien Verkehr soll in Nürnberg stattfinden. Laut EZT beträgt der Drittlandszollsatz für diese Ware aus China 1,8 %. Einfuhrbeschränkungen gibt es keine. Neben der Handelsrechnung und den Transportdokumenten liegt ein Certificate of Origin vor. Sie beauftragen ein Logistikunternehmen in Hamburg mit der Zollabwicklung in Hamburg. Dafür werden 150,00 EUR in Rechnung gestellt. Der Frachtführer berechnet für den Transport des Containers nach Nürnberg 714,00 EUR.

### Aufgabe

Beschreiben Sie Ihre Aktivitäten in der Spedition EUROCARGO, Nürnberg, und teilen Sie Ihrem Kunden die Höhe der Eingangsabgaben mit.

## Wiederholungsfragen

1. Wie wird die Einfuhr von Waren in die EU kontrolliert?
2. In welchen Rechtsgrundlagen ist das Zollrecht der Europäischen Union festgelegt?
3. Welche Zollverfahren gibt es?
4. Erläutern Sie den Status eines „zuverlässigen Wirtschaftsbeteiligten". Welche zollrelevanten Vorrechte genießt er?
5. Grenzen Sie das Zollgebiet der Europäischen Gemeinschaft ab.
6. Unterscheiden Sie Gemeinschaftswaren und Nichtgemeinschaftswaren.
7. Erläutern Sie, was unter „Gestellung" zu verstehen ist.
8. Beschreiben Sie das Zollabwicklungssystem ATLAS.
9. Stellen Sie Phasen des Zollverfahrens „Überführung in den zollrechtlich freien Verkehr" dar.
10. Unterscheiden Sie die Formen der Zollanmeldung.
11. Erläutern Sie die „summarische Zollanmeldung".
12. Welche Angaben sollte eine Handelsrechnung aufweisen?
13. Welche Einfuhrabgaben können bei der Einfuhr von Waren in das Zollgebiet der Gemeinschaft erhoben werden?
14. Warum spielt der Transaktionswert bei der Zollberechnung eine wichtige Rolle?
15. Erläutern Sie das Schema zur Ermittlung des Zollwertes.
16. Welche Bedeutung haben die Transportkosten bei der Zollwertermittlung?
17. Erläutern Sie die Bedeutung der Incoterms bei der Berechnung des Zollwertes.
18. Ab welchem Warenwert ist die „Anmeldung der Angaben über den Zollwert D.V.1" abzugeben?
19. Erläutern sie das Verfahren zur Berechnung des EUST-Wertes.
20. Bei der Zahlung der Eingangsabgaben besteht die Möglichkeit des Zahlungsaufschubs. Was versteht man darunter?
21. Was ist der elektronische Zolltarif (EZT)?
22. Was versteht man unter „VuB"?
23. Welchen Zweck sollen die VuB erfüllen?
24. Welche Präferenznachweise gibt es, wer stellt sie aus und welchen Zweck erfüllen sie?
25. Beschreiben Sie das externe und interne gemeinschaftliche Versandverfahren.
26. Grenzen Sie das gemeinschaftliche vom gemeinsamen Versandverfahren ab.
27. Für welche Verkehrsarten kann das gemeinschaftliche/gemeinsame Versandverfahren angewendet werden?
28. Welche Formen der Sicherheitsleistung sind möglich?
29. In welchen Fällen ist eine Befreiung von der Sicherheitsleistung möglich?
30. Erläutern Sie das System NCTS.
31. Welche Vereinfachungen gelten für einen zugelassenen Versender?
32. Welche Vorteile hat ein zugelassener Empfänger?
33. Welche Voraussetzungen prüft das Hauptzollamt, bevor es den Status „zugelassener Versender" und „zugelassener Empfänger" zuerkennt?
34. Für welche Verkehrsträger gilt das Versandverfahren „Carnet TIR"?

35 Wer bürgt im Versandverfahren „Carnet TIR"?

36 Welche Institution stellt in Deutschland ein Carnet TIR aus?

37 Welche Rolle spielen die Zollämter im Ablauf des Versandverfahrens „Carnet TIR"?

38 Welche Voraussetzungen sind an Fahrzeuge zu stellen, die im Carnet-TIR-Verfahren eingesetzt werden?

39 Aus welchen Teilen besteht ein Carnet-TIR-Dokument?

40 Erläutern Sie die Vorteile eines Carnet-TIR-Dokuments.

41 Wie viele Beförderungen kann man mit einem Carnet TIR durchführen?

42 Für welche Zwecke wird ein Carnet A.T.A. ausgestellt?

43 Welche Institution stellt ein Carnet A.T.A. aus?

44 Wie lange ist ein Carnet A.T.A. maximal gültig?

45 Wer bürgt im Rahmen des Versandverfahrens Carnet A.T.A.?

46 Welches Zolllagerverfahren ist für eine Spedition von Bedeutung? Begründen Sie Ihre Antwort.

47 Erläutern Sie das Zollverfahren „passive Veredelung" an einem Beispiel?

48 Beschreiben Sie das Zollverfahren „aktive Veredelung" und nennen Sie Beispiele.

49 Die Asia Import GmbH importiert 10000 wissenschaftliche Taschenrechner aus Taiwan. Laut Handelsrechnung beträgt der Stückpreis CPT Frankfurt HKD 27,85. Der Umrechnungskurs war 12,01. Die Luftfrachtkosten belaufen sich auf 950,00 USD. Wie hoch ist der Zollwert?

50 Die Medicorp GmbH, Nürnberg, importiert medizinische Geräte aus den USA. Der Rechnungsbetrag FCA New York beläuft sich auf 8.137,00 USD. Laut AWB wurden 350,00 USD Luftfracht bis Frankfurt/Main bezahlt. Die Warennummer für die eingeführten Produkte ist 9018 2390 00 und der Zollsatz dafür 1,1 %. Berechnen Sie die Eingangsabgaben bei einem Kurs von 1,18720 und 19 % EUST, wenn in Frankfurt/Main die Importverzollung stattfindet.

51 Die Bauma GmbH, Nürnberg, kauft eine numerisch gesteuerte Horizontal-Drehmaschine aus der Schweiz FCA Zürich zum Preis von 89.500,00 CHF. Der Frachtführer berechnet für die Transportkosten 1.000,00 EUR, davon entfallen 150,00 EUR auf den Streckenanteil innerhalb der Schweiz. Laut EZT beträgt der Zollsatz 3 %, bei Vorlage einer EUR.1 besteht Zollfreiheit. Die Bauma GmbH erhält ein EUR.1-Präferenzpapier. Berechnen Sie die Eingangsabgaben bei einem Kurs von 1,5908 CHF und 19 % EUST (Überführung in den zollrechtlich freien Verkehr in Nürnberg).

52 Die Noris-Sport GmbH, Nürnberg, kauft 150 Sporttaucheruhren mit eingebautem Tiefenmesser in Guangzhou, Guangdong Province, China. Der Rechnungspreis CIP Nürnberg beträgt 2.480,00 USD. Laut Frachtdokument belaufen sich die Kosten für den Lufttransport von Guangzhou nach Nürnberg auf 536,00 USD. Wie hoch sind die Eingangsabgaben bei einem von Kurs 1,2834 und 19 % EUSt.

# Stichwortverzeichnis

3-Letter Code 197

## A

ABD 78, 79
Air Waybill 228
Allgemeine Frachtraten 252, 253
Allianzen 111, 125
Anmeldung, unvollständig 80
Anmeldung, summarische 272, 275
ATLAS 77, 274, 275
Ausfuhranmeldung 75
Ausführer 75
Ausfuhrgenehmigungen 75
Ausfuhrverfahren 75, 76, 77, 81, 271
Ausfuhrzollstelle 77
Ausgangszollstelle 77, 79
AWB 228

## B

Befrachter 125, 128
Bill of Lading 140
Boeing 747 F 215

## C

Cargo-Manifest 238
Carnet A.T.A. 320
Carnet TIR 316
Carrier 226
Carrier's Haulage 138
CFR Cost and Freight 33, 39
CIF Cost Insurance and Freight 43, 44
CIP Carriage Insurance Paid To 21, 22, 23
COD cash on delivery 49
Conditions of Carriage 130, 228
Conditions of Contract 228
Consignee 237
Consolidation 237
Container 113, 134
Containerrundlauf 137, 138
CPT Carriage Paid To 18, 19, 20, 21

## D

DAP Delivered at Place 27, 28, 29
DAT Delivered at Terminal 25, 26, 27
DDP Delivered Duty Paid 28, 29, 30
Delvag Luftfahrtversicherungs-AG 235
DGR Dangerous Goods Regulations 244
Direktraten 248
Documents against Acceptance 50
Documents against Payment 50

Dokumentenakkreditiv 51
Dokumenteninkasso 49

## E

Einfuhrabgaben 286
Einfuhrkontrolle 269
Einfuhrumsatzsteuer 294
Einheitspapier 274
Empfänger, zugelassener 313
EUR.1 298
Expressraten 257
EXW Ex Works 14, 15
EZT Elektronischer Zolltarif 295

## F

Fahrtgebiete 120
FAS Free Alongside Ship 34, 35, 36
FCA Free Carrier 15, 16, 17
FCL 137
Feste Buchung 130
FIATA-FBL 59
Flughäfen 213, 214
Flughafen Frankfurt/Main 213
Flugzeugtypen 215
FOB Free on Board 36, 37, 38
Fracht, bekannte 241
Frachtverträge in der Schifffahrt 127
Freiheiten der Luft 225
Fusionen 126

## G

Gefährdungshaftung 199, 232
Gefahrgut mit Binnenschiffen 196
Gefahrgut mit Flugzeugen 244
Gefahrgut mit Seeschiffen 153
Gemeinschaftswaren 76, 273
Gesamtbürgschaft 305
Gestellung 77
Gewichtsraten 150

## H

Haager Protokoll 227
Haager Regeln 127
Haftungshöchstgrenzen 234
Haftungsprinzip 145, 199, 232
Haftungszeitraum 233
Hague-Visby Rules 127
Handelshemmnisse 74
Havarie grosse 146
House-AWB 237

## I

IATA Clearing House (ICH) 221
IATA-Agenten 224
IMDG-Code 153
IMO-Erklärung 155
IMP-Codes 245
Incoterms 11 ff.
International Air Transport Association (IATA) 221
International Cicil Aviation Organization (ICAO) 225
Intrastat 104

## K

Konditionelle Buchung 130
Konferenzgebiete 222
Konnossement 140
Kontraktraten 248

## L

Lademittel 219
LCL 137
Linienschifffahrt 111, 120, 124
Luftfracht 210
Luftfrachtaufkommen 212, 214
Luftfrachtbeförderung, Vorteile der 211
Luftfrachtersatzverkehr 233
Luftfrachtnebengebühren 257
Luftfrachtvertrag 226
Lufthansa Cargo Center (LCC) 213
Luftsicherheitsgesetz 241

## M

Maßraten 151
Master-AWB 237
MD 11 216
Meerengen 167
Mengenrabattraten 249
Merchant's Haulage 138
Mindestfrachtbetrag 248, 249
Montrealer Übereinkommen 227
MRN 78

## N

NCTS 304
Nichtgemeinschaftsware 76, 271
Normalrate 249
Nose Door 215
NVD 235

## O

Outsider 125

## P

Pools 125
Präferenzen 297

## R

Reedereiagenten 131
Reglementierte Beauftragte 241
Risiken 9, 10
Roll-On/Roll-Off 117

## S

Schadensanzeige 146, 202, 237
Schifffahrtskonferenzen 125
Schiffsflaggen 119
Schiffsmakler 131
Schiffsregister 119
Sea-Air-Verkehr 157
Seefracht 150
Seefrachtvertrag 129
Seehäfen 111, 114, 123
Shipper 226
Shipper's Declaration for Dangerous Goods 245
Sicherheit 305
Sicherheitsklärung 241
Sperrigkeitsberechnung 250
Sperrpapier 232
Spezialraten 253

## T

TACT 248
Time Definite Services 257
Traffic Conference Areas 222
Trampschifffahrt 125
Transaktionswert 286
Transportversicherung 200, 235
Überführung in den zollrechtlich freien Verkehr 271, 274

## U

ULD-Programm 221
ULD-Raten 253
Ursprungserklärung 298, 299

## V

Valuation Charge 236
Verbringen 270
Verbringungsort 286, 287
Veredelung, aktive 322
Veredelung, passive 323

Verfrachter 128, 129, 132
Verkehrskonferenzen 222
Versandverfahren 271, 303
Versandverfahren, gemeinsames 303
Versandverfahren, gemeinschaftliches 303
Versender, bekannte 241
Verschuldensprinzip 233
Versender, zugelassener 309, 310
Verwendung, vorübergehende 318, 324
Volumengewicht 250
Volumenkg 250

## W

Warenklassenraten 253
Warenursprung 297
Warschauer Abkommen 227

Weiße Spediteurbescheinigung 75, 82
Wertdeklaration 231, 235

## Z

Zahlungsaufschub 277, 295
Zollanmeldung 77, 80, 271, 272
Zollgebiet der Gemeinschaft 76, 273
Zollkodex 75, 270
Zolllager 321
Zolllagerverfahren 271, 321
Zollrecht 74, 269
Zollrechtliche Bestimmung 270
Zollschuld 295
Zollverfahren 75, 270
Zollwert 276, 286
Zubringerdienst 233